Ilmer Còndor Espinoza

Fundamentos de estadistica y probabilidades. Parte 2

Ilmer Còndor Espiñoza

Fundamentos de estadistica y probabilidades. Parte 2

Ejemplos y problemas propuestos. Uso de Python y R. Anexo con un estenso desarrollo de estos lenguajes

Editorial Académica Española

Imprint
Any brand names and product names mentioned in this book are subject to trademark, brand or patent protection and are trademarks or registered trademarks of their respective holders. The use of brand names, product names, common names, trade names, product descriptions etc. even without a particular marking in this work is in no way to be construed to mean that such names may be regarded as unrestricted in respect of trademark and brand protection legislation and could thus be used by anyone.

Cover image: www.ingimage.com

Publisher:
Editorial Académica Española
is a trademark of
Dodo Books Indian Ocean Ltd. and OmniScriptum S.R.L publishing group

120 High Road, East Finchley, London, N2 9ED, United Kingdom
Str. Armeneasca 28/1, office 1, Chisinau MD-2012, Republic of Moldova, Europe
Managing Directors: Ieva Konstantinova, Victoria Ursu
info@omniscriptum.com

Printed at: see last page
ISBN: 978-620-2-13612-9

FUNDAMENTOS DE ESTADISTICA Y PROBABILIDADES CON APLICACIONES EN R, PYTHON Y OTROS SOFTWARES DE TIPO GNU/GPL

PARTE 2

ILMER CONDOR ESPINOZA

El presente texto hace uso de los softwares y aplicativos informáticos con licencias y derechos de propiedad intelectual de tipo GNU y GPL, tales como R, Pyhton, GRETL, PSPP, OCTAVE y OpenOffice, por lo que el autor invoca las autorizaciones generales dispuestas en la Licencia Pública General de GNU

CAPÍTULO XI

MOMENTOS DE UNA VARIABLE ALEATORIA

1. Introducción

A continuación estudiaremos una nueva propiedad de las variables aleatorias conocida como momentos de una variable. Veremos la relación que se encuentra entre esta propiedad y la esperanza matemática de la variable. Si bien es un tema que tiene poca aplicación en el campo de la economía y la administración, la estudiamos por que gracias a ella, podemos definir a la varianza de otras variables aleatorias cuya función de distribución de probabilidad puede ser más compleja, y también tomar en cuenta otros momentos de la variable, que en algunos casos resultan de gran utilidad.

2. MOMENTO DE ORDEN r

Definición

Sea X una variable aleatoria con $\mu x = E[X]$ su esperanza, que supondremos es finita. Diremos que $V_X(r)$ es el momento de orden r, de la variable aleatoria X, la cual se define como

$$V_X(r) = E[X^r],$$

siempre que $E[X^r]$ exista y sea finita y donde r es una constante.

Caso discreto:

Si X es una variable aleatoria discreta, entonces $V_X(r) = E[X^r] = \sum_{i=1}^{\infty} x^r p(x_i)$

Caso continuo:

Si X es una variable aleatoria continua, entonces $V_X(r) = E[X^r] = \int_{-\infty}^{+\infty} x^r f(x)dx$

<u>**Observaciones:**</u>

1. Si $r = 1$ entonces $V_X(1) = E[X]$; es decir, el momento de X, de primer orden se define como la esperanza de X. En efecto

   <u>Caso discreto:</u> $V_X(r) = E[X^r] = \sum_{x=0}^{+\infty} x^r\, p(x)$. Si $r = 1$ tenemos $V_X(1) = \sum_{x=0}^{+\infty} xp(x) = E[X]$

   Caso continuo: $V_X(r) = E[X^r] = \int_{-\infty}^{+\infty} x^r f(x)dx$. Si $r = 1$, $V_X(1) = \int_{-\infty}^{+\infty} xf(x)dx = E[X]$

2. Si $r = 2$ entonces $V_X(r) = E[X^2]$; es decir, el momento de X, de segundo orden constituye la esperanza de X^2.

   $V_X(r=2) = \int_{-\infty}^{+\infty} x^2 f(x)dx = E[X^2]$. Esto nos permite expresar la varianza de X en función de momentos de orden uno y dos: $V[X] = V_X^2(2) - (V_X(1))^2$

Ejemplo 01

Supongamos que la variable aleatoria X tiene la siguiente distribución de probabilidad.

X	0	1	2
p(x	0.18	0.25	0.36

Encuentre los tres primeros momento de X, Con ellos encuentre la media y varianza de X.

Solución

Como X es discreta, entonces $V_X(r) = E[X^r] = \sum_{i=1}^{\infty} x^r p(x_i)$.

Momento de primer orden: $V_X(1) = E[X] = 0(0.18)+1(0.25)+2(0.36)+3(0.21) = 1.6$

Momento de segundo orden: $V_X(2) = E[X^2] = 0(0.18)+1(0.25)+4(0.36)+9(0.21) = 3.58$

Momento de tercer orden: $V_X(3) = E[X3] = 0(0.18)+1(0.25)+8(0.36)+27(0.21) = 8.8$

La Media de X es $E[X] = V_X(1) = 1.6$

La varianza de X es $V[X] = V_X(2) - (V_X(1))^2 = E[X^2] - (E[X])^2 = 3.58 - 1.6^2 = 1.02$

3. MOMENTOS CENTRALES

Los momentos de orden r, de una variable aleatoria constituyen los momentos generales; no están referidos a ningún valor en particular. Por otro lado, si C es un número cualquiera, podemos encontrar los momentos de orden r de la variable X – C, los cuales estarán referidos a los valores que tome X – C, por lo que se dirá que son momentos centrados alrededor de C. Igualmente, si definimos la variable Y = X - μ, podemos hablar de momentos de la variable aleatoria X alrededor de su media o centrados en la media.

Pasemos pues a presentar ambas definiciones

Definición

Sea X una variable aleatoria. Diremos que $V_{X-C}(r)$ es el momento de orden r de la variable aleatoria X, centrado en el punto C. A este momento se define también como la esperanza de $(X - C)^r$; es decir, $V_{X-C}(r) = E[(X – C)^r]$

Observaciones interesantes:

i) Si C = 0, entonces $V_{X-0}(r) = E[(X – 0)^r] = E(X^r)$, al cual se le conoce como el *momento de orden r de la variable X, centrado en el origen de coordenadas.*

ii) Si r = 1 y C = 0, entonces $V_{X-0}(1) = E[(X)^1] = E(X) = \mu$. Es decir, el primer momento de una variable aleatoria, centrado en el origen de coordenadas es la media o valor esperado de la variable.

iii) El segundo momento de la variable X, centrado en el origen de coordenadas(C = 0) permite encontrar la varianza de la variable.

En efecto, si $V_{X-0}(2) = E[(X – 0)^2] = E[X^2]$ entonces

$$V(X) = \sigma^2 = V_{X-0}(2) - V_{X-0}(1)$$

Definición

Sea X una variable aleatoria y μ su media. Diremos que $V_{X-\mu}(r)$ es el momento de la variable aleatoria X, centrado en la media. La definiremos como $V_{X-\mu}(r) = E\,[(X - \mu)^r]$.

Observaciones:

1. El momento de orden 1, de una variable aleatoria, centrado en su media es 0:

   En efecto: $V_{X-\mu}(1) = E\,[(X - \mu)^1] = E[(X - \mu)] = E[X] - E[\mu] = 0$.

2. El momento de orden 2, de una variable, centrado en su media constituye su varianza

3. En efecto: $V_{X-\mu}(2) = E\,[(X - \mu)^2] = E\,[(X - E[X])^2] = V[X]$, por la definición de V[X].

4. Si la serie es convergente, existen todos los momentos de orden r

5. **Caso discreto**: Si X es una variable aleatoria discreta con p(x), su función de probabilidad,

   entonces $V_X(r) = E(X^r) = \displaystyle\sum_{\forall x} x^r\, p(x)$

6. **Caso continuo**: Si X es una variable aleatoria continua con f su función de densidad de probabilidad, entonces

$$V_X(r) = E(X)^r = \int_{x=-\infty}^{x=+\infty} x^k\, f(x)dx$$

Ejemplo 02

Supongamos que la variable aleatoria X tiene la siguiente distribución de probabilidad.

X	0	1	2
p(x	0.18	0.25	0.36

Encuentre los tres primeros momento de X centrados en su media.

Solución

Como X es discreta, entonces $V_{X-\mu}(r) = E[X^r] = \displaystyle\sum_{i=1}^{\infty} (x-\mu)^r\, p(x_i)$.

Encontremos primero la media de X: $E[X] = 1.6$. Usando este valor encontraremos lo pedido:

$V_{X-\mu}(1) = E[X-\mu] = (0-1.6)(0.18)+(1-1.6)(0.25)+(2-1.6)(0.36)+(3-1.6)(0.21) = 0$

$$V_{X-\mu}(2) = E[(X-\mu)^2] = (0-1.6)^2(0.18)+(1-1.6)^2(0.25)+(2-1.6)^2(0.36)+(3-1.6)^2(0.21) = 1.02$$

Ejemplo 03

Sea X una variable aleatoria cuya función de probabilidad viene dada por

X	-2	-1	1	2	3
p(x)	1/4	1/6	1/6	1/6	1/4

a) Encuentre los tres primeros momentos de X, centrados en el origen

b) Encuentre el primer momento de X, centrados alrededor de la media

Solución

a) Por definición $V_{X-C}(r) = E[(X - C)^r]$

Como debe estar centrado en el origen de coordenadas, entonces $C = 0$. De acuerdo a la definición

$$V_X(r) = E[(X)^r]$$

Obtención del Momento de orden 1. En este caso $r = 1$, con lo cual,

$$V_X(1) = E[(X)] = (-2)(1/4)+(-1)(1/6)+(1)(1/6)+(2)(1/6) + (3)(1/4) = 7/12$$

Obtención del Momento de orden 2: Puesto que $r = 2$, entonces

$$V_X(2) = E[(X^2)] = (4)(1/4)+(1)(1/6)+(1)(1/6)+(4)(1/6) + (9)(1/4) = 17/4$$

Obtención del Momento de orden 3: Como en los casos anteriores $r = 3$, y

$$V_X(3) = E[(X^3)] = (-8)(1/4)+(-1)(1/6)+(1)(1/6)+(8)(1/6) + (27)(1/4) = 21/4$$

b) Partamos nuevamente de la definición de momentos de X:

$$V_{X-C}(r) = E[(X - C)^r]$$

En este caso $C = \mu$, con lo cual, $V_{X-\mu}(r) = E[(X - \mu)^r]$

Momento de orden 1: $r = 1$,

$$V_{X-\mu}(1) = E[(X - \mu)^1] = E[(X - 7/12)$$

<u>Cálculo de la esperanza de $(X - 7/12)$</u>

Calcularemos la esperanza de esta variable de manera práctica, sin usar las propiedades de valor esperado de una variable.

Como X es una variable aleatoria, entonces X – 7/12 es otra variable aleatoria, para cada ocurrencia de X, tenemos también una nueva ocurrencia de X– 7/12. Esto significa que la probabilidad de ocurrencia de X – 7/12 es la misma que la de la variable X . De manera que

Para X = -2,   el valor de X-7/12 es –31/12,   con   p(-31/12) = 1/4

Para X = -1,   el valor de X-7/12 es –19/12,   con   p(-19/12) = 1/6

Para X = 1,   el valor de X-7/12 es   5/12,   con   p(5/12)   = 1/6

Para X = 2,   el valor de X-7/12 es   17/12,   con   p(17/12)   = 1/6

Para X = 3,   el valor de X-7/12 es   29/12,   con   p(29/12)   = 1/4

Luego

$$E(X–7/12) = (-31/12)1/4+(-19/12)1/6+(5/12)1/6+(17/12)1/6+(29/12)1/4$$
$$= 0$$

De acuerdo a esto, concluimos que $V_{X-\mu}(1) = 0$

Lo que es lógico, porque aplicando propiedades de esperanza tenemos

$$E[X-7/12] = E[X] – 7/12 = 0$$

Ejemplo 04

Sea X una variable aleatoria continua cuya función de densidad viene dada por

$$f(x) = \begin{cases} 2x & , \quad 0 \le x \le 1 \\ 0 & \quad otros \end{cases}$$

Encuentre los dos primeros momentos de X, centrados en el origen de coordenadas.

Solución

Momento de primer orden, centrado en el origen:

$$V_X(1) = E[(X)^1] = E(X) = \int_0^1 x(2x)dx = 2\left(\frac{x^3}{3}\right)_0^1 = \frac{2}{3}$$

Momento de segundo orden, centrado en el origen:

$$V_X(2) = E[(X)^2] = E(X^2) = \int_0^1 x^2(2x)dx = 2\left(\frac{x^4}{4}\right)_0^1 = \frac{1}{2}$$

4. FUNCION GENERADORA DE MOMENTOS

A continuación estudiaremos un nuevo tema referido también a momentos. En este caso se trata de una función que nos permitirá encontrar los momentos de una variable de cualquier orden y veremos que el tema de momentos estudiado previa a esta sección, es un caso particular. La función generadora de momentos de una variable aleatoria es útil en la Estadística Matemática ya que permite demostrar algunas propiedades que tienen las variables aleatorias, como son su valor esperado y varianza, mediante esta función. Claro que si se trata de una variable de las que aquí estudiamos puede no ser necesaria; sin embargo en la teoría de la estimación la prueba de hipótesis se hacen uso de variables aleatorias cuyas funciones de distribución caen más en el terreno de la matemática que en las aplicaciones estadísticas(constituyendo el terreno de la estadística matemática), como son las distribuciones "**t**" de Student, "F" de Fisher, "χ^2" Chi - Cuadrado, la distribución gamma, etc. Si quisiéramos encontrar su valor esperado o varianza tendríamos "cierta" dificultad matemática para hallarla. Por ello es que usaremos la estrecha relación que existe entre la Función Generadora de Momentos de una variable y la esperanza matemática de la variable.

Definición: Caso Discreto

Sea X una variable aleatoria discreta con $p(x_i) = P(X = x_i)$, $i = 1, 2, ...$, su función de distribución de probabilidad. Diremos que $M_X(t)$ es la Función Generadora de Momentos de la variable aleatoria X, de orden "**t**" y se define como

$$M_X(t) = \sum_{i=1}^{\infty} e^{tx} p(x_i)$$

Definición: Caso Continuo

Sea X una variable aleatoria continua con **f**, su función de distribución de probabilidad. Diremos que $M_X(t)$ es la Función Generadora de Momentos de la variable aleatoria X, de orden "**t**" y se define como

$$M_X(t) = \int_{-\infty}^{+\infty} e^{tx} f(x)\,dx$$

Observaciones

1. A $M_X(t)$ se le llama también la función generatriz de momentos de X, de orden t
2. Usaremos FGM de X para designar la Función Generadora de Momentos de X
3. La FGM de X de orden **t = 0** es siempre 1 (¿?)
4. Puesto que la serie infinita(o integral impropia en el caso continuo) puede no existir, deducimos entonces que FGM de X puede no estar definida para algún tipo de variable o para algún valor de "t".
5. Dejaremos por ahora la comprobación de cómo usar $M_X(t)$ para encontrar el valor esperado y la varianza de X o cómo obtener momentos de orden t conociendo la esperanza de la variable.

Ejemplos de Aplicación de $M_X(t)$

Ejemplo 05

Supongamos que X es una variable aleatoria que se distribuye uniformemente sobre el intervalo (a, b). La FGM de X, de orden t, está dada por

$$M_X(t) = \frac{1}{(b-a)t}(e^{-bt} - e^{-at}), \qquad t \neq 0$$

En efecto:

$$M_X(t) = \int_a^b e^{tx} \frac{1}{b-a}\,dx = \frac{1}{b-a}\frac{1}{t}\int t\,e^{tx}\,dx = \frac{1}{(b-a)t}\left(e^{tx}\right)_a^b = \frac{1}{(b-a)t}\left(e^{bt} - e^{at}\right), \text{ lógicamente } t \neq 0$$

Ejemplo 06

Si X es una variable con distribución exponencial, con parámetro α, entonces la FGM de X, de orden t, viene dada por

$$M_X(t) = \frac{\alpha}{\alpha-t}, \quad t < \alpha$$

Veamos

$$M_X(t) = \int_0^{+\infty} e^{tx} \alpha e^{-\alpha x}\,dx = \int_0^{+\infty} e^{-(\alpha-t)x}\,dx = -\frac{\alpha}{\alpha-t}\int_0^{+\infty} -(\alpha-t) e^{-(\alpha-t)x}\,dx = -\frac{\alpha}{\alpha-t}\left(e^{-(\alpha-t)x}\right)_0^{+\infty} = \frac{\alpha}{\alpha-t}$$

este cociente existe para $\alpha - t > 0$; es decir, $t < \alpha$.

Daremos ahora la FGM de las variables aleatorias con distribución Binomial y Poisson sin demostrarla. Para ello se requiere del uso de ciertas series de potencia.

Ejemplo 07

Supongamos que X es una variable aleatoria con distribución Binomial de parámetro n y p, su FGM de orden t viene dada por

$$M_X(t) = \left(p\,e^{t} + (1-p) \right)^{n}$$

En efecto

Si X tiene distribución de Binomial entonces $p(x) = C(n,x)\, p^{x}\,(1-p)^{n-x}$. Aplicando la definición de la FGM para X, tenemos

$$M_X(t) = E[e^{tx}] = \sum_{x=0}^{n} e^{tx} C(n,x)\, p^{x}\,(1-p)^{n-x} = \sum_{x=0}^{n} C(n,x) e^{tx}\, p^{x}\,(1-p)^{n-x}.$$

$$= \sum_{x=0}^{n} C(n,x)(e^{t}\, p)^{x}\,(1-p)^{n-x}$$

Si recordamos nuestra álgebra de hace muchos años diremos que, como el Teorema del Binomio se sustenta en $(a+b)^{n} = \sum_{x=0}^{n} C(n,x)\, a^{x}\, b^{n-x}$, la última expresión se convierte en

$$\left(e^{t}\, p + (1-p) \right)^{n}$$

Ejemplo 08

Si X es una variable aleatoria con distribución de Poisson, con parámetro λ, entonces su FGM de orden t, es $M_X(t) = e^{\lambda(e^{t}-1)}$

En efecto

Si X tiene distribución de Poisson entonces $p(x) = \dfrac{e^{-\lambda}\,\lambda^{x}}{x!}$. Aplicando la definición de la FGM para X, tenemos

$$M_X(t) = E[e^{tx}] = \sum_{x=0}^{\infty} e^{tx} \frac{e^{-\lambda}\,\lambda^{x}}{x!} = e^{-\lambda} \sum^{\infty} \frac{(\lambda e^{t})^{x}}{x!}.$$

Debemos recordar que como $e^z = \sum_0^\infty \dfrac{z^n}{z!}$, si hacemos $z = \lambda e^t$, obtenemos

$$M_X(t) = e^{-\lambda} e^{\lambda e^t} = e^{\lambda(e^t - 1)}$$

Teorema. Si $M_X(t)$ es la FGM de X, de orden t, y si existen las n-ésimas derivadas de $M_X(t)$ respecto a x, entonces $M^{(n)}(0) = E[x^n]$; es decir la n-ésima derivada de la FGM de X cuando t = 0, coincide con la esperanza de $\mathbf{x^n}$.

Veamos

Tomemos el desarrollo en serie de Maclaurin de la función de e^x, que está definido como

$$e^x = 1 + x + \frac{x^2}{2!} + \frac{x^3}{3!} + \frac{x^4}{4!} + \ldots + \frac{x^n}{n!} + \ldots$$

Como esta serie es convergente $\forall \mathbf{x}$, y, si en lugar de $\mathbf{x}$ tomamos $\mathbf{tx}$, tendremos

$$e^{tx} = 1 + tx + \frac{(tx)^2}{2!} + \frac{(tx)^3}{3!} + \frac{(tx)^4}{4!} + \ldots + \frac{(tx)^n}{n!} + \ldots$$

Tomando esperanza a esta ecuación

$$E[e^{tx}] = E[1 + tx + \frac{(tx)^2}{2!} + \frac{(tx)^3}{3!} + \frac{(tx)^4}{4!} + \ldots + \frac{(tx)^n}{n!} + \ldots]$$

Pero como el primer miembro es $M_X(t)$ entonces

$$M_X(t) = E[e^{tx}] = 1 + tE[x] + t^2 E[\frac{x^2}{2!}] + t^3 E[\frac{x^3}{3!}] + t^4 E[\frac{x^4}{4!}] + \ldots + t^n E[\frac{x^n}{n!}] + \ldots$$

Derivemos sucesivamente a esta ecuación

$$M'_X(t) = \frac{d}{dt} E[e^{tx}] = E[x] + tE[x^2] + t^2 E[\frac{x^3}{2!}] + t^3 E[\frac{x^4}{3!}] + \ldots + t^{n-1} E[\frac{x^n}{(n-1)!}] + \ldots$$

Evaluada en t = 0, tenemos $M'_X(t=0) = E[X]$

Del mismo modo,

$$M''_X(t) = \frac{d^2}{(dt)^2} E[e^{tx}] = tE[x^2] + tE[x^3] + t^2 E[\frac{x^4}{2!}] + \ldots + t^{n-2} E[\frac{x^n}{(n-2)!}] + \ldots$$

la que al evaluar en t = 0, produce $M''_X(t=0) = E[X^2]$.

De manera que, si se deriva n veces a la FGM y se evalúa en t = 0, tendremos

$$M^{(n)}(0) = E[x^n]$$

Ejemplo 09

Supongamos que X representa el tiempo de vida(en unidades de 1000 horas) de un determinado producto, el cual se considera como una variable aleatoria cuya función de densidad viene dada por

$$f(x) = \begin{cases} me^{-mx} & x > 0 \\ 0 & otros \end{cases}$$

donde **m** representa el factor de producción. Según los datos históricos, se sabe que el tiempo promedio de vida del producto es de 2000 horas.

a) Suponiendo que el costo de fabricación de tales productos es $ 20.00 y el fabricante lo vende en $ 30.00, pero garantiza un reembolso total si el tiempo de vida es, a lo más, 900 horas. Cuál es el costo esperado del fabricante?

b) Si ahora se selecciona aleatoriamente cinco de estos productos, cuál es la probabilidad de que se obtenga por lo menos 4 productos con tiempo de vida a lo más de 900 horas?.

c) Si W es la variable aleatoria que representa la inversión para el próximo año en tales productos, y si se sabe que W depende del tiempo de vida de los mismos según la relación W $= 0.004X^3 - 23X^2 + 50$, obtenga el valor esperado de la inversión para el próximo año.

Solución

Sea X la variable que representa el tiempo de vida de dicho producto. Por la forma de la función de densidad de probabilidad podemos afirmar sin error a equivocarnos de que X tiene distribución exponencial(se puede verificar) cuyo parámetro es $\alpha = m$. Si su media es de 2000, entonces $\alpha = 1/2000$.

Encontremos ahora la función de distribución de C, variable que representa el costo del fabricante:

C = 50 – 30 si T > 900; en caso contrario C = -30; esto quiere decir que $C = \begin{cases} 50 - 30, & X > 900 \\ -30 & X \leq 900 \end{cases}$

a) El costo esperado es E[C] = 20 P(X > 900) + (-30) P(X≤900) = 20 – 50 P(X<900)

Como F(x) $= 1 - e^{-\alpha x}$ entonces P(X < 900) =F(900) = 1- $e^{-900/2000}$ = 0.36237. Luego el fabricante tendrá un costo esperado E[C] = 20 – 50(0.36237) = 1.88 por producto.

b) Definamos a Y como "El número de productos cuyo tiempo de vida es, a lo más, de 900 horas". Sea A el evento definido como "Obtener un producto con tiempo de vida a lo más de 900 horas". Luego P(A) = 0.36237 es la probabilidad de éxito para la variable Y. Como n = 5, entonces debemos encontrar $P(Y \geq 4)$. Como Y tiene distribución binomial de parámetros n = 5 y p = 0.2367,

$$P(Y \geq 4) = \sum_{x=4}^{5} \binom{5}{x} 0.36237^{x} 0.63763^{5-x} = p(4) + p(5) = 0.06122$$

c) Si $W = 0.004X3 - 23X2 + 50$ y queremos hallar E[W], es mejor usar la función generatriz de momentos de X, derivar hasta el tercer orden, reemplazar t = 0 y los resultado reemplazarlos en E[W]. Esto es lo que haremos

Como X tiene distribución exponencial de parámetro $\alpha = 1/2000$ y como por otro lado, la función generadora de momentos para X es $M_X(t) = \dfrac{\alpha}{\alpha - t}$ entonces derivando sucesivamente, tenemos

$$M'_X(t) = \frac{\alpha}{(\alpha-t)^2} \quad \Rightarrow \quad M'_X(t=0) = \frac{1}{\alpha} = 2000$$

$$M''_X(t) = \frac{2\alpha}{(\alpha-t)^3} \quad \Rightarrow \quad M''_X(t=0) = \frac{2}{\alpha^2} = (2)2000^2$$

$$M^{(3)}_X(t) = \frac{2\alpha}{(\alpha-t)^4} \quad \Rightarrow \quad M^{(3)}_X(t=0) = \frac{2}{\alpha^3} = (6)2000^3$$

Luego $E[W] = 0.004(6)2000^3 - 23(2)(2000^2) + 50 = 8'000,050$

Nota: *Enunciaremos los teoremas siguientes sin demostración, por su dificultad y por que no es de nuestro interés el tratar de demostrarlo; sin embargo, su utilidad es bastante importante, como lo veremos en los siguientes teoremas.*

Teorema.

Sea X e Y dos variables aleatorias con $M_X(t)$ y $M_Y(t)$ sus correspondientes FGM's de momentos, de orden t. Si $M_X(t) = M_Y(t)$ entonces las variables aleatorias X e Y tienen la misma distribución de probabilidades

Observación:

Vamos a demostrar que Si Y = aX entonces E[Y] = aE[X]; es decir, la esperanza de una constante por una variable es igual a la constante por la esperanza de la variable. Esta fue una de las primeras propiedades de esperanza que conocimos y que ahora tenemos la oportunidad de probarla mediante el uso de la FGM.

Sea $Y = aX$. La FGM de Y es $M_Y(t) = E[e^Y] = E[e^{aXt}] = E[(e^{Xt})^a] = M_X(t)\,M_X(t)\,\ldots\,M_X(t)$; es decir, $M_Y(t)$ es igual al producto de **a** veces $M_X(t)$.

  $M_Y(t) = M_X(t)\,M_X(t)\,\ldots\,M_X(t)$ ……. *($M_Y(t)$ es a veces el producto de $M_X(t)$)*

Derivemos a esta ecuación, respecto a **t**.

  $M'_Y(t) = \underline{M_X(t)\,\ldots\,M_X(t)}M'_X(t) + \underline{M_X(t)\,\ldots\,M_X(t)}M'_X(t) + \ldots + \underline{M_X(t)\,\ldots\,M_X(t)}M'_X(t)$

ya que al derivar a cada uno de los factores, los (**a-1**) quedan como constantes.

De acuerdo a esto, tendremos entonces **a** términos iguales.

Evaluemos ahora en $t = 0$. Puesto que $\underline{M_X(t) = E[e^{Xt}]}$, entonces $\underline{M_X(t = 0) = E[e^0]} = 1$ y como cada $M'_X(t = 0) = E[X]$ luego, estamos sumando **a** términos de la forma $E[X]$ por lo que

  $E[Y] = a\,E[X]$.

Teorema.

Supongamos que X e Y son dos variables aleatorias independientes con $M_X(t)$ y $M_Y(t)$ sus respectivas FGM's de orden t. Si $Z = X + Y$ entonces

  $M_Z(t) = M_X(t) \cdot M_Y(t)$

Observación:

Si $X_1, X_2, \ldots, X_n$ son variables aleatorias independientes y si $Z = X_1 + X_2 + \ldots + X_n$ entonces

$$M_Z(t) = M_{X_1}(t) \cdot M_{X_2}(t) \cdot M_{X_3}(t) \cdot \ldots \cdot M_{X_n}(t)$$

<u>**Comentario:**</u>

Este teorema es muy importante porque por fin, podemos demostrar objetivamente que, en el caso de $Z = X + Y$, entonces $E[Z] = E[X] + E[Y]$;

Del mismo modo, si $Z = X_1 + X_2 + \ldots + X_n$ entonces

$$E[Z] = \sum_{i=0}^{n} E[X_i]$$

Veamos para $Z = X + Y$. Tomando momentos a ambos miembros tenemos

$$M_Z(t) = E[e^{tZ}] = E[e^{t(X+Y)}] = E[e^{tX}e^{tY}] = E[e^{tX}]E[e^{tY}] = M_X(t)\,M_Y(t)$$

Por lo que

  $M_Z(t) = M_X(t) \cdot M_Y(t)$

Derivemos miembro a miembro

  $M'_Z(t) = M_X(t) \cdot M'_Y(t) + M_Y(t) \cdot M'_X(t)$

  $M'_Z(t) = E[e^{tX}] \cdot M'_Y(t) + E[e^{tY}]M'_X(t)$

Evaluando en $t = 0$, tenemos

M'$_Z$ (t = 0) = M'$_Y$(t = 0) + M'$_X$(t = 0). Pero como la primera derivada de la FGM, evaluada en t = 0 es la esperanza de la variable, entonces E[Z] = E[X] + E[Y].

Es decir, la esperanza de una suma de variables es la suma de la esperanza de las variables.

5. PROPIEDAD REPRODUCTIVA DE LAS VARIABLES ALEATORIAS

Introducción

Hemos visto que la función generatriz de momentos es un tema bastante árido y que cae ante todo en el terreno de la estadística matemática. Esto lo hemos podido comprobar en cada uno de los casos en los que hemos usado dicha función. Sin embargo también nos ha servido para fundamentar teóricamente muchos otros temas como es el caso de la obtención de la Esperanza y la Varianza de una variable aleatoria cuando no se conoce su distribución; es el caso de Y = aX ó de Z = X + Y, debidamente comprobados, líneas arriba.

A continuación estudiaremos algunos casos de "reproducción" del comportamiento de una variable, a partir de otra(s) variables cuya distribución es conocida. Esto constituye un aspecto de gran importancia en la estadística. Esta característica afirma que: <u>Si dos o más variables aleatorias independientes se suman, la variable aleatoria resultante tiene también una distribución de probabilidad del mismo tipo que la de los sumandos.</u>

Veamos los siguientes teoremas que nos permitirán reforzar esta afirmación.

Teorema. Sean X_1, X_2, ..., X_n un conjunto de n variables aleatorias independientes. Supongamos que X_i tiene distribución de Poisson con parámetro λ_i. Si definimos a Z como la variable aleatoria tal que Z = X_1+ X_2+ ... +X_n entonces Z tiene una distribución de Poisson con parámetro $\lambda = \lambda_1 + \lambda_2 + \lambda_3 +... + \lambda_n$

Ejemplo 10

Sea X_1 , X_2 y X_3 variables aleatorias con distribución de Poisson de parámetro 2, 3.5 y 0.5, respectivamente. Si S = X_1+ X_2 + X_3

a) Obtenga la distribución de probabilidad de S

b) Calcular $P(S > 8)$

Solución

Encontrar la distribución de probabilidad de una variable aleatoria consiste en encontrar su valor esperado, $E[X]$ y su varianza, $V[X]$.

De acuerdo al teorema anterior, la nueva variable aleatoria tendrá una distribución de Poisson con parámetro $\lambda = \lambda_1 + \lambda_2 + \lambda_3$. Luego

a) $E[S] = E[X_1 + X_2 + X_3] = E[X_1] + E[X_2] + E[X_3] = \lambda_1 + \lambda_2 + \lambda_3 = 2 + 3.5 + 0.5 = 6$

Como en una Poisson el parámetro también coincide con la varianza, entonces $\sigma^2 = 6$

b) $P(S > 8) = 1 - P(S \leq 8) = 1 - \sum_{0}^{8} \dfrac{e^{-6}(6)^x}{x!}$

$$= 1 - e^{-6}\left(1 + 6 + 18 + \frac{216}{6} + \frac{1296}{24} + \frac{7776}{120} + \frac{46656}{720} + \frac{279936}{5040} + \frac{1679616}{40320}\right) = 1 - e^{-6}(221.457143) = 0.4511$$

Ejemplo 11

Supongamos que en un día determinado el número de llamadas telefónica que llegan a una central entre las 9:00 a.m. y las 10:00 a.m. es una variable aleatoria X_1 con distribución de Poisson cuyo promedio es 3 llamadas por hora; análogamente, supongamos que X_2 representa el número de llamadas que llegan a dicha central entre las 10:00 a.m. y las 11:00 a.m. con una distribución de Poisson, de parámetro 5. Si X_1 y X_2 son variables aleatorias independientes, ¿cuál es la probabilidad de que se reciban más de 5 llamadas entre las 9:00 a.m. y 11 a.m.?

Solución

Como en el caso anterior, podemos definir una nueva variable aleatoria, digamos Z que representa "El número de llamadas telefónicas que llegan a dicha central entre las 9:00 a.m. y las 11:00 a.m.". Según esto Z se define como $Z = X_1 + X_2$. Luego, por el teorema anterior Z tiene la misma distribución donde su parámetro es 8. Con lo cual,

$$P(Z > 5) = 1 - P(Z \leq 5) = 1 - \sum_{0}^{5} e^{-8}\frac{8^x}{x!} = 1 - 0.1912 = 0.8088$$

Como en el caso del teorema anterior, enunciaremos el siguiente igualmente sin demostración

Teorema. Propiedad Reproductiva de la Distribución Normal

Sean X_1, X_2, …, X_n un conjunto de **n** variables aleatorias independientes cada una de ellas con una distribución normal $N\left(\mu_i, \sigma_i^2\right)$. Sea $Z = X_1 + X_2 + \ldots + X_n$ Luego Z es una variable aleatoria que tiene distribución normal $N\left(\sum \mu_i, \sum \sigma_i^2\right)$.

<u>Observación:</u>

Según el teorema, $\mu_z = \mu_1 + \mu_2 + \ldots + \mu_n = \sum_{i=1}^{i=n} \mu_i$

Del mismo modo, $\sigma^2_z = \sigma^2 + \sigma^2_2 + \ldots + \sigma^2_n = \sum_{i=1}^{i=n} \sigma^2_i$

Ejemplo 12

Sean X_1 y X_2 dos variables aleatorias independientes distribuidas normalmente cuyas medias y varianzas son $\mu_1 = 0$ y $\sigma_1^2 = 4$, $\mu_2 = 1$ y $\sigma_2^2 = 9$, respectivamente.

a) Calcular $P(X_2 \leq 0)$

b) Hallar $P(X_1 + X_2 > 1)$

Solución

a) Puesto que X_2 tiene distribución normal, pasaremos a normal estándar:

$$P(X_2 \leq 0) = P\left(Z \leq \frac{0-0}{2}\right) = P(Z \leq 0) = 0.5$$

b) Sea $S = X_1 + X_2$. Por el teorema de la propiedad reproductiva de la normal, S tiene también distribución normal con parámetros $\mu_S = E[X_1 + X_2] = \mu_1 + \mu_2 = 0 + 1 = 1$ y $\sigma_S^2 = \sigma_1^2 + \sigma_2^2 = 4 + 9 = 13$.

Luego, pasando a normal estándar, tenemos

$$P(S > 1) = P\left(Z > \frac{1-1}{\sqrt{13}}\right) = 1 - P(Z \leq 0) = 0.5$$

Ejemplo 13

Sean X_1, X_2, X_3 y X_4 variables aleatorias independientes tales que:

$$X_1 \rightarrow N(2,4) \qquad X_2 \rightarrow N(2,4) \qquad X_3 \rightarrow N(4,4) \qquad X_4 \rightarrow N(4,2)$$

Si $Y = X_1 + 2X_2 - 3X_3 + 2X_4$

a) Calcular la media y la varianza de Y

b) Calcular P(10 $\leq Y \leq$ 14)

Solución

a) Tomando valor esperado a Y, tenemos

$$E[Y] = E[X_1] + 2E[X_2] - 3E[X_3] + 2E[X_4]$$

$$2 + \quad 2(2) \quad -3(4) \quad +2(4) \quad = \quad 2$$

Del mismo modo, tomando varianza a Y, tenemos

$$V[Y] = V[X_1] + 4V[X_2] + 9V[X_3] + 4V[X_4]$$

$$4 + \quad 4(4) \quad +9(4) \quad +4(2) \quad = \quad 64$$

b) Como $Y \to \aleph(2,63),$ *entonces* $\quad P(10 \leq Y \leq 14) = P(\dfrac{10-2}{8} \leq Z \leq \dfrac{14-2}{8}) = \Phi(1.5) - \Phi(1) = 0.0919$

Ejemplo 14

Varias resistencias R_i, i = 1, 2, ..., n, se ponen en serie en un circuito. Suponga que cada una de las resistencias está distribuida normalmente con $E[R_i]$ = 10 ohms y $V[R_i]$ = 0.16

a) Si n = 5, ¿cuál es la probabilidad de que la resistencia del circuito sobrepase los 49 ohms?

b) ¿Cuál debe ser el valor de n de modo que la probabilidad de que la resistencia total sobrepase los 100 Ohms sea aproximadamente 0.05?

Solución

Definamos con T el circuito formado por las n resistencias. Si cada R_i se distribuye normalmente con μ_i, = 10 y $\sigma_i{}^2$ = 0.16, entonces T tiene una distribución normal con parámetros μ_T = 5(10) = 50 y $\sigma_T{}^2$ = 5(0.16) = 0.80. Luego

a) $P(T > 49) = P(Z > \dfrac{49-50}{\sqrt{0.80}}) = P(Z > -1.118) = 1 - \Phi(-1.118) = 1 - 0.1309 = 0.8691$

b) Puesto que se desconoce el valor de n diremos que μ_T = n(10) y $\sigma_T{}^2$ = 0.16n. Luego P(T>100) = 0.05. Pasando a Z que tiene distribución normal estandarizada, tenemos:

Si P(T>100) = 0.05 entonces $P(Z > \dfrac{100-10n}{\sqrt{0.16n}}) = 0.05$,de donde $\dfrac{100-10n}{\sqrt{0.16n}} = Z_{0.05} = -1.645$

Despejando n y resolviendo, tenemos, n = 3.78 $\approx$ 4.

Ejemplo 15

Sea $Y = X_1 + X_2 + X_3$, donde $X_1 \to N(4, 9)$; $X_2 \to N(6,4^2)$; $X_3 \to N(8,25)$ son variables aleatorias normales e independientes. Hallar la distribución de probabilidades de la variable Y y también la probabilidad $P(Y < 20)$.

Solución

Si $Y = X_1 + X_2 + X_3$ entonces $E[Y] = E[X_1] + E[X_2] + E[X_3] = 18$. Del mismo modo, $V(Y) = V(X_1) + V(X_2) + V(X_3) = 50$. Luego, por la propiedad reproductiva de la distribución normal, Y es una variable normal con $\mu_Y = 18$ y $\sigma^2_Y = 50$.

Por lo tanto $P(Y < 20) = P(Z < \dfrac{20 - \mu_Y}{\sigma_Y}) = P(Z < 0.283) = 0.6103$

Ejemplo 16

Dos supermercados compiten por tener el liderazgo en el ramo. Una compañía de Investigación de Mercados, recientemente ha realizado un estudio que le permite afirmar que las ventas diarias en miles de dólares de los dos supermercados se distribuyen normalmente con $\mu_1 = 15$, $\sigma_1 = 3$, $\mu_2 = 17$ y $\sigma_2 = 4$, respectivamente. Calcule la probabilidad de que el segundo mercado supere en ventas al primero.

Solución

Sea X_1 la variable aleatoria que representa las ventas del primer supermercado. Sea X_2 la variable aleatoria que representa las ventas del segundo supermercado. Según los datos del problema, $X_1 \to N(15, 9)$ y $X_2 \to N(17, 16)$. Definamos ahora D la variable aleatoria que representa la diferencia de las ventas del segundo mercado respecto del primero. De acuerdo al problema, debemos encontrar $P(X_2 > X_1)$. En otras palabras, hallaremos $P(X_2 - X_1 > 0)$.

Como $D = X_2 - X_1$ entonces $\mu_D = 2$, y $\sigma_D = 25$. Por la propiedad reproductiva de la normal, D $\to N(2, 25)$.

Luego $P(X_2 - X_1 > 0) = P(D > 0) = P(Z > \dfrac{0 - 2}{5}) = P(Z > 0.4) = 1 - \Phi(0.4) = 0.3446$.

Ejemplo 17

Uno de los compromisos que tiene el FMI con sus asociados es otorgarles préstamos siempre que la tasa de crecimiento de su PBI sea superior a la tasa de crecimiento de la población. Si en el Perú la tasa de crecimiento del PBI es una variable aleatoria con distribución normal $N(5, 9)$ y la tasa de crecimiento poblacional es también normal N(4, 4), ¿cuál es la probabilidad de que se le otorgue el préstamo al Perú? Suponga que ambas variables son independientes.

Solución

Supongamos que X representa la tasa de crecimiento del PBI cuya distribución es N(5, 9) y que Y representa la tasa de crecimiento poblacional con distribución N(4, 4). Si definimos a S como S = X – Y, entonces E[S] = 1 y V(S) = 13.

Por tanto

$$P(X > Y) = P(X - Y > 0) = P(S > 0) = 1 - P(Z \le \frac{0 - 1}{\sqrt{13}}) = 1 - \Phi(0.278) = 0.3904$$

6. LEY DE LOS GRANDES NÚMEROS

Introducción

> ***Y llegó el momento !!!****. Es hora de crear un puente entre la teoría y la práctica, entre el laboratorio matemático y el mundo real de los hechos!*

Hasta aquí hemos desarrollado dos temas fundamentales: La teoría de las probabilidades y las variables aleatorias. Claro que hemos ligado totalmente el cálculo de las probabilidades con los resultados obtenidos en la realización de un determinado experimento o fenómeno aleatorio. Si bien hemos hablado de la realización de algunos experimentos, que corresponden a casos del mundo real, también debemos recordar que planteábamos ciertas situaciones bajo condiciones provenientes de uno o más supuestos. Por ello resulta que la ocurrencia de ciertos eventos tanto en el espacio muestral como en el espacio rango de una variable aleatoria, caen en el terreno de lo teórico. Y así lo hemos hecho notar: Como cuando se definió el concepto de la esperanza matemática de una variable aleatoria, por ejemplo. Dijimos, luego de un breve análisis que el valor esperado o esperanza matemática de una variable es el parámetro poblacional para el que se define la variable aleatoria, mientras que la media aritmética es el valor que resulta de un cálculo estadístico sobre los resultados de un muestreo.

Sin embargo, sea cuando realizábamos la comparación de la media poblacional con la media aritmética de una muestra o cuando se busca la interpretación de la varianza poblacional y la varianza de una muestra, lo que hemos intentado es encontrar un puente entre la teoría y la práctica.

Del mismo modo debemos recordar también(y de esto es lo que nos queremos ocupar en el siguiente tema) la estrecha relación de equivalencia entre la probabilidad de ocurrencia de un determinado evento, con la frecuencia de veces con que dicho evento ocurre.

El primero es la probabilidad "p" de éxito, probabilidad teórica, y el segundo es una frecuencia relativa "f_a" . Y recuerde amigo lector, estas eran dos formas diferentes de definir la probabilidad de un evento: **Definición teórica o axiomática y Definición clásica.**

Por último vimos un ejemplo proveniente de un experimento realizado respecto al lanzamiento de una moneda. En ella llegamos a la conclusión de que la frecuencia relativa del número de caras "f_c" era aproximadamente igual a la probabilidad teórica "p" definido como 0.5. Y esta aproximación podía estar mucho más cerca, cuanto más grande fuera el número de veces(n) que se repite el experimento.

De suerte que podríamos decir que, si $n \rightarrow \infty$ entonces la diferencia en valor absoluto entre la frecuencia relativa f_c y la probabilidad de éxito p, será tan pequeña, digamos ε ($\varepsilon > 0$), que la probabilidad

$$P[|f_c - p| < \varepsilon]$$

tenderá a ser casi cierta.

El siguiente teorema fundamentará esta afirmación por lo que es conocido como una de los dos grandes teoremas de la estadística.

TEOREMA DE LA LEY DE LOS GRANDES NÚMEROS

Creo que es oportuno volver a comentar los resultados obtenidos en el Ejemplo 3 de la definición de probabilidad: Alrededor del 50% de veces se obtuvo cara. Y este resultado era más cercano al 50% cuanto más grande era el número de ensayos realizados. De donde resulta que, si $f_c \approx 0.50$ es la frecuencia relativa de caras y $p = 0.50$ es la probabilidad teórica de obtener cara cualquiera sea el número de lanzamientos que se haga, entonces, cuanto más grande sea el número de ensayos realizados $f_c \rightarrow p$; es decir, $|f_c - p| \rightarrow 0$. De manera que si nos apoyamos en la desigualdad de Chebyshev podemos formular el siguiente Teorema fundamental de la Estadística.

Teorema.

Sea ξ un experimento de Bernoulli y Ω el espacio muestral, asociado a ξ. Sea A un evento del espacio muestral Ω. Supongamos que dicho experimento se realiza n veces. Si n_A es el número de veces que ocurre el evento A en las n repeticiones, $f_A = \dfrac{n_A}{n}$ es la proporción de veces que ocurre A. Por otro lado, si p = P(A) es la probabilidad de la ocurrencia del evento A, $\forall \, \varepsilon > 0$, se tiene

$$P[|f_A - p| \geq \varepsilon] \leq \frac{p(1-p)}{n\varepsilon^2}$$

o de forma equivalente

$$P[|f_A - p| < \varepsilon] > 1 - \frac{p(1-p)}{n\varepsilon^2}$$

<u>Demostración</u>

Así como en un modelo Binomial se define a la variable aleatoria X como el "Número de éxitos obtenido al realizar determinado experimento n veces", del mismo modo, definimos a n_A como una variable aleatoria que representa el "Número de veces que ocurre el evento A en n repeticiones del experimento ξ".

Puesto que, ξ es un experimento de Bernoulli, n_A es una variable aleatoria binomial por lo que $E[n_A] = np$ y $V[n_A] = np(1-p)$. Sea $f_A = \dfrac{n_A}{n}$ la proporción de la veces que ocurre el evento A.

Encontremos la distribución de f_A :

En cuanto su media: $E[f_A] = E[\dfrac{n_A}{n}] = \dfrac{n_A}{n}$.

Por otro lado

$$V[\frac{n_A}{n}] = \sigma^2[\frac{n_A}{n}] = \frac{1}{n^2}V[n_A] = \frac{p(1-p)}{n}$$

Usemos ahora una de las formas equivalentes de la Desigualdad de Chebyshev, $\forall \, \varepsilon > 0$ tenemos

$$P(|f_A - p| < k\sigma) \geq 1 - \frac{1}{k^2} \Rightarrow P[|f_A - p| < k\sqrt{\frac{p(1-p)}{n}}] \geq 1 - \frac{1}{k^2}$$

Si hacemos $\varepsilon = k\sqrt{\dfrac{p(1-p)}{n}}$ entonces $k^2 = \dfrac{n\varepsilon^2}{p(1-p)}$

De manera que $P(|f_A - p| < \varepsilon) \geq 1 - \dfrac{p(1-p)}{n\varepsilon^2}$

Precisemos algunos aspectos de gran importancia en forma de observaciones

Observaciones:

1. Puesto que n representa el número de veces que se realiza el experimento ξ, diremos que, cuanto mayor sea el valor de n, la desigualdad converge a 1; es decir,

$$\underset{n\to\infty}{Lim}\{P(|f_A - p| < \varepsilon]\} \geq 1 \text{ esto es, } \underset{n\to\infty}{Lim}\,P(|f_A - p| < \varepsilon] = 1 \ (\xi?).$$

Literalmente, cuanto mayor sea el número de veces que se repita el experimento, tendremos la casi certeza de que la proporción de éxitos que se obtenga tienda a ser aproximadamente igual a la probabilidad teórica de la ocurrencia de dicho éxito y que a lo más, difiera en una cantidad mínima ε.

2. La observación es de una gran importancia que merece comentarla en más detalle.

    Afirmábamos al inicio de esta sección en una sumilla muy especial que este teorema era el puente entre la teoría y la práctica. En efecto lo es. Veamos algunos ejemplos que fundamentan esa afirmación. El ejemplo que dimos en la sección de probabilidades relativo al lanzamiento de una moneda 500 y 1000 veces. La frecuencia de caras se aproximaba a 0.5. La teoría dice que la probabilidad de ocurrencia es 0.5. Si sólo lanzamos 5 veces, y sale una cara, la proporción de cara es 0.2; si sale 4, es 0.8; muy lejos de 0.5. Si Ud. quisiera realizar una encuesta electoral a una población de 2 millones de personas, y sólo consulta a 10 de ellos, es muy probable que los resultados obtenidos sean muy diferente a la realidad; pero si consulta a toda la población definitivamente tendrá la certeza de una exacta aproximación con la realidad. Este teorema nos afirma que, cuanto mayor sea n, "más confiable serán los resultados".

    Finalmente, si quiere saber el promedio de horas de vida de 5 mil fluorescentes recientemente fabricados con un nuevo proceso, es más efectivo

3. Pero. ¿Tiene sentido consultar a toda la población electoral?, ¿Es de cuerdos someter a una prueba de encendido de los fluorescentes hasta que se apaguen para saber su tiempo de vida?. Sin duda el tamaño de n debe ser lo suficientemente grande que nos permita fijar ciertos parámetros de certeza en los resultados. Lo "suficientemente grande" para n estará en función de ciertos supuestos que deben tomarse en cuenta: Cuánto de error podemos aceptar que ocurra en la realización del experimento y evaluación de los resultados(lo que se mide en $|f_A - p| < \varepsilon$, lo que consiste en asumir un valor pequeño para ε, y con qué nivel de confianza queremos obtener ciertas conclusiones, lo que consiste en definir el segundo miembro de la desigualdad en el teorema como nivel de confianza, que lo designaremos como $1 - \delta$.

    De manera que si $1 - \delta = 1 - \dfrac{p(1-p)}{n\varepsilon^2}$

    Entonces $\qquad n \geq \dfrac{p(1-p)}{\varepsilon^2 \delta}$

4. En la teoría de muestreo donde se estudia diversos métodos de muestreo, este valor de n constituye un tamaño inicial n_0, a partir del cual se debe encontrar un $n_{óptimo}$ que asegure alta confiabilidad de los resultados.

5. Finalmente diremos que la fórmula para n es válida cuando se conoce p, la probabilidad de éxito. Y cómo haremos en los casos en los que no es conocida p? Puesto que a mayor tamaño de la varianza(y como tal, la desviación) mayor será el error que se cometa, en el caso de la mayoría de los experimentos donde se busca un determinado éxito, los experimentos son binomiales, por ello p(1-p) determina el tamaño de la varianza. Por esta razón, cuando no es conocida la probabilidad de éxito, p, se debe suponer cometer el mayor desvío posible, para lo cual se debe asumir el máximo valor de p tal que p(1-p) tome su mayor valor, esto sucede cuando p = ½.

Lógicamente no es esta la única forma de encontrar un valor para n. Puede hallarse también mediante el <u>Teorema del Límite Central</u>, mediante la propiedad reproductiva de la normal, o en general, mediante el uso de la propiedad reproductiva de alguna distribución conocida, como lo veremos en el siguiente ejemplo que la resolvemos antes de aplicar las últimas observaciones cuando se cuenta con poca información y debe asumirse algunos supuestos.

Ejemplo 18

Al sumar números un alumno aproxima a cada número al entero más próximo. Supongamos que todos los errores de aproximación son independientes y están distribuidos uniformemente en el intervalo [-0.5, 0.5]

a) Si se suman 1500 números, ¿cuál es la probabilidad de que la magnitud del error total exceda a 15?

b) ¿Cuántos números pueden sumarse juntos a fin de que la magnitud del error total sea menor que 10, con probabilidad igual a 0.90?

Solución

Sea X_i la variable aleatoria que representa "La magnitud del error de aproximación en el i-ésimo número". Según el problema, X_i tiene distribución uniforme sobre el intervalo [-0.5, 0.5]. Por ello

$$E[X_i] = 0 \text{ y } V[X_i] = \frac{1}{12}$$

a) Si definimos a T como "La magnitud del error total", entonces $T = \sum_{i=1}^{1500} X_i$ es una variable

cuya distribución tiene por $E[T] = \sum_{i=}^{1500} E[X_i] = 1500(0) = 0$ y como su varianza a $V[T] = \dfrac{1500}{12}$.

Como se nos pide encontrar la probabilidad de que "la magnitud del error total exceda a 15", debemos encontrar $P(|T| > 15)$. Aplicando el TLC, tenemos

$$P(|T|>15) = P(T<-15) + P(T>15) = P\left(Z < -\dfrac{15 - E[T]}{\sqrt{V[T]}}\right) + P\left(Z > \dfrac{15 - E[T]}{\sqrt{V[T]}}\right) = \Phi(1.34) + \Phi(-1.34) = 0.1802$$

b) Debemos encontrar el valor de n tal que $P(T<10) = 0.90$ (que sólo sea menor que 10). Esto significa que

$$P(T<10) = P(-10 < T < 10) = P\left(Z < \dfrac{10-0}{\sqrt{n(1/12)}}\right) = 0.90. \quad De \ donde \quad \dfrac{10\sqrt{12}}{\sqrt{n}} = 1.28.$$

Resolviendo la ecuación encontramos n $\approx$ 733.

Ejemplo 19

Un investigador quiere estimar la media de una población utilizando una muestra suficientemente grande para que la probabilidad de que la media muestral no difiera de la media poblacional en más del 5% , sea 95%. Qué tamaño deberá adoptar para la muestra?.

Solución

Nota previa:

Este problema nos habla de dos temas de gran importancia en la estadística:"muestra", desde el punto de vista de la teoría de conjuntos, una muestra es un subconjunto de la población. Una muestra, según nos corresponde, es el número de veces que se repite un ensayo, un experimento o número de elementos extraídos de una población; "estimar" proviene de la Teoría de la Estimación, parte de la Estadística Inferencial que se nutre de todo lo que estamos desarrollando y de la Teoría del Muestreo.

Continuemos con el problema. Sea $\overline{X}$ la media aritmética de una muestra. Decir que no difiera la media muestral de la media poblacional significa que $|\overline{X} - \mu|$ no debe ser mayor que 0.05; esto es que $P(|\overline{X} - \mu| \leq 0.05) = 0.95$.

De acuerdo a la Ley de Grandes Números, sea $\varepsilon = 0.05$; y hagamos $1 - \delta = 0.95$. En otras palabras, la diferencia $\overline{X} - \mu$ representa el error que se comete en el trabajo de estimación de la media poblacional. Y como esto no se puede conocer antes de realizar el trabajo de muestreo, es por lo que se debe plantear como una de las condiciones bajo las cuales se obtienen algunos resultados. En este caso dicho error no debe ser mayor que 0.05. Por otro lado, 1 - δ representa el nivel de confianza con el cual se obtendrán los resultados del muestreo. Por ello la afirmación clásica de los estimadores: "Hemos obtenido .... con error de 5% y un nivel de confianza del 95%". Aquí ε = 0.05 y 1 - δ = 0.95.

Según la tercera observación, es suficiente que $n = \dfrac{p(1-p)}{\varepsilon^2 \delta}$ y al ser desconocido p, supondremos p = ½. Reemplazando valores encontramos

$$n = \frac{p(1-p)}{\varepsilon^2 \delta} = \frac{\frac{1}{4}}{0.05^2(0.05)} = 2000$$

Observación:

¿Si bajamos el nivel de confianza a 90%, cuál será el tamaño para n? Recalculando para $\delta = 0.1$, puede ver que n = 1000.

En el caso de un determinado tipo de muestreo se deberá tomar en cuenta qué es lo más importante: Trabajar con un mayor nivel confianza y mayores costos de muestreo o reducir los costos pero con un menor grado de confiabilidad.

7. APROXIMACIÓN NORMAL A LA DISTRIBUCIÓN BINOMIAL

Ud. dirá qué tiene que hacer la distribución binomial a estas alturas de nuestro estudio?. Y no le faltará razón ya que ella quedó muchas páginas atrás y creímos que habíamos agotado su tratamiento.

Sin embargo, cuanto más cerca estemos de la teoría del muestreo, más aplicaciones hallaremos de la distribución binomial. La mayoría de los experimentos que se realizan sobre poblaciones de tamaño N, generan ensayos binomiales por cuanto interesa medir dos únicos resultados "el resultado favorable"; es decir, "el éxito" y su complemento: "el fracaso". Si los datos provienen de una encuesta sobre las preferencias de un mercado de consumidores, sobre las preferencias electorales, el número de productos defectuosos producidos por una máquina durante un día; etc., estamos hablando de modelos discretos y por ende, de modelos binomiales. Naturalmente si el muestreo se realiza sin reposición estaremos frente a una distribución Hipergeométrica. Esto significa que debemos tener cuidado de la forma cómo se realiza el experimento. Aunque no está demás decir que, si la población es infinita, estaremos hablando sólo de variables con distribución binomial.

Si en cada uno de estos casos el número de veces que se repite el experimento o tamaño de muestra es n, la Ley de los Grandes Números nos sugiere que debemos tomar tamaños de n lo suficientemente grandes.

Y como en el caso la aproximación de una distribución Binomial por la Distribución de Poisson, aquí surge nuevamente el problema: Evaluar probabilidades cuando n = 1200 y p = 0.25, por ejemplo.

Veamos un caso concreto: INRESA está incursionando en la fabricación de microondas. Por deficiencias de equipo o de personal, el porcentaje de productos defectuosos es de 5%. Si se inspeccionan 100 microondas la probabilidad de encontrar a lo más 4 defectuosas es

$$P(X \leq 4) = \sum_{x=0}^{4} \binom{100}{x}(0.05)^{x}(0.95)^{100-x}$$

y si la probabilidad fuera más pequeña? Y si el tamaño de muestra fuera más grande? Un primer problema surge cuando de encontrar n! se trata.

Usaremos el siguiente teorema de aproximación conocido como "la aproximación de De Moivre y Laplace" mediante el uso de la distribución normal.

La siguiente figura muestra las gráficas para B(n = 20, p = 0.5)   y   N(μ = 10, σ^2 = 5)   y para B(n = 50, p = 0.5)   y   N(μ = 25, σ^2 = 12.5), respectivamente.

Teorema

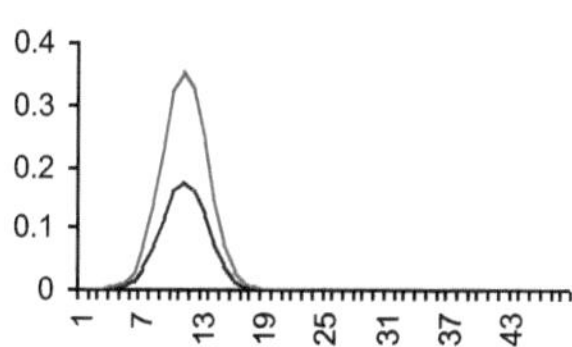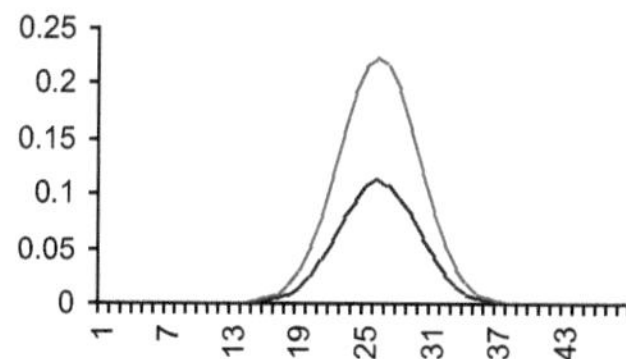

Sea X una variable aleatoria con distribución Binomial B(n, p). Si se define a

$$Y = \frac{X - np}{\sqrt{np(1 - p)}}$$

para un n, suficientemente grande entonces Y $\rightarrow$ N(0, 1). Esto quiere decir que

$$\lim_{n \to \infty} P(Y \leq y) \ = \ \Phi(y)$$ en términos de la distribución acumulada de Z$\rightarrow$N(0,1).

Observaciones

1. Esto sustenta a lo que decíamos anteriormente: Que podemos usar la distribución normal para resolver problemas binomiales. Observe el siguiente cuadro:

	n = 20, p = 0.2		n = 10, p = 0.5	
	Binomial	Normal	Binomial	Normal
0	0.011529	0.01830623	0.000976563	0.00170007
1	0.057646	0.0546523	0.009765625	0.01028484
2	0.136909	0.1193716	0.043945313	0.0417071
3	0.205364	0.19075528	0.1171875	0.11337165
4	0.218195	0.22301551	0.205078125	0.20657662
5	0.174559	0.19075528	0.24609375	0.25231325
6	0.109097	0.1193716	0.205078125	0.20657662
7	0.054549	0.0546523	0.1171875	0.11337165
8	0.022160	0.01830623	0.043945313	0.0417071
9	0.007386	0.00448613	0.009765625	0.01028484
10	0.002031	0.00080432	0.000976563	0.00170007
11	0.000461	0.0001055	#¡NUM!	0.00018837
12	8.6566E-05	1.0125E-05	#¡NUM!	1.3991E-05
13	1.3318E-05	7.1088E-07	#¡NUM!	6.9658E-07
14	1.6647E-06	3.6516E-08	#¡NUM!	2.3247E-08
15	1.6647E-07	1.3723E-09	#¡NUM!	5.2006E-10
16	1.3006E-08	3.7732E-11	#¡NUM!	7.7985E-12

La aproximación se da con mayor incidencia cuando n = 10 y p = 0.5.

2. Observe en dicho cuadro que, para valores mayores que 11, tanto en binomial como en la normal, los valores de probabilidad no son significativos. Esto se muestra en las tres siguientes gráficas.

Binomial con n = 10 , p = 0.5   Binomial con n = 20 y p = 0.2

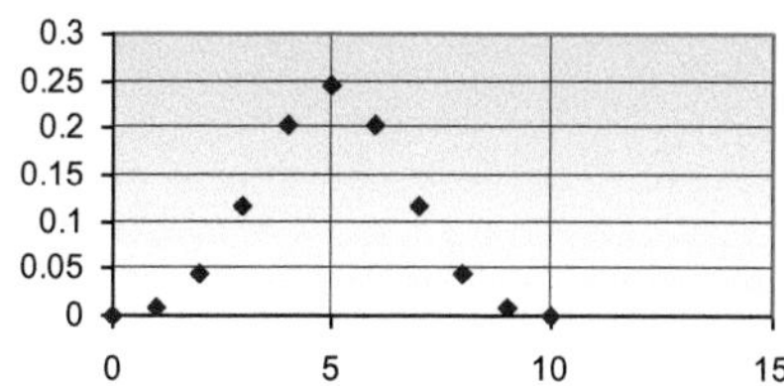
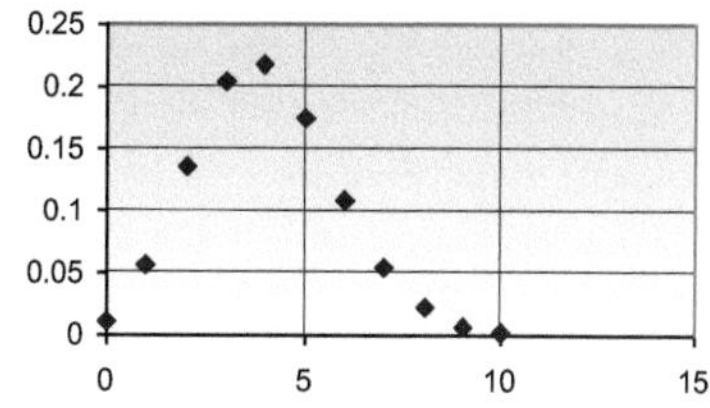

Binomial con n = 30, p = 0.2   Binomial con n = 100, p = 0.2

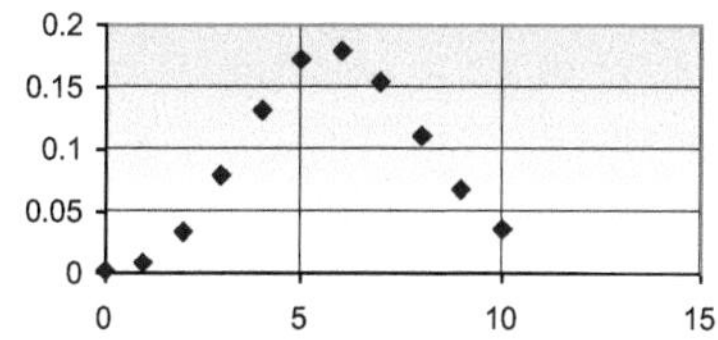
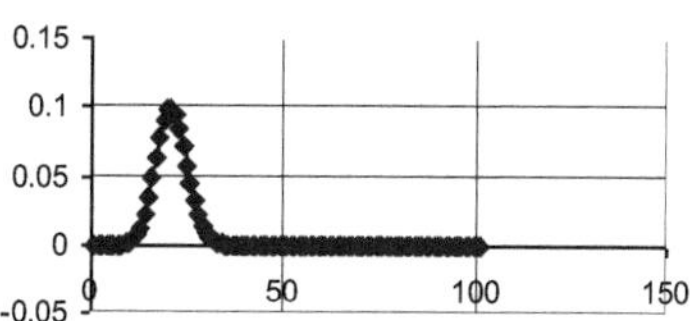

En el caso de la última gráfica se observa algo más, teniendo la variable una distribución Binomial, además de aproximarlo por la Normal, podemos confiar que dicha aproximación tiene validez para un n ≥ 30. Esto lo volveremos a notar en la siguiente sección.

3. Una última observación:

Se puede apreciar que, cuando n es pequeño, el cambio de una variable discreta a continua es bastante notorio. Una forma de ajustar esta aproximación es utilizando el llamado "Factor de Corrección por Continuidad" o FCC el cual se toma como ½. Esto implica que

i)   Para P(X ≤ k) se debe usar P(X ≤ k + ½)

ii)   Para P(X > k) se debe usar P(X ≤ k - ½)

iii) Para P(a ≤ X ≤ b) se debe usar P(a - ½ ≤ X ≤ b + ½)

En otras palabras

$$Y = \frac{X \pm \dfrac{1}{2} - np}{\sqrt{np(1-p)}}$$

Por ello

$$P(X \leq x) = P(Z \leq \frac{x + \frac{1}{2} - np}{\sqrt{npq}}) = \Phi\left(\frac{x + \frac{1}{2} - np}{\sqrt{npq}}\right)$$

$$P(X > x) = P(Z > \frac{x - \frac{1}{2} - np}{\sqrt{npq}}) = 1 - \Phi\left(\frac{x - \frac{1}{2} - np}{\sqrt{npq}}\right)$$

$$P(x_1 \leq X \leq x_2) = P(\frac{x - \frac{1}{2} - np}{\sqrt{npq}} \leq Z \leq \frac{x + \frac{1}{2} - np}{\sqrt{npq}}) = \Phi\left(\frac{x + \frac{1}{2} - np}{\sqrt{npq}}\right) - \Phi\left(\frac{x - \frac{1}{2} - np}{\sqrt{npq}}\right)$$

$$P(X = x) = P(x - \tfrac{1}{2} \leq X \leq x + \tfrac{1}{2}) = \Phi\left(\frac{x + \frac{1}{2} - np}{\sqrt{npq}}\right) = \Phi\left(\frac{x + \frac{1}{2} - np}{\sqrt{npq}}\right)$$

Ejemplo 20

En una población electoral muy grande, el 25% está a favor de cierto candidato. Si se elige aleatoriamente una muestra de 300 electores estime la probabilidad de que el número de electores a favor de dicho candidato esté entre 60 y 90.

Solución

Sea X la variable que representa "Número de electores a favor de dicho candidato".

Como $X \rightarrow B(n = 300, p = 0.25)$ entonces $\mu = np = 75$ y $\sigma^2 = npq = (7.5)^2$.

La **Solución** por Binomial será: $P(60 \leq X \leq 90) = \sum_{x=60}^{90} \binom{300}{x} (0.25)^x (0.75)^{300-x}$

La **Solución** mediante el teorema de aproximación por normal $N(75, 7.5^2)$, tenemos:

$$P(60 \leq X \leq 90) = P\left(\frac{60 - \frac{1}{2} - 75}{7.5} \leq Z \leq \frac{90 + \frac{1}{2} - 75}{7.5}\right) = \Phi(2.067) - \Phi(-2.067) = 0.9614$$

Ejemplo 21

Una empresa comercial está usando la Autopista de la Información para comercializar sus productos. Puesto que las estimaciones de mercado para sus productos le indican que posee un mercado de 100,000 clientes, desea realizar una encuesta por correo electrónico sobre las preferencias de sus clientes. Para ello selecciona una lista de 100 correos de su lista de distribución, para ofrecerles el producto. Si 30 o más de estos clientes responden afirmando estar interesados en dicho producto, procederá a la comercialización. En caso contrario, no.

¿Cuál es la probabilidad de que comercialice el producto cuando en realidad sólo el 20% de todos los clientes potenciales comprarían?

¿Cuál es la probabilidad de que no comercialice el producto cuando en realidad el 36% de todos los clientes lo comprarían?

Solución

Sea X la variable definida como el "Número de clientes que comprarían el producto".

$X \to B(n = 100, p = 0.2)$ donde $\mu = 20$ y $\sigma = 4$.

Por el teorema de De Moivre – Laplace: $X \to N(\mu = 20, \sigma^2 = 16)$

a) Sea A el evento "La empresa comercializa el producto".

$$P(A) = P(X \geq 30) = P(Z \geq \frac{30 - \frac{1}{2} - 20}{4}) = 1 - \Phi(2.375) = 1 - 0.9912 = 0.0088$$

Sin duda este resultado será muy desalentador para toda persona innovadora.

b) Si ahora $p = 0.36$, entonces $\mu = 36$ y $\sigma^2 = 23.04$

Luego

$$P(A') = P(X < 30) = P(Z < \frac{30 + \frac{1}{2} - 36}{\sqrt{23.04}}) = \Phi(-1.1458) = 0.1261 .$$

Ejemplo 22

Para decidir acerca de un proyecto de remodelación de un sector de Los Barrios Altos de Lima, el Concejo municipal decide seleccionar al azar una muestra de 100 unidades habitacionales de este sector. Si el 45% o más de ellas están en mal estado, se procede a la remodelación, en caso contrario no se hará la remodelación.

a) ¿Cuál es la probabilidad de que se haga la remodelación si sólo el 40% de todas las viviendas de ese sector están en mal estado?

b) ¿Cuál es la probabilidad de que no se haga la remodelación si el 50% de las viviendas de ese sector están en mal estado?

Solución

Definamos a la variable X como "Número de unidades habitacionales que se encuentran en mal estado". Según los datos, $X \to B(n = 100, p = 0.40)$.

Aproximando por normal, $\mu = 40$ y $\sigma^2 = 24$.

Sea A el evento "La municipalidad realiza la remodelación"

a) $P(A) = P(X \geq 45) = P(Z \geq \frac{45 - 0.5 - 40}{\sqrt{24}}) = 1 - \Phi(0.9185) = 1 - 0.8212 = 0.1788$

b) Si ahora $p = 0.5$, entonces $\mu = 50$ y $\sigma^2 = 25$.

En este caso $P(A) = P(X \geq 45) = P(Z \geq \frac{45 - 0.5 - 50}{5}) = 1 - \Phi(-1.1) = 1 - 0.1357 = 0.8643$

8. TEOREMA DEL LIMITE CENTRAL

Presentación

La Ley de los Grandes Números es importante por la manera cómo tiende un puente a través del cual la teoría estadística, basada en la recolección de los datos históricos y estadísticos practicados sobre una parte (muestra) de la población, nos permite inferir resultados sobre el comportamiento de la población a través de la estimación de sus parámetros. De esta forma, una encuesta practicada a 1200 personas, extraída de una población de más de 5 millones, nos permite afirmar ciertos modelos de comportamiento poblacional, con un mínimo riesgo traducido en errores de muestreo y en los niveles de confianza.

El teorema que vamos a enunciar ahora es también de una gran importancia en la estadística. Si la Ley de Grandes Números es un puente entre la teoría (p probabilidad de éxito) y la práctica (f_r frecuencia relativa), permaneciendo en vigencia los diferentes modelos de probabilidad (binomial, poisson, exponencial, normal, etc.), el Teorema del Límite Central (TLC) nos permitirá darle un tratamiento normal a todos los datos provenientes de cualquier modelo poblacional, requiriendo sólo el cumplimiento mínimo del número de repeticiones del ensayo(tamaño de muestra) y la independencia entre los resultados de cada ensayo.

A continuación pasamos enunciar el teorema en sus dos versiones.

TEOREMA DEL LIMITE CENTRAL

Sea X_1, X_2, ..., X_n ... un conjunto de variables aleatorias independientes con $E[X_i] = \mu_i$ y $V[X_i] = \sigma^2_i$ para i = 1, 2, ..., n, ... Sea S la variable aleatoria definida como la suma de todas las Z_i tal que

$S = X_1 + X_2 + ... + X_n$

Luego, para un tamaño de n, suficientemente grande, la variable Z_n definida por

$$Z_n = \frac{S - \sum_{i=1}^{n} \mu_i}{\sqrt{\sum_{i=1}^{n} \sigma_2}},$$

tendrá una distribución normal N(0, 1), para el cual $\displaystyle \lim_{n \to \infty} G_n(z) = \Phi(z)$ donde G_n representa la distribución acumulada de Z_n .

La demostración de este teorema y el que veremos después, caen fuera de las intenciones de este texto.

Observaciones

1. Si Ud. observa detenidamente a la forma cómo se calcula Z_n se dará cuenta que no difiere en nada de los Z que se define en la Propiedad Reproductiva de la normal. Dónde está entonces la diferencia?. Volvamos al enunciado de este teorema y comparemos con el de la propiedad reproductiva **de la normal**. En el presente teorema(TLC) nada se dice de la distribución de las X_i . Sólo necesitamos que sus medias y varianzas existan y sean finitas.

2. *__Un tamaño de n, suficientemente grande que adoptaremos será n $\geq$ 30.__*

   Las siguientes figuras, que muestra la gráfica de la distribución de Poisson y Exponencial, adicionales a la tercera gráfica, en la aproximación de Binomial a Normal(visto anteriormente), nos relevan de mayores comentarios.

Poisson con n = 50,   p = 0.1

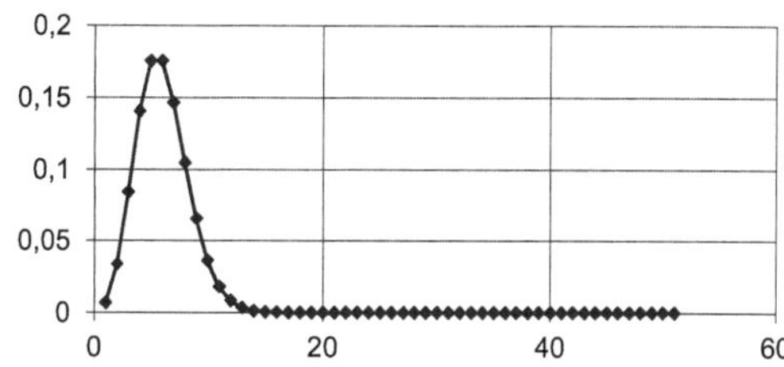

Exponencial con $\alpha = 1/5$ (n = 50, p = 0.1)

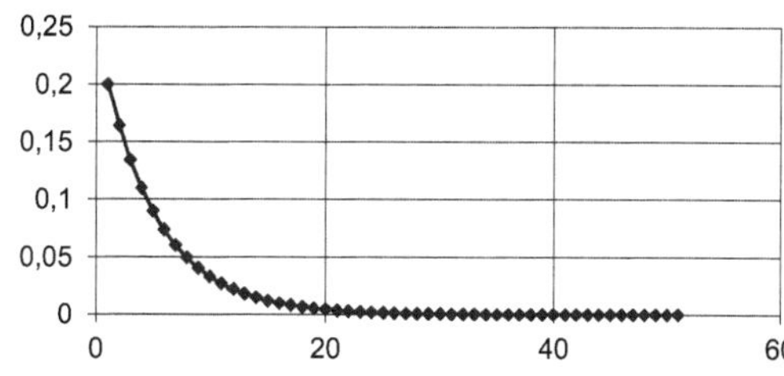

En ellos se puede apreciar que, para n > 20, las probabilidades son insignificantes

3. La importancia de ese teorema radica en que podemos utilizar la distribución Normal para resolver todo tipo de problemas con la única condición de que **n** sea mayor o igual a 30.

4. No se requiere trabajar con todos los elementos de la población; es suficiente disponer de información de un subconjunto de ella, llamada muestra, cuyo tamaño sea por lo menos de 30, para aplicar la distribución normal.

5. Es mas, gracias a este teorema podemos utilizar los resultados obtenidos en una muestra de tamaño n, e inferir resultados sobre el comportamiento de la población.

Por esta razón las diversas firmas encuestadoras, con un mínimo gasto, un tamaño adecuado de muestra y con una pareja de supuestos, puede pronosticar el vencedor de una contienda electoral "si mañana fueran las elecciones presidenciales".

6. No se requiere conocer el tipo de distribución de los elementos que conforman la muestra.

TEOREMA

Sea X_1, X_2, ..., X_n ... un conjunto de variables aleatorias independientes que tienen la misma distribución; es decir $E[X_i] = \mu$ y $V[X_i] = \sigma^2$ para $i = 1, 2, ..., n, ...$ Definamos también a S como $S = X_1 + X_2 + ... + X_n$ Luego, para un **n** suficientemente grande, la variable Z_n definida por

$$Z_n = \frac{S - n\mu}{\sqrt{n}\sigma},$$

tendrá una distribución normal N(0, 1), para el cual $\displaystyle \lim_{n \to \infty} G_n(z) = \Phi(z)$ donde G_n

Observaciones.

1. Según este teorema, si las X_i provienen de poblaciones que tienen la misma distribución, podemos usar la distribución normal toda vez que **n** sea suficientemente grande.

2. Se puede usar cualquiera de las versiones del TLC.

Ejemplo 23

Al sumar números, una computadora aproxima cada número al entero más próximo. Supongamos que todos los errores de aproximación son independientes y están distribuidos uniformemente en el intervalo (-0.5, 0.5).

a) Si se suman 1500 números, ¿cuál es la probabilidad de que la magnitud del error total exceda a 15?

b) ¿Cuántos números deben sumarse juntos a fin de que la magnitud del error total sea menor que 10, tenga probabilidad igual a 0.90?

Solución

Sea X la variable definida como "La magnitud del error al aproximar un número". Puesto que X $\rightarrow$ U(-0.5, 0.5) entonces $\mu = 0$ y $\sigma^2 = 1/12$.

Para aplicar el TLC en su segunda versión, definamos a T como "La magnitud del error total" cuya $\mu_T = 1500(0) = 0$ y $\sigma_T^2 = 1500(1/12)$.

a) $P(T > 15) = P(Z > \dfrac{15 - 0}{\sqrt{\dfrac{1500}{12}}}) = 1 - \Phi(1.3416) = 0.1801$

b) La ecuación que define a la pregunta es $P(T < 10) = 0.90$

$$P(T < 10) = P(Z < \dfrac{10 - n(0)}{\sqrt{n(\dfrac{1}{12})}}) = \Phi(\dfrac{10\sqrt{12}}{\sqrt{n}}) = 0.90$$

De donde $\dfrac{10\sqrt{12}}{\sqrt{n}} = Z_{0.90} = 1.282$

Resolviendo la ecuación encontramos n = 730

Ejemplo 23

Un camión de distribución de mercaderías transporta cajones cargados de artículos varios. Si el peso de cada cajón está normalmente distribuido con una media de 50 kilos y una desviación de 5 kilos, ¿cuántos cajones deben ser transportados en el camión de tal forma que la probabilidad de que la carga total exceda a una tonelada sea sólo de 0.1?

Solución

Sea X_i el peso del i-ésimo cajón tal que $\mu = \mu_i = 50$ y $\sigma = \sigma_i = 5$. Definamos también a T como el peso de todos los n cajones transportados por el camión. Debemos encontrar

$$P(T > 1000) = P\left(Z > \dfrac{1000 - 50n}{5\sqrt{n}} \right) = 0.10$$

De esto obtenemos $1000 - 50n = 6.41n^{0.5}$. De donde n = 20.589; es decir $n \approx 21$.

Ejemplo 24

Un conjunto de artículos cuyo peso promedio es de 10 gramos y una desviación estándar de 2 gramos, son empacados en cajas de 50 unidades. Se sabe que las cajas vacías pesan en promedio

500 gramos, con una desviación de 25 gramos. Suponiendo que el peso del producto y el de las cajas son independientes, calcular la probabilidad de que una caja llena pese más de 1050 gramos.

Solución

Sea X_i el peso del i-ésimo artículo tal que $\mu = \mu_i = 10$ y $\sigma = \sigma_i = 2$. Sea W el peso de una caja vacía con $\mu = 500$ y $\sigma = 25$.

Si definimos T como el peso de una caja llena.

Entonces, de acuerdo al problema $T = \sum_{i=1}^{50} X_i + W$

De donde, reemplazando valores tenemos $\mu_T = 50\mu + 500 = 1000$ y $\sigma^2_T = 50(4)+625 = 825$. Luego

$$P(T > 1050) = P\left(Z > \frac{1050 - 1000}{\sqrt{825}} \right) = 1 - \Phi(1.74) = 1 - 0.9591 = 0.0409$$

Ejemplo 25

Las ventas diarias de una empresa comercializadora de productos medicinales se distribuye exponencialmente con una media de 1500 dólares. Si se observan las ventas de los últimos 40 días y se desea calcular la venta total del período, ¿cuál debe ser el valor de esta venta total si queremos que la probabilidad de no sobrepasarla sea de 95%?

Solución

Sea X_i el monto de venta del i-ésimo día. Puesto que X_i se distribuye exponencialmente con una media de 1500 dólares entonces $\sigma = 1500$ dólares.

Si definimos a V como el monto total de las ventas del período, entonces $V = \sum_{i=1}^{40} X_i$ cuya distribución es $\mu_V = 40(1500) = 60000$ y $\sigma_V = 1500\sqrt{40} = 9486.83$

De acuerdo al problema, se tiene $P(V \leq K) = 0.95$

Resolviendo por normal, tenemos

$$P(V \leq K) = P\left(Z \leq \frac{K - 60000}{1500\sqrt{40}} \right) = 0.95 \text{ De esto obtenemos } \frac{K - 60000}{1500\sqrt{40}} = 1.645$$

Resolviendo esta última ecuación encontramos K = 75605.0585

1. Escriba todas las formas equivalentes de la desigualdad en la Ley de los Grandes Números. Qué relación encuentra con la Desigualdad de Chebyshev?

2. Use la aplicación Calc del OpenOffice para demostrar experimentalmente el Teorema correspondiente a la Ley de los Grandes Números.

3. Sean X_1 , X_2 y X_3 variables aleatorias independientes donde $X_1 \rightarrow N(4, 5)$, $X_2 \rightarrow N(6, 4)$ y $X_3 \rightarrow N(8, 1)$. Si Y es una variable aleatoria definida como $Y = 2X_1 - 3X_2 + 5X_3$. Encuentre la distribución de probabilidad de Y. Evalúe la probabilidad $P(Y < 40)$.

4. La capacidad máxima de un ascensor es de 700 Kg. Si el peso de las personas que usan el ascensor se distribuye normalmente con una media de 65 Kg. y una desviación estándar de 10 Kg., ¿cuál es la probabilidad de que el peso total de 10 pasajeros sobrepase la capacidad del ascensor?

5. Un automóvil marca Tico de 4 asientos tiene una capacidad máxima de 350 Kg. Suponiendo que viajan 4 personas incluido el piloto, cuyos pesos están distribuidos normalmente con una media de 70 Kg y una desviación estándar de 20 kg, y que además los pesos de los equipajes individuales están distribuidos normalmente con una media de 20 kg y una desviación de 5 kg. Encuentre la probabilidad de que haya sobrecarga si el piloto no consideró el peso de los equipajes?

6. Un centro de hospedaje turístico ha decidido realizar reservaciones por encima de su capacidad real. Sabe que esto reduce sus pérdidas por los pasajeros que no hace efectivo la reserva. Por datos históricos uno de estos centros sabe que el cerca el 10% de las reservaciones no se hacen efectivas. Si para la presente temporada veraniega acepta 215 reservaciones y sólo dispone de 200 habitaciones, ¿cuál es la probabilidad de que todos los clientes que lleguen a reclamar su reservación consigan su habitación?

7. Supóngase que las variables aleatorias X_1 , X_2 ..., X_{50} representan la vida útil de 50 tubos electrónicos, T_1 , T_2 ... , T_{50} . Estos tubos se usan de la siguiente manera: Tan pronto como falla T_1 empieza a funcionar T_2 ; cuando falla T_2 empieza a funcionar T_3 , etc. Suponga que las X_i , $i = 1, 2, ..., 50$ tienen la misma distribución de probabilidad de manera que la probabilidad de que un tubo electrónico esté funcionando después de una hora es $1 - e^{-1/500}$.

Cuál es la probabilidad de que el tiempo de funcionamiento de los 50 tubos esté comprendido entre 26,000 y 28,000 horas?

8. Doscientos cincuenta artículos son empacados en cajas. Los pesos de los diversos artículos se consideran variables aleatorias independientes con una media de 0.5 libras y una desviación estándar de 0.10 libras. Si se colocan 20 cajas en un camión; calcular la probabilidad de que el peso de estas cajas exceda los 2510 libras(considere despreciable el peso de las cajas).

9. Los tiempos de atención a los clientes de una caseta de peaje se consideran variables aleatorias con una distribución uniforme entre 10 y 12 segundos. ¿Cuál es la probabilidad aproximada de que la atención a 100 clientes consuma más de 20 minutos?

10. En una distribuidora de pisco para exportación a Chile, se observa que el número de botellas de pisco exportados mensualmente es una variable aleatoria con media 257 y una desviación estándar de 20. Cada botella de pisco puesto en un establecimiento chileno cuesta 5 dólares. Si los clientes potenciales que tiene esta distribuidora en Chile es de 64 establecimientos,

    a) obtener la distribución de probabilidad del monto total de dinero obtenido mensualmente por esta distribuidora.

    b) Calcule e interprete $P(T > 80000)$

    c) Encuentre el valor de T que ocurre con probabilidad de 5%

11. Una experimentada cajera postula a una vacante en un centro comercial. Ella afirma que puede atender, sin ningún inconveniente, a 100 clientes en menos de 2 horas. Para comprobar tal afirmación se le sometió a una prueba que dio como resultado un tiempo medio de atención por cliente de 1.5 minutos con una desviación de 1 minuto. ¿Cuál es la probabilidad de que la cajera realmente pueda atender a 100 cliente en menos de 2 horas?.

12. Si el 20% de los usuarios de la Vía Expresa tienen por lo menos un accidente anualmente, ¿cuál es la probabilidad de que el porcentaje para 300 usuarios exceda el 25% durante el próximo año?

13. Consulta S.A. entrevista a 1200 electores a fin de estimar la proporción de los electores que planean votar por un determinado candidato. ¿Cuál debe ser la verdadera proporción **p** para que dicho candidato pueda estar el 95% seguro de que la mayoría de los entrevistados votarán por él?

14. Un determinado laboratorio afirma que un determinado medicamento recientemente lanzado al mercado es capaz de neutralizar los efectos nocivos del virus del SIDA en el 80% de las veces. Para comprobar esto una dependencia del Ministerio de Salud decide aplicar la droga a una muestra de 100 pacientes y decide aceptar como válida tal afirmación si en 75 o más se advierte los síntomas pregonados.

    a) ¿Cuál es la probabilidad de que tenga que rechazar tal afirmación?

b) ¿Cuál es la probabilidad de aceptar la afirmación si la probabilidad de curación es tan baja como de 0.7?

15. En una encuesta realizada para estimar el tanto por ciento p del número de personas que apoyan un cierto proyecto de ley, ¿cuántas personas deben ser consultadas para que con probabilidad mayor o igual que 0.95, el porcentaje de la muestra difiera de p, menos de un 1% en los casos siguientes: a) se sabe que p < 30%, y b) p es desconocido.

16. Una compañía aérea sabe que, como media, el 90% de los pasajeros que reservan plaza finalmente la usan. Con esta información decide aceptar 110 reservas por cada 100 plazas realmente disponibles.

Suponiendo que los clientes de la compañía actúan independientemente y que la demanda supera en mucho a la oferta de plazas, razonar, mediante la Ley de los Grandes Números, si es justificable la decisión de la compañía.

Calcular aproximadamente la probabilidad de que en un vuelo concreto con 300 plazas se produzca "overbooking" (se encuentre más pasajeros que asientos)

17. Se lanzan tres monedas A, B y C. La moneda A tiene dos caras, la probabilidad de que salga cara con la moneda B es 2/3, y la moneda C está perfectamente equilibrada. Sea Y_n el número medio de caras obtenidas en n tiradas de las tres monedas. Hallar n para que

$$P(|Y_n - E[Y_n]| > \frac{1}{6}) < \frac{1}{10}.$$

a)   Usando la desigualdad de Chebyshev

b)   Usando el Teorema del Límite Central

18. Calcular la probabilidad de ganar que tiene una persona que apuesta 100 pesetas a que el número de caras en 100 tiradas de una moneda equilibrada, difiere de 50, al menos en 4. ¿Cuál será aproximadamente su ganancia si repite el juego 1000 veces?.

19. En el siglo XVI se realizó en Alemania el siguiente experimento para llegar a una medida del "pie". Un domingo cualquiera se midió a cada uno de los 60 primeros hombres que llegaron a la iglesia, la longitud de su pie izquierdo. Después de este experimento a la longitud media que se obtuvo se le denominó "pie legal".

Si la longitud media del pie izquierdo de un hombre adulto en Alemania era μ y la desviación típica 12 mm., calcular la probabilidad de que dos "pies legales" definidos respecto a dos grupos distintos de hombres difieran en más de 5 mm.

¿A cuántos hombres se deberá medir el pie izquierdo para que, con probabilidad 0.99, la dimensión media de sus pies difiera de μ en menos de 0.5 mm?. Y si la desviación típica es desconocida?

20. Una máquina de empaquetado automático de cereales deposita en cada paquete 81.5 gramos por término medio, con una desviación estándar de 8 gr. El peso medio del paquete vacío es de 14.5 gr., con una desviación de 6 gr. Ambas distribuciones son normales e independientes. Se pide:

a) Calcular la distribución del peso de los paquetes llenos

b) Obtener la distribución conjunta del peso del paquete lleno y del producto que contiene.

c) Si los paquetes llenos se distribuyen de 40 en 40, en cajas con peso medio, cuando están vacías, de 520 gr., y con una desviación de 50 gr.(asumimos también normalidad), obtener la distribución de probabilidad del peso de las cajas llenas

d) Halle la probabilidad de que una caja vacía pese menos que 5 paquetes llenos.

10. OTRAS DISTRIBUCIONES CONOCIDAS

La estadística dispone de otras variables aleatorias con distribuciones conocidas las que por lo general son útiles en la aplicación de problemas de muestreo, cuando el tamaño de muestra es pequeño; es decir, cuando no se puede aplicar el TLC.

Estas distribuciones son:

χ^2 : La distribución Chi – cuadrado

t : La distribución t de Student

F : La distribución F de Fisher

Haremos un estudio muy breve de cada una de ellas y emplearemos el Minitab para resolver problemas de probabilidad; y más tarde volveremos a usarlas para resolver problemas de muestreo y distribución muestral en los casos en que el tamaño de muestra es pequeño. Para ello definiremos la distribución Gamma ya que, como veremos, las anteriores son derivaciones de ésta.

FUNCION GAMMA

Diremos que f es la función gamma si se cumple que

$$\Gamma(\alpha) = \int_0^\infty x^{\alpha-1} \cdot e^{-x} \cdot dx \quad \alpha > 0 \quad x > 0$$

Si $\alpha = 1$ entonces $\Gamma(1) = \int_0^\infty e^{-x} dx = 1$

Si $\alpha = n$, $n \, \varepsilon \, N$, entonces $\Gamma(n) = (n-1)!$

DISTRIBUCIÓN GAMMA

Sea X una variable aleatoria continua. Diremos que X es una variable que tiene distribución Gamma, de parámetros α y β, si su función de densidad de probabilidad viene dada por

$$f(x) = \begin{cases} \dfrac{1}{\beta^\alpha \cdot \Gamma(\alpha)} \cdot x^{\alpha-1} \cdot e^{-\frac{x}{\beta}} & si \ x > 0 \\ 0 & si \ x \leq 0 \end{cases} \quad \alpha > 0 \ y \ \beta > 0$$

y la denotaremos por $X \to G(\alpha, \beta)$

donde $\Gamma(\alpha)$ es la función gamma.

Un esbozo de la gráfica de esta distribución es la siguiente

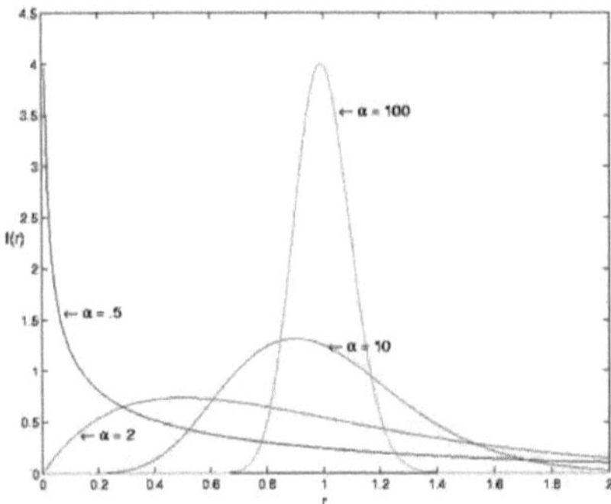

En la cual se muestra la gráfica para distintos valores del parámetro α.

Propiedades

P1. Si $X \to G(\alpha, \beta)$ entonces $\mu = \alpha\beta$ y $\sigma^2 = \alpha\beta^2$

P2. Si $X \to G(\alpha, \beta)$ y $\alpha = 1$ la distribución de X se define como Exponencial de parámetro $1/\beta$

Otra gráfica:

La siguiente figura muestra la gráfica de la distribución gamma para diferentes valores de sus parámetros, construidos en MS Excel.

DISTRIBUCIÓN CHI – CUADRADO: X^2

Sea X una variable aleatoria. Diremos que X tiene distribución Chi – cuadrado a la que

denotaremos por $X \to \chi^2(v)$, donde v es el parámetro, si su función de densidad viene dada por

$$f(x) = \begin{cases} \dfrac{1}{2^{\frac{v}{2}} \cdot \Gamma\left(\dfrac{v}{2}\right)} \cdot x^{\frac{v}{2}-1} \cdot e^{-\frac{x}{2}} & \text{si } x > 0 \\[2em] 0 & \text{si } x \leq 0 \end{cases}$$

<u>Observación:</u>

Esta distribución también es un caso particular de la distribución gamma en la cual hemos hecho $\beta = 2$ y $\alpha = v/2$.

InstaCalc:

Gráfica en R:

x = 0:30

f=dchisq(x,4)

plot(x,f,type="l",col="red")

par(new=TRUE)

f=dchisq(x,6)

plot(x,fx,type="l",col="blue")

par(new=TRUE)

f=dchisq(x,9)

plot(x,fx,type="l",col="green")

par(new=TRUE)

f=dchisq(x,12)

plot(x,fx,type="l",col="magenta")

En Python

x=np.linspace(0,30)

f = st.chi2.pdf(x,5)

plt.plot(x,f)

f = st.chi2.pdf(x,8)

plt.plot(x,f)

f = st.chi2.pdf(x,12)

plt.plot(x,f)

Propiedades

P1. Si $X \rightarrow \chi^2(v)$ entonces $\mu = v$ y $\sigma = 2v$; donde v representa grados de libertad

P2. Si $Z \rightarrow N(0, 1)$ entonces $Z^2 \rightarrow \chi^2(1)$

P3. Si Z_1, Z_2, ..., $\mathbf{Z_n}$ son tales que $Z_i \to N(0, 1)$ entonces $T = \sum_{1}^{n} Z_i^2 \to \chi^2\ (n)$

P4. Si $X \to N(\mu, \sigma^2)$ y si definimos a $Z = \dfrac{X - \mu}{\sigma}$ entonces $Z^2 \to \chi^2\ (1)$

P5. Si X_1, X_2, ..., X_n son variables tales que $X \to N(\mu, \sigma^2)$ entonces $\sum \left(\dfrac{X - \mu}{\sigma} \right)^2 \to \chi^2$

P6. Si $V = \dfrac{(n-1)s^2}{\sigma^2}$ o $V = \dfrac{\sum (X - \overline{X})^2}{\sigma^2}$ entonces $V \to \chi^2_{(n-1)}$

Su gráfica

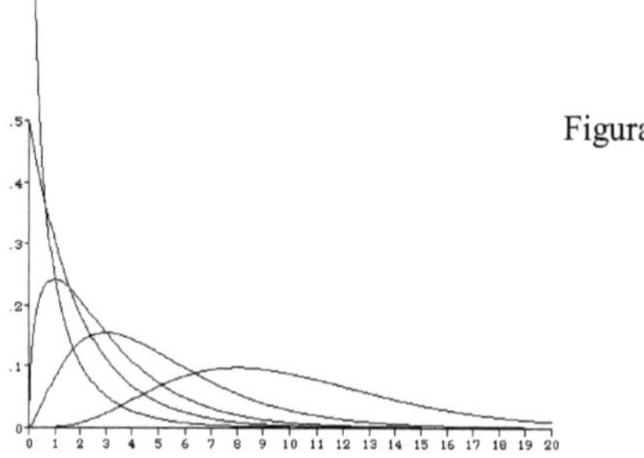

Figura 124

La gráfica de esta distribución se aprecia en la figura anterior. Obsérvese que, a diferencia de la normal, ésta no es una distribución simétrica.

DISTRIBUCIÓN T DE STUDENT

Sea X una variable aleatoria continua. Diremos que X tiene distribución t de Student lo que denotaremos por $T \to t(\mathbf{m})$, si su función de densidad viene dada por

$$f(x) = \frac{\Gamma(\frac{m+1}{2})}{\Gamma(\frac{m}{2})\sqrt{m\pi}} \frac{1}{(1 + \frac{1}{m}x^2)^{\frac{m+1}{2}}} \qquad -\infty < x < +\infty$$

donde el parámetro $\mathbf{m}$ representa los grados de libertad.

La gráfica de esta distribución se muestra en la siguiente figura

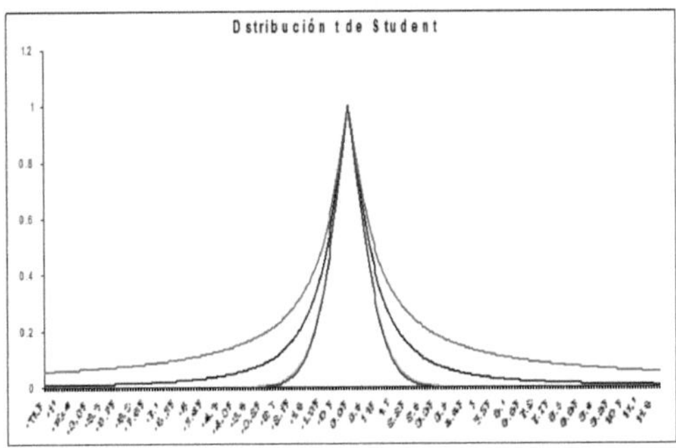

Figura 125

Observación 1:

Si expandimos los valores de la variable en los alredededores de su valor central, la gráfica podría presentar un máximo bastante suavizado visualizándose como la campana de Gauss.

Esto se aprecia en la siguiente figura

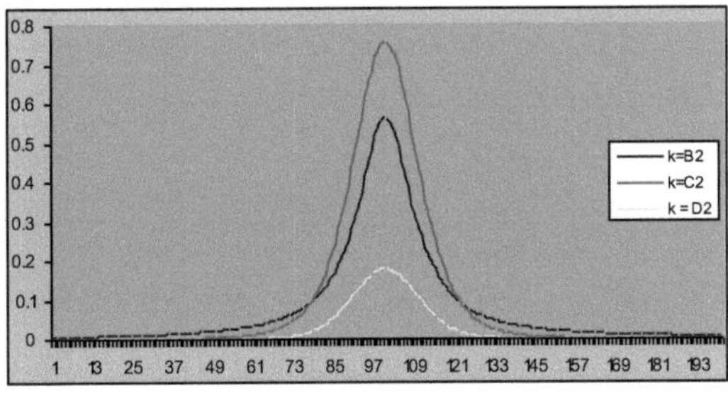

Figura 126

Observación 2

Como se puede apreciar en la definición, esta función es simétrica y gozar por tanto de la misma propiedad de una variable normal:

P(-a < X < a) = 2 F(a) -1

Teorema

Si X $\rightarrow$ t(m) entonces $\mu = 0$ y $\sigma^2 = \dfrac{m}{m-2}$, m > 2

Propiedades

P1. *Si* $Z \rightarrow N(0,1); V \rightarrow \chi^2_{(n)}$ entonces la variable T definida como $T = \dfrac{Z}{\sqrt{\dfrac{V}{n}}} \rightarrow \tau(n)$

P2. $Z = \dfrac{\overline{X} - \mu}{\sigma/\sqrt{n}} \rightarrow N(0,1)$ **y** $V = \dfrac{(n-1)s^2}{\sigma^2} \rightarrow \chi^2_{(n-1)}$ entonces $T = \dfrac{Z}{\sqrt{\dfrac{V}{n-1}}} \rightarrow \tau(n-1)$

P3. Si $T = \dfrac{\overline{X} - \mu}{s/\sqrt{n}}$ *entonces* $T \rightarrow \tau(n-1)$

<u>DISTRIBUCIÓN F DE FISHER</u>

Sea X una variable aleatoria continua con f su función de densidad de probabilidad. Diremos que X tiene distribución F de Fisher y lo denotaremos por X $\rightarrow$ F(n, m) con **n número de grados de libertad del numerador** y **m número de grados de libertad del denominador**, cuya función de densidad es la siguiente:

$$f(x) = \frac{\Gamma(\frac{m+n}{2})}{\Gamma(\frac{m}{2})\Gamma(\frac{n}{2})} \left(\frac{m}{n}\right)^{\frac{m}{2}} \frac{x^{\frac{m-2}{2}}}{\left(1+\dfrac{m}{n}x\right)^{\frac{m+n}{2}}} \qquad x > 0$$

donde $\Gamma(.)$ es la función Gamma.

La gráfica de esta distribución se puede apreciar en la siguiente figura

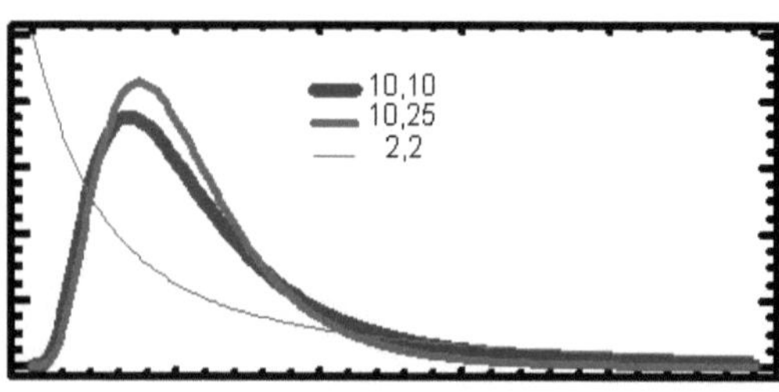

Figura 127

Propiedades

P1. Si X $\rightarrow$ F(m, n) entonces μ = n /(n-2)   y σ = [2n(n+m-2)] /[m(n-2)²(n-4)] donde n representa los grados de librertad del numerador y m los grados de libertad del denominador.

P2. $Si\ U \rightarrow \chi^2_{(m)}$ **y** $Si\ V \rightarrow \chi^2_{(n)}$ entonces $F = \dfrac{U/m}{V/n} \rightarrow F(m, n)$

P3. $X_i \rightarrow N(\mu_1, \sigma_1^2)$ **y** $Y_i \rightarrow N(\mu_2, \sigma_2^2)$ entonces $F = \dfrac{s_1^2/\sigma_1^2}{s_2^3/\sigma_2^2} \rightarrow F(n_1-1, n_2-1)$

P4. $F_{1-\alpha}(n,m) = \dfrac{1}{F_\alpha(m,n)}$

EJERCICIOS

A continuación resolveremos algunos ejercicios referidos a estas variables:

Nota:

Siendo de aplicación directa, use en Minitab, la distribución correspondiente para resolverlos. Para ello recuerde que a cada uno de ellos debe ponerlos en la forma F(a) = P(X ≤ a) a fin de aplicar la distribución acumulativa

Para una variable aleatoria X, con distribución Chi-Cuadrado con 15 **gl**, encuentre:

a) P(X < 3.89)   **b) P(X > 12.495)**   **c) P(1.58 < X < 10)**

Rpta: a) 0.0019243   b) 1-0.358759   c) 0.180260 - 0.0000061

Para una distribución Chi-Cuadrado, encuentre el valor de **a**, en cada caso:

a) $P(\chi^2_{(8)} < a) = 0.95$ b) $P(\chi^2_{(10)} > a) = 0.5$ c) $P(\chi^2_{(18)} > a) = 0.99$

Rpta. a) 15.5073   b) 18.3070   c) 7.01491

Para una v.a. X con distribución t de Student y con 20 grados de libertad, encuentre:

a) P(X < -1.594)   b) P(X > 2.49)   **c) P(-1.58<X<1)**   **d) P(|X| > 1.89)**

Rpta. a) 0.0633089   b) 1-0.989154   c) 0.835372 – 0.0648966   d) 0.07334

Para una distribución t de Student, encuentre el valor de **a** en cada caso:

a) $P(t_{(10)} > a) = 0.025$ b) $P(t_{(15)} > a) = 0.10$ c) $P(1.476 < t(5) < a) = 0.075$

Rpta. a) 2.22814   b) 0.34061   c) $F(a) = 0.075 + F(1.476)$; $a = 0.81283$

Para una v.a. X con distribución F, con 5 grados de libertad en el numerador y 8 grados de libertad en el denominador, encuentre

a) $P(X < 2.86)$ b) $P(X > 0.875)$ c) $P(0.25<X<3.84)$ d) $P(|X|<5)$

Rpta. a) 0.909794   b) 1-0.462061   c) $0.95478 - 0.0716954$ d) 0.977426 - 0

Para una distribución F, encuentre el valor de **a**, en cada caso:

a) $P(F(12,9) < a) = 0.4785$ b) $P(F_{(14,16)} > a)=0.2475$ c)$P(a< F(21,19) < 2.5)=0.9584$

Rpta. a) 0.984888   b) 1.42265   c) $F(a) = F(2.5) - 0.9584$; $a = 0.01694$

Para cada uno de los siguientes casos, hallar la probabilidad correspondiente:

Si $X \rightarrow \chi^2_{(17)}$, hallara a y b tal que $P(a < X < b) = 0.88$ y $P(X > b) = 0.02$

Sugerencia: Primero encuentre b, luego resuelva $P(a < X < b) = 0.88$

Si $X \rightarrow t(9)$, hallar $P(X \geq 1.1)$, $P(-0.703 \leq X \leq 4.297)$, $P(X \leq -2.398)$

Si $X \rightarrow t(6)$, hallar c tal que $P(X > c) = 0.10$

Si $X \rightarrow F(4,5)$, hallar $P(X \geq 5.19)$, $P(3.52 \leq X \leq 15.56)$, $P(X \leq 7.39)$

Si $X \rightarrow F(2,3)$, hallar c de tal manera que $P(X \geq c) = 0.05$

Si X es una variable aleatoria con distribución Chi – Cuadrado con 23 grados de libertad, calcular a y b tal que $P(a < X < b) = 0.95$ y $P(X < a) = 0.05$

Abra el archivo <u>Grafica de Chi-t-F.xls</u>. Observe la forma de la gráfica de cada una de las distribuciones. Modifique el valor de los parámetros de las distribuciones Chi – Cuadrado y t de Student y observe cuándo su comportamiento es aproximadamente normal.

Modifique los valores de los grados de libertad y observe la gráfica resultante. Qué conclusión obtiene si los grados de libertad (directamente relacionados con el tamaño de muestra) se incrementan?.

Tomando en cuenta las gráficas que se muestran en el archivo del ejercicio anterior, ¿cuál de estas distribuciones es simétrica respecto al eje Y? ¿En cuál de estas distribuciones se puede aplicar las siguientes propiedades de la distribución acumulada?:

$F(-k) = P(Z \leq -k) = P(Z > k) = 1- P(Z \leq k) = 1 – F(k)$

$P(-k \leq Z \leq z) = 2 F(k) -1$

Sean X, Y, W, U variables aleatorias independientes tales que $X \rightarrow N(40, 25)$;

$Y \rightarrow \chi^2 (10)$; $W \rightarrow \chi^2 (5)$; $U \rightarrow t(7)$. Hallar el valor de k tal que:

$P[(X-40)^2 > k] = 0.10$

Como $X \rightarrow N(40, 25)$, al dividir la expresión entre 25 obtenemos

$$P[\frac{(X-40)^2}{25} > \frac{k}{25}] = 0.10 \quad de\ donde \quad P[\left(\frac{X-40}{5}\right)^2 > \frac{k}{25}] = 0.10$$

La expresión del primer miembro es Z^2 lo cual, según la propiedad 2 de χ^2 se distribuye χ^2 con un grado de libertad. Por tanto $P(\chi^2 (1) > k/25) = .10$

De donde $P(\chi^2 \leq k/25) = 0.90$

Usando Inverse de Minitab encontramos: $k = 67.6385$

$P(k < W + Y < 27.488) = 0.95$

En este caso las W e Y tienen distribución χ^2 y como son dos variables, el número de grados es de libertad es 2. Luego $P(k < \chi^2 (12) < 27.488) = 0.95$

Usando Minitab, encontramos $F(27.488)-F(k) = 0.95 \rightarrow F(k) = 0.974997 - 0.95$

De donde $k = 6.262$. Hemos usado grados de libertad $= 5 + 10 = 15$

$$P(\frac{W}{Y} < k) = 0.90$$

Qué variable se genera al dividir dos variables que son χ^2 ?   F(5, 10)

$P(| U | > k) = 0.20 \rightarrow P(|U| <= k) = 0.80$ $P(-k < X < k) = 0.80$

$2F(k)-1 = 0.8$ de donde $F(k) = 0.9$ $k = 1.41499$

EJEMPLOS ADICIONALES

Ejemplo 1

Si $X \rightarrow \chi^2(12)$ resuelva las siguientes preguntas:

$P(X \leq 5)$

$P(X \geq 15)$

Encuentre el valor de k tal que $P(8 \leq X < k) = 0.95$

Solución

Usando la distribución acumulada de la distribución Chi-cuadrado, tenemos $P(X \leq 5) = F(5) = 0.04202$

$P(X \geq 15) = 1 - P(X < 15) = 1 - 0.75856 = 0.24146$

Como $P(8 \leq X < k) = F(k) - F(8)$ entonces $F(k) - F(8) = 0.65$

Como $F(8) = P(X \leq 8) = 0.21487$

Entonces $F(k) - 0.21487 = 0.65$

De donde $F(k) = 0.86487$

Usando Inverse en Minitab obtenemos $k = 17.40$

Ejemplo 2

Si $X \to N(0, 1)$ y $Y \to \chi^2(8)$ y $R = \dfrac{X}{\sqrt{\dfrac{Y}{8}}}$ obtenga $P(R \leq 2)$

Solución

Observando la propiedad 1 de la distribución t de Student podemos ver que R es un cociente de una $N(0, 1)$ y la raíz de una Chi – cuadrado que está dividida por su grado de libertad; en consecuencia R tiene distribución t(8) y luego $P(R \leq 2) = P(t(8) \leq 2) = 0.959742$

Ejemplo 3

Si $X \to N(0, 1)$ y $Y \to \chi^2(12)$ y $R = \dfrac{X}{\sqrt{\dfrac{Y}{8}}}$ obtenga $P(R \leq 2)$

Solución

En este caso, en lugar de 8 que divide a Y debiera estar 12, que son los grados de libertad de Y. Extraeremos 1/8 del radical y multiplicaremos a Y por 12 y dividiremos entre 12, como se muestra a continuación

$$R = \dfrac{X}{\dfrac{1}{64}\sqrt{\dfrac{12Y}{12}}} = \dfrac{X}{\dfrac{144}{64}\sqrt{\dfrac{Y}{12}}} \qquad \text{Aquí hemos extraído } 12^2 \text{ del radical}$$

Ahora

$$P(R \leq 2) = P\left(\dfrac{X}{\dfrac{144}{64}\sqrt{\dfrac{Y}{12}}} \leq 2\right) = P\left(\dfrac{X}{\sqrt{\dfrac{Y}{12}}} \leq \dfrac{64 \times 2}{144}\right) = P(t(12) \leq 0.8889) = 0.9989$$

Ejercicio

Las variables X , Y , W son independientes con las siguientes distribuciones:

$$X \to N(\mu = 50, \sigma = 8) \qquad Y \to t_{(15)} \qquad W \to \chi^2_{(10)}$$

Responder lo siguiente:

Hallar el valor de c tal que: $P\left[(X-50)^2 > c\right] = 0.05$

Calcular : $P(|Y| > 1.60)$

Hallar el valor de b tal que: $P\left[\dfrac{(\frac{X-\mu}{\sigma})^2}{W/10} > b\right] = 0.08$

Hallar el valor de k tal que: $P(k < W) = 0.10$

Ejemplo 4

Las variables X , Y , W son independientes con distribuciones respectivas:

$$X \to \chi^2_{(10)} \quad Y \to t_{(20)} \quad W \to \chi^2_{(15)}$$. Hallar :

Los valores de c y k tal que: $P(c < X < k) = 0.94$ si $P(X > k) = 0.015$

$P(|Y| < 2.04)$

El valor de h de modo que: $P(h < X + W < 34.3816) = 0.65$

$$P\left(\dfrac{W/15}{X/10} > 2.85\right)$$

Solución

Si $P(X > k) = 0.015$ ➜ $P(X \leq k) = 0.985$. Por Inverse en Chi – cuadrado, se tiene k = 22.0206

$P(|Y| < 2.04) = P(-2.04 < Y < 2.04) = t_{(20)}(2.04) - t_{(20)}(-2.04) = 0.9452$

Siendo X y W variables Chi-Cuadrado, entonces X+W ➜ $\chi^2(25)$ y como $P(h < X + W < 32.3816)$

= 0.65, tenemos $P(h < \chi^2(25) < 32.3816) = 0.65$

De donde $\chi^2_{(25)}(32.3816) - \chi^2_{(25)}(h) = 0.65$. Usando Minitab obtenemos:

$0.872735 - \chi^2_{(25)}(h) = 0.65$. Simplificando $\chi^2_{(25)}(h) = 0.222735$. Y usando inverse en Chi –

cuadrado, encontramos h = 19.4057

Como $X \to \chi^2(10)$ y $W \to \chi^2(15)$ entonces $T = \dfrac{\frac{W}{15}}{\frac{X}{10}} \to F(15,10)$ Por lo que

$$P\left(\dfrac{W/15}{X/10} > 2.85\right) = P(F(15,10) > 2.85) = 0.950271$$

Ejemplo 5

Sea $X \to N(10,1)$ $Y \to N(12,4)$ $W \to \chi^2_{(4)}$

Sea $X_1, X_2, \ldots, X_n$ v. a. independientes tales que $X_i \to N(1200, 64)$. Hallar

a) $P(4(X-10)^2 + (Y-12)^2 + 4W < 12)$

b) $P(5(Y-2) < \sqrt{W})$

c) $Si \quad T = \dfrac{W}{(X-10)^2}$ Hallar $P(T < 2)$

d) $Si \quad T = \sum_{i=1}^{16}(X_i - 1200)^2$ Hallar $P(T<1200)$

e) $Si \quad R = 4(X-10)^2 + (Y-12)^2 + 4W \quad y \quad T = \dfrac{R}{\sum_{i=1}^{16}(X_i - 1200)^2}$, hallar $P(T<0.03)$

Solución

$$P\left(P\left(4\left(\frac{X-10^2}{1}\right)^2 + 4\left(\frac{Y-12}{2}\right)^2 + 4W < 12\right)\right.$$

$$P(4\chi^2(1) + 4\chi^2(1) + 4W < 12) = P(\chi^2(6) < 3) = 0.191153$$

$$P(5(Y-12) < \sqrt{W}) = P\left(\frac{5(Y-12)}{\sqrt{W}} < 1\right) = P\left(\frac{5x2\frac{Y-12}{2}}{16\sqrt{\frac{W}{4}}} < 1\right) = P\left(\frac{\frac{Y-12}{2}}{\sqrt{\frac{W}{4}}} < \frac{16}{10}\right) = 0.907575$$

$$Si \quad T = \frac{W}{(X-10)^2} \qquad P(T<2) = P\left(\frac{4\frac{W}{4}}{(X-10)^2} < 2\right) = P\left(\frac{4}{1}\frac{\frac{W}{4}}{\frac{(X-10)^2}{1}} < 2\right) = P(F(4,1) < 0.5) = 0.2302$$

$$P(T<1200) = P\left(\sum_{i=1}^{16}(X_i - 1200)^2 < 1200\right) = P\left(64\sum_{1}^{16}\left(\frac{X_i - 1200}{8}\right)^2 < 1200\right) = P(64\chi^2(16) < 1200) = 0.71816$$

$$P(T<0.03) = P\left(\frac{R}{\sum_{i=1}^{16}(X_i - 1200)^2} < 0.03\right) = P\left(\frac{4(X-10)^2 + (Y-12)^2 + 4W}{\sum_{i=1}^{16}(X_i - 1200)^2}\right)$$

$$= P\left(\frac{4(X-10)^2 + 4\frac{(Y-12)^2}{4} + 4W}{\sum_{i=1}^{16}(X_i - 1200)^2} < 0.03\right) = P\left(\frac{4x6\frac{\chi^2(6)}{6}}{64\frac{\sum_{i=1}^{16}(X_i - 1200)^2}{64}} < 0.03\right)$$

$$= P\left(\frac{24}{64*16} \frac{\frac{\chi^2(6)}{6}}{\frac{\chi^2(16)}{16}} < 0.03 \right) = P(F(6,16) < 1.28) = 0.679344$$

$$= P\left(\frac{24}{64*16} \frac{\frac{\chi^2(6)}{6}}{\frac{\chi^2(16)}{16}} < 0.03 \right) = P(F(6,16) < 1.28) = 0.679344$$

CAPÍTULO XII

MUESTREO Y DISTRIBUCION MUESTRAL

Se acabaron los supuestos y los ensayos teóricos. Es hora de enfrentarse a la realidad y experimentar con ella para estimar teorías y comportamientos.

1. INTRODUCCIÓN

Expliquemos la frase anterior: Si Ud. recuerda, cada una de las definiciones y teoremas que hemos estudiado hasta ahora empiezan con las palabras "Sea", "Supongamos", "Dada", etc. Claro, muchos dirán que es lógico que un teorema empiece con estas palabras ya que un "zeorema" es una proposición que afirma una verdad que se puede demostrar racionalmente, consta de un supuesto o hipótesis al que sigue su demostración. Por otro lado, las definiciones son teoremas de doble implicación. "La teoría(zeoría) es conocimiento considerado independiente de su aplicación práctica. Es un conjunto organizado de las reglas y principios generales que constituyen la base de una ciencia, doctrina, arte, etc.": Diccionario Santillana.

Muy bien. Todo eso está muy bien. Por eso lo hemos estudiado: Por que son verdades que alimentan nuestros principios y conocimientos teóricos, base fundamental para entender, interpretar y explicar los problemas de la realidad.
Pero ahora queremos aplicar esta teoría sobre un "sistema existente", sobre una realidad, con la intención de resolver sus problemas o producir cambios en un proceso de retroalimentación de la teoría.

Hemos estudiado diversos fenómenos, ensayos o experimentos sobre la realidad, desde el punto de vista teórico. Hemos supuesto muchas hipótesis para demostrar su veracidad. La realización de

56

estos fenómenos, ensayos o experimentos se han hecho sobre un universo en particular, sobre una **población**. Los resultados de estos experimentos han generado lo que hemos llamado un **espacio muestral**. El comportamiento de este espacio muestral es explicado mediante sus parámetros: La media poblacional o valor esperado μ y su varianza σ^2. Y estos no han sido conocidos, los hemos "calculado" a través de un conjunto de "valores" X_i, elementos de la población. Pero todo ello ha sido supuesto. Hemos supuesto la realización de un ensayo; hemos supuesto la obtención del conjunto de resultados X_i. Y sus parámetros encontrados definen también "supuestamente" el comportamiento de la población.

Pues bien, queremos abandonar los supuestos(por supuesto no en su totalidad) y llevar a cabo "realmente" el ensayo o experimento. Queremos experimentar con la población y analizar sus resultados. Si nuestro amigo lector recuerda, nosotros ya lo hemos hecho. Cuando tratábamos de explicar el concepto de probabilidad clásica a través de la frecuencia relativa. Hicimos dos experimentos. Luego de los cuales dijimos:

"En efecto, en promedio, luego de las diez simulaciones, casi exactamente el 50% de las veces ha ocurrido cara y 50% de las veces ha ocurrido sello. Esto me autoriza a decir que si lanzo al aire una moneda, una sola vez, la confianza que tengo de que salga cara es de 50%, es decir de 1/2?.

Y si ahora lanzo un dado, tendré la confianza del 16.6667%, es decir de 0.16667, de que la cara superior obtenida sea 4? Y que la confianza aumenta a 0.5 si la cara mostrada es par?. Finalmente, querrá esto decir que, sujeto a resultados previos en otros experimentos; es decir, sujeto a resultados y datos históricos de otros ensayos o experimentos, puedo planificar acciones futuras con la certeza que me proporcione esta forma de medir resultados favorables, respecto a resultados posibles en la realización de un experimento?. Interesante no? ".

Seguramente si hubiéramos usado las 65,536 celdas de la columna A, del MS Excel habríamos obtenido resultados más próximos a ½ , que es la probabilidad teórica de obtener una cara al lanzar al aire una moneda.

Claro, podemos hacerlo. Podemos suponer que tenemos 65536 números aleatorios y podemos preguntarnos por el número de ellos que sean mayores que 0.5. Si Ud. realiza esto en el MS Excel, para saber la respuesta tendrá que esperar exactamente 29 minutos en una Pentium II, de 350 MHZ y 64 Mb de memoria: Si Ud. calcula en una hoja con fórmulas, deberá esperar por 29 minutos, pero si convierte todas las fórmulas a valores, el tiempo será menos de 10 segundos. El resultado es(puede variar por su puesto) de 32,855 valores mayores que 0.5. ¿Cuál ha sido el costo?, ¿cuánto tiempo hemos invertido?, ¿cuántos recursos humanos, equipo, etc. fueron necesarios?. Si tuviéramos que pagar un dólar por cada 10 segundos de uso de tiempo de CPU, en 29 minutos tendríamos que pagar $ 174.

Ahora supongamos que deseamos encuestar a todos los pobladores de un distrito de Lima Metropolitana compuesto por 95,458 personas mayores de 18 años, sobre la revocatoria o no del Alcalde del Distrito. Si la consulta comprende a toda la población, los resultados que se obtengan serán exactos, <u>salvo un porcentaje mínimo de errores en el proceso</u>. Podríamos mejorar estos resultados si sólo se realizara sobre la población electoral del distrito y que es igual a 65,536 electores.

Si bien este experimento de consulta popular tiene la gran ventaja de ofrecer resultados exactos y 100% confiables, no menos cierto es que también posee muy grandes y devastadoras desventajas: El costo de la realización de la encuesta en recursos humanos, materiales, equipos, infraestructura, logística, etc. y el tiempo que tardaría en llevarse a cabo el trabajo de campo, el ordenamiento de los datos recogidos y los cálculos a realizarse. Estas desventajas serán menores si se trabaja sobre la población electoral(32% menos en costo y tiempo).

Veamos otro problema: El sobrino del Presidente, abrumado por la enorme cantidad de dinero que se mueve en el Ministerio de la Presidencia, ha decidido realizar un proceso de reingeniería en su planta de neumáticos ubicado en Chimbote. Para ello su departamento de mercadotecnia ha seleccionado 1200 neumáticos de los 50,000 que tiene en sus 10 almacenes, fabricados a una temperatura determinada y con un tipo de materia prima especial; y los ha sometido a prueba. Para saber el tiempo de duración en las pistas de la Gran Lima, contrata a 300 conductores y 300 vehículos que recorren las calles hasta que alguna llanta se ponche. Aquí también, los expertos del departamento obtendrán resultados totalmente confiables, cualquiera que éste sea, y la decisión que se tome será la correcta. Si bien no se ha trabajado con toda la producción de neumáticos existente en sus 10 almacenes, que constituiría la población real, y sólo ha usado una muy pequeña parte de ella(2.4%), no podemos dejar de tomar en cuenta el altísimo costo de este experimento.

Estos dos grandes problemas mencionados en el estudio de una determinada población presentan dos características: El trabajar con todos sus elementos, y el realizar experimentos destructivos. Tal es el caso extremo de pretender averiguar el tiempo de vida de focos de luz dejándolos encendidos hasta que se quemen.

La Estadística resuelve estos problemas tomando una parte de la población real, llamada muestra, y recogiendo todos los datos sobre las características de los neumáticos, los vehículos y las pistas para someterlos a un proceso de simulación o experimento que puede ser repetido, y tener un mínimo costo.

En este capítulo estudiaremos todo lo que la teoría del muestreo implica, los elementos o variables del muestreo, que seguramente tendrán una distribución que define el comportamiento de los elementos de la muestra, la que recibe el nombre de distribución muestral. Con toda la información que ella nos proporcione, y usando criterios ya estudiados de esperanza y varianza teóricas, estaremos en capacidad de definir el comportamiento de la población de la cual se extrajo la muestra.

2. CONCEPTOS PREVIOS

POBLACIÓN.

 Conjunto de elementos que gozan de algunas características o propiedades comunes, las que permiten identificarlos y definir su comportamiento. Matemáticamente hablando una población es el conjunto universal. Hablamos de los Números Naturales, de los Números Complejos; cada uno de ellos tiene su conjunto universal. Como ejemplo de poblaciones podemos citar: Los ingresos mensuales de los trabajadores del sector textil, número de horas de estudio que tiene cada uno de los alumnos de la Universidad de Lima; el tiempo de vida de las bacterias contenidas en una determinada sustancia; el rendimiento académico de los alumnos de la escuela secundaria de Lima Metropolitana; tendencia electoral de la población electoral de una región del Perú, dividida por sectores de la PEA; niveles de preferencia de los últimos modelos de Ferrari; número de viajes semanales que realiza una persona por la Avenida Tupac Amaru; etc.
La población puede ser finita o infinita. Cuando su tamaño no sea conocido se supondrá que es infinita.
Cuando se trate de realizar un estudio se debe distinguir dos tipos de población: una **población teórica**, conjunto total de los elementos que conforman su universo y una **población real o estudiada**, una parte de la población teórica(puede ser toda) capaz de ser sometida a estudio o experimento. Me explico: En el distrito antes mencionado, la población teórica está compuesto por 95,458 ciudadanos mayores de 18 años. La población sujeto a estudio es la población electoral de dicho distrito, formada por 65,536 ciudadanos electores mayores de 18 años(que tienen documento de identidad). En algunos otros libros a la población sujeta a estudio se le conoce también como población muestral.

CENSO.

Es el estudio realizado sobre todos los elementos de la población. Dependiendo de la naturaleza del censo, esta se podrá realizar sobre la población teórica o la población sujeta a estudio. Si de preferencia electoral se trata, el censo realizado sobre la población teórica arrojará resultados no tan realistas ni significativos, lo que sí se obtendría si se realiza un censo sobre el consumo de alimentos o necesidades de vivienda. Toda la población no puede elegir, pero toda ella sí consume.

ENCUESTA.

Es la consulta que se puede realizar a través de un censo. Una encuesta está formada por un conjunto de preguntas cuidadosamente diseñadas, seleccionadas y distribuidas a las cuales se somete a los elementos de la población. Muchas veces el resultado de un censo depende fundamentalmente de la encuesta y de la forma cómo está diseñada. Una encuesta es también una consulta realizada a una parte representativa de la población.

Entre las modalidades de llevar a cabo una encuesta se tiene las entrevistas por teléfono, personales, por correo, etc. El trabajo que significa encuestar a la población o a una parte de ella se conoce como trabajo de campo.

MUESTRA.

Es una parte de la población sujeta a estudio. Cuando no es posible o no conviene realizar un estudio sobre la población, se realiza sobre una parte de ella, sobre una muestra. La realización de un censo no siempre es posible. El censo poblacional se realiza cada 10 o más años, de ser posible. No se puede realizar un censo mensual sobre la aprobación o desaprobación de la gestión presidencial a toda la Gran Lima conformada por mas de 6 millones de electores. Podríamos realizar un censo mensual sobre el dinero que lleva en sus bolsillos o carteras los alumnos de la Facultad de Economía de la Universidad de Lima, pero tal vez sea "suficiente" realizar el estudio sobre una parte de los alumnos de dicha facultad, sobre una muestra.

La muestra, que es parte de la población, debe ser, ante todo, representativa. Ella debe reflejar el sentir de la población de la cual se ha extraído, debe recoger sus características, debe ser capaz de "transmitir" y reflejar el comportamiento de la población.

Es importante la forma cómo se escoge, selecciona o se elige los elementos de la población que van a conformar la muestra. El estudio sobre la preferencia del último modelo de Ferrari realizado en Comas no solo estará sesgado sino generará resultados no esperados; si sólo se encuesta por sus ingresos medios a los congresistas, personal de confianza y directivos de toas las dependencias estatales tendremos resultados erróneos y hasta mal intencionados, respecto a los ingresos promedios de todos los trabajadores del sector estatal.

Es pues imprescindible y requisito fundamental, elegir una muestra representativa de la población a ser estudiada.

3. CONCEPTO DE MUESTREO

La selección de los elementos de la población para conformar una muestra, genera el concepto definido como **marco** o **espacio muestral**. Y puesto que el proceso de seleccionar constituye un experimento, ensayo o fenómeno, entonces es lógico que los resultados de dicho proceso generen el espacio muestral. Así lo dijimos al inicio. Queda claro entonces que, cuando hemos dicho "Sea X_1, X_2, ..., X_n, un conjunto de n variables ... ", implica que dichos elementos han sido extraídos de una población para formar la muestra de tamaño n. Este procedimiento de extraer elementos de una población siguiendo algún método, regla o algoritmo determinado se conoce como **Muestreo**.

En consecuencia, muestrear una población, significa extraer una parte de ella para conformar una muestra, cuyo tamaño, será n, mientras que el tamaño poblacional será definido como N.

Ejemplos:
1. Supongamos que se desea estudiar el porcentaje de pasajeros que viajan de pie en los colectivos durante las horas punta. Aquí **N** es el total de los vehículos de transporte público(operativos durante el estudio de campo) y **n** será el número de vehículos tomados en cuenta para realizar el estudio.
2. El Gerente de producción de una empresa está interesado en evaluar el porcentaje de pernos defectuosos elaborados por cinco máquinas, obtenidos al final de cada día, **N**. Si de la producción total de un mes, se decide examinar a **n** de ellos, diremos que **N** es el total de pernos fabricados y **n** es el número de pernos examinados.
3. Un grupo de economistas está interesado en analizar el comportamiento que sigue el valor de las acciones de todas las empresas que se encuentran registradas en la Bolsa de Valores de Lima. Para esto ellos disponen de un listado de 1300 empresas. En base a la información en detalle que se tiene de cada empresa, se decide estudiar el caso de 30 de ellas. Aquí **N = 1300** y **n = 30**.
4. Supongamos que se desea estudiar el ingreso medio de los trabajadores del sector textil que se encuentran registrados en el Ministerio de Trabajo. Si suponemos que el listado que

proporcione el ministerio no es el 100% confiable, sí servirá en gran medida para saber el tamaño poblacional N: total de empresas pertenecientes a este sector, aunque el número de trabajadores y sus ingresos no sean válidos totalmente. Aquí **n** será el número de empresas que se seleccionen para realizar la encuesta.

4. TAMAÑO DE MUESTRA

Todo investigador de mercado cuando trata de realizar un muestreo, fija primero sus objetivos y/o finalidades. Con esto en mente, es lógico pensar que el tamaño de muestra guarde una estrecha relación con dichos objetivos. Si pretende obtener resultados que le permitan obtener exactamente los parámetros poblacionales, deberá hacer un censo, en cuyo caso, **n = N**. Por el contrario, si desiste del trabajo, n = 0; de manera que empezamos acotando a **n** de tal forma que $0 < n \leq N$. Pero muestrar una población con n = N, es oneroso en tiempo y costo y, hasta cierto punto, negativo para los propósitos de la investigación. Debemos entonces pensar en un tamaño adecuado de n. Supongamos que se desea estudiar una población de 100 elementos sobre su preferencia electoral. Si pensamos en n = 50, entonces el 50% $(\dfrac{n}{N})$, de la población será consultada. La estimación que con ella hagamos estará expuesto al 50% de error en el muestreo. Y por qué error en el muestreo? Mire: Si 50 de ellos dijeron que preferían al candidato A y luego se comprueba que A perdió, entonces cometimos un error de 50% al no haber preguntado a los otros 50 elementos de la población. Si ahora n = 95, sólo el 5% de los resultados del muestreo serán erróneos y el 95% será correcto y nos dará una estimación, no exacta, pero sí aproximada con la realidad; un resultado "confiable", con un "<u>nivel de confianza del 95%</u>".

Generalmente el valor del error se fija como un porcentaje de la media μ, de la varianza o de la desviación estándar; del mismo modo también, puede resultar siendo la diferencia entre la media aritmética $\overline{X}$ y la media poblacional μ. Por ejemplo podríamos decir: "Si queremos que la media muestral no difiera de la media poblacional en más de 30".

De manera que, cuanto más grande sea el tamaño de n, menor será el error de muestreo, designemos con ε este tipo de error. Y recogiendo aquello de oneroso, no podemos pensar en elegir un n demasiado grande. Y ahora, quién nos salvará?
Con esta finalidad recurriremos a la Ley de Grandes Números. Ella nos dice que

$$P[|\,f_A - p\,| < \varepsilon] \geq 1 - \frac{p(1-p)}{n\,\varepsilon^2}$$

Ella nos dice que f_A es la proporción de los que poseen una determinada propiedad en la muestra de tamaño n, mientras que **p** es la probabilidad teórica, de éxito, de que sí poseen la propiedad en la población. Aquí vemos que si ε tiende a ser muy pequeño, $f_A \to$ **p** y la probabilidad de que esto ocurra tiende a 1. Y lógicamente si la probabilidad de que ocurra un evento es igual a 1, entonces el evento es un evento cierto. Y cuanto más cerca esté de 1 esta probabilidad, la ocurrencia cierta del evento se hace muy probable, muy confiable. Por ello, el nivel de confianza es otro supuesto que se debe tomar en cuenta en un trabajo de muestreo. ¿Cuál es el máximo error permitido ε, y con qué nivel de confianza presentaré mis resultados?, son las "consignas" de todo investigador. Designaremos con 1- δ el nivel confianza.

Por ello, en un muestreo, basado en experimentos binomiales, mediante la LGN será útil un tamaño de n que satisfaga la siguiente inecuación: $\qquad n \geq \dfrac{p(1-p)}{\varepsilon^2\,\delta}$

El siguiente cuadro sin embargo nos muestra que esta manera de encontrar el tamaño de n restringe demasiado nuestras libertades.

Obtención de n por la Ley de Grandes Números				
P	**Q**	**Valor de n variando error y confianza**		
0.1	0.9	180	720	450	90
0.2	0.8	320	1280	800	160
0.3	0.7	420	1680	1050	210
0.4	0.6	480	1920	1200	240
0.5	0.5	500	2000	1250	250
0.6	0.4	480	1920	1200	240
0.7	0.3	420	1680	1050	210
0.8	0.2	320	1280	800	160
0.9	0.1	180	720	450	90
ε	0.1	0.05	0.1	0.1	0.05
1-δ	0.95	0.95	0.98	0.9	0.98

Las 4 columnas de n han sido calculadas para los 4 primeros valores de ε y $1-\delta$. De manera que usar LGN para encontrar el tamaño de n, supone el conocimiento de los datos históricos de p, probabilidad de éxito en la población cuyo comportamiento es binomial, o que en todo caso proviene del uso de ensayos de Bernoulli. Si quisiéramos encontrar n a partir de la media poblacional μ y la media aritmética $\overline{X}$, el valor se representa como un porcentaje de la media o de la varianza.

¿Y de qué manera nos puede ayudar el Teorema del Limite Central?

Recordemos que la importancia de este teorema radica en que, dada una muestra aleatoria X_1, X_2, ... X_n de tamaño n, podemos aplicar la distribución normal definiendo un $Z = \dfrac{S - \sum \mu}{\sqrt{\sum \sigma^2}}$ tal que Z

$\rightarrow$ N(0, 1), donde $S = \sum X_i$, $E[X_i] = \mu_i$ y $V(X) = \sigma_i^2$

Como se puede deducir, no interesa el comportamiento poblacional de la cual se han extraído los elementos X_i ; es decir, no interesa qué distribución tengan las variables X_i., si será conocida o no. Si el tamaño de n es suficientemente grande, podemos aplicar el Teorema del Limite Central.

Debemos hacer notar también que $S = \sum X_i$ define a S como una nueva variable aleatoria cuya distribución tiene como parámetros a $E[S] = \mu_S$ y $V[S] = \sigma_S^2$.

Si ahora definimos a la variable aleatoria Y_i tal que $Y_i = \dfrac{X_i}{n}$ y $S = \sum Y_i$ sin duda S será nuestra media aritmética o media muestral, $\overline{X}$; por ello, **si n es suficientemente grande** podemos definir a Z como $Z = \dfrac{S - \sum \mu}{\sqrt{\sum \sigma^2}} = \dfrac{S - \mu_S}{\sigma_S}$ donde Z $\rightarrow$ N(0, 1). En este caso la distribución de S =

$\overline{X}$ será $E[\overline{X}] = \mu_{\overline{X}}$ y $V[\overline{X}] = \sigma_{\overline{X}}^2$

Analicemos lo siguiente:

Si $S - \mu_S$ es la desviación que experimenta el valor puntual de S respecto de su media, y siendo esta diferencia, producto de los errores del muestreo, es lógico que tengamos que definirla como $|\varepsilon| = S - \mu_S = - (S - \mu_S)$; es decir, por la LGN, P($| S - \mu_S | < \varepsilon$) = $1 - \delta$.

Esto implica que

$$P(-\varepsilon < S - \mu_S < \varepsilon) = P(-\dfrac{\varepsilon}{\sigma_S} < Z < \dfrac{\varepsilon}{\sigma_S}) = 2\Phi(\dfrac{\varepsilon}{\sigma_S}) - 1 = 1 - \delta. \quad De\ donde \quad \dfrac{\varepsilon}{\sigma_S} = Z_{1-\frac{\delta}{2}}$$

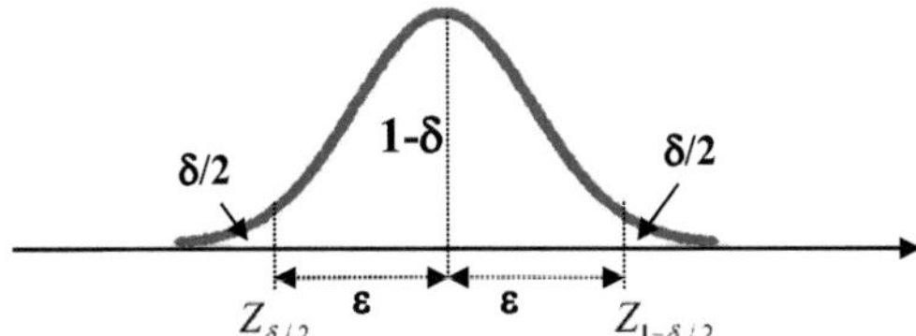

Figura 128

Según esto, $\quad V[S] \;=\; \dfrac{\varepsilon^2}{Z^2_{1-\frac{\delta}{2}}} = \left(\dfrac{\varepsilon}{Z_{1-\frac{\delta}{2}}}\right)^2$

Apreciamos en el gráfico que, cuanto menor sea el error de muestreo que se desea tener, menor será el nivel de confianza $1 - \delta$; menos confiables serán los resultados ya que el nivel de confianza y el de "desconfianza" se hacen iguales. Esto quiere decir que si $\varepsilon \to 0$, $V[S] \to 0$; entonces $P(S - \mu_S < 0) = 0.5$ y $P(S - \mu_S > 0) = 0.5$ lo que implica que el nivel de confianza será de 50% y el de "desconfianza"; es decir, el riesgo de equivocarnos es también de 50%. Esto implica que $\delta = 0$.

Y todo esto ¿qué tiene que ver con nuestro interés en obtener el tamaño de n?

Tiene mucho que ver, como pasamos a demostrarlo.

Al seleccionar una muestra, los elementos que la componen provienen de una misma población, por lo que cada X_i tiene la misma media μ_i y la misma varianza σ^2_i.

Si ahora definimos a la variable aleatoria S como $S = \sum X_i$ entonces

$$V[S] = V[\sum X_i] = \sum V[X_i] = n\sigma^2 \, .$$

De la conclusión anterior y ésta, obtenemos

$$n\sigma^2 = V[S] \;=\; \left(\dfrac{\varepsilon}{Z_{1-\frac{\delta}{2}}}\right)^2 , de\ donde \qquad n = \dfrac{1}{\sigma^2}\left(\dfrac{\varepsilon}{Z_{1-\frac{\delta}{2}}}\right)^2$$

Luego $n = \dfrac{1}{\sigma^2}\left(\dfrac{\varepsilon}{Z_{1-\frac{\delta}{2}}}\right)^2$ será una primera respuesta para el tamaño de n, en los casos en que el

interés del muestreo sea obtener información sobre la <u>variable aleatoria: total muestral.</u>

Si por el contrario $S = \overline{X}$, como lo vimos líneas arriba,

$$V[S] = V[\overline{X}] = V\left[\frac{\sum X_i}{n}\right] = \frac{1}{n^2}V\left[\sum X_i\right] = \frac{\sigma^2}{n} \quad \text{con lo cual}$$

$$\frac{\sigma^2}{n} = V[S] = \left(\frac{\varepsilon}{Z_{1-\frac{\delta}{2}}}\right)^2, \quad de\ donde \quad n = \sigma^2\left(\frac{Z_{1-\frac{\delta}{2}}}{\varepsilon}\right)^2$$

Luego $\quad n = \sigma^2\left(\dfrac{Z_{1-\frac{\delta}{2}}}{\varepsilon}\right)^2$

será una primera respuesta para el tamaño de n, en los casos en que el interés del muestreo sea obtener información sobre la *variable aleatoria: media muestral.*

En conclusión, por la LGN o por el TLC podemos dar respuesta a la pregunta de qué tamaño de muestra elegir para el muestreo. En ambos casos, como hemos podido notar, se debe hacer algunos supuestos y se debe tener información histórica respecto a la varianza o desviación poblacional, sujeta a estudio.

Como veremos después, dependiendo el tipo de muestreo que se elija se podrá optimizar el tamaño de muestra, para la cual, las fórmulas dadas aquí permiten encontrar un tamaño de muestra inicial, n_0.

Hablemos ahora, de manera muy resumida, sobre los tipos de muestreo más conocidos.

5. TIPOS DE MUESTREO

En la introducción de sobre muestreo hemos precisado claramente que no se puede elegir los elementos de la muestra de la misma forma para todo trabajo de estudio.

Entre los tipos de muestreo más conocidos, tenemos
- Muestreo simple al azar
- Muestreo estratificado
- Muestreo por conglomerados
- Muestreo sistemático

El investigador dispone de diversos tipos de muestreo, a los cuales, quien tenga mayor experiencia, le puede añadir uno de su propio criterio e interés.

Pasaremos ahora a comentar los tipos de muestreo mencionado sin detenernos en detallar el método ya que no es nuestra intención estudiar la teoría de muestreo exclusivamente. De los dos últimos tipos sólo presentaremos el concepto que de ellos debemos tener.

<u>NOTA IMPORTANTE:</u>

Creemos que todos los casos de muestreo, salvo mejor parecer, debe seleccionar a los elementos de la población, para conformar la muestra, tomando a cada uno de ellos, una sola vez; me explico: si de consultar se trata, a cada elemento de la población a ser consultada, se le debe preguntar sólo una vez. Si de extraer productos de un lote se trata, ninguno de los extraídos debe ser devuelto de manera que no se vuelva a seleccionar nuevamente. Esto, constituye muestreo sin re-emplazamiento, sin reposición. Se fundamenta en los ensayos sin reposición, cuya función de probabilidad es la distribución Hipergeométrica. La probabilidad de elegir al i-ésimo elemento de la muestra es $(n-i+1) / (N-i+1)$.

6. MUESTREO SIMPLE AL AZAR

Supongamos que la Universidad de Lima está interesada en ampliar los servicios que presta la Biblioteca Central de la Universidad. La información que se tiene demuestra el intenso servicio que ella está prestando; sin embargo, esta información no es suficiente ya que sólo se sabe del informe de los empelados que atienden, de la intensidad del servicio. En ella no está reflejada la necesidad que tienen muchos alumnos que, por la demora de atención en ventanilla, o por el espacio de lectura disponible, o por el calor, etc. entran a la sala y salen de ella sin reportar su necesidad. Con este motivo, la Administración de la Biblioteca encarga al Departamento de Investigación y Mercadeo, realizar un estudio sobre el tipo de ampliación de servicios que debería tener la biblioteca.

Este departamento decide realizar una encuesta(no interesa el tipo de encuesta: personal, por correo, llenando un papelito, por teléfono, etc.). Frente a esta decisión, nos preguntamos: ¿Quiénes serán los alumnos encuestados?, ¿En dónde se realizará la encuesta?, ¿A qué hora se realizará el trabajo de campo? ¿Qué día de la semana? ¿En el primer semestre, en el segundo, en el verano? ¿Cercano a los exámenes parciales, finales?.

Pensemos en dar respuesta sólo a la primera interrogante: Puesto que todos los alumnos tienen libre acceso a la biblioteca, asisten libremente, aleatoriamente, el ingreso de un alumno a la sala principal se produce al azar, creemos que la consulta debe realizarse a cualquiera de ellos, en la puerta de la biblioteca. Pero también puede realizarse la consulta más genérica(no solo con aquellos que decidieron ingresar a la biblioteca), por ejemplo durante los cambios de hora, en los pasadizos, en los parques y jardines, elegir a cualquiera de ellos, sin distinción, al azar, aleatoriamente, hasta completar los n alumnos encuestados que conforman nuestra muestra. Esta muestra, por la forma cómo ha sido conformada, recibirá el nombre de muestra aleatoria y el procedimiento, *Muestreo Simple al Azar(MAS)*.

El muestreo simple al azar consiste en disponer de un listado de los elementos de la población y elegir de ella, aleatoriamente, a todos los elementos que deben conformar la muestra.
Y dónde consigo un listado de los elementos de la población y una tabla de números aleatorios?. Bueno, en muchos casos no es necesario disponer del listado de los elementos de la población ni tampoco de un conjunto de números aleatorios. En el ejemplo anterior no fue necesario ninguno de los dos recursos. El disponer de los alumnos que con regularidad concurren a la universidad y el seleccionarlos sin ningún criterio pre-establecido, logró satisfacer los dos requisitos.

Antes de establecer un probable procedimiento que se usa en este tipo de muestreo, hablemos algo respecto a los números aleatorios.
Dado los números a_1, a_2, ..., a_n, ..., diremos que constituyen una serie de números aleatorios, si en su generación no ha intervenido ningún principio directivo, razonamiento formal, lógico o sistemático; es decir, son estadísticamente independientes. No hay manera de generar los números

aleatorios. Una computadora sólo genera números pseudoaleatorios. El siguiente cuadro, por ejemplo fue generado a las 9:35 A.M. de un día que no recuerdo.

Números aleatorios en MS Excel			
69894	22792	7647	74186
91431	83369	20218	58028
71971	39736	11497	39424
58763	72318	28892	80858
63197	57024	24359	9978
80489	97216	21818	75532
83540	17020	51073	10948
37917	72804	98600	39555
32218	47521	40762	43551
49559	83864	93611	9802
62507	2722	5649	16106
71794	48472	888	76191
36346	95928	52252	27861
56787	33890	30802	48193

Figura 129

He vuelto a generar (son las 5:46 P.M. del mismo día) otra secuencia de números y es lo que se muestra en la segunda tabla; que, como puede verse son totalmente diferentes a los anteriores y, creo que podrían ser más útil en algunos casos de muestreo simple al azar (claro, tuve que pasar cerca de 10 minutos generando números hasta que todos ellos fueran de 6 dígitos en el segundo cuadro).

Números aleatorios en MS Excel			
739907	493791	165806	195077
530392	426771	905530	180805
794111	279256	777320	519862
545698	445813	999209	962711
653675	254194	590677	455389
417192	145016	724766	425976

424113	388505	731583	767184
724219	468029	601594	468220
420553	802383	686853	650287
967563	941936	868621	206054
166285	204954	428163	817046
203808	526524	545394	652920
243095	416355	291335	616544
476876	207337	964259	296482

Figura 130

En general, el probable procedimiento que debe seguirse es el siguiente:

Si el tamaño de la población es menor o igual a 1000, elegir los tres últimos dígitos (pueden ser los tres primeros), del primer número, digamos el 894;

Del listado de la población, seleccionar el elemento 894, marcarlo;

Pasar al siguiente número aleatorio, en este caso, el 792;

Seleccionar el elemento de la población que ocupa la posición 792, marcarlo;

Continuar sucesivamente hasta completar los n que forman la muestra

Si hubiera algún número aleatorio que se repite, descartarlo y pasar al siguiente.

Este es un procedimiento que normalmente se usa en un escritorio. Si el trabajo se realiza *in situ*, deberá procederse como se explicó en el ejemplo de la Universidad de Lima.

Nota para que Ud. mismo genere los números aleatorios que desee:

Estando en OpenOffice, digite en A1: =Int(Aleatorio()*100) y presione <Enter>. Luego copie esta fórmula(si desea 30 números) desde A1 hacia A1:A30, para ello: Haga clic en A1; use <Edición> -<Copiar>; Ahora seleccione el rango A1:A30 y pegue con <Ctrl>+V. Si quiere que estos números no cambien, seleccione el mismo rango, copie y pegue y cuando salga el menú contextual, seleccione <Pegado especial>, active número para convertir las fórmulas en número.

En la fórmula multiplique por 1000 si desea números de 3 dígitos.

Muestra aleatoria en R:

Si el tamaño de la población de los ingresos de un sector público es de 1200, una muestra de tamaño 30 se extrae usando

sample(1:1200,30,rep=FALSE)

En conclusión, una muestra obtenida mediante el método de Muestreo Simple Aleatorio recibe el nombre de **muestra aleatoria.**

Supongamos que $X_1, X_2, ..., X_n$ es una muestra aleatoria de tamaño n, extraída de una población de tamaño N. Si definimos a S como $S = \sum_{i=1}^{n} X_i$, por lo que sabemos, S es una variable aleatoria para la cual podemos encontrar su distribución hallando su esperanza E[S] y su varianza V[S]. En efecto

$$E[S] = E\left(\sum_{i=1}^{n} X_i\right) = E\left(\sum_{i=1}^{n} X_i\right) = \sum_{i=1}^{n}\left(\sum_{j=1}^{N} X_j P(X = X_j)\right)$$

$P(X = X_j)$ = Probabilidad de que el elemento X_i sea elegido en la j-ésima extracción. Esto significa que no debe ser extraído en las primera (j-1)-ésimas extracciones y sí en la j-ésima. Por ello

$$P(X = X_j) = \left(1 - \frac{j-1}{N}\right)\left(\frac{1}{N-(j-1)}\right)$$

Reemplazando $P(X = X_j)$, tenemos

$$= \sum_{i=1}^{n}\left(\sum_{j=1}^{N} X_j\left(1 - \frac{j-1}{N}\right)\left(\frac{1}{N-(j-1)}\right)\right) = \sum_{i=1}^{n}\frac{1}{N}\sum_{j=1}^{N} X_j = n\frac{\sum_{j=1}^{N} X_j}{N} = n\mu$$

Luego $E[S] = n\mu$

La probabilidad de elegir a X_j se evalúa en la población y no en la muestra. Por ello es que para encontrar $P(X = X_j)$ la sumatoria se toma para j desde 1 hasta N.

Para encontrar V[S], debemos encontrar primero $E[S^2]$ ya que $V[S] = E[S^2] - (E[S])^2$.

$$E[S^2] = E\left(\sum_{i=1}^{n} Xi\right)^2 = E\left(\sum_{i=1}^{n} X_i^2 + \sum_{i\neq j}^{n} X_i X_j\right) = \sum_{i=1}^{n} E[X_i^2] + \sum_{i\neq j}^{n} E[X_i X_j] \qquad (2x_1x_2 = x_1x_2 + x_2x_1)$$

$$= \sum_{i=1}^{n}\frac{1}{N}\sum_{j=1}^{N} X_j^2 + \sum_{i=1}^{n}\sum_{k\neq l}^{N} X_k X_l = \frac{n}{N}\sum_{j=1}^{N} X_j^2 + n(n-1)\frac{1}{N}\frac{1}{N-1}\sum_{k\neq l}^{N} X_k X_l \qquad (*)$$

Como $\left(\sum_{j=1}^{N} X_j\right)^2 = \sum_{j=1}^{N} X_j^2 + \sum_{k\neq l}^{N} X_k X_l$ entonces, reemplazando el término del producto por su igual

en (*), todo $E[S^2]$ en V[S] y simplificando, tenemos

$$V[S] = n\frac{N-n}{N-1}\sum_{j=1}^{N} X_j^2 - n\frac{N-n}{N-1}\overline{X} \qquad \textbf{(a)}$$

$$= n\frac{N-n}{N}\frac{\sum_{j=1}^{N} X_j^2 - n\overline{X}^2}{N-1} = nV[X](1 - \frac{n}{N})$$

Es decir

$$V[S] = nV[X](1 - \frac{n}{N})$$

El factor $(1 - \frac{n}{N})$ se conoce como factor de corrección para poblaciones finitas. En el caso de poblaciones finitas, se tiene que cuando $N \to \propto$ entonces $V[S] = nV[X] = n\sigma^2$

Nota:

Si en (a) se despeja (N-1) en el denominador, se tiene

$$V[S] = nV[X](\frac{N-n}{N-1})$$

en este caso el factor de corrección para poblaciones finitas es $(\frac{N-n}{N-1})$

En el caso de la media muestral de medias, usando el mismo criterio se puede demostrar que,

Si $S = \dfrac{\sum_{i=1}^{n} X_i}{n} = \overline{X}$ entonces $\qquad E[\overline{X}] = \mu$ (Recuerde que $E[S] = n\,\mu$, cuando S es una variable total)

Del mismo modo, $\quad V[\overline{X}] = \dfrac{1}{n}\sigma^2 \left(1 - \dfrac{n}{N}\right)$

O de manera equivalente, tomando en cuenta la nota

$$V[\overline{X}] = \frac{1}{n}\sigma^2 \left(\frac{N-n}{N-1}\right)$$

7. DETERMINACIÓN DEL TAMAÑO DE MUESTRA EN MAS

Hallaremos un tamaño de muestra para el caso de muestreo aleatorio.

Hemos visto que $n = \sigma^2 \left(\dfrac{Z_{1-\frac{\delta}{2}}}{\varepsilon}\right)^2$ es una forma de encontrar el tamaño de muestra cuando

$S = \overline{X}$ y bajo el supuesto de que queremos trabajar con un nivel de confianza de $(1 - \delta)$ % y un error máximo en el muestreo de ε. Recordemos también que, el δ % de "desconfianza" distribuido en ambos extremos de la curva normal, nos permite encontrar $Z_{1-\frac{\delta}{2}}$ y que por otro lado, σ^2 es la varianza poblacional que suponemos conocida, por "datos históricos". Pero como ya se ha dicho, este tamaño de muestra constituye un tamaño inicial de n, que lo denotaríamos por n_0. De manera que, en el caso del muestreo simple al azar un primer tamaño de la muestra será

$$n_0 = \sigma^2 \left(\frac{Z_{1-\frac{\delta}{2}}}{\varepsilon} \right)^2$$

 Y veamos por qué:

En el muestreo simple al azar, para el caso de la variable $S = \overline{X}$, conocido como la media muestral de medias, hemos visto es que $V[\overline{X}] = \frac{1}{n}\sigma^2\left(1 - \frac{n}{N}\right)$.

Del mismo modo, si $S = \overline{X}$, dijimos también que $V[S] = \left(\dfrac{\varepsilon}{Z_{1-\frac{\delta}{2}}} \right)^2$ de donde $V[\overline{X}] = \left(\dfrac{\varepsilon}{Z_{1-\frac{\delta}{2}}} \right)^2$

En el primer caso se está encontrando la varianza muestral de la media muestral a partir de la población. En el segundo, la varianza proviene exclusivamente de una muestra. Qué relación existe entre estas dos formas de evaluar a $V[\overline{X}]$?. La respuesta en primera instancia es muy simple: La varianza referida a la población debe ser, a lo más, igual a la varianza proveniente exclusivamente de la muestra. Para establecer algebraicamente esta relación, digamos que

$$V[\overline{X}] = K = \left(\frac{\varepsilon}{Z_{1-\delta/2}} \right)^2$$

Luego

$$V[\overline{X}] = \frac{1}{n}\sigma^2\left(1 - \frac{n}{N}\right) = \frac{\sigma^2}{n} - \frac{\sigma^2}{N} \le K .$$

Despejando n en esta desigualdad obtenemos

$$n \ge \frac{N\sigma^2}{NK + \sigma^2} = \frac{\sigma^2}{K + \frac{1}{N}\sigma^2} = \frac{\dfrac{\sigma^2}{K}}{1 + \dfrac{1}{N}\dfrac{\sigma^2}{K}} \qquad (*)$$

De manera que un primer valor para n será $n = \dfrac{\sigma^2}{NK + \omega^2}$ al cual llamaremos n_0.

Si en (*) reemplazamos el valor de K, obtenemos

$$n \geq \frac{\dfrac{\sigma^2}{K}}{1+\dfrac{1}{N}\dfrac{\sigma^2}{K}} = \frac{\sigma^2\left(\dfrac{Z_{1-\delta/2}}{\varepsilon}\right)^2}{1+\dfrac{1}{N}\sigma^2\left(\dfrac{Z_{1-\delta/2}}{\varepsilon}\right)^2} = \frac{n_0}{1+\dfrac{n_0}{N}}$$

Por lo que es suficiente encontrar un valor óptimo de n será

$$n = \frac{n_0}{1+\dfrac{n_0}{N}}$$

Nota:

Si en la derivación realizada a partir de $V[\overline{X}]$ usamos el factor de corrección $\left(\dfrac{N-n}{N-1}\right)$ podemos

encontrar

$$n = \frac{n_0}{\dfrac{N-1}{N}+\dfrac{n_0}{N}}$$

Ejemplo

Un determinado profesor de la Universidad de Lima obtuvo los siguientes resultados al final del Semestre 2001 – II en dos asignaturas que estuviera a su cargo:

	Curso A	Curso B
Matriculados	32	29
Promedio	11.53125	12
Varianza	13.869957	17.07143

Con el propósito de mejorar la calidad de su enseñanza, ha decidido realizar una encuesta a dichos alumnos. Para ello y tratando de reducir tiempo y gastos, deberá tomar una muestra aleatoria. Si él espera cometer errores en no más del 20% del promedio y un nivel de confianza del 95%, cuál debe ser el tamaño de muestra que use en cada curso?

De acuerdo a los datos:

Para el Curso A:

$\varepsilon = 20\%(\text{Promedio}) = 2.30625$ $\qquad\qquad\qquad\qquad$ $Z_{1-\delta/2} = 1.96$

$$n_0 = 13.86996\left(\frac{1.96}{2.30625}\right)^2 = 10.01785$$

De donde $n = \dfrac{n_0}{1+\dfrac{n_0}{N}} = 8.39775$

Del mismo modo, para el Curso B

$$n_0 = 17.07143\left(\frac{1.96}{2.30625}\right)^2 = 11.38569$$

de donde $n = \dfrac{n_0}{1+\dfrac{n_0}{N}} = 8.17579$

De manera que el Profesor deberá someter a la encuesta a 8 alumnos en cada una de las secciones.

8. MUESTREO ESTRATIFICADO

En muchos casos de investigación de mercado, no tiene sentido la aplicación del muestreo simple al azar. Supongamos por ejemplo que los 20 asesores del Presidente de la República, preocupados por el descenso vertiginoso de la popularidad del Presidente, deciden llevar a cabo una encuesta, ya que sospechan de las firmas encuestadoras. Si ellos son buenos asesores seguramente van a desechar el muestro simple al azar, practicado en los centros de mayor concentración popular. Si la popularidad del Presidente baja, toda la población o algún sector debe estar insatisfecho con su administración. Por ello, para analizar cuál o cuáles pueden ser los sectores insatisfecho y en qué medida, no tiene sentido aplicar el muestreo simple al azar. Sería mejor realizar la encuesta en cada una de categorías en las que se encuentra clasificada la población, según el Instituto Nacional de Estadística(INE). De manera que en cada sector debe consultarse a n_i personas, obteniéndose después el tamaño de de la muestra n tal que $n = n_1 + n_2 + ... + n_k$ siendo k el total de las categorías sociales existentes en el INE. En cada categoría sí se podría elegir a los elementos de este grupo usando el muestro simple al azar.

Este modelo de conformación de la muestra recibe el nombre de muestreo estratificado o por estratos, donde cada categoría constituye un estrato. A continuación daremos los fundamentos de este tipo de muestreo.

El muestreo estratificado consiste en particionar a la población en un conjunto de partes cada una de las cuales recibe el nombre de estrato, de tal manera que los elementos que la conforman posean ciertas propiedades que las define, las que por supuesto no las poseen los otros estratos.

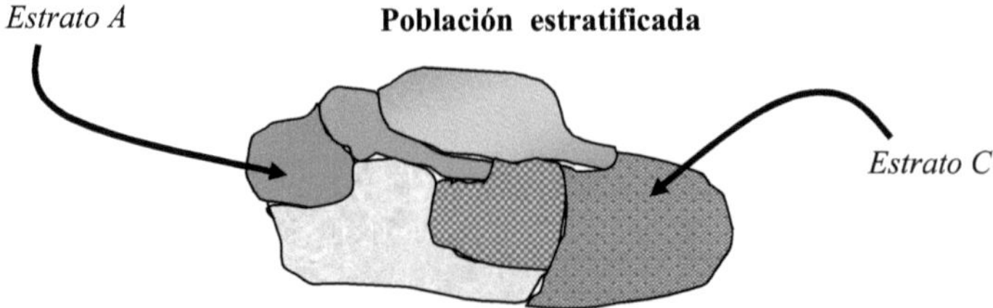

Entonces, para seleccionar una muestra basado en este tipo de muestreo se debe dividir a la población en estratos, de tamaño N_h, cada uno. Al interior de cada uno de los estratos, se elige una submuestra de tamaño n_h. Para elegir estos elementos sí se puede usar el muestreo simple al azar.

Nota: Recuerde amigo lector que una partición debe cumplir tres condiciones. Lo vimos en la Probabilidad Total.

Puesto que se conoce el tamaño poblacional y por ende el tamaño de cada estrato, se procede a encontrar el tamaño de muestra en cada uno de los estratos de tal manera que si

n_1 es el tamaño de la muestra en el Estrato 1

n_2 es el tamaño de muestra en el Estrato 2

....

n_k es el tamaño de muestra en el Estrato k,

$n = n_1 + n_2 + ... + n_k$ será el tamaño de muestra general.

En cuanto al r-ésimo estrato tendremos

$$\overline{X}_r = \frac{\sum X_{ri}}{n_r} \qquad y \qquad s^2 = \frac{\sum \left(X_{ri} - \overline{X}_r\right)^2}{n_r - 1}$$

serán la media y varianza muestral del estrato "r", con los cuales obtendremos,

$$\overline{X} = \frac{\sum \overline{X}_r}{n} \qquad y \qquad s^2 = \frac{\sum_r \sum \left(X_{ri} - \overline{X}_r\right)^2}{n-1}$$ que son la media y varianza en la gran

muestra de tamaño $n = n_1 + n_2 + ... + n_k$

La media muestral ponderada se obtiene a partir de la anterior y se define por

$$\overline{X} = \frac{\sum_{j=1}^{r} n_j \overline{X_j}}{N}$$ que es la que mejor describe el promedio

En cuanto a su relación con la media poblacional, tenemos:

$$E[\overline{X}] = E\left[\frac{\sum_{j=1}^{r} n_j \overline{X_j}}{n}\right] = \frac{\sum_{j=1}^{r} n_j}{n} E[\overline{X_j}] = \frac{\sum_{j=1}^{r} n_j \mu_j}{n} = \mu$$

Veamos el siguiente ejemplo

Ejemplo

Una empresa vende un determinado producto en tres segmentos del mercado, cada uno de los cuales está formado por consumidores con diferente comportamiento; por lo que la empresa tiene asignado un determinado número de impulsadoras en cada segmento. El número de cajeros que la empresa tiene en total es 400. El número de impulsadoras en el primer segmento es de 240, en el segundo segmento es de 100 y en el tercero es de 60. Se desea determinar el número medio de productos que se consume mensualmente. Los datos se disponibles son los que se muestran en la siguiente tabla .

Solución

Si bien podemos resolver el problema tomando una muestra de tamaño n de los 400 productos consumidos mediante el muestreo simple al azar, sin embargo los resultados estarán sesgados hacia quien aporta más en el cálculo de la media y la varianza, y no serían representativos. Aquí interesa antes que un simple cálculo estadístico, un resultado cualitativo, además de estadístico. Interesa evaluar individualmente cada segmento, que bien puede conformar un estrato. Por ello vamos a utilizar el tipo de muestreo estratificado para resolver el problema.

Productos vendidos al mes		
Semento A	Segmento B	Segmento C
260	400	1790
200	520	2400
180	600	1900
170	830	
240	660	

160			
170			
240			
110			
210			
230			
180			

$\sum X_i$	2350	3010	6090
$\sum X_i^2$	480100	1914900	12574100
$\left(\sum X_i\right)^2$	5522500	9060100	37088100
$\overline{X}_{ri}$	195.8333	602	2030
$V[X_r]$	10808.33	25720	105700
$V[\overline{X}]$	143.159	4886.8	33471.667
$\overline{X}$	572.5		

9. MUESTREO POR CONGLOMERADOS

En el caso del muestreo simple al azar se seleccionó a los elementos de la muestra de manera aleatoria. En este caso todos los elementos de la población tienen igual probabilidad de ser elegidos: 1/N. Cualquiera que sea la modalidad de selección, con o sin reposición, el tipo de muestreo es eminentemente probabilístico.

En el caso del muestreo estratificado, la conformación de cada uno de los estratos y su tamaño, no es probabilístico. Se determinan por afinidad, por alguna propiedad común que poseen cierto número de elementos de la población. Así fueran sólo dos estratos. La conformación de la muestra al interior de cada estrato sí es probabilístico por cuanto sus elementos tienen igual probabilidad de ser elegidos: $1/N_1$.

En el primer caso interesa medir el comportamiento poblacional a través del comportamiento de una muestra aleatoria. Este comportamiento es común a todos los elementos de la población: "Preferencia o no por un determinado saborizante"; "Votar por un determinado candidato o no"; "Ingreso promedio de todos los trabajadores"; "promedio de nota en el curso de Matemática I en un determinado semestre"; etc.

En el segundo caso, no sólo interesa medir o estimar el comportamiento de la población a través de una muestra. Aquí toda la población tiene "diferentes" maneras de comportarse. De manera que si se desea estimar el comportamiento poblacional, éste debe ser producto de un resultado ponderado en donde se tome en cuenta la influencia de cada grupo o estrato.

Sin embargo estas dos formas de estudiar a la población, a través de la selección de una muestra, no son los únicos. En muchos casos cuando se trata de consultar a una familia, a una célula de producción, a un cajón de naranjas, una sección de un colegio de cinco mil alumnos, etc., se recoge la información de esta familia, de esta célula, de ese cajón, de esa sección; es decir, a cada uno de ellos se les define como una unidad, como un elemento de la población. Veamos algunos casos:

i)   Un determinado laboratorio de perfumería desea conocer la preferencia de sus productos en cada familia.

ii)   El departamento de investigación del Instituto de Estadística desea conocer el promedio de los ingresos por familia

iii)   Un vendedor de frutas desea conocer el promedio y el total de frutas no aptas para ser vendidas en un determinado precio. Vende naranja, manzana, papaya y piña.

iv)   Un centro laboral de permanente modernización, está interesado en conocer el número promedio de charlas de actualización técnico-profesional que han tenido los empleados en cada una de sus 400 grandes oficinas, distribuidas en 12 sucursales a nivel nacional.

En cada uno de estos ejemplos no se puede elegir el muestreo aleatorio ni tampoco el muestreo por estratos. El muestreo aleatorio tomaría un único dato de cada grupo, sección o familia; el muestreo por estratos juntaría a todos los elementos y los clasificaría de acuerdo a alguna propiedad común. Sin embargo, ninguno de los dos resolvería el problema que interesa: en el primer ejemplo no interesa la preferencia de la familia, nos interesa la preferencia de cada uno de los integrantes de la familia. Puede ser que la madre prefiera una colonia suave, y las hijas una del mismo tipo, pero fuerte; definitivamente la preferencia de los varones no puede ser mezclada con el de las mujeres en la familia. En el caso del ejemplo iv), teniendo en cada oficina diversos profesionales, se supone que la capacitación se da de acuerdo a la profesión que tengan; mal podríamos hacer si solo se registra datos por oficina. Aquí también interesa la opinión de los miembros de la oficina y la opinión de la oficina como unidad.

Por estas razones el tipo de muestreo que se acostumbra a elegir en estos casos constituye un **muestreo por conglomerados**.

El **muestreo por conglomerados** utiliza a la familia, a la célula, al grupo; es decir, al conglomerado de elementos de la población, como medio de acceso para llegar a cada uno de los miembros de dicha familia, grupo o conglomerado. Cada unidad muestral seleccionada(una familia, un grupo) está formada por elementos de la población y son ellos los que interesan, ellos son los que poseen la característica en estudio. Sin embargo estos miembros de la familia o grupo no fueron sorteados(designados o seleccionados) para ser consultados, resultaron elegidos en virtud de formar parte de la familia, grupo o conglomerado que es el que fue seleccionado.

De manera que, a cada unidad seleccionada se le denomina conglomerados. Por ello un elemento tal como X_{ri} hará referencia al i-ésimo miembro del r-ésimo conglomerado. La selección de cada uno de los conglomerados para formar la muestra puede realizarse de manera aleatoria. Una vez elegido un conglomerado, al interior de el se realiza un censo para obtener los datos que se busca. Si el tamaño del grupo o conglomerado fuera muy grande, se puede elegir también el muestreo aleatorio para conformar los elementos del conglomerado.

Si $X_{r1}, \ X_{r2}, \ ..., \ X_{r_{n_r}}$ son los elementos que conforman el r-ésimo conglomerado

de tamaño n_r, entonces $x_h = \sum_{i=1}^{i=n_r} X_{ri}$ representa el total de elementos del r-ésimo conglomerado

que poseen una determinada característica en estudio. El promedio de elementos que poseen tal

característica en la muestra general es $\overline{X} = \dfrac{\sum_{h=1}^{r} x_h}{n}$

Terminaremos esta sección presentando lo básico del Muestreo Sistemático.

10. MUESTREO SISTEMATICO

Uno de los tipos de muestreo más sencillo y de fácil aplicación es el Muestreo Sistemático. Es utilizado incluso al interior de los otros tipos de muestreo. Si al estar realizando la selección aleatoria se debe aplicar los números aleatorios y este no se adecua fácilmente para un grupo, se emplea el muestreo sistemático; al elegir los elementos que conforman un estrato, muchas veces es más conveniente por su sencillez y facilidad emplear el muestreo sistemático; y cuando de elegir un conglomerado se trata o si uno de ellos contiene muchos miembros, es útil y práctico el empleo del muestreo sistemático.

Los tres modelos de muestreo vistos anteriormente inducen muchas veces a errores en el muestreo trayendo como consecuencia altos índices de elementos descartados por las respuestas erróneas o introduciendo errores en la evaluación. Muchos resultados no satisfacen los objetivos que se persigue justamente por la dificultad en la aplicación del modelo de muestreo. Por estas razones, muchos investigadores prefieren el muestreo aleatorio simple o el muestreo sistemático, claro está, si el trabajo de investigación lo requiere, se deberá elegir el modelo estratificado o el de conglomerados, a pesar de su dificultad en la aplicación.

El Muestreo Sistemático consiste en listar a la población de 1 a N; elegir un número "r" de tal forma que $1 \leq r \leq N$. Este será el primer elemento de la población que se seleccione para conformar la muestra. Es este el único que caso en el que se selecciona aleatoriamente. El siguiente elemento de la muestra consiste en seleccionar al elemento que ocupa la posición "r+k" de la lista; cada uno de los siguientes elementos se elige de la misma manera: "el anterior + k". Una vez elegido al primero, aleatoriamente, todos los demás elementos ya están determinados.

Fundamentemos esto: Supongamos que se dispone a la población en una lista de 1 a N. Supongamos también que se debe seleccionar a n elementos para formar la muestra de tamaño n. Sea $k = \dfrac{N}{n}$ el número de intervalos en el rango [1, N]. Si k no es entero se debe redondear al entero más cercano.

Se elige como primer elemento de la muestra a uno de ellos ubicados en el intervalo [1, k]. Supongamos que se eligió al que ocupa la posición r, tal que $1 \leq r \leq k$.

El segundo elementos se elige al que ocupa la posición $r + k$;

El tercero se elige al que ocupa la posición $r + 2k$; etc.

De esta manera se tiene la muestra de tamaño n.

En el ejemplo de los Cursos A y B visto en el muestreo aleatorio simple, tenemos N = 29, el tamaño de la muestra fue de 8. En este caso k = 4. Si se elige como elemento inicial al tercero de la lista, la muestra estará formado por los alumnos 3, 7, 11, 15, 19, 23, 27 y 31.

El cálculo de la media y varianza muestrales se realiza usando los criterios ya conocidos.

11. DISTRIBUCIONES MUESTRALES

INTRODUCCIÓN

En la sección anterior nos hemos dedicado a estudiar de todo lo relacionado con el Muestreo. Hemos visto que en un proceso de muestreo es importante:
- determinar el tamaño de muestra, y
- elegir el tipo de muestreo.

La selección de un adecuado tamaño de muestra, sin ser el óptimo y, el tipo de muestreo que mejor se adecue para cumplir con los objetivos del muestreo, permitirá obtener resultados altamente confiables en la estimación que hagamos de los parámetros de la población.

Ahora bien, cualquiera que sea el procedimiento utilizado para obtener una muestra de tamaño n, puede ser repetido varias veces logrando disponer de varias muestras de tamaño n, lógicamente con elementos diferentes en cada muestra, por lo menos en uno. Por supuesto que puede presentarse el caso de seleccionar una muestra tomando en cuenta a los elementos representativos de cada grupo en los cuales está dividida la población. Habrá también casos en los que se la muestra se forme seleccionando determinados grupos y a los elementos dentro del grupo, de manera arbitraria o todos ellos.

Veamos un poco el detalle:

Supongamos que 1, 2, ..., N son elementos de una población de tamaño N. Seleccionemos de ella una muestra de tamaño n. Sea X_i el i-ésimo elemento seleccionado con i = 1, 2, ..., n. La distribución de probabilidades de las variables aleatorias X_1, X_2, ..., X_n depende de la forma cómo se selecciona los elementos de la población: Cada vez que se selecciona un elemento, podemos habilitarlo para que pueda tener la posibilidad de ser seleccionado nuevamente(muestreo con reposición) o podemos separarlo de la población para evitar su posterior selección(muestreo sin reposición). Lanzar una moneda 30 veces constituye un muestreo con reposición; consultar a un conjunto de electores sobre su preferencia electoral, constituye un muestreo sin reposición.

Si el muestreo se realiza con reposición, $p(j) = P(X = j) = 1/N$, $\forall j = 1, 2, .., n$. Esto significa que las variables aleatorias X_1, X_2, ..., X_n son independientes y cada una de ellas tienen la misma distribución de probabilidades. La distribución de probabilidades conjunta de X_1, X_2, ..., X_n viene dada por

$$P(X_1 = j_1, X_2 = j_2, ..., X_n = j_n) = \frac{1}{N^n}$$

Si el muestreo se realiza sin reposición, $p(1) = 1/N$; $p(2) = 1/(N-1)$; lo que implica que las variables aleatorias no son independientes; en este caso si $X_1 = 1$ y $X_2 = 2$, la distribución de probabilidades conjunta de (X_1, X_2) es $p(1, 2) = P(X_1 = 1, X_2 = 2) = (1/N)(1/(N-1)$; en general, si el muestreo se realiza sin sustitución, las variables aleatorias $X_1, X_2, ..., X_n$ no son independientes por lo que su distribución de probabilidades conjunta viene dada por

$$P(X_1 = j_1, X_2 = j_2, ..., X_n = j_n) = \frac{1}{N(N-1)(N-2)...(N-(n-1))}$$

donde $j_1, j_2, ..., j_n$ son valores cualquiera 1, 2, ..., N que hacen referencia a la población.

Hablemos un poco sobre N: tamaño poblacional. Hasta este punto nuestro amable lector tiene la idea que N debe ser conocido o en alguna situación debe asumirse infinita. Parece ser que su existencia es imprescindible en los temas que estamos desarrollando. Sin embargo en muchos casos puede no saberse nada respecto a N.

<u>Vemos los siguientes ejemplos:</u>

Se lanza una moneda sólo una vez. Sea X_1 : Número de caras obtenidas. Aquí el tamaño de muestra es $n = 1$; $p(1) = P(X = 1) = \frac{1}{2}$. . Si se lanza tres veces y definimos a X_i como "El número de caras obtenidas en el i-ésimo lanzamiento", X_1, X_2 y X_3 forman los elementos de una muestra aleatoria de tamaño 3. Evidentemente esta es una muestra aleatoria donde los X_1, X_2 , X_3 son variables aleatorias independientes cuya distribución de probabilidades conjunta es $p(X_1, = x_1, X_2 = x_2, X_3 = x_3) = 1/8$ que representa la probabilidad de extraer x_1 caras en el primer lanzamiento, x_2 en el segundo y x_3 en el tercer lanzamiento. Del mismo modo, si se realiza n lanzamientos de la moneda, habremos obtenido una muestra aleatoria de tamaño n donde $X_1, X_2, ..., X_n$ son variables aleatorias independientes. En este ejemplo nada se dice de N, tamaño poblacional; y no interesa conocerlo.

Observe el siguiente ejemplo: Supongamos que X_1 representa el IPC (índice de precios al consumidor) de Enero de 1999, X_2 es el IPC de Febrero, ..., X_{36} de Diciembre de 2001. De acuerdo a esto $X_1, X_2, ..., X_{36}$ es una muestra aleatoria de 36 elementos todos los cuales son variables aleatorias independientes y cuya distribución de probabilidades es la misma para todos ellos. Aquí también no se conoce el tamaño poblacional y creemos que no es necesario.

En resumen, todas estas ideas las podemos formalizar mediante la siguiente definición

12. MUESTRA ALEATORIA

DEFINICIÓN

Sea X una variable aleatoria poblacional que define alguna propiedad o comportamiento de la misma cuya función de probabilidad se define por $p(x_i) = P(X = x_i)$ en el caso discreto, o equivalentemente, función de densidad de probabilidad f, en el caso continuo.

Diremos que X_1, X_2 , ... , X_n **es una muestra aleatoria de tamaño n**, si se cumple las siguientes condiciones:

a) Cada x_i constituye un valor de X_i que tiene la misma distribución que X; es decir,

$p(x_i) = P(X_i = x_i) = P(X = x_i)$ ó

$F(x_i) = P(X_i \leq x_i) = P(X \leq x_i)$

b) Las variables aleatorias X_1, X_2, ..., X_n son variables aleatorias independientes.

Comentarios

1. Usaremos X_i para denotar un elemento de la muestra y x_i para denotar al valor que toma la variable X_i en la muestra. De manera que los valores que toman las variables aleatorias (X_1, X_2, ..., X_n) se denotará por (x_1, x_2, ..., x_n).

2. Puesto que las variables aleatorias que conforman la muestra son independientes, todos ellos han sido seleccionados usando el muestreo con reposición. Por ello es que tienen la misma distribución de probabilidades que X

3. Si el muestreo se realiza de una población infinita con reposición, el concepto no cambia.

4. Si se realiza sin reposición y el tamaño poblacional es finito, la segunda condición no se satisface. Por ello es que al evaluar la varianza en la muestra se debe usar el factor de corrección para poblaciones finitas, estudiado anteriormente.

5. Si el muestreo se realiza sin reposición desde una población infinita, $N \rightarrow \infty$ por lo que el factor de corrección tiende a 1; lo que indica que puede asumirse que el muestreo se ha realizado con reposición.

6. Siendo X_1, X_2, ..., X_n una muestra de tamaño n, de variables aleatorias independientes, y de acuerdo a 2, podemos afirmar que, si $E[X] = \mu$ y $V[X] = \sigma^2$, entonces

$E[X_i] = E[X] = \mu$

$$V[X_i] = V[X] = \sigma^2$$

7. Usando el comentario 1 y 2, diremos que si $(X_1, X_2, ..., X_n)$ es una variable aleatoria n-dimensional discreta, su distribución conjunta será

$$p(x_1, x_2, ..., x_n) = P(X_1 = x_1, X_2 = x_2, ..., X_n = x_n) = p(x_1)p(x_2)...p(x_n) = \prod p(x_i)$$

8. Si $(X_1, X_2, ..., X_n)$ es continua, entonces

$$f(x_1, x_2, ..., x_n) = g(x_1)\, g(x_2)\, ...\, g(x_n) = \prod g(x_i)$$

13. ESTADÍSTICO DE UNA MUESTRA

DEFINICIÓN

Sea $X_1, X_2, ..., X_n$ una muestra aleatoria de tamaño n, extraída de una población en donde se define la variable aleatoria X. Sean $x_1, x_2, ..., x_n$ los valores que toman dichas variables en la muestra. Diremos que $\underline{\mathbf{Y = H(X_1, X_2, ..., X_n)\ es\ un\ estadístico\ de\ la\ muestra}}$, que toma el valor $y = H(x_1, x_2, ..., x_n)$.

Comentarios:

1. El estadístico de una muestra se conoce también como estadígrafo de la muestra.
2. El valor de un estadístico de una muestra es un número real, como se explica en el siguiente esquema.

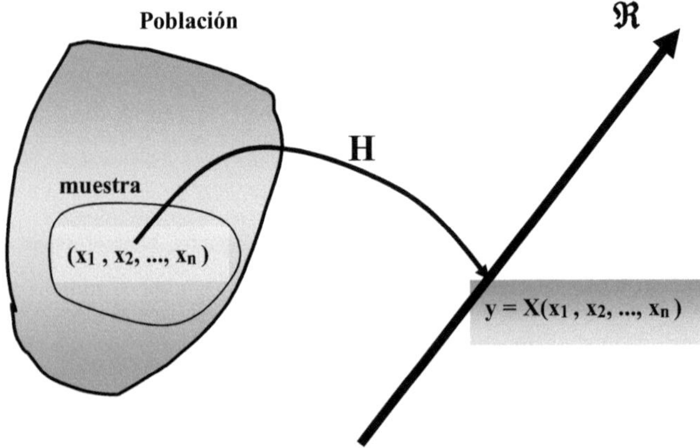

3. Dada una muestra aleatoria X_1, X_2, ..., X_n de tamaño n, podemos definir ciertos estadísticos en ella a los cuales se les conoce como estadísticos de la muestra.

4. Un estadístico muestral se calcula con los datos pertenecientes a la muestra.

5. Un determinado parámetro poblacional, como la media μ_X no se calcula en una muestra de la población.

6. El valor de un parámetro poblacional puede ser estimado a partir del estadístico que le haga referencia. Por ejemplo el estadístico para μ_X es la media aritmética $\overline{X}$.

7. *Por la forma cómo se define a un estadístico podemos decir que un estadístico o estadígrafo es una variable aleatoria.* Siendo así, podemos tratar de encontrar su distribución de probabilidad. Podemos buscar su esperanza y su varianza. Y conociendo su distibución de probabilidad, y conociendo su valor esperado y desviación estándar del estadístico, podemos identificar el comportamiento de los miembros de la muestra y a partir de ella, tener una aproximación, sujeto a los errores y niveles de confianza supuestos, del comportamiento de la población de la cual fue extraída la muestra. Recuerde esta afirmación para la siguiente sección, que nos será de gran utilidad.

8. Tomando en cuenta el numeral 3 de este comentario y el anterior, debemos suponer que dichos estadisticos muestrales deben tener una distribución conocida o por conocer que será oportuno conocer. Pero antes de pasar a estudiar esto en la próxima sección aclaremos lo que queremos decir en este numeral: En los diferentes tipos de muestreo hablamos de dos tipos de variable S: Aquella que representa la suma de todos ellos, es decir, $S = \sum X_i$ y aquella que representa el promedio $S = \overline{X}$. Podemos también haber definido a S como una proporción, $\hat{p}$ dentro de una muestra.

Precisemos algo más. Para ello consideremos los siguientes ejemplos:

Primer ejemplo:

Tomemos las dos secciones que tiene la Asignatura Estadística Aplicada I de la Facultad de Economía, en un semestre determinado. Supongamos que la Sección 401 tiene 25 alumnos y la sección 402 tiene 36 alumnos. Puesto que el total de alumnos constituye la población de alumnos de Estadística Aplicada de la Facultad de Economía, entonces el tamaño poblacional; es decir, N es igual a 61.

Supongamos que, con la finalidad de evaluar el rendimiento académico de estos alumnos al final del semestre, hemos determinado seleccionar una muestra de tamaño 16. Esto nos sugiere definir una variable muestral, digamos X, como el rendimiento promedio alcanzado por cada alumno al final del semestre. Supongamos que se elige el muestreo simple al azar para seleccionar a los alumnos: X_1, X_2, ..., X_{16} , donde X_i representa el rendimiento promedio del i-ésimo alumno. En este caso, n = 16.

¿Es ésta la única muestra que podamos obtener de esta población?. La respuesta es fácil e inmediata: No. El número total de muestras de tamaño n = 16 que se pueda obtener de la población de tamaño N = 61, es $\quad C\binom{61}{16} = \dfrac{61!}{16!(61-16)!} = 2.02802x10^{14}$.

Según esto, cada elemento X_i de la muestra constituye una variable aleatoria. De manera que el conjunto X_1, X_2, ..., X_{16} constituye una **muestra aleatoria** de tamaño 16. Esta muestra aleatoria está compuesta de un conjunto de variables aleatorias denominada **variables aleatorias muestrales de tamaño 16**, las que en conjunto constituyen variables aleatorias independientes. Por consiguiente, para un conjunto de variables aleatorias muestrales deberá existir una distribución muestral que deberá ser determinada para "conocer" el comportamiento de la muestra.

Segundo ejemplo:

Supongamos que estamos interesados en conocer la distribución de los ingresos familiares de todas las personas que tienen alguna actividad comercial ambulatoria en Mesa Redonda. Aquí debemos seleccionar una muestra de tamaño n de manera aleatoria, identificaremos a los miembros de una familia y definiremos a la variable muestral como el total de los ingresos de los miembros de la familia. Si T representa la variable que define el total de los ingresos por familia, entonces T_1, T_2, ..., T_n representa una muestra, donde T_i es el total de los ingresos de la i-ésima familia. Aquí también tenemos una muestra aleatoria formada por variables aleatorias independientes.

Tercer ejemplo:

La Empresa "Helados fríos" está preocupada por la cantidad de helados devueltos por cada vendedor de carretilla al final de cada día durante los meses de la primavera. Puesto que en los helados devueltos hay helados en buen estado y otros no recuperables, la empresa decide analizar el porcentaje de helados no recuperables, por cada vendedor. Para ello define la variable muestral R, como el porcentaje de helados malogrados devuelto diariamente por cada vendedor de carretilla. Si selecciona una muestra de tamaño n, R_1, R_2, ..., R_n representa una muestra que bien puede ser obtenida aleatoriamente, en el donde R_i se define como el porcentaje de helados malogrados y devueltos por cada vendedor en la muestra.

De manera que cuando hablamos de muestra, los elementos que la conforman determinan, per se, un conjunto de variables muestrales que seguramente deben tener alguna distribución que debe ser la misma que tiene la población de la cual fue extraída, salvo que caprichosamente, o con alguna finalidad "especial", la muestra arroje comportamientos contrarios a lo que dicta la población (Si la Municipalidad de Lima, asociada con un Consorcio Internacional desea construir "El Boulevard de la Unión", debajo del Jirón de la Unión y una firma de investigación de mercados decide realizar una consulta a la población del cercado de Lima sobre si quiere o no dicho Boulevard, pero que la muestra se toma sólo y exclusivamente de los comerciantes de las aceras del Jirón, naturalmente los resultados tendrán definitivamente un sesgo el cual probablemente no refleje el comportamiento de la población de todo el cercado).

De todo esto podemos concluir con lo siguiente:
En el primer ejemplo tenemos de una variable muestral que podría llamarse *variable muestral de promedios o medias muestrales;* en el segundo ejemplo, donde se habla de total de ingresos, podríamos tener una *variable muestral de totales muestrales* y, en el tercer ejemplo tenemos una *variable muestral de proporciones muestrales.*

Sin duda no serán las únicas variables muestrales; en el caso de estudiar el comportamiento de dos poblaciones, por ejemplo.

Antes de pasar a estudiar la distribución de las variables muestrales, vamos a desarrollar un ejemplo que nos permita fundamentar las definiciones que vamos a dar. El ejemplo también nos permitirá mostrar la relación que existe entre los estadísticos de la muestra con los parámetros poblacionales(veremos el caso de $\overline{X}$ y μ .

Ejemplo
Supongamos que una factoría se encarga de prestarle servicio a 5 tipos de vehículos: Nissan, Toyota, Peugeot, Ford y Volkswagen. El mes pasado la factoría atendió a 220 vehículos Nissan, 220 Toyotas, 180 Peugeot, 150 Ford y 200 Volkswagen. Con la intención de realizar estimaciones para los meses siguientes, se toman muestras de tamaño 2. Qué relación habrá entre $\overline{X}$ y μ .? si las muestras se toman
a)   con reposición?

b) sin reposición?

Solución

a) Supongamos que se definen los eventos N: Seleccionar un vehículo Nissan; T; Seleccionar un vehículo Toyota; P: Seleccionar un vehículo Peugeot; F: Seleccionar un vehículo Ford y V: seleccionar un vehículo Volkswagen. Puesto que las muestras tienen un tamaño igual a 2 y se eligen con reposición, el número de muestras posibles será $Pr(5, 2) = 5^2 = 25$

Los parámetros poblacionales son:

$$\mu = \frac{220+220+180+150+200}{5} = 194$$

$$\sigma^2 \;=\; V[X] \;=\; \frac{\sum (X-\mu)^2}{5} = 704$$

El siguiente cuadro nos muestra en detalle todas las muestras así como su promedio
La cuarta columna es el promedio de la muestra formada por la segunda y tercera.

			Media
Tamaño Poblacional: **5**			Pob.
Datos={N,T,P,F,V}={220,220,180,150,200) **194**			
Tipo de muestreo	**Con reposición**		
Tamaño de muestra:	**2**		
Número de muestras	**25**		
Lista de muestras	**Vehículos atendidos**	**Prom.**	
	(semanalmente)		
{N, N}	220	220	220
{N, T}	220	220	220
{N, P}	220	180	200
{N, F}	220	150	185
{N, V}	220	200	210
{T, N}	220	220	220
{T, T}	220	220	220
{T, P}	220	180	200

{T, F}	220	150	185
{T, V}	220	200	210
{P, N}	180	220	200
{P, T}	180	220	200
{P, P}	180	180	180
{P, F}	180	150	165
{P, V}	180	200	190
{F, N}	150	220	185
{F, T}	150	220	185
{F. P}	150	180	165
{F, F}	150	150	150
{F, V}	150	200	175
{V, N}	200	220	210
{V, T}	200	220	210
{V, P}	200	180	190
{V, F}	200	150	175
{V, V}	200	200	200

Esperanza de la media muestral	194.00
Varianza de la media muestral	352.00

El cuadro nos muestra que $E[\overline{X}] = 194$ y $V[\overline{X}] = 352$ (Calculado en MS Excel)

Construyamos la distribución de probabildad de $\overline{X}$

$\overline{X}$	150	165	175	180	185	190	200	210	220
$p(\overline{X})$	1/25	2/25	2/25	1/25	4/25	2/25	5/25	4/25	4/25

De acuerdo a esto:

$$E[\overline{X}] = 150(\tfrac{1}{25}) + 165(\tfrac{2}{25}) + 175(\tfrac{2}{25}) + 180(\tfrac{1}{25}) + \cdots + 210(\tfrac{4}{25}) + 220(\tfrac{4}{25}) = 194.$$

Del mismo modo

$$E[\overline{X}^2] = 150^2(\tfrac{1}{25}) + 165^2(\tfrac{2}{25}) + 175^2(\tfrac{2}{25}) + 180^2(\tfrac{1}{25}) + \cdots + 210^2(\tfrac{4}{25}) + 220^2(\tfrac{4}{25}) = 37988$$

Con lo cual

$$V[\overline{X}] = 37988 - 194^2 = 352$$

Todo esto nos permite las siguientes conclusiones:

$$E[\overline{X}] \;=\; \mu$$

$$V[\overline{X}] \;=\; \frac{\sigma^2}{n}$$

b) En el caso en que el muestreo se realiza sin reposición, el número total de muestras que se pueda obtener es C(5, 2) = 10.

Tamaño Poblacional: **5**

Datos={N,T,P,F,V}={220,220,180,150,200) **194** (Media Pob.)

Tipo de muestreo **Sin reposición**

Tamaño de muestra: **2**

Número de muestras **10**

Lista de muestras	Vehículos atendidos (semanalmente)		Prom.
{N, T}	220	220	220
{N, P}	220	180	200
{N, F}	220	150	185
{N, V}	220	200	210
{T, P}	220	180	200
{T, F}	220	150	185
{T, V}	220	200	210
{P, F}	180	150	165
{P, V}	180	200	190
{F, V}	150	200	175

Esperanza de la media muestral 194.00

Varianza de la media muestral 264.00

Recordemos que $\mu = 194$ y $\sigma^2 = \dfrac{\sum (X - \mu)^2}{5} = 704$

La distribución de probabilidades de $\overline{X}$ es

$\overline{X}$	165	175	185	190	200	210	220
$p(\overline{X})$	0.1	0.1	0.2	0.1	0.2	0.2	0.1

De acuerdo a esto

$$E[\overline{X}] = 194$$

$$E[\overline{X}^2] = 165^2(0.1) + 175^2(0.1) + 185^2(0.2) + 190^2(0.1) + 200^2(0.2) + 210^2(0.2) + 220^2(0.1)$$

$$V[\overline{X}] = E[\overline{X}^2] - (E[\overline{X}])^2 = 37900 - 194^2 = 264$$

Puesto que el muestreo es sin reposición, usando el factor de corrección para poblaciones finitas,

encontramos que $\quad V[\overline{X}] = 264 = \dfrac{704}{2}(\dfrac{5-2}{5-1}) = \dfrac{\sigma^2}{n}\dfrac{N-n}{N-1}$

En conclusión

Si X_1, X_2, ..., X_n es un conjunto de variables aleatorias independientes que conforman una muestra aleatoria de tamaño n y si $\overline{X}$ es el estadístico muestral de medias muestrales, entonces

$$E[\overline{X}] = \mu$$

$$V[\overline{X}] = \dfrac{\sigma^2}{n}$$

cuando el muestreo se realiza con reposición, y

$$E[\overline{X}] = \mu$$

$$V[\overline{X}] = \dfrac{\sigma^2}{n}\dfrac{N-n}{N-1}$$

cuando el muestreo se realiza sin reposición.

En el siguiente gráfico se puede apreciar la estrecha relación que tiene la distribución de la variable poblacional X y la variable muestral $\overline{X}$.

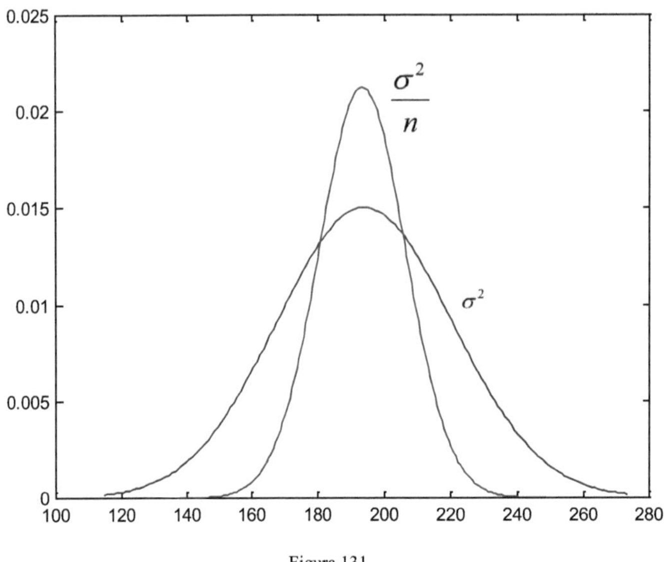

Figura 131

Formalicemos esto

I. DISTRIBUCIÓN MUESTRAL DE MEDIAS(σ^2 conocida)

TEOREMA DE LA MEDIA MUESTRAL DE MEDIAS($\overline{X}$)

Sea X_1, X_2, ..., X_n es un conjunto de variables aleatorias independientes que conforman una muestra aleatoria de tamaño n , tomadas **con reposición**, a partir de una población X con $\mu = E[X]$ y $V[X] = \sigma^2$ y donde todas las X_i tienen la misma distribución, por provenir de la misma población, es decir $E[X_i] = \mu_i = \mu$ y $V[X_i] = \sigma_i^2 = \sigma^2$. Si $\overline{X}$ es el estadístico denominado *Media Muestral de Medias Muestrales*, entonces su distribución es aproximadamente normal con

$$E[\overline{X}] = \mu$$

$$V[\overline{X}] = \frac{\sigma^2}{n}$$

94

Y si, aplicando el Teorema del Limite Central, definimos una nueva variable $Z = \dfrac{\overline{X} - E[\overline{X}]}{V[\overline{X}]}$,

entonces $Z \rightarrow N(0, 1)$.

Comentarios

1. Otra forma de definir Z, la forma usual o práctica es $Z = \dfrac{\overline{X} - \mu}{\dfrac{\sigma}{\sqrt{n}}}$

2. Se puede verificar que

$$E[\overline{X}] = E\left(\frac{\sum X_i}{n}\right) = \frac{1}{n}E\left(\sum X_i\right) = \frac{1}{n}\sum E[X_i] = \frac{1}{n}\sum \mu = \frac{1}{n}n\mu = \mu$$

Igualmente

$$V[\overline{X}] = V\left[\left(\frac{\sum X_i}{n}\right)\right] = \frac{1}{n^2}\sum V[X_i] = \frac{1}{n^2}\sum \sigma^2 = \frac{n\sigma^2}{n^2} = \frac{\sigma^2}{n}$$

3. Si la distribución de X es normal, por la propiedad reproductiva de la normal, $S = \overline{X}$ tendrá también distribución normal N(μ, σ^2/n).

4. Si la distribución de X no es normal, deberemos aplicar el Teorema del Limite Central, mediante el cual, $\overline{X}$ tendrá distribución normal N(μ, σ^2/n).

5. Finalmente, será suficiente que n $\geq$ 30 para aplicar el Teorema del Limite Centra y resolver el problema usando la tabla de la distribución normal N(0, 1).

Teorema

Sea X_1, X_2, ..., X_n es un conjunto de variables aleatorias independientes que conforman una muestra aleatoria de tamaño n , tomadas **sin reposición**, a partir de una población X con $\mu = E[X]$ y $V[X] = \sigma^2$ y donde todas las X_i tienen la misma distribución por provenir de la misma población, es decir $E[X_i] = \mu_i = \mu$ y $V[X_i] = \sigma_i^2 = \sigma^2$. Si $\overline{X}$ es el estadístico denominado **Media Muestral de Medias Muestrales**, entonces su distribución es aproximadamente normal con

$$E[\overline{X}] \;=\; \mu$$

$$V[\overline{X}] \;=\; \frac{\sigma^2}{n}\frac{N-n}{N-1}$$

Comentarios:

1. Esto quiere decir que, toda vez que el muestreo se realice sin reposición, deberá usarse este teorema.

2. Si el tamaño poblacional no fuera conocido, se asumirá infinito, en cuyo caso, se aplicará el modelo de muestreo con reposición.

Ejemplo 01

Una variable aleatoria continua X está distribuida uniformemente sobre el intervalo (-1, 1). Si se obtiene una muestra de tamaño 36, y se calcula el promedio $\overline{X}$, ¿cuál es la desviación estándar de $\overline{X}$?. Encuentre P(-1/5 ≤ $\overline{X}$ ≤ 1/5).

Solución

Si X → U(-1, 1) entonces μ = (a+b)/2 = 0 y σ^2 = (b-a)²/12 = 1/3.

Por otro lado, como E[$\overline{X}$] = μ entonces E[$\overline{X}$] = 0

Del mismo modo, como $V[\overline{X}] = \dfrac{\sigma^2}{n}$ entonces $V[\overline{X}] = \dfrac{1/3}{36} = \dfrac{1}{108}$

Con esta información, usando el teorema de la distribución muestral y dado que n = 36, podemos encontrar la probabilidad pedida:

$$P(-\tfrac{1}{5} \leq \overline{X} \leq \tfrac{1}{5}) = P(\frac{-\,^1\!/_5 - 0}{\sqrt{^1\!/_{108}}} \leq \frac{\overline{X} - \mu_{\overline{X}}}{\sigma_{\overline{X}}} \leq \frac{^1\!/_5 - 0}{\sqrt{^1\!/_{108}}}) \;=\; P(-2.078 \leq Z \leq 2.078) = 0.9622$$

Ejemplo 02

Una empresa de inversiones coloca diariamente importantes sumas de dinero en acciones de bolsa, las cuales siguen una distribución normal. Si el monto promedio de colocación es de $ 7012 diariamente, con una desviación estándar de $ 540, y

a) si se elige aleatoriamente una determinada colocación de dinero, ¿cuál es la probabilidad de que sea superior a $ 6911?

b) si se elige al azar una muestra de 36 colocaciones, ¿cuál es la probabilidad de que la media de la muestra sea superior a $ 6911?

c) ¿Por qué la probabilidad en b) es mayor que en a)?

Solución

Sea X la variable aleatoria poblacional definida como "Monto de dinero que representa una colocación".

Según el problema: μ = 7012 y σ = 540; igualmente X → N(7012, 532²)

a) Usando la distribución normal N(0, 1), tenemos

$$P(X > 6911) = 1 - P(X \le 6911) = 1 - P(Z \le \frac{6911 - 7012}{540}) = 1 - \Phi(-0.187) = 0.5732$$

b) Si $\overline{X}$ es la media muestral de medias en una muestra de tamaño n = 36, entonces $E[\overline{X}] = \mu$

$$= 7012 \quad y \quad \sigma_{\overline{X}} = \frac{\sigma_X}{\sqrt{n}} = \frac{540}{6} = 90$$

$$P(\overline{X} > 6911) = 1 - P(\overline{X} \le 6911) = 1 - P(Z \le \frac{6911 - 7012}{90}) = 1 - \Phi(-1.122) = 0.8686$$

c) La siguiente figura muestra la gráfica de las dos variables X y $\overline{X}$.

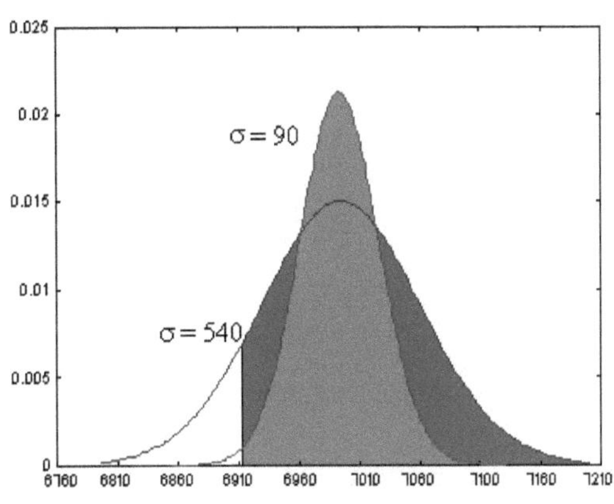

Figura 132

Se puede apreciar que el área naranja es la probabilidad $P(\overline{X} > 6911)$ que, cubre casi toda la campana de Gauss, muy próximo a uno; en cambio la P(X > 6911) cubre menor área bajo la curva del otro color. Por otro lado, siendo la varianza poblacional mayor que el de la media, los datos están más dispersos.

InstaCalc

Usando R:

Sea xb la media muestral

a) P(X>6911) = 1-pnorm(6911,7012,540) = 0.574184

b) P(xb>6911) = 1-pnorm(6911,7012,540/6) = 0.869116

Usando Python

import numpy as np

import scipy.stats as st

a) P(X>6911) = 1-st.norm.cdf(6911,7012,540) = 0.5741842

b) P(xb>6911) = 1-st.norm.cdf(6911,7012,540/6) = 0.869116

Ejemplo 03

Un investigador de mercado desea estimar la media poblacional utilizando muestras extraídas aleatoriamente, suficientemente grandes de tal manera que la probabilidad de que la media muestral no difiera de la media poblacional en más del 25% de la desviación estándar, sea de 0.95. Qué tamaño de muestra debe adoptar para seleccionar la muestra, si ésta se hace sin reposición sobre poblaciones muy grandes?.

Solución

Sea X la variable definida sobre la población, de tamaño N cuya distribución se define por μ y σ^2 como su media y varianza poblacional, respectivamente.

Sea $\overline{X}$ la media muestral de medias en una muestra de tamaño n, donde

$$\mu_{\overline{X}} = \mu_X \quad y \quad \sigma_{\overline{X}} = \frac{\sigma_X}{n}.$$

De acuerdo a los datos del problema tenemos

$$P(\,|\,\overline{X} - \mu_X\,| \le 0.25\sigma_X\,) = 0.95$$

$$P(\,-0.25\sigma_X \le \overline{X} - \mu_X \le 0.25\sigma_X\,) = 0.95$$

Dividiendo entre $\dfrac{\sigma}{\sqrt{n}}$, que es la desviación de $\overline{X}$, para obtener Z, tenemos

$$P\left(\frac{-0.25}{\frac{1}{\sqrt{n}}} \le \frac{\overline{X} - \mu_X}{\frac{1}{\sqrt{n}}} \le \frac{0.25}{\frac{1}{\sqrt{n}}}\right) = P(-0.25\sqrt{n} \le Z \le 0.25\sqrt{n}) \;=\; 0.95$$

Usando la tabla N(0, 1) tenemos $2\Phi(0.25\sqrt{n}) - 1 = 0.95$ de donde n = 61.4656.

Ejemplo 04

El promedio de las notas de los estudiantes de un Instituto de Idiomas es una variable aleatoria con $\mu = 62$ y $\sigma = 60$. Si se desea tomar una muestra, ¿qué tan grande debe ser su tamaño si la probabilidad de que el promedio de las notas sea inferior a 60, debe ser 0.1?

Solución

Sea X la calificación obtenida por los alumnos del Instituto, con $\mu = 62$ y $\sigma = 60$.

Si $\overline{X}$ es la nota promedio, entonces, de acuerdo al problema $P(\overline{X} < 60) = 0.1$

Puesto que $E[\overline{X}] = \mu = 62$ y $V[\overline{X}] = \sigma^2/n$, usando la distribución normal, tenemos

$$P(\overline{X} < 60) = P\left(Z < \frac{60 - 62}{\frac{\sigma}{\sqrt{n}}}\right) = P\left(Z < \frac{-2\sqrt{n}}{\sqrt{60}}\right) = 0.1$$

El valor de Z para un área de 0.1 nos permite hace $\dfrac{-2\sqrt{n}}{\sqrt{60}} = Z_{0.1} = -1.282$ de donde, el

valor de n $\approx$ 25.

Ejemplo 05

Suponga que los saldos mensuales en cuenta corriente de los clientes de un sistema financiero se distribuyen normalmente. De acuerdo a estadísticas registradas se sabe que el 99.26% de los clientes, tienen sus saldos inferiores a $ 2960 y que el 99.6% de los clientes tienen saldos superiores $ -900.

a) Si se seleccionan muestras de 25 clientes, con reposición, determine la distribución de los promedios de los saldos de cuenta corriente.

b) ¿Cuál es la probabilidad de que el promedio de los saldos de cuenta corriente en dicha muestra sea superior a $ 12,000?.

Solución

Sea X la variable aleatoria que representa "Los saldos de cuenta corriente de un cliente". De acuerdo a los datos del problema:

$P(X < 2960) = 0.9926$ $\qquad\qquad$ (1)

$P(X > -900) = 0.9960$ $\qquad\qquad$ (2)

Sea $\overline{X}$ la media muestral de los saldos en cuenta corriente en una muestra con n = 25.

a) Para encontrar la distribución de $\overline{X}$ debemos tener μ y σ^2 .

Las ecuaciones (1) y (2) nos permiten encontrar

$$P(X < 2960) = P\left(Z < \dfrac{2960 - \mu}{\sigma/5}\right) = 0.9926 \ .$$

De donde $\quad 5\mu + 2.435\sigma = 14800$ $\qquad\qquad$ (3)

$$P(X > -900) = 1 - P\left(Z \le \dfrac{-900 - \mu}{\sigma/5}\right) = 0.9960$$

De donde $-5\mu + 2.650\sigma = 4500$ $\qquad\qquad$ (4)

Resolviendo (3) y (4) encontramos $\mu = 1111.60$ y $\sigma = 3795.48$

Luego la distribución de los promedios $\overline{X}$ viene dada por

$E[\overline{X}] = 1111.60$ y $V[\overline{X}] = 3795.4769^2/25 = 576225.796$

b) Con los datos encontrados en a), tenemos

$$P(\overline{X} > 1200) = P(Z > \frac{1200-1111.60}{3795.48/5}) = 1 - \Phi(0.1165) = 0.454$$

Nota:

Hay muchos casos en los que el estudio de mercado debe realizarse con propósitos comparativos; es decir, podemos estar interesados en averiguar la variación en los promedios que ha experimentado una población en dos momentos del tiempo. Podemos comparar el promedio de los ingresos de un trabajador en la década de los '80 respecto a sus ingresos promedio en los '90. Si $\overline{X}_1$ representa el ingreso promedio en la década de los '80 y $\overline{X}_2$ representa el ingreso promedio en la década de los '90, podemos estar interesados en la nueva variable $\overline{X}_1 - \overline{X}_2$ que representa la diferencia de los ingresos promedio. Igualmente, otros investigadores de mercado pueden estar interesados en averiguar la probabilidad de que el promedio de ventas de un producto elaborado por una empresa A sea superior al promedio de ventas de la competidora B.

El siguiente teorema introducirá una nueva variable aleatoria muestral llamada diferencia muestral de la diferencia de medias muestrales provenientes de dos poblaciones(que puede ser la misma, tomado en dos instancias).

DEFINICIÓN

Supongamos que X_1 es una variable aleatoria definida sobre una población Π_1 cuyos parámetros son μ_1 y σ_1. Sea X_2 una variable aleatoria definida sobre la población Π_2 cuyos parámetros son μ_2 y σ_2.

Sea $\overline{X}_1$ la media de una muestra de tamaño n_1 extraída de la población Π_1 y sea $\overline{X}_2$ la media de una muestra de tamaño n_2 extraída de la población Π_2.

Diremos que $\overline{X}_1 - \overline{X}_2$ es una variable aleatoria definida como la diferencia muestral de medias muestrales cuya distribución de probabilidades se puede definir mediante su media $\mu_{\overline{X}_1-\overline{X}_2} = E[\overline{X}_1 - \overline{X}_2]$ y su varianza $\sigma^2_{\overline{X}_1-\overline{X}_2} = V[\overline{X}_1 - \overline{X}_2]$.

Desarrollemos cada uno de ellos

$$\mu_{\overline{X}_1-\overline{X}_2} = E[\overline{X}_1 - \overline{X}_2] = E[\overline{X}_1] - E[\overline{X}_2] = \mu_1 - \mu_2$$

$$\sigma^2_{\overline{X}_1-\overline{X}_2} = V[\overline{X}_1 - \overline{X}_2] = V[\overline{X}_1] - V[\overline{X}_2] = \frac{\sigma_1^2}{n_1} + \frac{\sigma_2^2}{n_2}$$

15. DISTRIBUCION MUESTRAL DE MEDIAS PARA MUESTRAS PEQUEÑAS Y CON VARIANZA POBLACIONAL σ^2, DESCONOCIDA

¿Qué ocurre si el tamaño de muestra no cumple con el requerimiento del TLC?; es decir, cómo resolver un problema de medias muestrales si el tamaño de la muestra es menor que 30 o no se conoce la varianza poblacional?

Sea X_1, X_2, ..., X_n una .muestra aleatoria. de tamaño n (n < 30), extraída de una población normal con .media μ y .varianza. σ^2 desconocida. Sea $\overline{X}$ la media muestral de medias Si n < 30 entonces la variable

$T = \dfrac{\overline{X} - \mu}{\dfrac{s}{\sqrt{n}}}$ es una variable que tiene distribución t de Student simbolizado por T $\rightarrow$ t (n-1) en

donde s^2 representa la varianza muestra tal que

$s^2 = \dfrac{\sum (x_i - \overline{x})^2}{n-1}$ y (n-1) representan los grados de libertad.

Ejemplo 5

Se ha tomado al azar 12 bombillas de luz de un lote grande enviado por un proveedor a una casa comercial. El propósito es observar la duración del producto para determinar su conveniencia en compras futuras. Los datos (en horas) obtenidos con el experimento fueron:

120, 128, 132, 130 124, 127, 130, 135, 122, 129, 131, 130.

Si el proveedor indica que su producto tiene una duración promedio de 127.5 horas.

Calcule la media de la muestra y luego determine la probabilidad de que una muestra del mismo tamaño arroje un promedio superior al que usted calculó.

¿Cuál es la probabilidad de que la media muestral se aparte del valor real en a lo más 2 horas?

Solución

Sea X: La duración (tiempo de vida) de una bombilla.

Según el problema μ = 127.5 horas; n = 12.

Como no se conoce la varianza poblacional, usaremos la distribución t de Student.

Ingresando los datos al Minitab y usando la secuencia

<Stat> - <Basics statistics> - <Display ...>

Con ello logramos obtener: $\overline{X}$ = 128.17 ; s^2 = 18.52 y s = 4.3

En este caso se nos pregunta por encontrar la probabilidad de que la media muestral, $\overline{X}$ se diferencie de la media poblacional μ, en a lo más, 2 horas; es decir m debemos hallar $P(|\overline{X} - \mu| \le 2)$.

Puesto que no se conoce la varianza poblacional, usaremos t de Student.

Luego $P(|\overline{X} - \mu| \le 2) = P(-2 \le \overline{X} - \mu \le 2) = P(\dfrac{-2}{4.3/\sqrt{12}} \le \dfrac{\overline{X} - \mu}{2/\sqrt{n}} \le \dfrac{2}{4.3/\sqrt{12}}) =$

$$=P(-1.612 \le t(11) \le 1.612) = 0.93237 - 0.067629$$

InstaCalc:

Usando R:

xb = mean(x)

vx = var(x)

tc = (127.5-128.1667)/sqrt(vx/12)

1-pt(tc,11)

En Python:

Tome nota de que Python, calcula la cuasivarianza, aquella que es consistente pero no insesgada.

Dicha varianza se calcula dividieno a la sumatoria entre n y no n-1.

xb = np.mean(x)

x = np.array(x)

sx2 = sum(x*x)

vx = (sx2-12*xb*xb)/11

tc = (127.5-128.1667)/np.sqrt(vx/11)

1-st.t.cdf(tc,11)

5. DISTRIBUCION MUESTRAL DE MEDIAS PARA MUESTRAS PEQUEÑAS CON VARIANZA POBLACIONAL CONOCIDA

Si el tamaño de la muestra es menor que 30, no podemos aplicar el Teorema del Límite Central. En estos casos se deberá usar la desigualdad de Tchebyshev, la que permite evaluar probabilidades aproximadas. Esta desigualdad afirma en una de sus formas, que $P(|\overline{X} - \mu| \le K\sigma) > 1 - \dfrac{1}{K}$

17. DISTRIBUCION MUESTRAL DE LA DIFERENCIA DE MEDIAS MUESTRALES

TEOREMA: Caso en el cual las varianzas poblacionales son conocidas

Supongamos que X_1, X_2, ..., X_{n1} es una muestra aleatoria extraída de una población Π_1 cuyos parámetros son μ_1 y σ^2_1. Sea Y_1, Y_2, ..., Y_{n2} una muestra aleatoria extraída de una población Π_2 cuyos parámetros son μ_2 y σ^2_2.

Si $\overline{X_1}$ la media de una muestra de tamaño n_1 y $\overline{X_2}$ la media de una muestra de tamaño n_2 entonces $\overline{X_1} - \overline{X_2}$ es una nueva variable aleatoria definida como la <u>diferencia de medias muestrales</u> cuya distribución de probabilidades viene dada por

$$\mu_{\overline{X_1}-\overline{X_2}} = \mu_1 - \mu_2 \quad y$$

$$\sigma^2_{\overline{X_1}-\overline{X_2}} = \frac{\sigma^2_1}{n_1} + \frac{\sigma^2_2}{n_2} \qquad \sigma_{\overline{X_1}-\overline{X_2}} = \sqrt{\frac{\sigma^2_1}{n_1} + \frac{\sigma^2_2}{n_2}}$$

En efecto: $\mu_{\overline{X_1}-\overline{X_2}} = E(\overline{X}_1 - \overline{X}_2) = E(\overline{X}_1) - E(\overline{X}_2) = \mu_1 - \mu_2$

Y $\sigma^2_{\overline{X_1}-\overline{X_2}} = V(\overline{X}_1 - \overline{X}_2) = V(\overline{X}_1) + V(\overline{X}_2) = \frac{\sigma^2_1}{n_1} + \frac{\sigma^2_2}{n_2}$

Si los tamaños de muestra son suficientemente grandes, aplicando el TCL diremos que

$$Z = \frac{(\overline{X}_1 - \overline{X}_2) - (\mu_1 - \mu_2)}{\sqrt{\frac{\sigma^2_1}{n_1} + \frac{\sigma^2_2}{n_2}}} \quad \text{es tal que } Z \rightarrow N(0, 1).$$

Comentarios:

<u>Usaremos la distribución normal</u> para resolver problemas de la diferencia de medias muestrales, <u>siempre que las varianza poblacionales sean conocidas</u>.

La distribución de $\overline{X_1} - \overline{X_2}$ es válida cuando ambas poblaciones son finitas y las muestras se extraen con reposición.

Es válida también cuando las poblaciones son infinitas y las muestras se extraen con o sin reposición.

Si las poblaciones de las cuales se extraen las muestras son finitas y sin reposición, para encontrar la varianza de cada una de las medias se debe usar lo visto en el teorema de las medias muestrales.

Ejemplo 8

De dos máquinas embotelladoras de gaseosas se han extraído muestras de tamaño 64 cada una. La distribución de probabilidad del contenido de cada una de ellas es normal con $\mu_1 = \mu_2$ y $\sigma_1 = 4\ ml$ y $\sigma_2 = 9\ ml$.

Determine la probabilidad de que la diferencia entre las medias muestrales exceda a 0.60.

Solución

Sea $\overline{X_1}$ la media muestral que representa el promedio de botellas llenadas con la máquina 1

Defina a $\overline{X_2}$: El promedio de botellas llenadas por la máquina 2

De acuerdo a los datos

$$E[\overline{X_1}] = \mu_1 \ , \ V[\overline{X_1}] = \frac{\sigma}{\sqrt{n_1}} = \ ..4/8........ \ y \ n_1 = \ 64...........$$

$$E[\overline{X_2}] = \mu_1 \ , \ V[\overline{X_2}] = \ ...9/8.................... \ y \ n_2 = \ ....64$$

La probabilidad de que la diferencia entre las medias muestrales exceda a 0.60 se expresa por   P($| \overline{X_1} .- \overline{X_2} | > 0.6$).

Para aplicar el valor absoluta a esta desigualdad, usamos: |a| >b $\leftarrow\rightarrow$ a<-b y/o a>b

$$P(| \overline{X_1} - \overline{X_2} | > 0.6) = P(- (\overline{X_1} - \overline{X_2}) < - 0.6) + P(\overline{X_1} - \overline{X_2} > 0.6) \qquad (a)$$

Para estandarizar, le restamos la diferencia de medias poblacionales y dividimos por la varianza de la diferencia de medias. Esto lo hacemos en ambos miembros de la desigualdad y con cada uno de los dos términos.

$$= P\left(\frac{(\overline{X_1} - \overline{X_2}) - (\mu_1 - \mu_2)}{\sqrt{\dfrac{\sigma_1^2}{n_1} + \dfrac{\sigma_2^2}{n_2}}} < \frac{-0.6 - 0}{\sqrt{\dfrac{4}{64} + \dfrac{9}{64}}} \right) + P\left(\frac{(\overline{X_1} - \overline{X_2}) - (\mu_1 - \mu_2)}{\sqrt{\dfrac{\sigma_1^2}{n_1} + \dfrac{\sigma_2^2}{n_2}}} > \frac{0.6 - 0}{\sqrt{\dfrac{4}{64} + \dfrac{9}{64}}} \right)$$

InstaCalc:

n1 = n2 = 64; mu1 = mu2; sigma1 = 4, sigma2 = 9.

Calcularemos P(0.6 <=xb1-xb2<=0.6)

Cáclulo de la varianza de la diferencia:

tc = 0.6/sqrt(4/64+9/64)

Usando R:

pnorm(tc,0,1)-pnorm(-tc,0,1) = 0.8169033

Usando Python

St.norm.cdf(tc,0,1)-st.norm.cdf(-tc,0,1) = 0.81690325

Después de simplificar, use Minitab para obtener

$$= P(Z < -1.33) + P(Z > 1.33) \ = \ \dots\dots\dots\dots$$ Para ello use media = 0 (las dos medias poblacionales son iguales y como desviación estándar es el cociente anterior.

Nota: Otra forma de resolver sin estandarizar, que podría resultar más rápido:

Para ello es suficiente encontrar $\mu_{\overline{X}_1 - \overline{X}_2} = \mu_1 - \mu_2$ y $\sigma_{\overline{X}_1 - \overline{X}_2} = \sqrt{\dfrac{\sigma_1^2}{n_1} + \dfrac{\sigma_2^2}{n_2}}$

Con estos dos pasamos a Minitab y hallamos las probabilidades pedidas en (a).

Ejemplo 9

En el ciclo de verano del 2004, el curso de Estadística Aplicada tuvo dos secciones de 30 alumnos cada una. En cada sección se aplicó metodologías de enseñanza diferentes. Al final del ciclo los estudiantes se sometieron a un examen final integrado. Si por estudios anteriores se sabe que en semestres similares las varianzas son iguales a 14.3 y 14.36, respectivamente y si se asume que cada sección es una muestra aleatoria independiente, extraídas de poblaciones normales con promedios iguales, ¿Cuál es la probabilidad de que entre ambas secciones exista una diferencia de a lo más 3 puntos en el promedio de notas?

Solución

Sea $\overline{X}_1$ y $\overline{X}_2$ los promedios de notas en ambas muestras de tamaño 30. Se pide que encontremos $P(|\overline{X}_1 - \overline{X}_2| \le 3)$

Esto es igual a $P(-3 \le \overline{X}_1 - \overline{X}_2 \le 3)$

Recuerde que, según el problema, las dos secciones tienen promedios poblacionales iguales; es decir, $\mu_1 = \mu_2$.

Obtenga $\mu_{\overline{X}_1 - \overline{X}_2} = 0$ y $\sigma_{\overline{X}_1 - \overline{X}_2} = \sigma_{\overline{X}_1 - \overline{X}_2} = \sqrt{\dfrac{\sigma_1^2}{n_1} + \dfrac{\sigma_2^2}{n_2}} = 0.97741155$

Luego encontraremos la probabilidad en Minitab usando Normal $N(0, 0.9774^2)$

$$P(-3 \le \overline{X}_1 - \overline{X}_2 \le 3) = 0.998927 - 0.0010727$$

Ejemplo 10

Una muestra de tamaño 25 se toma de una población normal con media 80 y desviación estándar 5; una segunda muestra de tamaño 36 se toma de una población normal con media 75 y desviación estándar 3. Hallar la probabilidad de que la media de la muestra de tamaño 25 exceda a la media de la muestra de tamaño 36 en por lo menos 3.4 pero menos de 5.9.

Solución

De acuerdo al problema, tenemos

Población 1: $\mu_1 =$ .80. , $\sigma =$ ..5...... , $n_1 =$ 25

Población 2: $\mu_1 =$ .75 . , $\sigma =$ ..3......, $n_2 =$ 36

De donde

$E[\overline{X_1}] = \mu_1 =$ ..80.........; $V[\overline{X_1}] =$ ....25/25 $= 1$

$E[\overline{X_2}] = \mu_1 =$ .75........... $V[\overline{X_2}] =$ .....9/36 $= 0.25$..

Luego

$P(3.4 < \overline{X_1} - \overline{X_2} < 5.9)$

Use Minitab para obtener esta probabilidad, que debe ser igual a 0.71338254, creo. Para ello use media $= 80 - 75$ y desviación estándar $=$ raíz cuadrada de 1.25

Ejercicio 6

En una región costeña el consumo promedio por día de proteínas es de 200 gramos, con una desviación de 80 gramos. En otra región el consumo promedio es de 150 gramos, con una desviación de 80 gramos. Si dicho consumo se distribuye normalmente en ambas regiones, ¿cuál es la probabilidad de que dos muestras aleatorias independientes de tamaño 40, tomadas en cada región tengan una diferencia de medias muestrales a lo más de 2 gramos?

Solución

$\mu_1 = 200$; $\sigma_1 = 80$; $n1 = 40$

$\mu_2 = 200$; $\sigma_2 = 80$; $n2 = 40$

$P(|\overline{X_1} - \overline{X_2}| \leq 2) = P(-2 \geq \overline{X_1} - \overline{X_2} \leq 2) =$

Calculamos la distribución de $\overline{X_1} - \overline{X_2}$; es decir, encontramos su media y desviación estándar:

$$\mu_{\overline{X_1}\cdot\overline{X_2}} = \mu_1 - \mu_2 = 200 - 150 = 50$$

$$\sigma_{\overline{X_1}\cdot\overline{X_2}} = \sqrt{\frac{\sigma^2_1}{n_1} + \frac{\sigma^2_2}{n_2}} = \sqrt{\frac{80^2}{40} + \frac{80^2}{40}} = 17.88854$$

Resolver por Minitab usando Cumulative .... con la media y desviación calculadas e input constant : 2

Eejercicio 7

Una compañía quiere hacer un muestreo y comparar el promedio de días de incapacidad temporal por enfermedad, por año, para dos clases de empleados: Los que tienen menos de 5 años de servicio y los que tienen 10 o más. Los tamaños muestrales son $n_1 = n_2 = 100$ empleados y las desviaciones estándar son $\sigma_1 = 8.2$ días y $\sigma_2 = 5.7$ días, respectivamente.

¿Cuál es la probabilidad de que la diferencia entre las medias muestrales difiera de la diferencia poblacional, en el promedio de días de incapacidad, por más de 1 día?

Es posible que $\overline{X}_1 - \overline{X}_2$ se desvíe de $\mu_1 - \mu_2$ en más de 5 días?

Solución

De acuerdo a los datos:

$\sigma_1 = 8.2$; $n1 = 100$

$\sigma_2 = 5.7$; $n2 = 100$

$P(|\,\overline{X}_1 - \overline{X}_2 - \mu_1 - \mu_2\,| > 1) = 1 - P(|\,\overline{X}_1 - \overline{X}_2 - \mu_1 - \mu_2\,| \leq 1) =$

$= 1 - [\,P(-1 \leq \overline{X}_1 - \overline{X}_2 - \mu_1 - \mu_2 \leq 1)\,]$ (Hemos aplicado valor absoluto)

Aquí podríamos usar el mismo procedimiento del ejercicio anterior, encontrando la media y desviación de $\overline{X}_1 - \overline{X}_2$. Pero no tenemos las medias poblacionales.

Por ello, puesto que la normal $N(0, 1)$ tiene una media conocida, 0 y una varianza conocida, 1; vamos a pasar a $Z \rightarrow N(0, 1)$ y resolver por Minitab con media = 0 y desviación = 1

Como el Z para la diferencia de medias maestrales es

$$Z = \frac{(\overline{X}_1 - \overline{X}_2) - (\mu_1 - \mu_2)}{\sqrt{\dfrac{\sigma_1^2}{n_1} + \dfrac{\sigma_2^2}{n_2}}} \quad \text{tal que } Z \rightarrow N(0, 1).$$

 Según esto, ya tenemos el numerador, falta dividir a toda la desigualdad por el radical y obtener Z en el centro y reemplazar los valores de las varianza y los tamaños de muestra en los extremos

Al final se debe obtener

$= 1 - P(-1.0014 \leq Z \leq 1.0014) = 1 - [\,F(1.0014) - F(-10.0014)\,]$

Resolver esta probabilidad por Minitab usando media = 0 y desviación = 1 e input constant = 1.0014 y luego -1.0014

Ejercicio 8

Una fábrica trabaja con dos tipos de máquinas: Máquina de tipo A y Máquina de tipo B. El costo semanal X de reparación, para las máquinas de tipo A, tienen una distribución normal con media 220 dólares y una desviación de σ^2. El costo semanal Y de reparación, para las máquinas de tipo

B, también tienen una distribución normal con media 250 dólares y una varianza de $3\sigma^2$. Si el costo total de reparación para la fábrica se define como C = 2X + Y,

Obtenga la media y varianza del costo semanal C de reparación de las dos máquinas

¿Cuál será el valor de σ, para que el costo semanal de reparación de las dos máquinas no exceda los 1000 dólares, en el 95% de las veces?

Si se selecciona una muestra aleatoria $X_1, X_2, ..., X_n$ de costos semanales para las máquinas de tipo A y otra muestra aleatoria $Y_1, Y_2, ..., Y_m$ de costos semanales para las máquinas de tipo B, obtenga la distribución muestral de $\overline{X} - \overline{Y}$, calculando su media y varianza.

Solución

Sea X: Costo semanal para las máquinas de tipo A

Sea Y: Costo semanal para las máquinas de tipo B

$\mu_X = 220 \qquad \sigma^2_X$ = no conocida

$\mu_Y = 250 \qquad \sigma^2_Y = 3\sigma^2_X$

a) Si C = 2X + Y entonces su media, $U_c = 2U_x + U_y = 2(220) + 250 = 690$

Su varianza: $\sigma_c = V(C) = 4V(X) + V(Y) = 4\sigma^2 + 3\sigma^2 = 7\sigma^2$

Como el costo semanal de reparación de las dos máquinas no debe exceder los 1000 dólares, y esto ocurre el 95% de las veces, entonces $P(C \leq 1000) = 0.95$. Como C es una combinación lineal de dos variables normales, mediante la propiedad reproductiva de la normal, $C \rightarrow N(\mu_c, \sigma_c^2)$.

Sólo falta saber el valor de σ^2. Para encontrar la varianza (o desviación) debemos pasar a $Z \rightarrow N(0, 1)$; es decir, restar a la desigualdad la media de C y dividir por la desviación de C.

Con esto obtenemos: $P(\dfrac{C-690}{\sqrt{7\sigma^2}} \leq \dfrac{1000-690}{\sqrt{7\sigma^2}}) = P(Z \leq \dfrac{1000-690}{\sqrt{7\sigma^2}}) = 0.95$

Ahora usamos Minitab, pero activamos Inverse, ya que conocemos la probabilidad, media = 0, desviación = 1 (ya que hemos pasado a N(0, 1)) y en Input constant, ingresamos la probabilidad 0.95. Como el resultado que se obtiene es 1.645, hacemos $\dfrac{1000-690}{\sqrt{7\sigma^2}} = 1.645$ de donde hallamos

$\sigma = 71.227345$.

Debemos encontrar la media y varianza de $\overline{X} - \overline{Y}$.

Como $\mu_{\overline{X}_1 - \overline{X}_2} = \mu_1 - \mu_2$ entonces $\mu_{\overline{X}_1 - \overline{X}_2} = 220 - 250 = .30$

Su desviación: Usando $\sigma^2_{\overline{X}_1 - \overline{X}_2} = \dfrac{\sigma^2_1}{n_1} + \dfrac{\sigma^2_2}{n_2}$ y habiendo encontrado el valor de σ^2 reemplazamos los valores y obtenemos la varianza de la diferencia.

Nota:

Qué ocurre si las varianzas poblaciones no son conocidas?. En este caso no se podrían calcular la varianza de $\overline{X}_1 - \overline{X}_2$. La distribución t de Student nos permitirá resolver este tipo de problemas, lo que se formula adecuadamente en el siguiente teorema.

TEOREMA: Caso en el cual, las varianzas poblacionales son desconocidas

Sea X_1, X_2, ..., X_n una muestra aleatoria de tamaño n_1, extraída de una población normal con media μ_1 y varianza σ_1^2 desconocida. Sea Y_1, Y_2, ..., Y_n una muestra aleatoria de tamaño n_2, extraída de una población normal con media μ_2 y varianza σ_2^2 desconocida. Si $\overline{X}_1$ y $\overline{X}_2$ las medias muestrales de cada una de las muestras, entonces $\overline{X}_1 - \overline{X}_2$ es la variable aleatoria definida como la diferencia muestral de medias muestrales cuya distribución de probabilidad viene dada por $\mu_{\overline{X}_1-\overline{X}_2} = \mu_1 - \mu_2$ y cuya varianza $\sigma_{\overline{X}_1-\overline{X}_2}$ Es la que debemos encontrar.

Siendo $n_1 + n_2 \leq 30$ será necesario definir la variable $T = \dfrac{(\overline{X}_1 - \overline{X}_2) - (\mu_1 - \mu_2)}{\sigma_{\overline{X}_1-\overline{X}_2}}$ que es una variable con distribución t ($n_1 + n_2 - 2$).

donde faltaría determinar cómo obtenemos $\sigma_{\overline{X}_1-\overline{X}_2}$

<u>Casos que se presentan:</u>

Que, siendo desconocidas las varianzas poblaciones, suponer que son iguales ($\sigma_1^2 = \sigma_2^2$). Una de las razones para tomar en cuenta este supuesto, es observar los tamaños de las varianzas muestrales. Si éstas presentan una mínima diferencia, probablemente las varianzas poblaciones también observen poca diferencia. El investigador podrá tomar en cuenta otras razones para optar por este supuesto.

En este caso

$$T = \dfrac{(\overline{X}_1 - \overline{X}_2) - (\mu_1 - \mu_2)}{\hat{\sigma}\sqrt{(\dfrac{1}{n_1} + \dfrac{1}{n_2})}} \rightarrow t(n_1 + n_2 - 2) \qquad donde$$

$$\hat{\sigma} = \frac{(n_1 - 1)s_1^2 + (n_2 - 1)s_2^2}{n_1 + n_2 - 2}$$ es la varianza muestral ponderada por los tamaños de las muestras

y sus respectivas varianzas muestrales.

Que, siendo desconocidas las varianza poblacionales, suponer que son diferentes, en cuyo caso, la variable que tiene distribución t de Student se define como

$$T = \frac{(\overline{X}_1 - \overline{X}_2) - (\mu_1 - \mu_2)}{\sqrt{\dfrac{s_1^2}{n_1} + \dfrac{s_2^2}{n_2}}} \quad \rightarrow t(g)$$

$$\text{donde } g = \frac{\left[\dfrac{s_1^2}{n_1} + \dfrac{s_2^2}{n_2}\right]^2}{\dfrac{\left(\dfrac{s_1^2}{n_1}\right)^2}{n_1 + 1} + \dfrac{\left(\dfrac{s_2^2}{n_2}\right)^2}{n_2 + 1}} - 2$$

Ejemplo 11

La asociación de empleados de Super Metro está preocupada por la diferencia que existe entre los salarios semanales respecto a Totus Market . Los gerentes de Super Metro saben que realmente en su empresa el salario semanal promedio es de $ 70 y en la segunda empresa el salario semanal promedio es de $75 y que los salarios en ambas empresas tienen distribución normal. La asociación de empleados encarga realizar un estudio. Se toman muestras de 14 empleados de cada una de las empresas y se obtiene una desviación estándar muestral de $ 8 en los sueldos de Super Metro mientras que en los de Totus Market es de $ 10. ¿Cree Ud. que es muy probable que en los resultados muestrales exista la diferencia de sueldos señalada por los empleados de Metro? Asuma primero varianzas poblacionales iguales y luego diferentes.

<u>Sugerencia</u>

Sea X_1: Salario semanal en Super Metro

$\mu_1 = 70;$ $n_1 = 14;$ $s_1 = 8$

Sea X_2: El salario semanal en Totus Market

$\mu_2 = 75;$ $n_2 = 14;$ $s_2 = 10$

Si $\overline{X}_1$ y $\overline{X}_2$ son los promedios muestrales de los sueldos en ambas empresas, según el problema, debemos encontrar $P(\overline{X}_1 - \overline{X}_2 > 5)$.

Si esta probabilidad es alta, diremos que es muy probable que exista diferencia de sueldos, en caso contrario, diremos que no hay diferencia significativa.

Caso a) <u>Supondremos que las varianzas poblacionales son desconocidas e iguales.</u>

En este caso debemos obtener en el primer miembro de $P(\overline{X}_1 - \overline{X}_2 > 5)$, la forma de la variable que tiene distribución t de Student. Esto lo haremos restando $\mu_1 - \mu_2$ a ambos miembros de la desigualdad y luego dividiendo en ambos lados por $\sigma_{\overline{X}_1 - \overline{X}_2}$ para obtener la variable T tal que T

→ t(n_1+ n_2-2).

En efecto:

$$P(\overline{X}_1 - \overline{X}_2 > 5) = P\left(\frac{\overline{X}_1 - \overline{X}_2 - (\mu_1 - \mu_2)}{\sqrt{\frac{(n_1-1)s_1^2 + n_2-1)s_2^2}{n_1 + n_2 - 2}\left(\frac{1}{n_1} + \frac{1}{n_2}\right)}} < \frac{5 - (-5)}{\sqrt{\frac{13*64 + 13*100}{14+14-2}(\frac{1}{14} + \frac{1}{14})}} \right)$$

 En el segundo miembro hemos reemplazado los valores respectivos.

Como la expresión del primer miembro es t(14+14-2) entonces

$P(\overline{X}_1 - \overline{X}_2 > 5) = P(t(26) > 2.92174355) = 1 - 0.996445 = 0.003555$

 InstaCalc:

n1 = n2 = 64; mu1 = mu2; sigma1 = 4, sigma2 = 9.

Calcularemos P(0.6 <=xb1-xb2<=0.6)

Cáclulo de la varianza de la diferencia:

tc = 0.6/sqrt(4/64+9/64)

Usando R:

pnorm(tc,0,1)-pnorm(-tc,0,1) = 0.8169033

Usando Python

St.norm.cdf(tc,0,1)-st.norm.cdf(-tc,0,1) = 0.81690325

Caso b) <u>Supondremos que las varianzas poblacionales son desconocidas y diferentes.</u>

Como en el caso anterior, debemos obtener la variable T tal que T → t(g).

En efecto:

$$P(\overline{X}_1 - \overline{X}_2 > 5) = P\left(\frac{\overline{X}_1 - \overline{X}_2 - (\mu_1 - \mu_2)}{\sqrt{\left(\frac{s_1^2}{n_1} + \frac{s_2^2}{n_2}\right)}} > \frac{5 - (-5)}{\sqrt{\frac{64}{14} + \frac{100}{14}}} \right) = P(t(g) > 2.92174355)$$

Usando la fórmula dada para g encontramos que g = 26.62 = 27

Luego P(t(26) > 2.92174355) = 1 – 0.996523 = 0.003477

Ejemplo 13

Una empresa consultora de mercadotecnia aplica dos técnicas de ventas. La primera se aplica a 12 vendedores y la segunda a 15. Las investigaciones indican que la segunda técnica debe producir mejores resultados. Al final de un mes se obtuvieron los siguientes resultados.

	Ventas	
	Técnica 1	Técnica 2
Media	68	72
Varianza	50	75

Si se supone que la variabilidad para ambas técnicas son desconocidas pero iguales; ¿presentan estos datos suficiente evidencia para afirmar que la técnica 2 produce mejores resultados que la técnica 1? Se supone que la distribución de ambas técnicas es aproximadamente normal.

<u>Solución</u>

Para responder a esta pregunta es suficiente encontrar

$$P(\mu_2 > \mu_1) = P(\mu_2 - \mu_1 > 0)$$

De acuerdo a los datos:

$n_1 = .12.$ $\quad\quad\quad ; \overline{X}_1 = ..68... \; s_1^2 = ...50.$

$n_2 = .15.... \quad\quad ; \overline{X}_2 = ..72.. \; s_2^2 = .75........$

Al no conocer las varianzas poblacionales y suponer que son iguales aplicaremos el caso a

Según esto, primero obtendremos $\hat{\sigma}$ usando. $\hat{\sigma} = \dfrac{(n_1-1)s_1^2 + (n_2-1)s_2^2}{n_1 + n_2 - 2}$

Ahora debemos obtener T usando

$$T = \frac{(\overline{X}-\overline{Y})-(\mu_1 - \mu_2)}{\hat{\sigma}\sqrt{(\dfrac{1}{n_1} + \dfrac{1}{n_2})}}$$

Podemos usar Calc de OpenOffice, R o Python, para calcular la probabilidad.

Para ello $P(\mu_2 > \mu_1) = P(\mu_2 - \mu_1 > 0)$ debemos obtener la forma de T en el primer miembro.

Esto lo hacemos restando $\overline{X}_2$ - $\overline{X}_1$ a ambos miembros de la desigualdad (en lado derecho pondremos 72 -68 que es la diferencia de las dos medias meustrales) y luego dividimos entre la desviación, que es el denominador de T. Así llegamos a P(T < 1.291)
Compruebe que el resultado sea P(T < 1.291) = 0.8952

18. DISTRIBUCIÓN MUESTRAL DE PROPORCIONES

Introducción

El término proporción hace referencia a una parte porcentual respecto a un todo.
Es quizás más significativo hablar de proporciones que hablar de un promedio.
Veamos:

Figura 133

Sea X una variable aleatoria definida como "El número de trabajadores que tienen un ingreso mensual mayor a 1200 soles", de una población de tamaño N. Al tomar una muestra de tamaño n, podemos definir a $\overline{X}$ como el promedio de trabajadores cuyos ingresos son mayores a 1200 soles.
El valor de $\overline{X}$ nos permite tener una idea de la posición lineal del promedio de trabajadores en la muestra; es un valor puntual, es una variable de posición. Si ahora definimos a π como la proporción de los trabajadores cuyos ingresos son superiores a 1200 soles, este valor representa un segmento dentro de un área que explica mejor, como se muestra en la siguiente figura.

Volviendo a la definición de X, la población a la cual define esta variable es una población binomial donde p es la probabilidad de que un trabajador seleccionado aleatoriamente tenga sus ingresos superiores a 1200; p es la probabilidad de éxito y siendo X binomial, sus parámetros son $\mu = E[X] = Np$ y $V[X] = \sigma^2 = Np(1\text{-}p)$.

Si en esta población definimos a $\pi = X/N$ como la proporción de trabajadores cuyos ingresos son superiores s 1200 soles, entonces es una nueva variable aleatoria poblacional definida como la proporción poblacional o proporción de éxitos.

Nota:

La proporción de éxitos en la población es equivalente a la probabilidad de éxito en dicha población; es decir $\pi = p$.

DEFINICION

Sea X una variable población que representa el número de éxitos en la ocurrencia de un evento determinado. Supongamos que se extrae una muestra aleatoria de tamaño n. Diremos que $\bar{p} = \dfrac{X}{n}$ es la proporción de éxitos (proporción de veces que ocurre un evento determinado) en la muestra, la que representa una proporción muestral.

Usando los mismos criterios analizados para concluir que $\bar{X}$ es una variable aleatoria muestral, podemos decir que $\bar{p}$ es una variable aleatoria muestral definida como la proporción muestral de proporciones cuya distribución de probabilidades viene expresada por $E[\bar{p}]$ y $V[\bar{p}]$.

Evaluemos $E[\bar{p}]$ y $V[\bar{p}]$.

$$E[\bar{p}] = E[\frac{X}{n}] = \frac{1}{n}E[X] = \frac{np}{n} = p$$

(Recuerde que X es binomial con E[X] = np)

Del mismo modo

$$V[\bar{p}] = V[\frac{X}{n}] = \frac{1}{n^2}V[X] = \frac{1}{n^2}np(1-p) = \frac{p(1-p)}{n}$$

Por otro lado, si el muestreo se realiza sin reposición, la población ya no es Binomial; en este caso X se dice que tiene una distribución Hipergeométrica con parámetros (N, r, n) donde

$$E[X] = np \qquad y \quad V[X] = np(1-p)\frac{N-n}{N-1}$$

En este caso

$$E[\bar{p}] = p \quad y$$

$$V[\bar{p}] = V[\frac{X}{n}] = \frac{1}{n^2}V[X] = \frac{1}{n^2}np(1-p)\frac{N-n}{N-1} = \frac{p(1-p)}{n}\frac{N-n}{N-1}$$

En consecuencia podemos plantear el siguiente teorema

19. TEOREMA DE LA PROPORCION MUESTRAL DE PROPORCIONES ($\bar{p}$)

Supongamos que se tiene una muestra aleatoria de tamaño n, extraída de una población de tamaño N, con reposición, en donde cada elemento se clasifica como éxito o fracaso. Si se define a X como el número de éxitos en la muestra y $\bar{p}$ representa la proporción de éxitos en la muestra, entonces $\bar{p}$ es una variable muestral cuya distribución de probabilidad viene definida mediante

$$E[\bar{p}] = p \quad y$$

$$V[\bar{p}] = \frac{p(1-p)}{n}$$

donde "p" representa la proporción de éxitos en la población.

Si el tamaño de la muestra es suficientemente grande, entonces

$$Z = \frac{\bar{p} - E[\bar{p}]}{V[\bar{p}]} \quad \text{es tal que} \ Z \rightarrow N(0, 1).$$

Comentarios

Muchas veces se usa π en lugar de p para representar la proporción de éxitos en la población. Y se usa esta notación reservando "p" para representar la probabilidad de éxito.

Otra forma de definir Z, la forma usual o práctica, es $Z = \dfrac{\bar{p} - p}{\sqrt{\dfrac{p(1.p)}{n}}}$

Si el tamaño de muestra es pequeño se debe usar el factor de corrección por continuidad

$FCC = \dfrac{1}{2n}$, la cual deriva a partir de el factor de corrección en la aproximación binomial por

normal, que es ½.

De manera que usando el factor de corrección, tendremos

$$P(\,P(\overline{p} \le p_0) = P\left(Z \le \dfrac{p_0 + \dfrac{1}{2n} - p}{\sqrt{\dfrac{p(1-p)}{n}}}\right)$$

$$P(\overline{p} > p_0) = P\left(Z > \dfrac{p_0 - \dfrac{1}{2n} - p}{\sqrt{\dfrac{p(1-p)}{n}}}\right)$$

$$P(p_0 \le \overline{p} \le p_1) = P\left(\dfrac{p_0 - \dfrac{1}{2n} - p}{\sqrt{\dfrac{p(1-p)}{n}}} \;\le\; Z \;\le\; \dfrac{p_1 + \dfrac{1}{2n} - p}{\sqrt{\dfrac{p(1-p)}{n}}}\right)$$

5. Si se desconoce el tamaño poblacional, se asumirá que es infinita.

TEOREMA

Supongamos que se tiene una muestra aleatoria de tamaño n, extraída de una población de tamaño

N, sin reposición, en donde cada elemento se clasifica como éxito o fracaso. Si se define a X como

el número de éxitos en la muestra y $\overline{p}$ representa la proporción de éxitos en la muestra, entonces

$\overline{p}$ es una variable muestral cuya distribución de probabilidad viene definida mediante

$E[\overline{p}] = p$ y

$$V[\overline{p}] = \dfrac{p(1-p)}{n}\left(\dfrac{N-n}{N-1}\right)$$

donde "p" representa la proporción de éxitos en la población. Si se desconoce el valor de N, se

supondrá $N = \infty$, en cuyo caso el factor (N-n)/(N-1) $\rightarrow$ 1.

Si el tamaño de la muestra es suficientemente grande, entonces

$Z = \dfrac{\overline{p} - E[\overline{p}]}{V[\overline{p}]}$ es tal que $Z \rightarrow$ N(0, 1).

Ejemplo 11

Al reparar un cierto tipo de máquina empacadora ocasionalmente ocurre una complicación que requiere asistencia técnica exterior. Se desea estimar la proporción de trabajos de reparación que requieren asistencia técnica exterior, basándose en una muestra aleatoria simple de 100 trabajos de reparación terminada recientemente. Suponga que en realidad se requiere asistencia técnica exterior en un 15% de los trabajos de reparación; esto es, que la proporción del proceso es de 0.15.

¿Cuál es la media y desviación estándar de la distribución muestral de $\bar{p}$?

¿Cuál es la probabilidad de que $\bar{p}$ esté en un intervalo de radio 0.05 centrado en la proporción del proceso? ¿Qué $\bar{p}$ esté entre 0.12 y 0.20?

Dentro de qué intervalo caerá la proporción de la muestra el 90% de las veces?. Use límites simétricos alrededor de la proporción del proceso.

¿Cuál es el intervalo que le corresponde a la parte c) para una muestra aleatoria simple de 400 trabajos? Qué efecto tiene el incremento en el tamaño de la muestra?

Para una muestra de tamaño dado, ¿es la distribución muestral de $\bar{p}$ más variable si p está cerca de 0? Si p está cerca de 0.5? Si estuviera cerca de 1?

Solución

Si p = 0.15 representa la proporción de veces que se requiere asistencia técnica y n = 100 es el tamaño de la muestra donde se define a $\bar{p}$, entonces

$$\mu_{\bar{p}} = \; E[\bar{p}] \;=\; 0.15$$

$$\sigma_{\bar{p}} = \; \sqrt{V[\bar{p}]} \;=\; \sqrt{\frac{0.15(0.85)}{100}} = 0.035707$$

"estar $\bar{p}$ en un radio de 0.05, centrado en la media p" significa $|\,\bar{p} - p\,| \le 0.05$

Luego

$$P(|\,\bar{p} - p\,| \;\le\; 0.05) \;=\; P(-0.05 \le \bar{p} - p \le 0.05)$$

Usando el factor de corrección por continuidad y pasando a Z, tenemos

$$P(\frac{-0.05 - \frac{1}{200}}{0.035707} \le Z \le \frac{0.05 + \frac{1}{200}}{0.035707}) = \Phi(-1.54) - \Phi(1.54) \;=\; 0.8764$$

En cuanto a la segunda parte de la pregunta tenemos

$$P(0.12 \le \bar{p} - p \le 0.20) = P(\frac{0.12 - \frac{1}{200}}{0.035707} \le Z \le \frac{0.20 - \frac{1}{200}}{0.035707}) = \Phi(1.54) - \Phi(-0.98) = 0.7747$$

Supongamos que el intervalo donde debe caer $\bar{p}$ es (-r, r), supuesto simétrico y que esté centrado alrededor de la proporción del proceso, p (sin considerar el FCC).

Entonces

$$P(-r \leq \bar{p} - p \leq r) = P(\frac{-r}{0.035707} \leq Z \leq \frac{r}{0.035707}) = 2\Phi(\frac{r}{0.035707}) - 1 = 0.90$$

De donde r = 0.035707(1.645) = 0.058738

Esto significa que   - 0.058738 $\leq \bar{p}$ - p $\leq$ 0.058738   por lo que al despejar $\bar{p}$ encontramos el intervalo de variación de $\bar{p}$ (0.09126, 0.20873)

Si ahora el tamaño de la muestra es de 400 entonces sólo se modificará la desviación estándar de $\bar{p}$; esto es, $\sigma_{\bar{p}} = \sqrt{V[\bar{p}]} = \sqrt{\dfrac{0.15(0.85)}{400}} = 0.01785$

Luego r = 0.01785(1.645) = 0.02937

Con lo cual el intervalo pedido será   (0.1206, 0.1794)

Comentario:

La longitud del intervalo en c) es 0.1175. La longitud del intervalo en d) es 0.0588. Esto indica que cuanto mayor sea el tamaño de muestra menor será la dispersión de los datos; es decir, la proporción muestral, $\bar{p}$ estará más cerca de p.

La variabilidad de una variable aleatoria se mide analizando el valor de su varianza, entre otras formas. Cuanto mayor sea su varianza, mayor variación(o dispersión) presentará la variable respecto a su valor central. Por otro lado, como la varianza de $\bar{p}$ se define por $V[\bar{p}] = \dfrac{p(1-p)}{n}$

entonces,

Si p = 0.1 $\Rightarrow$ $V[\bar{p}] = \dfrac{(0.1)(0.9)}{n} = 0.09$

Si p = 0.3 $\Rightarrow$ $V[\bar{p}] = \dfrac{(0.3)(0.7)}{n} = 0.21$

Si p = 0.8 $\Rightarrow$ $V[\bar{p}] = \dfrac{(0.8)(0.2)}{n} = 0.16$

Si p = 0.5 $\Rightarrow$ $V[\bar{p}] = \dfrac{(0.5)(0.5)}{n} = 0.25$

De manera que $\bar{p}$ tendrá mayor variabilidad cuando p = 0.5

Ejemplo 12

Una agencia de publicidad realiza una encuesta a los agentes de compras de 250 compañías industriales. Los resultados indican que el 25% de los compradores reportaron niveles más altos de nuevos pedidos en Enero de 1998, que en los dos meses anteriores. Suponga que los 250 agentes de la muestra representan una muestra aleatoria de los agentes de compras de las compañías del país.

Describa la distribución muestral de $\bar{p}$, la distribución de compradores del país con niveles más elevados de nuevos pedidos en Enero de 1998.

¿Cuál es la probabilidad de que $\bar{p}$ difiera de p en más de 0.01?

Solución

Si se define a $\bar{p}$, como la proporción muestral de compradores del país con niveles más elevados de nuevos pedidos en Enero de 1998, entonces su distribución se expresa mediante

$$\mu_{\bar{p}} = E[\bar{p}] = 0.25 \quad y$$

$$\sigma_{\bar{p}}^2 = \frac{0.25(0.75)}{250} = \frac{3}{4000}$$

La pregunta planteada la podemos expresar como $P(\,|\,\bar{p} - p\,| > 0.01)$. Luego

$$P(|\,\bar{p} - p\,| > 0.01) = 1 - P(-0.01 \leq \bar{p} - p \leq 0.01)$$

$$= 1 - P\left(\frac{-0.01 - 1/500}{\sqrt{\dfrac{3}{4000}}} \leq Z \leq \frac{0.01 - 1/500}{\sqrt{\dfrac{3}{4000}}}\right)$$

$$= 1 - P(-0.438 \leq Z \leq 0.292) = 1 - (0.6141 - 0.3308) = 0.7167$$

Ejemplo 13

El presidente de Distribuidores S.A. cree que el 30% de los pedidos a su empresa provienen de clientes nuevos. Se va a usar una muestra aleatoria simple de 100 empleados para comprobar lo que dice.

Suponga que el presidente está en lo correcto y que p = 0.30. ¿Cuál es la distribución muestral de $\bar{p}$ para este estudio?

¿Cuál es la probabilidad de que la proporción muestral esté a $\pm$ 0.5 o menos de la proporción poblacional?

Solución

De acuerdo a los datos, p = 0.30

De acuerdo al teorema $\mu_{\bar{p}} = E[\bar{p}] = p = 0.30$ y $\sigma_{\bar{p}}^2 = V[\bar{p}] = \dfrac{p(1-p)}{n} = \dfrac{0.3x0.7}{100}$

De donde $\sigma_{\bar{p}} = 0.0458$

Según la pregunta, debemos encontrar $P(-0.05 \leq \bar{p} - p \leq 0.05)$. En efecto

$$P(-0.05 \leq \bar{p} - p \leq 0.05) = P(\dfrac{-0.05 - 0.005}{0.0458} \leq Z \leq \dfrac{0.05 + 0.005}{0.0458})$$

$$= \ \Phi(1.2) - \Phi(-1.2) = 2\Phi(1.2) - 1 = 0.7698$$

Ejemplo 14

Si bien la mayoría de las personas cree que el desayuno es el alimento más importante del día, el 25% de los adultos no desayunan. Si para comprobar esta afirmación se toma una muestra de 200 adultos,

¿cuál es la probabilidad de que la proporción muestral quede a ± 0.03 o menos de la proporción poblacional?

¿cuál es la probabilidad si la proporción muestral difiere de la proporción poblacional en a lo más 0.05?

Solución

De acuerdo a los datos, la distribución muestral de $\bar{p}$ viene expresado por

$$\mu_{\bar{p}} = 0.25$$

$$\sigma_{\bar{p}} = \sqrt{\dfrac{0.25x0.75}{200}} = 0.031$$

Con esta información

a) $P(-0.03 \leq \bar{p} - p \leq 0.03) = P(\dfrac{-0.03 - 0.0025}{0.031} \leq Z \leq \dfrac{0.03 + 0.0025}{0.031}) = 0.7016$

Como en el caso anterior,

$$P(-0.05 \leq \bar{p} - p \leq 0.05) = P(\dfrac{-0.05 - 0.0025}{0.031} \leq Z \leq \dfrac{0.05 + 0.0025}{0.031}) = 0.9090$$

Ejemplo 15

El gerente financiero de una gran empresa comercial desea contar con información sobre la proporción de clientes a los que no les agrada su nueva política de gestión, respecto al tratamiento de los cheques girados con cantidades por debajo de $ 500. ¿Cuántos clientes tendrá que incluir en una muestra si desea que la proporción de la muestra se desvíe a lo más en 0.15 de la verdadera proporción, con una probabilidad de 98%. Considere que para el gerente un cliente al que no le agrada la política implementada posee las mismas características que un cliente al que sí le agrada dichas políticas.

Solución

Si p es la proporción de clientes a quienes no les agrada la política implementada por el Gerente, 1-p es la proporción de los clientes a quienes sí les agrada la política implementada.

Puesto que tanto uno como otro grupo son igualmente posibles, entonces p = 0.5.

Con esta información y si $\overline{p}$ es la proporción muestral de clientes a quienes no les agrada dicha política, entonces la distribución muestral de $\overline{p}$ se expresa mediante

$$\mu_{\overline{p}} = p = 0.5 \quad \text{y}$$

$$\sigma_{\overline{p}} = \sqrt{\frac{0.5x0.5}{n}} = \frac{0.5}{\sqrt{n}}$$

La proporción muestral se desvía de p, a lo más en 0.15, con probabilidad 0.98 implica que

$$P(|\,\overline{p} - p\,| \le 0.15) = 0.98$$

Desarrollando esta ecuación mediante el TLC, tenemos

$$P(|\,\overline{p} - p\,| \le 0.15) = P(-0.15 \le \overline{p} - p \le 0.15) = 0.98$$

De donde

$$P\left(\frac{-0.15}{\frac{0.5}{\sqrt{n}}} \le Z \le \frac{0.15}{\frac{0.5}{\sqrt{n}}}\right) = 0.98$$

$$\Phi(0.3\sqrt{n}) - \Phi(-0.3\sqrt{n}) = 0.98$$

$$2\Phi(0.3\sqrt{n}) - 1 = 0.98$$

$$\Phi(0.3\sqrt{n}) = 0.99$$

$$0.3\sqrt{n} = 2.328$$

Finalmente   n ≈ 60

Así como en el caso de la variable muestral definida como la diferencia de medias muestrales era importante su estudio cuando se trataba de comparar dos poblaciones o dos situaciones diferentes de una misma población, así también, en el caso de proporciones, nos será útil la variable aleatoria muestral $\overline{p_1} - \overline{p_2}$ definida como la diferencia de proporciones muestrales.

DEFINICIÓN

Sea p_1 la proporción de éxitos en la ocurrencia de un evento en la población Π_1 y p_2 la proporción de éxitos en la población Π_2 . Si en estas dos poblaciones se toman muestras de tamaño n_1 y n_2 , respectivamente, y definimos a $\overline{p_1}$ como la proporción muestral extraída desde la primera población y $\overline{p_2}$ como la proporción muestral extraída a partir de la segunda población, diremos que $\overline{p_1} - \overline{p_2}$ es una variable muestral llamada diferencia muestral de la diferencia de proporciones.

Como en los casos anteriores la distribución de probabilidad de esta variable estará dada por su media y su varianza.

Veamos como se definen cada una de ellas.

$$\mu_{\overline{p_1} - \overline{p_2}} = E[\overline{p_1} - \overline{p_2}] = E[\overline{p_1}] - E[\overline{p_2}] = p_1 - p_2 \qquad y$$

$$\sigma^2_{\overline{p_1} - \overline{p_2}} = V[\overline{p_1} - \overline{p_2}] = V[\overline{p_1}] + V[\overline{p_2}] = \frac{p_1(1 - p_1)}{n} + \frac{p_2(1 - p_2)}{n}$$

De donde

$$\sigma_{\overline{p_1} - \overline{p_2}} = \sqrt{\frac{p_1(1 - p_1)}{n} + \frac{p_2(1 - p_2)}{n}}$$

Esta información la presentamos en el siguiente teorema

TEOREMA

Sea p_1 la proporción de éxitos en la ocurrencia de un evento en la población Π_1 y p_2 la proporción de éxitos en la población Π_2 . Sea n_1 y n_2 , los tamaños de muestras extraídas de las poblaciones Π_1 y Π_2, respectivamnte. Si $\overline{p_1} - \overline{p_2}$ es una variable muestral llamada diferencia muestral de la diferencia de proporciones entonces

$$\mu_{\overline{p_1}-\overline{p_2}} \;=\; E[\overline{p_1} - \overline{p}_2] \;=\; p_1 - p_2$$

$$\sigma_{\overline{p_1}-\overline{p_2}} \;=\; \sqrt{\frac{p_1(1-p_1)}{n_1} + \frac{p_2(1-p_2)}{n_2}}$$

Si los tamaños de las muestras son suficientemente grandes, aplicando el TLC la variable

$$Z \;=\; \frac{(\overline{p_1} - \overline{p}_2) - (\mu_{\overline{p_1}-\overline{p_2}})}{\sigma_{\overline{p_1}-\overline{p_2}}} \quad \text{es tal que } Z \to N(0,1).$$

Comentarios

Si el muestreo se hace con reposición sobre poblaciones finitas entonces la media y varianza de $\overline{p}_1 - \overline{p}_2$ serán las indicadas en el teorema.

Si el muestreo se realiza sin reposición, sobre poblaciones finitas, se deberá aplicar el factor de corrección para poblaciones finitas en el cálculo de la varianza.

Si las muestras se extraen con o sin reposición sobre poblaciones infinitas, tanto la media como la varianza de $\overline{p}_1 - \overline{p}_2$ serán las que se indica en el teorema.

Ejemplo 16

Una compañía de investigación de mercado desea realizar un análisis comparativo sobre el consumo de un determinado producto en personas adultas de ambos sexos. Se cree que el 30% de las mujeres y el 20% de los hombres aceptan dicho producto. Si el análisis pasa por la selección de una muestra de 200 hombres y 200 mujeres, elegidos al azar, ¿cuál es la probabilidad de que las mujeres acepten más que los hombres tal producto?.

Solución

Sea p_1 la proporción de mujeres que prefieren el producto, con lo cual $p_1 = 0.30$.

Igualmente sea p_2 la proporción de hombres que aceptan el producto, por lo que $p_2 = 0.20$.

Sea $\overline{p}_1$ y $\overline{p}_2$ las proporciones muestrales con tamaños de muestra son $n_1 = 200$ y $n_2 = 200$, respectivamente.

Puesto que debemos encontrar la probabilidad de que las mujeres acepten el producto más que los hombres; es decir, $\overline{p}_1 > \overline{p}_2$; debemos definir la variable muestral $\overline{p}_1 - \overline{p}_2$, diferencia de proporciones muestrales de tal manera que evaluemos $P(\overline{p}_1 - \overline{p}_2 > 0)$.

La distribución de probabilidad de esta variable viene expresada por

$$\mu_{\overline{p}_1-\overline{p}_2} = p_1 - p_2 = 0.30 - 0.20 = 0.10$$

$$\sigma_{\overline{p}_1-\overline{p}_2} = \sqrt{\frac{0.3x0.7}{200} + \frac{0.2x0.8}{200}} = 0.043$$

Luego

$$P(\overline{p}_1 > \overline{p}_2) = P(\overline{p}_1 - \overline{p}_2 > 0) = P(Z > \frac{0 - \mu_{\overline{p}_1-\overline{p}_2}}{\sigma_{\overline{p}_1-\overline{p}_2}}) = P(Z > \frac{-0.10}{0.043}) = 1 - \Phi(-2.32) = 0.9898$$

Ejemplo 17

Dentro de la enorme cantidad de información existente en el INE (Instituto Nacional de Estadística) se encuentra una clasificación de la población peruana en términos de su situación socioeconómica; lo que se conoce como el mapa de pobreza del Perú, el cual está actualizado hasta el año 1993. En ella se encontró que el porcentaje de hogares con necesidades básicas insatisfechas (NBI) en los distritos de La Molina y Comas fue aproximadamente de 10% y 60%, respectivamente. Si en un estudio por muestreo se toma una muestra de 30 y 40 hogares en cada uno de los distritos mencionados, respectivamente; determine la probabilidad de que la diferencia de porcentaje de NBI encontrados en ambos distritos sea a lo más de 50%.

Solución

Según los datos:

La Molina: $p_1 = 0.10$, $n_1 = 30$;   Sea $\overline{p}_1$ su proporción muestral

Comas: $p_2 = 0.60$, $n_2 = 40$;   Sea $\overline{p}_2$ su proporción muestral

Que "La diferencia de porcentajes en ambos distritos se a lo más de 50%" significa, en términos matemáticos, $|\overline{p}_2 - \overline{p}_1| \le 0.5$; cuya probabilidad se debe encontrar.

Veamos la distribución de $\bar{p}_2 - \bar{p}_1$:

$$\mu_{\bar{p}_2-\bar{p}_1} = p_2 - p_1 = 0.60 - 0.10 = 0.50$$

$$\sigma_{\bar{p}_2-\bar{p}_1} = \sqrt{\frac{0.6x0.4}{40} + \frac{0.1x0.9}{30}} = 0.09486$$

Luego

$$P(|\bar{p}_2 - \bar{p}_1| \le 0.5) = P(-0.5 \le \bar{p}_2 - \bar{p}_1 \le 0.5) = P(\frac{-0.5-0.5}{0.09486} \le Z \le 0) = 0.5$$

Ejemplo 18

Tomando en cuenta las consideraciones del problema anterior, se cree que el 16% de los hogares del Distrito de La Victoria tienen ingresos familiares que se clasifican como los de "nivel bajo". Del mismo modo se cree que en el Distrito del Rimac, esta proporción es del 11%. Si estas proporciones fueron válidas en 1996, ¿cuál es la probabilidad de que en una muestra aleatoria de 200 hogares del Distrito de La Victoria y en otra muestra aleatoria de 225 hogares del Distrito del Rimac, arrojen una diferencia entre las proporciones muestrales de por lo menos el 10%?

Solución

Según los datos:

La Victoria: $p_1 = 0.16$, $n_1 = 200$;   Sea $\bar{p}_1$ su proporción muestral

Rimac: $p_2 = 0.11$, $n_2 = 225$;   Sea $\bar{p}_2$ su proporción muestral

Que "La diferencia entre las proporciones muestrales de por lo menos 10%" significa, en términos matemáticos, $|\bar{p}_1 - \bar{p}_2| \ge 0.1$; cuya probabilidad se debe encontrar.

Ante todo, veamos la distribución de $\bar{p}_1 - \bar{p}_2$:

$$\mu_{\bar{p}_1-\bar{p}_{21}} = p_1 - p_2 = 0.16 - 0.11 = 0.05$$

$$\sigma_{\bar{p}_1-\bar{p}_2} = \sqrt{\frac{0.16x0.84}{200} + \frac{0.11x0.89}{225}} = 0.03327$$

Luego

$$P(|\bar{p}_1 - \bar{p}_2| \ge 0.1) = 1 - \{P(-0.1 \le \bar{p}_1 - \bar{p}_2 \le 0.1)\} = 1 - P(-4.5 \le Z \le 1.5) = 0.0668$$

Ejemplo 19

Luego de varias investigaciones realizadas en un determinado laboratorio se han encontrado que los productos farmacéuticos A y B reducen el nivel de hipertensión en ciertas personas. La proporción de personas en las que dichos productos resultan efectivos es 0.70. Para determinar la efectividad de estos productos, el producto A se les administró a un conjunto de 100 personas hipertensas, tomadas aleatoriamente, 75 de las cuales redujeron su hipertensión; del mismo modo, a otro grupo de 150 personas hipertensas, se les administró el producto B, logrando también efectividad en 105 de ellas. Si de acuerdo a los datos históricos los dos productos son igualmente efectivos, ¿cuál es la probabilidad de observar una diferencia de proporciones muestrales sea tanto o más de lo que se encontraron?

Solución

Según los datos:

Producto A: $p_1 = 0.70$, $n_1 = 100$;   Sea $\bar{p}_1$ su proporción muestral

Producto B: $p_2 = 0.70$, $n_2 = 150$;   Sea $\bar{p}_2$ su proporción muestral

Del mismo modo $\bar{p}_1 = 75/100 = 0.75$ y $\bar{p}_2 = 105/150 = 0.70$.

La diferencia entre estas proporciones muestrales es 0.05.

Que "La diferencia entre las proporciones muestrales sea tanto o más de lo que se encontraron" significa, en términos matemáticos, $|\bar{p}_1 - \bar{p}_2| \geq 0.05$; cuya probabilidad se debe encontrar.

Ante todo, veamos la distribución de $\bar{p}_1 - \bar{p}_2$:

$$\mu_{\bar{p}_1 - \bar{p}_2} = p_1 - p_2 = 0.70 - 0.70 = 0$$

$$\sigma_{\bar{p}_1 - \bar{p}_2} = \sqrt{\frac{0.70x0.30}{100} + \frac{0.70x0.30}{150}} = 0.0592$$

Luego

$$P(|\bar{p}_1 - \bar{p}_2| \geq 0.05) = P(\bar{p}_1 - \bar{p}_2 \leq -0.05) + P(\bar{p}_1 - \bar{p}_2 \geq 0.05)$$

$$= P(Z \leq \frac{-0.05 - 0}{0.0592}) + P(Z \geq \frac{0.05 - 0}{0.0592})$$

$$= P(Z \leq -0.845) + 1 - P(Z < 0.845)$$

$$= 2 - 2\Phi(0.845)$$

$$= 0.3982$$

Ejemplo 20

Cada domingo a las 9:00 de la mañana y a las 20:00 de la noche un gran porcentaje de televidentes sintonizan en gran proporción, dos programas de televisión que se emiten en estos horarios. Supongamos que estos programas son emitidos por los canales A y B. El "rating" del último domingo, practicado en 500 televidentes, muestran proporciones de 30% para el programa en el canal A y 35% para el programa en el canal B. Una empresa consultora de opinión no está satisfecho con estos resultados, motivo por el cual decide realizar su propia encuesta a 500 casas de televidentes durante la transmisión del programa por el canal A, transmitido por las mañanas y otra encuesta practicada bajo la misma modalidad sobre 500 televidentes, durante la transmisión del programa por el canal B. ¿Cuál es la probabilidad de que los resultados indiquen una preferencia superior por el programa transmitido por el canal B, respecto del programa transmitido por el canal A?.

Solución

Según los datos:

Programa de Canal A: $p_1 = 0.30$, $n_1 = 500$;   Sea $\overline{p}_1$ su proporción muestral

Programa de Canal B: $p_2 = 0.35$, $n_2 = 500$;   Sea $\overline{p}_2$ su proporción muestral

"Preferencia superior por el programa transmitido por el canal B respecto al programa transmitido por el canal A" significa, en términos matemáticos, que $\overline{p}_2 > \overline{p}_1$; lo que a criterio de la diferencia de proporciones muestrales es equivalente a $\overline{p}_2 - \overline{p}_1 > 0$; cuya probabilidad se debe encontrar.

Ante todo, veamos la distribución de $\overline{p}_2 - \overline{p}_1$:

$$\mu_{\overline{p}_2 - \overline{p}_1} = p_2 - p_1 = 0.35 - 0.30 = 0.05$$

$$\sigma_{\overline{p}_1 - \overline{p}_2} = \sqrt{\frac{0.30x0.70}{500} + \frac{0.35x0.65}{500}} = 0.02958$$

Luego

$$P(\overline{p}_2 - \overline{p}_1 > 0) = P\left(\frac{(\overline{p}_2 - \overline{p}_1) - (p_2 - p_1)}{\sqrt{\frac{p_1(1-p_1)}{n_1} + \frac{p_2(1-p_2)}{n_2}}} > \frac{0 - 0.05}{0.02958}\right)$$

$$= P(Z > -1.69)$$

$$= 1 - \Phi(-1.69)$$

$$= 1 - 0.0455$$

$$= 0.9545$$

21. DISTRIBUCIÓN DE LA VARIANZA MUESTRAL

Sea X_1, X_2, ..., X_n una .muestra aleatoria. de tamaño .n., extraída de una población normal con media. μ y varianza. σ^2 .

Si definimos la variable $V = \dfrac{(n-1)s^2}{\sigma^2}$ entonces $V \rightarrow \chi^2(n-1)$

Del mismo modo, si $V = \dfrac{\sum_{i=1}^{n}(X_i - \overline{X})^2}{\sigma^2}$ entonces $V \rightarrow \chi^2(n-1)$

Ejemplo 21

Encuentre la probabilidad de que en una muestra de 25 observaciones de una población normal con varianza 9, tenga una varianza muestral entre 4.071 y 15.10125.

Solución

Según los datos: n = ..25.; σ^2 = .9.

Debemos hallar: $P(.4.071 \leq s^2 \leq .15.10125.)$

De acuerdo a esto, debemos generar la definición de V en el centro de esta desigualdad. Para ello, debemos multiplicar por (n -1) y dividir por σ^2.

Esto es:

$$P\left(\frac{24*4.071}{9} \leq \frac{(n-1)s^2}{\sigma^2} \leq \frac{24*15.10125}{9}\right) = P(10.856 \leq \chi^2(24) \leq 40.27) = \ldots\ldots$$

InstaCalc:

Usando R:

ext1 = (n-1)*4.071/sigma²   y   ext2 = (n-1)*15.10125/sigma²

pchisq(ext2,24)-pchisq(ext1,24) = 0.9700006

Usando Python:

pchisq(ext2,24)-pchisq(ext1,24) = 0.9700006

Ejemplo 22

El departamento de control de calidad de una empresa manufacturera compra unos componentes eléctricos a un vendedor extranjero. La empresa especifica que la varianza de las resistencias de los componentes no debe exceder de 40 ohmios². Para aceptar las remesas que no cumplan con esta especificación, el departamento de control de calidad toma una muestra de 25 componentes de cada remesa y mide la resistencia de cada uno. Si la varianza de la muestra es demasiado grande, el departamento rechaza el pedido. Se considera que una varianza muestral es demasiado grande si la probabilidad de que las varianzas de las resistencias es menor o igual a 0.02. Se acaba de seleccionar una muestra de una remesa y se ha obtenido $s^2=0.75$. Debe aceptarse la remesa? Suponga que las resistencias están normalmente distribuidas.

Solución

Según los datos: $n = .25$; $\sigma^2 = .40.$ y nro. de gdos. Lib. $= .25\text{-}1$

Debemos obtener: $P(.s^2 \geq 0.75.)$ Si este resultado es superior a 0.02   entonces se rechazará el pedido por tener una probabilidad de ocurrencia bastante grande en relación al criterio de decisión; en caso contrario, se aceptará la remesa.

Esto es $P(..s^2 \geq 0.75.) = 1 - P(.s^2 < 0.75.....)$

Usando Minitab, obtendremos que $P(s^2 \geq 0.75) = 0.00723$ (aproximadamente)

Respuesta a la pregunta: ....

22. DISTRIBUCIÓN MUESTRAL DE LA RAZÓN DE VARIANZAS

Sea $X_1, X_2, ..., X_n$ una muestra aleatoria de tamaño n_1, extraída de una población normal con media μ_1 y varianza σ_1^2 desconocida. Sea $Y_1, Y_2, ..., Y_n$ una muestra aleatoria de tamaño n_2, extraída de una población normal con media μ_2 y varianza σ_2^2. La variable

$$F = \frac{\dfrac{S_1^2}{\sigma_1^2}}{\dfrac{S_2^2}{\sigma_2^2}} \text{ tal que } F \rightarrow F(n_1 - 1, n_2 - 1)$$

donde S_1^2 y S_2^2 son las varianzas muestrales de cada muestra.

Probemos que F tiene distribución F de Fisher:

En efecto $F = \dfrac{\dfrac{S_1^2}{\sigma_1^2}}{\dfrac{S_2^2}{\sigma_2^2}} = \dfrac{\dfrac{(n_1-1)S_1^2}{(n_1-1)\sigma_1^2}}{\dfrac{(n_2-1)S_2^2}{(n_2-1)\sigma_2^2}} = \dfrac{\dfrac{\dfrac{(n_1-1)S_1^2}{\sigma_1^2}}{(n_1-1)}}{\dfrac{\dfrac{(n_2-1)S_2^2}{\sigma_2^2}}{(n_2-1)}} = \dfrac{\dfrac{\chi_{(n_1-1)}^2}{(n_1-1)}}{\dfrac{\chi_{(n_2-1)}^2}{(n_2-1)}} = F((n_1-1, n_2-1)$

Ante todo, hemos multiplicado y dividido por (n_1 – 1) al numerador. Lo mismo hemos hecho en el denominador, en este caso por (n_2 – 1). Esto nos permite formar variables Chi – cuadrado en el numerador y en el denominador, que es lo que se aprecia en el siguiente paso. Simplificando la expresión, logramos tener cada Chi – cuadrado, dividida por sus respectivos grados de libertad, logrando así la variable F de Fisher.

Ejemplo 23

Dadas dos muestras aleatorias de poblaciones normales con varianzas iguales, de tamaño 10 cada una, ¿cual es la probabilidad de observar que la varianza de la primera muestra sea por lo menos cuatro veces la varianza de la segunda muestra?

Solución

Como las varianzas de ambas poblaciones son iguales entonces $\sigma_1 = \sigma_2$; del mismo modo, $n_1 = n_2 = 10$. s_1^2 y s_2^2 son las varianzas muestrales.

La pregunta es $P(s_1^2 \geq 4\ s_2^2)$

Aquí debemos tratar de obtener un cociente de varianzas de la forma $F = \dfrac{\dfrac{S_1^2}{\sigma_1^2}}{\dfrac{S_2^2}{\sigma_2^2}}$

Para esto en $P(s_1^2 \geq 4\ s_2^2)$ dividimos entre la segunda varianza y obtenemos

$P(\dfrac{S_1^2}{S_2^2} \geq 4)$

Como ambas varianza poblacionales son iguales entonces $\sigma_1^2 = \sigma_2^2 = \sigma^2$

A numerador y denominador se divide entre σ^2

Como dicha variable así definida tiene distribución F tal que

$$P(\frac{S^2_1}{S^2_2} \geq 4) = P(\frac{\frac{S^2_1}{\sigma^2_1}}{\frac{S^2_2}{\sigma^2_2}} \geq 4) = P(F(10-1, 10-1) \geq 4\,)$$

Ejemplo 24

Se tienen dos variables normales independientes, tales que: $\sigma^2_1 = 2.8$, $\sigma^2_2 = 3.4$

Calcular $P(S^2_1 < S^2_2)$, siendo: $n_1 = 12$ y $n_2 = 15$.

Hallar k tal que: $P(S^2_1 < kS^2_2) = 0.88$, siendo: $n_1 = 24$ y $n_2 = 20$

Solución

Puesto que el objetivo es construir la variable que tiene distribución F de Fisher; es decir, obtener un cociente de variables Chi – cuadrado, cada una de ellas dividida por sus grados de libertad, entonces empezamos obteniendo una relación de varianzas para luego pasar a tener el cociente de las mismas.

$$a)\ P(S^2_1 < S^2_2) = P(\frac{S^2_1}{S^2_2} < 1) = P(\frac{\frac{(n_1-1)s^2_1}{(n_1-1)}}{\frac{(n_2-1)s^2_2}{(n_2-1)}} < 1\ ) \ = P(\frac{\frac{\sigma^2_1(n_1-1)s^2_1}{(n_1-1)\sigma^2_1}}{\frac{\sigma^2_2(n_2-1)s^2_2}{(n_2-1)\sigma^2_2}} < 1\ ) =$$

$$= P(\frac{\sigma^2_1\frac{\chi^2_{n_1-1}}{n_1-1}}{\sigma^2_2\frac{\chi^2_{n_2-1}}{n_2-1}} < 1\ ) = P(\frac{\sigma^2_1}{\sigma^2_2}F(n_1-1, n_2-1) < 1\ ) = P(F(n_1-1, n_2-1) < \frac{\sigma^2_2}{\sigma^2_1}\ )$$

$$= P(F(12,14) < \frac{3.4}{2.8}) = 0.639575$$

Observación importante:

Habrá notado que al multiplicar y dividir por el tamaño de muestra menos 1, no se produce ningún efecto. Esto implica que será suficiente multiplicar y dividir por las varianzas poblacionales respectivas.

b) $P(S_1^2 < kS_2^2) = 0.88$ ➜ $P(\dfrac{S_1^2}{S_2^2} < k) = 0.88$ ➜ $P(\dfrac{\dfrac{\sigma_1^2 S_1^2}{\sigma_1^2}}{\dfrac{\sigma_2^2 S_2^2}{\sigma_2^2}} < k) = 0.88$

➜ $P(F(23,19) < \dfrac{3.4K}{2.8}) = 0.88$

Usando inverse en Minitabm obtenemos $\dfrac{3.4K}{2.8} = 1.70747$ de donde k = 1.4062

23. PROBLEMAS PROPUESTOS

1. Se toman muestras de 36 observaciones de una máquina de acuñar monedas conmemorativas. El espesor promedio de las monedas es de 0.20 cm, con una desviación estándar de 0.01 cm.

2. Es fundamental saber que la población es normal, a fin de establecer el porcentaje de valores medios de la muestra que quedarán dentro de ciertos intervalos? Explique.

   a) Qué porcentaje de medias de la muestra quedarán en el intervalo 0.2 ± 0.004 cm?

   b) ¿Cuál es la probabilidad de obtener la media de la muestra que se desvíe más de 0.005 cm de la media del proceso?

3. Si la vida media de operación de una pila de linterna es de 24 horas, y está distribuida normalmente con una desviación estándar de 3 horas, ¿cuál es la probabilidad de que una muestra aleatoria de 100 pilas tenga una media que se desvíe por más de 30 minutos del promedio?

4. Cómo cambiaría su respuesta en el ejercicio anterior si se desconoce la media de la población?. Además, ¿qué consecuencia trae consigo el desconocer la media de la población en términos del punto al que el valor medio de la muestra tenderá a desviarse de la media verdadera?

5. Se tiene establecido que las facturas de los clientes tienen una desviación estándar de $ 45.00, si se toma una muestra de 225 facturas, ¿cuál es la probabilidad de que el valor media de la muestra se desvíe de todas las 20,000 facturas por $ t.50 o más?

6. ¿Cuál será la respuesta al ejercicio anterior si la población consta de 2000 facturas?

7. Una cierta marca de bombillas tiene un tiempo de vida que se distribuye normalmente con un tiempo medio de vida de 257.1 horas y una desviación estándar de 20 horas. Un corredor sin ventanas de un departamento de hospedaje, tiene una instalación eléctrica poco usual, planeada para iluminar continuamente el corredor. Consiste de 4 bombillas, pero sólo uno se enciende a la vez. Cuando éste se quema, se enciende la siguiente bombilla, automáticamente. Este proceso continúa hasta que se quemen todas las cuatro bombillas. Cada 6 semanas, precisamente al medio día, el administrador viene y reemplaza las 4 bombillas. ¿Cuál es la probabilidad de que se quemen las 4 bombillas antes de que llegue el administrador para reemplazarlas?

8. De sus archivos un odontólogo se da cuenta que el tiempo empleado en atender a sus pacientes está distribuido normalmente con una media de 22 minutos y una varianza de 36 minutos al cuadrado. Un día determinado, el odontólogo planea ver a 16 de sus pacientes. Suponga (1) que ningún paciente llega tarde; (2) que el tiempo en atender a un paciente es independiente del tiempo en atender a otro; y (3) que estos 16 pacientes representan una muestra aleatoria de la experiencia pasada(el sistema causal no ha cambiado).

   a) ¿Cuál es la probabilidad de que 25 minutos o más sea el tiempo medio por paciente para este odontólogo?

   b) ¿Cuál es la probabilidad de gastar 20 minutos o menos en el primer paciente?

9. Con el fin de poder llegar a una cita para jugar golf, el odontólogo tiene que gastar un promedio de 20 minutos o menos por paciente. ¿Cuál es la probabilidad de llegar tarde a la cita?

   El odontólogo empieza a las 8:00 AM. Si en el almuerzo tarda 40 minutos, a qué hora es la cita para el golf? Qué tan razonables son los supuestos (1), (2) y (3)?

10. Un fabricante de radios recibe semanalmente un cargamento de 100,000 transistores de 6 voltios. Para decidir si acepta o rechaza el cargamento, utiliza la siguiente regla de muestreo: mide la vida útil de 36 transistores de cada cargamento. Si la media de la muestra es de 50 o más horas, acepta el cargamento; en caso contrario, lo rechaza.

    a) ¿Cuál es la probabilidad de aceptar un cargamento que tiene una vida útil media de 49 horas y una desviación estándar de 3 horas?

    b) ¿Cuál es la probabilidad de aceptar un cargamento que tiene una vida útil media de 50.5 horas y una desviación estándar de 3 horas?

11. Un procesador de alimentos envasa café en frascos de 400 gramos. Para controlar el proceso, se utiliza la siguiente regla de muestreo: Se selecciona 64 frascos cada hora. Si su peso medio es inferior a un valor crítico L, se detiene el proceso y se reajusta; en caso contrario, continua la operación sin detener el proceso. Determinar el valor de L de modo que haya sólo una probabilidad de 0.05 de detener el proceso cuando está envasando a un promedio de 407.5 gramos, con una desviación estándar de 0.5 gramos.

12. Un fabricante de café instantáneo envasa su producto en frascos de 300 gramos neto. Para controlar el proceso automático de llenado, se selecciona cada hora una muestra de 36 frascos.

Si el peso neto medio de la muestra está entre 301 y 302 gramos, el proceso continúa; en caso contrario, se detiene y se reajusta la máquina.

a) ¿Cuál es la probabilidad de detener el proceso que está operando con una media de 301.5 gramos y una desviación estándar de 7.5 gramos?.

b) ¿Cuál es la probabilidad de dejar que continúe un proceso que opera con una media de 302 gramos y una desviación estándar de 7.5 gramos?

13. En una partida grande de transistores, la vida útil de ellas está distribuida normalmente con una media de 400 horas. Se sabe además que el 90% de los transistores tienen una vida útil comprendida entre 318 horas y 482 horas. Si se selecciona una muestra aleatoria de 100 transistores de esta partida, ¿cuál es la probabilidad de que la media muestral sea mayor que 420 horas?

14. Aproximadamente el 10% de las tiendas de propiedad familiar de cierta región ofrecen cupones a sus clientes. Encuentre la probabilidad de que una muestra aleatoria de 100 tiendas indique que el porcentaje de las que dan cupones es

a) 16% o más

b) del 6% al 16%

c) más del 18%

15. El departamento de compras de una gran compañía rechaza, automáticamente, remesas de refacciones si una muestra aleatoria de 100 de un lote de 10,000 partes presenta 10 ó más productos defectuosos. Encuentre la probabilidad de que rechacen un lote si tiene un porcentaje de productos defectuosos de

a) 3%   b) 5%   c) 18%

16. Una oficina gubernamental toma una muestra aleatoria de 400 trabajadores de una gran fábrica, para obtener un indicador de los que estén a favor de la sindicalización. Calcule la probabilidad de obtener una proporción muestral que difiera por más del 3% de la realidad, si la proporción real de trabajadores a favor de la sindicalización es

a) 10%   b) 50%   c) 90%

17. Datos históricos provenientes de una oficina postal indican que el 93% de las entregas de un servicio de correo de un día para otro se realizan antes de las 10:30 a.m.. Si se seleccionan muestras aleatorias de 500 entregas ¿qué proporción de la muestra tendrá entre el 93% y 95%? ¿Más del 95%?

18. Se toman muestras independientes de tamaño 36 y 64 de la producción de espárragos en una región de Lambayeque, correspondiente a dos estaciones contrapuestas. Si la producción en ambas estaciones se distribuye normalmente con medias de 2600 y 2550 envases y desviaciones estándar de 160 y 180, respectivamente, ¿cuál es la probabilidad de que la diferencia de los promedios muestrales se diferencia a lo más en 10 envases?

19. Durante una temporada de verano con fuerte influencia de la corriente del niño en el Perú dos fábricas de conservas de exportación continuaron operando. Investigaciones realizadas en el nivel de despacho de mercadería obligó a revisar el proceso de producción donde se determinó que el 10% de la producción de la fábrica A eran defectuosos y el 5% de la producción provenían de la fábrica B. Para verificar estas conclusiones se decidió realizar un trabajo de muestreo para el cual se tomó una muestra de 300 unidades de la línea de producción de la fábrica A, encontrándose que 24 eran defectuosos. Al tomar una muestra de 400 unidades de la fábrica B se encontró que 20 unidades eran defectuosas. ¿Cuál es la probabilidad de obtener a lo más esta diferencia en término de proporciones?

20. El Instituto de Antropología de la Universidad Carlos Ayola estima que los habitantes de la región sur del Perú tienen un índice cefálico promedio de 80 con una desviación estándar de 3, mientras que los habitantes de la región centro tienen un índice cefálico de 72 y una desviación estándar de 2. Para verificar estas estimaciones a priori el departamento de investigación decide tomar muestras de 40 y 50 habitantes de ambas regiones, respectivamente. ¿Cuál es la probabilidad de que se obtenga una diferencia muestral de medias, de por lo menos 6?.

21. Entre los muchos proyectos que tiene un instituto de opinión y consulta se encuentra el caso de realizar una consulta en provincias. Con este motivo decide tomar una muestra de electores suficientemente grande para que la probabilidad de que la proporción obtenida a favor de cierto candidato resulte inferior al 50%, siendo la verdadera de 52%, sea sólo 0.01. ¿Qué tamaño de muestra deberá tomar para satisfacer estos requerimientos?

22. En una población de 5000 alumnos se selecciona una muestra aleatoria simple de 50 para estimar la media de la población de calificaciones.
Usaría Ud. El factor de corrección para población finita para calcular la desviación estándar de la media? Explique por qué.

Si la desviación estándar de la población es de 0.4, determine el error estándar de la media, primero con y después sin, el factor de corrección para poblaciones finitas. ¿Cuál es la justificación de no tomar este factor cuando n/N ≤ 0.05?

¿Cuál es la probabilidad de que la media de las calificaciones en la muestra de 50 alumnos esté a ± 0.10 o menos de la media poblacional de calificaciones?.

23. Una importante casa editora de libros de texto universitario contrató los servicios de una representante de ventas muy exitosa quien implementó una nueva modalidad de gestión de ventas: a través de llamadas telefónicas. De los registros de llamadas a sus clientes, el 25% de éstas resultan en la adopción del libro que ella sugiere. Considerando que sus llamadas durante un mes forman una muestra de todas las llamadas posibles de ventas, suponga que un análisis estadístico de los datos da como resultado un error estándar de la población igual a 0.0625.

¿De qué tamaño fue la muestra que se usó en este análisis; es decir, cuántas llamadas hizo durante el mes esta representante de ventas?

Sea $\bar{p}$ la proporción muestral de adopciones del libro obtenida durante el mes. Describa la distribución muestral de $\bar{p}$.

Con la distribución muestral de $\bar{p}$, calcule la probabilidad de que esta representante de ventas logre adopciones de libro en 30% o más de sus llamadas durante un período de un mes.

CAPÍTULO XIII

ESTADÍSTICA INFERENCIAL

INTRODUCCIÓN

La mayoría de los problemas económicos y sociales en los cuales se puede utilizar la estadística, son susceptibles de ser explicados mediante la construcción de un modelo estadístico, máxime si la regularidad de la ocurrencia de tales eventos se puede expresar mediante los conceptos de variable aleatoria. En este caso, el modelo que describe al comportamiento de la población, en los cuales se manifiesta el problema, son modelos probabilísticos.

Según esto, el modelo, construido a partir de la variable aleatoria, estará expresado mediante una función, digamos f, que será la función de distribución de probabilidad de la variable aleatoria, digamos X (pueden ser múltiples variables) y por un conjunto de parámetros, los que en conjunto describe el comportamiento de la población.

Por esta razón, $f(X; \theta_1, \theta_2, ..., \theta_k)$ será la función de distribución del modelo, en donde X será la variable aleatoria (vector aleatorio en un modelo de varias variables) y θ_1, θ_2 , ..., θ_k serán los parámetros de la distribución.

Ejemplos de modelos probabilísticas:

Modelo Normal: $f(x; \mu, \sigma^2) = \dfrac{1}{\sqrt{2\pi}\sigma} e^{-\frac{1}{2}\left(\frac{x-\mu}{\sigma}\right)^2}$ En este caso la población normal queda expresada por una variable (X) y por sus dos parámetros.

Modelo Binomial: $f(x, n, p) = \dbinom{n}{x} p^x (1-p)^{n-x}$ Los parámetros son n y p

Modelo Exponencial: $f(x, \alpha) = \alpha e^{-\alpha x}$ El único parámetro es α

Modelo Poissoniano: .... $f(x, \lambda) = \dfrac{e^{-\lambda} \lambda^x}{x!}$

Modelo Chi – Cuadrado: .... [1]

Modelo t de Student : ....

Modeo F de Fisher: ....

Como hemos dicho en las clases anteriores, al conocer la distribución de probabilidades de una variable aleatoria, X, podemos explicar el comportamiento de la población. Y para conocer la distribución de probabilidad de la variable es suficiente disponer de los valores de sus parámetros.

Puesto que dichos parámetros no siempre se conocen, el estudio se realiza a partir de una muestra aleatoria X_1, X_2, ..., X_n de tamaño n, que tienen la misma distribución que la poblacional X, de parámetros θ_1, θ_2, ..., θ_n.. El proceso de muestreo no permitirá contar con los elementos de la muestra, a partir de la cual, podemos calcular determinados estadísticos como la media, varianza o proporción muestral. Estos estadísticos, y el conocimiento de las variables aleatoria muestrales, nos darán las herramientas necesarias para "INFERIR" el valor de los parámetros poblacionales.

Luego, el objetivo de la Inferencia Estadística es

Determinar el valor del (o de los) parámetro(s) desconocido(s)

Decidir si θ o alguna otra función $g(\theta)$ es igual al valor supuesto verdadero, θ_0 de θ.

La estimación de los parámetros de la población pueden realizarse mediante el

Método de la Estimación Puntual o el

Método de la Estimación por Intervalos.

1. ESTIMACION PUNTUAL

Definición

Sea X una variable aleatoria con $f(x; \theta)$, su función de distribución en el cual, θ representa el o los parámetros poblacionales (si a θ se toma como vector aleatorio puede representar a más de un parámetro). Sea X_1, X_2, ..., X_n una muestra aleatoria de tamaño n, extraída de esta población de

---

[1] La dirección es la siguiente: http://www.geocities.com/inforice/modelosprob.doc

parámetro θ. Diremos que $\hat{\theta}$ es un estimador del parámetro θ, si existe una función H tal que

$\hat{\theta}$ = H(X_1, X_2, ..., X_n).

Observaciones:

Si X_1, X_2, ..., X_n es una muestra aleatoria y H se aplica sobre ella, entonces el estimador $\hat{\theta}$ de θ es en realidad un estadístico de la muestra y H es la función que permite el cálculo de dicho

estadístico; por ejemplo si $\hat{\theta}$ = $\overline{X}$ entonces H((X_1, X_2, ..., X_n) = $\dfrac{\sum\limits_{i=1}^{i=n} X_i}{n}$

Según lo anterior, los estimadores se calculan.

Según lo anterior, la media muestral, la proporción muestral, la .... son estimadores de los correspondientes parámetros poblacionales: μ, π, y σ^2.

Luego la media muestral $\hat{\theta}$ = $\overline{X}$ será un estimador de θ = ... ; la varianza muestral $\hat{\theta}$ = s^2 será

un estimador de θ = ...; del mismo modo, $\hat{\theta}$ = ... es un estimador de μ_1 - μ_2 .

Ahora bien, si Usted vuelve a leer la cuarta observación, notará que hemos dicho que $\hat{\theta}$ es UN

estimador de θ . ¿Esto quiere decir entonces que θ puede o tiene otros estimadores?. Si así fuera,

qué forma tendrán los otros estimadores de las estadísticas de la muestra? Es decir, si $\hat{\theta}_1$ y $\hat{\theta}_2$

son los estimadores de θ , a cuál de ellos debemos tomar como el estimador de θ ?

Siguiendo con la reflexión anterior, ¿es <u>posible</u> que de todos los <u>posibles</u> estimadores que pudiera tener un parámetro poblacional, habrá uno que es el mejor, el más eficiente, el que mejor lo describe y representa; es decir, el óptimo o el de mayor confianza?.

En las siguientes secciones expondremos la respuesta a estas preguntas y veremos que si el parámetro puede tener varios estimadores, habrá uno que satisfaga mejor los requerimientos.

PROPIEDADES DE LOS ESTIMADORES

Para que $\hat{\theta}$ sea un estimador de θ , debe poseer por lo menos una de las siguientes propiedades.

<u>P1. Debe ser un ESTIMADOR INSESGADO.</u>

Diremos que $\hat{\theta}$ es un estimador INSESGADO de θ, si $E(\hat{\theta}) = \theta$. Si esta igualdad no se cumple, entonces $\hat{\theta}$ será un estimador SESGADO de θ. La cantidad o expresión que los diferencie; es decir, $E(\hat{\theta}) - \theta$ será llamado el sesgo.

De manera que $\hat{\theta} = \overline{X}$ es un estimador insesgado de μ ya que $E(\hat{\theta}) = E(\overline{X}) = \mu$

En efecto:

$$E(\hat{\theta}) = E(\overline{X}) = E\left(\frac{\sum X_i}{n}\right) = \frac{1}{n}E\left(\sum X_i\right) = \frac{1}{n}\sum E(X_i) = \frac{1}{n}\sum u = \frac{n\mu}{n} = \mu = \theta$$

¿Cuál es el estimador insesgado de π ? .... Por qué? ....

En efecto: Puesto que $p = \dfrac{X}{n}$ $\quad$ Entonces $\quad E(\hat{\theta}) = E(p) = E\left(\dfrac{X}{n}\right) = \dfrac{1}{n}E(X)$

Como $X \rightarrow B(n, p)$ entonces $E(X) = np$, con lo cual $E(\hat{\theta}) = E(p) = np = \pi = \theta$

Observación:

Si $\displaystyle\lim_{n\to\infty} E(\hat{\theta}) = \theta$ entonces se dice que $\hat{\theta}$ es un estimador asintóticamente insesgado de θ.

Ejemplo 1

Sea $X_1, X_2, ..., X_{n1}$ una muestra aleatoria de tamaño n1, extraída de una población $N(\mu_1, \sigma_1^2)$. Sea $Y_1, Y_2, ..., Y_{n2}$ otra muestra de tamaño n2, extraída de una población $N(\mu_2, \sigma_2^2)$.

¿ Es $\hat{\theta} = \overline{X}_1 - \overline{X}_2$ un estimador insesgado de $\theta = \mu_1 - \mu_2$?

Aplicando propiedades de esperanza a $\hat{\theta} = \overline{X}_1 - \overline{X}_2$ y recordando que $E(X) = \mu$,

$$E(\hat{\theta}) = E(\overline{X}_1 - \overline{X}_2) = E(\overline{X}_1) - E(\overline{X}_2) = E(\mu_1) - E(\mu_2) = \mu_1 - \mu_2 = \theta$$

Luego $\hat{\theta} = \overline{X}_1 - \overline{X}_2$ es un estimador insesgado de $\theta = \mu_1 - \mu_2$

Es $\hat{\theta} = p_1 - p_2$ un estimador insesgado de $\theta = \pi_1 - \pi_2$?

Demuestre que sí es un estimador insesgado aplicando propiedades de esperanza a $\hat{\theta} = p_1 - p_2$ y sabiendo que $E(p) = \pi$.

Solución:

$$E(\hat{\theta}) = E(p_1 - p_2) = E(p_1) - E(p_2) = E\left(\frac{X_i}{n_1}\right) - E\left(\frac{Y_i}{n_2}\right) = \frac{E(X_i)}{n_1} - \frac{E(X_i)}{n_2} = \frac{n_1\pi_1}{n_1} - \frac{n_2\pi_2}{n_2} = \pi_1 - \pi_2$$

Si $\hat{\theta} = s^2 = \dfrac{\sum_{i=1}^{n}(X_i - \overline{X})^2}{n}$. Es $\hat{\theta} = s^2$ un estimador INSESGADO de σ^2?

Sugerencia: Para que sea insesgado, debemos probar que $E(\hat{\theta}) = \sigma^2$.

En efecto: $E(\hat{\theta}) = E(s^2) = E\left(\dfrac{\sum_{i=1}^{n}(X_i - \overline{X})^2}{n}\right) = \dfrac{1}{n}E\left(\sum_{i=1}^{n}(X_i - \overline{X})^2\right)$

Si $s^2 = \dfrac{\sum_{i=1}^{n}(X_i - \overline{X})^2}{n}$ entonces $\sum_{i=1}^{n}(X_i - \overline{X})^2 = n s^2$

Reemplazando en lo anterior, tenemos

$$E(\hat{\theta}) = \frac{1}{n}E\left(\sum_{i=1}^{n}(X_i - \overline{X})^2\right) = \frac{1}{n}E(ns^2) = \frac{1}{n}E\left(\frac{\sigma^2(n-1)s^2}{\sigma^2}\right) = \frac{\sigma^2}{n}E(\chi^2(n-1))$$

Recordemos que la sumatoria es igual a $(n-1)s^2$. Luego hemos multiplicado y dividido por σ^2 para lograr dentro del paréntesis una variable Chi – cuadrado con $(n-1)$ grados de libertad.

Como la esperanza de una Chi – cuadrado es $(n-1)$,

Entonces $E(\hat{\theta}) = \dfrac{\sigma^2}{n}(n-1) = \sigma^2 - \dfrac{\sigma^2}{n}$. Lo que indica que $\hat{\theta}$ no es un estimador insesgado de σ^2. El sesgo es $\dfrac{\sigma^2}{n}$.

Y puesto que $\lim\limits_{n\to\infty} E(\hat{\theta}) = \sigma^2$ entonces $\hat{\theta} = s^2 = \dfrac{\sum_{i=1}^{n}(X_i - \overline{X})^2}{n}$ es un estimador asintóticamente insesgado de $\theta = \sigma^2$.

Si $\hat{\theta} = s^2 = \dfrac{\sum_{i=1}^{n}(X_i - \overline{X})^2}{n-1}$. Es $\hat{\theta} = s^2$ un estimador INSESGADO de σ^2?

Sugerencia: Como en c), debemos probar que $E(\hat{\theta}) = \sigma^2$.

En efecto: $E(\hat{\theta}) = E(s^2) = E(\dfrac{\sum\limits_{i=1}^{n}(X_i-\overline{X})^2}{n-1}) = \dfrac{1}{n-1}E(\sum\limits_{i=1}^{n}(X_i-\overline{X})^2)$

Si $s^2 = \dfrac{\sum\limits_{i=1}^{n}(X_i-\overline{X})^2}{n-1}$ entonces $\sum\limits_{i=1}^{n}(X_i-\overline{X})^2 = (n-1)s^2$

Reemplazando en lo anterior, tenemos

$$E(\hat{\theta}) = \dfrac{1}{n-1}E(\sum\limits_{i=1}^{n}(X_i-\overline{X})^2) = \dfrac{1}{n-1}E[(n-1)s^2] = \dfrac{1}{n-1}E(\dfrac{\sigma^2(n-1)s^2}{\sigma^2}) = \dfrac{\sigma^2}{n-1}E(\chi^2(n-1))$$

Hemos multiplicado y dividido por $(n.-1)\sigma^2$ para lograr dentro del paréntesis una variable Chi – cuadrado con (n-1) grados de libertad. Como $E(\chi^2(n-1)) = n-1$ entonces $E(\hat{\theta}) = \dfrac{\sigma^2(n-1)}{n-1} = \sigma^2$.

Observación:

Según a) y b) podemos concluir que σ^2 tiene dos estimadores insesgados.

¿Cuál de ellos será el mejor?

La respuesta la daremos más adelante.

Ejemplo 2

Sea $Z_1, Z_2, ..., Z_5$ una muestra aleatoria extraída de una población $N(\mu, \sigma^2)$.

Sean los estadísticos: $\hat{\theta}_1$ y $\hat{\theta}_2$ definidos como

$$\hat{\theta}_1 = \overline{Z} \quad y \quad \hat{\theta}_2 = \dfrac{Z_1 + Z_2 + 2Z_3 + Z_4 + Z_5}{6}$$

¿Ambos estadísticos son estimadores insesgados de μ?

Solución

Por definición, si $E(\hat{\theta}) = \theta$ entonces $\hat{\theta}$ es un estimador insesgado de θ.

Tomemos esperanza al primer estadístico: $E(\hat{\theta}_1) = .E(\overline{Z}) = E(\dfrac{\sum Z_i}{n}) = \dfrac{1}{n}E(\sum Z_i)$.

Como $E(\sum Z_i) = \sum E(Z_i)$ y $E(Z_i) = \mu$ entonces $E(\sum Z_i) = \sum\limits_{i=1}^{n}\mu = n\mu$.

$$E(\overset{\wedge}{\theta}_1) = \frac{1}{n}n\mu = \mu$$

Según esto, $\overline{Z}$ es un estimador insesgado de μ.

En cuanto al segundo estadístico:

Tomemos esperanza a ambos miembros:

$$E(\overset{\wedge}{\theta}_2) = E(\frac{Z_1+Z_2+2Z_3+Z_4+Z_5}{6}) = \frac{1}{6}\left(E(Z_1)+E(Z_2)+2E(Z_3)+E(Z_4)+E(Z_5)\right).$$

$$= \frac{1}{6}\left(\mu+\mu+2\mu+\mu+\mu\right) = \mu$$

Luego $\overset{\wedge}{\theta}_2$ es también un estimador insesgado de μ.

Ejemplo 3

De una población $N(\mu, \sigma^2)$ se escogen dos muestras aleatorias independientes de tamaños n_1 y n_2.

Sean $\overline{X}_1$ y $\overline{X}_2$ las medias de las muestras y $\overset{\wedge}{s_1^2}$ y $\overset{\wedge}{s_2^2}$ las varianzas muestrales respectivas.

Si $\overline{X} = \dfrac{n_1\overline{X}_1+n_2\overline{X}_2}{n_1+n_2}$ ¿es esta estadística un estimador insesgado de μ?.

Si $s^2 = \dfrac{(n_1-1)s_1^2(n_2-1)s_2^2}{n_1+n_2-2}$ ¿es esta estadística un estimador insesgado de σ^2?

Solución

Para que $\overline{X}$ sea un estimador insesgado de μ, debemos probar que $E(\overline{X}) = \mu$

En efecto

$$E(\overline{X}) = E[\frac{n_1\overline{X}_1+n_2\overline{X}_2}{n_1+n_2}] = \frac{1}{n_1+n_2}E[n_1\overline{X}_1+n_2\overline{X}_2] = \frac{1}{n_1+n_2}\left(n_1 E(\overline{X}_1)+n_2 E(\overline{X}_2)\right)$$

$$\frac{1}{n_1+n_2}\left(n_1\mu+n_2\mu\right) = \mu$$

Tomando esperanza a la ecuación, tenemos

$$E(s^2) = E[\frac{(n_1-1)s_1^2+(n_2-1)s_2^2}{n_1+n_2-2}] = \frac{1}{n_1+n_2-2}[E[(n_1-1)s_1^2]+E[(n_2-1)s_2^2]]$$

En cada uno de los términos debemos obtener la variable χ^2 (n-1). Para ello, a cada término debemos multiplicar y dividir por σ^2. Según esto,

$$E(s^2) = \frac{1}{n_1 + n_2 - 2}[E(\sigma^2 \frac{(n_1-1)s_1^2}{\sigma^2}) + E(\sigma^2 \frac{(n_2-1)s_2^2}{\sigma^2})] =$$

$$= \frac{\sigma^2}{n_1 + n_2 - 2}[E(\chi^2(n_1-1) + E(\chi^2(n_2-1)] = \frac{\sigma^2}{n_1 + n_2 - 2}[n_1 - 1 + n_2 - 1] = \sigma^2$$

Ejemplo 4

Sean $\overline{X}_1$ y $\overline{X}_2$ son las medias de dos muestras aleatorias independientes de tamaño n_1 y n_2 escogidas de una población con distribución de Poisson, de parámetro $\theta = \lambda$,

a) Probar que la estadística $\hat{\theta} = \dfrac{n_1\overline{X}_1 + n_2\overline{X}_2}{n_1 + n_2}$ ¿es un estimador insesgado de λ?

b) Pruebe que la varianza de este estimador es igual a $\dfrac{\lambda}{n_1 + n_2}$

Solución

Para que $\hat{\theta}$ sea un estimador insesgado de $\theta = \lambda$ se debe cumplir que $E(\hat{\theta}) = \theta = \lambda$

En efecto $E(\hat{\theta}) = E[\dfrac{n_1\overline{X}_1 + n_2\overline{X}_2}{n_1 + n_2}] = \dfrac{1}{n_1 + n_2}[n_1 E(\overline{X}_1) + n_2 E(\overline{X}_1)]$

Como $E(\overline{X}) = \mu$ y $\mu = \lambda$ en el caso de una distribución de Poisson, entonces

$E(\hat{\theta}) = \dfrac{1}{n_1 + n_2}[n_1\mu + n_2\mu] = \mu = \lambda$. Luego $\hat{\theta}$ es un estimador insesgado de λ

Aplicando varianza miembro a miembro tenemos $V(\hat{\theta}) = V[\dfrac{n_1\overline{X}_1 + n_2\overline{X}_2}{n_1 + n_2}]$

$$= \frac{1}{(n_1+n_2)^2}V(n_1\overline{X}_1 + n_2\overline{X}_2) = \frac{1}{(n_1+n_2)^2}[n_1^2 V(\overline{X}_1) + n_2^2 V(\overline{X}_2)] = \frac{1}{(n_1+n_2)^2}(n_1^2\frac{\sigma^2}{n_1} + n_2^2\frac{\sigma^2}{n_2})$$

$$= \frac{\sigma^2}{n_1 + n_2} = \frac{\lambda}{n_1 + n_2} \quad \text{ya que en Poisson } \mu = \sigma^2 = \lambda$$

P2. Debe ser un ESTIMADOR CONSISTENTE

Un estimador $\hat{\theta}$ es un estimador CONSISTENTE del parámetro θ si $P(|\hat{\theta} - \theta| > \varepsilon) = 0$

Es decir, si la probabilidad de que la desviación entre el valor del estimador y el valor del parámetro sea mayor que un cierto valor, es insignificante.

Se comprueba que $\hat{\theta}$ es un estimador consistente de θ si

$$\lim_{n \to \infty} E(\hat{\theta}) = \theta \qquad y \qquad \lim_{n \to \infty} V(\hat{\theta}) = 0$$

Observación

Para probar que $\hat{\theta}$ es un estimador consistente de θ se debe seguir el siguiente procedimiento:

Obtener $E(\hat{\theta})$ y $V(\hat{\theta})$

Evaluar $\lim E(\hat{\theta})$ y $\lim V(\hat{\theta})$ cuando $n \to \infty$

Si $\lim_{n \to \infty} E(\hat{\theta}) = \theta$ $\quad y \quad$ $\lim_{n \to \infty} V(\hat{\theta}) = 0$ entonces $\hat{\theta}$ es estimador consistente de θ

Ejemplo 5

Es $\hat{\theta} = \overline{X}$ un estimador consistente de $\theta = \mu$?

Solución

Usemos el procedimiento dado en la observación anterior.

$$E(\hat{\theta}) = E(\overline{X}) = \mu \qquad V(\hat{\theta}) = V(\overline{X}) = \frac{\sigma^2}{n}$$

Evaluando los límites: $\lim_{n \to \infty} E(\hat{\theta}) = \lim_{n \to \infty} \mu = \mu$

Del mismo modo $\lim_{n \to \infty} V(\hat{\theta}) = \lim_{n \to \infty} \frac{\sigma^2}{n} = 0$

Según esto, $\hat{\theta} = \overline{X}$ es un estimador consistente de $\theta = \mu$

Ejemplo 6

Sea $\hat{\theta} = \frac{1}{3}\overline{X}_1 + \frac{2}{3}\overline{X}_2$ un estimador de $\theta = \mu$. Demuestre que $\hat{\theta}$ es un estimador consistente de $\theta = \mu$.

Solución

Tomando esperanza: $E(\hat{\theta}) = E[\frac{1}{3}\overline{X}_1 + \frac{2}{3}\overline{X}_2] = \frac{1}{3}E(\overline{X}_1) + \frac{2}{3}E(\overline{X}_2)] = \frac{1}{3}\mu + \frac{2}{3}\mu = \mu$

Y $\displaystyle\lim_{n\to\infty} E(\hat{\theta}) = \lim_{n\to\infty} \mu = \mu$

Por otro lado $V(\hat{\theta}) = V[\frac{1}{3}\overline{X}_1 + \frac{2}{3}\overline{X}_2] = \frac{1}{9}V(\overline{X}_1) + \frac{4}{9}V(\overline{X}_2)] = \frac{1}{9}\frac{\sigma^2}{n} + \frac{4}{9}\frac{\sigma^2}{n} = \frac{5\sigma^2}{9n}$

Y $\displaystyle\lim_{n\to\infty} V(\hat{\theta}) = \lim_{n\to\infty} \frac{5\sigma^2}{9n} = 0$

Luego, es cierto que $\hat{\theta} = \frac{1}{3}\overline{X}_1 + \frac{2}{3}\overline{X}_2$ es un estimador consistente de $\theta = \mu$.

Ejemplo 7

Sea $X_1, X_2, \ldots, X_n$ una muestra aleatoria extraída de una población $N(\mu, \sigma^2)$.

Demostrar que $s^2 = \dfrac{\sum_{i=1}^{n}(X_i - \overline{X})^2}{n-1}$ es un estimador consistente de σ^2.

Demostrar que $\hat{\sigma}^2 = \dfrac{\sum_{i=1}^{n}(X_i - \overline{X})^2}{n}$ es un estimador consistente de σ^2.

Solución

a) $E(s^2) = E(\frac{\sigma^2(n-1)s^2}{(n-1)\sigma^2}) = \frac{\sigma^2}{n-1}E(\frac{(n-1)s^2}{\sigma^2}) = \frac{\sigma^2}{n-1}E(\chi^2(n-1)) = \frac{\sigma^2}{n-1}(n-1) = \sigma^2$

Tomando límites, cuando n tiende al infinito:

$\displaystyle\lim_{n\to\infty} E(s^2) = \lim_{n\to\infty} \sigma^2 = \sigma^2$ La primera condición se cumple.

Calculemos ahora la varianza:

$V(s^2) = V(\frac{\sigma^2(n-1)s^2}{(n-1)\sigma^2}) = \frac{\sigma^4}{(n-1)^2}V(\frac{(n-1)s^2}{\sigma^2}) = \frac{\sigma^4}{(n-1)^2}V(\chi^2(n-1)) = \frac{\sigma^4}{(n-1)^2}2(n-1) = \frac{2\sigma^4}{n-1}$

Tomando límites, tendremos:

$\displaystyle\lim_{n\to\infty} V(s^2) = \lim_{n\to\infty} \frac{2\sigma^4}{n-1} = 0$ Como la segunda condición también se cumple,   entonces

s^2 es un estimador consistente de σ^2.

Seguiremos los mismos pasos que en a)

$E(\hat{\sigma}^2) = E(\frac{\sum(X-\overline{X})^2}{n}) = \frac{\sigma^2}{n}E(\frac{(n-1)s^2}{\sigma^2}) = \frac{\sigma^2}{n}E(\chi^2(n-1)) = \frac{\sigma^2}{n}(n-1) = \sigma^2 - \frac{\sigma^2}{n}$

Tomando límites a ambos extremos:

$\displaystyle\lim_{n\to\infty} E(\hat{\sigma}^2) = \lim_{n\to\infty} (\sigma^2 - \frac{\sigma^2}{n}) = \sigma^2$ La primera condición se cumple

$$V(\hat{\sigma}^2) = V(\frac{\sigma^2(n-1)s^2}{n\sigma^2}) = \frac{\sigma^4}{n^2}V(\frac{(n-1)s^2}{\sigma^2}) = \frac{\sigma^4}{n^2}V(\chi^2(n-1)) = \frac{\sigma^4}{n^2}2(n-1) = \frac{2\sigma^4}{n} - \frac{2\sigma^4}{n^2}$$

Tomando límites: $\underset{n\to\infty}{Lim}V(\hat{\sigma}^2) = \underset{n\to\infty}{Lim}(\frac{2\sigma^4}{n} - \frac{2\sigma^4}{n^2}) = 0$

Luego $\hat{\sigma}^2$ es un estimador consistente de σ^2 (a pesar de no ser insesgado).

P3. <u>Debe ser un ESTIMADOR EFICIENTE</u>

Un estimador $\hat{\theta}$ es un estimador EFICIENTE del parámetro θ si es INSESGADO y de VARIANZA MINIMA.

Se dice que un estimador es de varianza mínima ya que si existiera otro estimador insesgado, digamos $\hat{\phi}$, entonces se debe cumplir que $V(\hat{\theta}) < V(\hat{\phi})$.

Ejemplo 8

Sea X_1, X_2, X_3, X_4, X_5 una muestra aleatoria extraída de una población $N(\mu, \sigma^2)$ y sean T_1 y T_2 las estadísticas

$$T_1 = \overline{X} \quad y \quad T_2 = \frac{X_1 + X_2 + 2X_3 + X_4 + X_5}{6}$$ los estimadores de $\theta = \mu$. Alguno de ellos

es un estimador más eficiente que el otro?

Solución

Paso1: Primero probaremos si son insesgados, encontrando $E(T_1)$ y $E(T_2)$

Paso 2: Obtendremos $V(T_1)$ y $V(T_2)$

Paso 3: Comparar las dos varianzas. La de menor varianza será el más eficiente.

En efecto: $E(T_1) = E(\overline{X}) = \mu$

$$E(T_2) = E(\frac{X_1 + X_2 + 2X_3 + X_4 + X_5}{6}) = \frac{1}{6}(\mu + \mu + 2\mu + \mu + \mu) = \mu$$

Según esto, ambos estadísticos son estimadores insesgados.

Calculemos sus varianzas: $V(T_1) = V(\overline{X}) = \frac{\sigma^2}{3}$

$$V(T_2) = V(\frac{X_1 + X_1 + 2X_3 + X_4 + X_5}{6}) = \frac{1}{36}(\sigma^2 + \sigma^2 + 4\sigma^2 + \sigma^2 + \sigma^2) = \frac{8}{36}\sigma^2$$

Se puede apreciar que T_2 es un estimador más eficiente pues es insesgado y de menor varianza que T_1.

Ejemplo 9

Sea X_1, X_2, X_3, X_4 una muestra aleatoria de cualquier población con μ y σ^2 sus parámetros. ¿Cuál de los dos estadísticos que se definen a continuación, es el estimador de μ más eficiente?.

$$\theta_1 = \frac{X_1 + X_2 + X_3 + X_4}{4} \qquad \theta_2 = \frac{4X_1 - X_3 + X_4}{4}$$

Solución

Primero debemos probar si son insesgados, encontrando $E(\hat{\theta}_1)$ y $E(\hat{\theta}_2)$

$$E(\hat{\theta}_1) = E(\frac{X_1 + X_2 + X_3 + X_4}{4}) = \frac{1}{4}(4\mu) = \mu$$

$$E(\hat{\theta}_2) = E(\frac{4X_1 - X_3 + X_4}{4}) = \frac{1}{4}(4\mu - \mu + \mu) = \mu$$

Ambos son insesgados?   Sí son insesgados los dos estimadores.

Ahora debemos obtener la varianza de cada uno de ellos; es decir, debemos encontrar $V(\hat{\theta}_1)$ y $V(\hat{\theta}_2)$. En efecto

$$V(\hat{\theta}_1) = V(\frac{X_1 + X_2 + X_3 + X_4}{4}) = \frac{1}{16}(\sigma^2 + \sigma^2 + \sigma^2 + \sigma^2) = \frac{\sigma^2}{4} = 0.25\,\sigma^2$$

$$V(\hat{\theta}_2) = V(\frac{4X_1 - X_3 + X_4}{4}) = \frac{1}{16}(16\sigma^2 + \sigma^2 + \sigma^2) = \frac{18}{16}\sigma^2 = \frac{9}{8}\sigma^2 = 1.125\,\sigma^2$$

Cuál de ellos tiene menor varianza? . Sin duda el primer estimador

Luego el primer estimador es un estimador eficiente de μ ya que es insesgado y de varianza mínima.

Ejemplo 10

Sea X_1, X_2, X_3 una muestra aleatoria de cualquier población con μ y $\sigma^2 = 1$. De los siguientes estimadores de μ:

$$\hat{\mu}_1 = \frac{1}{6}X_1 + \frac{1}{3}X_2 + \frac{1}{2}X_3 \qquad \hat{\mu}_2 = \frac{1}{3}(X_1 + X_3 + X_3) \qquad \hat{\mu}_3 = \frac{1}{4}X_1 + \frac{1}{6}X_2 + \frac{1}{3}X_3$$

¿Cuáles son estimadores insesgados de μ?

¿Cuál es el estimador de varianza mínima?

Solución

Veamos si son insesgados:

$$E(\hat{\mu}_1) = E[\frac{1}{6}X_1 + \frac{1}{3}X_2 + \frac{1}{2}X_3] = \frac{1}{6}\mu + \frac{1}{3}\mu + \frac{1}{2}\mu = \mu$$

$$E(\hat{\mu}_2) = E[\frac{1}{3}(X_1 + X_3 + X_3)] = \frac{1}{3}(\mu + \mu + \mu) = \mu$$

$$E(\hat{\mu}_3) = E[\frac{1}{4}X_1 + \frac{1}{6}X_2 + \frac{1}{3}X_3] = \frac{1}{4}\mu + \frac{1}{6}\mu + \frac{1}{3}\mu = \frac{9}{12}\mu$$

Los dos primeros son insesgados; por tanto calcularemos la varianza sólo de los que son insesgados:

$$V(\hat{\mu}_1) = V[\frac{1}{6}X_1 + \frac{1}{3}X_2 + \frac{1}{2}X_3] = \frac{1}{36}\sigma^2 + \frac{1}{9}\sigma^2 + \frac{1}{4}\sigma^2 = \frac{14}{36}\sigma^2 = 0.38888889\ \sigma^2$$

$$V(\hat{\mu}_2) = V[\frac{1}{3}(X_1 + X_3 + X_3)] = \frac{1}{9}(\sigma^2 + \sigma^2 + \sigma^2) = \frac{3}{9}\sigma^2 = 0.333333\ \sigma^2$$

Sin duda $\hat{\mu}_1$ *es de* var*ianza mínima*

P4. ESTIMADORES o ESTADISTICAS SUFICIENTES

Sea $X_1, X_2, \ldots, X_n$ una muestra aleatoria extraída de una población cuya función de densidad es $f(X; \theta)$ y sea t una estadística muestral tal que $T = t(X_1, X_2, \ldots, X_n)$.

Recordemos que $T = t(X_1, X_2, \ldots, X_n)$ es una estadística obtenida en la muestra y como tal, define el comportamiento de la muestra y un estimador obtenido a partir de esta estadística permite estimar el parámetro determinando por tanto, el comportamiento poblacional.

Por ejemplo $T = \sum_{i=1}^{n} X_i = X_1 + X_2 + \ldots + X_n$ es una estadística; del mismo modo, $T = \prod_{i=1}^{n} X_i$ es otra estadística. Y podemos obtener diferentes estadísticas. Naturalmente alguna de ellas será considerada un estimador de algún parámetro poblacional. Por tanto, si dicho estadístico contiene suficiente información acerca del parámetro poblacional a quién pretende estimarlo, diremos que es un estadístico suficiente.

Definición de Estadística suficiente.

Sea X_1, X_2, ..., X_n una muestra aleatoria extraída de una población cuya función de densidad es $f(X; \theta)$ y sea t una estadística muestral tal que $T = t(X_1, X_2, ..., X_n)$. Diremos que T es un estadístico suficiente para θ sí y sólo sí, la distribución condicional de X, $f(X_1, X_2, ..., X_n)$ dado $T = t(X_1, X_2, ..., X_n)$ es independiente del parámetro θ; es decir, $P(X = x / T = t) = r(X_1, X_2, ..., X_n)$ que no depende de θ como sí ocurre con $f(X; \theta)$.

Teorema: Criterio de la factorización

Sea X_1, X_2, ..., X_n una muestra aleatoria extraída de una población cuya función de densidad es $f(X; \theta)$. Una estadística $T = t(X_1, X_2, ..., X_n)$ es suficiente para θ sí y sólo sí la función de densidad conjunta $f(X_1, X_2, ..., X_n; \theta)$ puede ser factorizado como sigue: $f(X_1, X_2, ..., X_n; \theta) = g(t(X_1, X_2, ..., X_n)) h(X_1, X_2, ..., X_n)$ donde g depende de X_1, X_2, ..., X_n y h es independiente de θ.

Ejemplo 11

Sea X_1, X_2, ..., X_n una muestra aleatoria extraída de una población cuyo parámetro es λ. Sea $T = \sum_{i=1}^{n} X_i$. Es T una estadística suficiente para λ?

Primera forma: Usemos la definición

$$P(X = x / T = t) = \frac{P(X; \lambda, t(X_1, X_1, ... X_n))}{P(T = t)}$$

Como $X_i \rightarrow P(\lambda) \rightarrow \mu = E(X_i) = \lambda$. Si $T = \sum_{i=1}^{n} X_i \rightarrow E(T) = n\lambda$ y $T \rightarrow P(n\lambda)$

$$P(T = t) = P\left(T = \sum X\right) = \frac{e^{-n\lambda} (n\lambda)^t}{t!}$$

Por otro lado, $P(X; \lambda, t(X_1, X_1, ... X_n)) = \dfrac{e^{\lambda} \lambda^{x_1}}{x_1!} \dfrac{e^{\lambda} \lambda^{x_2}}{x_2!} ... \dfrac{e^{\lambda} \lambda^{x_n}}{x_n!} = \dfrac{e^{-\lambda n} \lambda^{\sum x_i}}{\prod x_i!}$

Luego $P(X = x / T = t) = \dfrac{P(X; \lambda, t(X_1, X_1, ... X_n))}{P(T = t)} = \dfrac{\dfrac{e^{-\lambda n} \lambda^{\sum x_i}}{\prod x_i!}}{\dfrac{e^{-n\lambda} (n\lambda)^t}{t!}} = \dfrac{t!}{n^t \prod x_i!}$

Siendo la función resultante, independiente del parámetro λ, entonces la estadística $T = \sum_{i=1}^{n} X_i$ es una estadística suficiente para λ.

Segunda forma: Usemos el teorema de la factorización

En este caso hallaremos primero la función de densidad conjunta y trataremos de descomponerla factorizándola en por lo menos dos factores, $f(x;\theta) = g(x; \theta).h(x)$, uno de los cuales $h(x)$, debe ser independiente del parámetro en cuestión. Si es así, diremos que la estadística que forme parte de $g(x; \theta)$ constituirá una estadística suficiente de θ.

En efecto:

$$P(X_1, X_1, \cdots X_1; \theta = \lambda) = \prod_{i=1}^{n} \frac{e^{-\lambda}\lambda^{X_i}}{X_i!} = \frac{e^{-n\lambda}\lambda^{\sum X}}{\Pi x_i!} = e^{-n\lambda}\lambda^{\sum X} \cdot \frac{1}{\prod x_i!}$$

Si $h(x) = \dfrac{1}{\prod x_i!}$ entonces $T = \sum_{i=1}^{n} X_i$ será un estadístico suficiente de λ.

Ejemplo 12

Sea $X_1, X_2, \ldots, X_n$ una muestra aleatoria extraída de una población cuya función de densidad es $f(x; \theta) = \theta x^{\theta-1}$, $0 < x < 1$; $\theta > 0$. Hallar una estadística suficiente para θ.

Solución

Usemos el teorema de la factorización.

$$f(x_1, x_2, \cdots x_n; \theta) = \prod_{i=1}^{n} \theta x_i^{\theta-1} = \theta^n x_1^{\theta-1} x_2^{\theta-1} \cdots x_n^{\theta-1} = \theta^n (\Pi x_1)^{\theta-1} = \frac{\theta^n (\Pi x_1)^{\theta}}{\Pi x}$$

Si hacemos $g(X;\theta) = \theta^n (\prod x_i)^{\theta}$ $\qquad$ y $\qquad$ $h(x) = \prod x_i$

entonces $T = \prod x_i$, parte de g, será una estadística suficiente para θ.

Ejemplo 13

Sea $X_1, X_2, \ldots, X_n$ una muestra aleatoria extraída de una población cuya función de densidad es $f(x; \theta) = \alpha e^{-\alpha x}$, $0 < x < 1$; $\alpha > 0$. Hallar una estadística suficiente para α.

Solución

Encontremos primero la distribución conjunta, $f(X_1, X_2, \ldots X_n; \alpha)$

$$f(X_1, X_2, \ldots X_n; \alpha) = \prod \alpha e^{-\alpha x_i} = \alpha e^{-\alpha x_1} \alpha e^{-\alpha x_2} \ldots \alpha e^{-\alpha x_n} = \alpha^n e^{-\alpha \sum x_i} = \alpha^n e^{-\alpha \sum x_i}.1$$

Hemos logrado descomponerla en $g(x; \alpha) = \alpha^n e^{-\alpha \sum x_i}$ y $h(x) = 1$

Por lo que $T = \sum x_i$ será una estadística suficiente para α.

2. MÉTODOS DE ESTIMACIÓN DE LOS PARÁMETROS

En el tema anterior nos hemos dedicado a verificar si un determinado estimador goza de una o más propiedades. Esto nos permitirá tomar la decisión de seleccionar el estimador que goza de la mayor cantidad de propiedades. Pero la gran pregunta que nos hacemos es: ¿Cómo obtener un estimador para un determinado parámetro? ¿Cómo o qué procedimiento debemos usar para encontrar un buen o el mejor estimador?.

Sin duda podríamos tomar una muestra y encontrar en ella uno o más estadísticos que puedan comportarse como verdaderos estimadores de algún parámetro. Esta podría una forma de encontrar estimadores. Otros procedimientos a ser utilizados son conocidos como los métodos para estimar los parámetros. En consecuencia, en esta sección nos ocuparemos del estudio de los diferentes métodos de estimación más conocidos.

Los métodos de estimación de estimación de parámetros más conocidos son:
Método de los Momentos
Método de Máxima Verosimilitud
Método de los Mínimos Cuadrados

MÉTODO DE LOS MOMENTOS
Antes de presentar este método, definamos lo que son los momentos de una variable.

<u>Definición de momento de una variable aleatoria</u>

Los momentos de una distribución variable son los valores esperados de las potencias de la variable $E(X^r)$. La potencia de la variable indica el "orden" o grado del momento.

Notación: Usaremos μ_r' para designar al momento de orden r de la variable.

<u>Caso de una variable continua:</u>

Y se define como $\mu_r' = E(x^r) = \int_{-\infty}^{+\infty} x^r f(x)dx$

Observación:

El momento de orden 1, de X es $\mu'_1 = E(X^1) = E(X) = \mu$

El momento de orden 2, de X es: $\mu'_2 = E(X^2) = \sigma^2 + \mu^2$ (recuerde que $\sigma^2 = V(X) = E(X^2) - (E(x))^2$, desde donde hemos despejado $E(X^2)$.

Si X $\rightarrow$ Exponencial (α), entonces $\mu'_1 = E(X^1) = E(X) = \int_0^{+\infty} x\alpha\, e^{-\alpha x} dx = \dfrac{1}{\alpha}$ y que

$$\mu'_2 = E(X^2) = \int_0^{+\infty} x^2\alpha\, e^{-\alpha x} dx = \left(x^2 e^{-\alpha x}\right)_0^{+\infty} - \int_0^{+\infty} -2x\, e^{-\alpha x} dx = 0 + 2\int_0^{+\infty} x\, e^{-\alpha x} dx$$

$$= 2\left(-\dfrac{x}{\alpha} e^{-\alpha x}\right)_0^{+\infty} - \int_0^{+\infty} -\dfrac{1}{\alpha} e^{-\alpha x} dx = 2\left(-\dfrac{1}{\alpha^2} e^{-\alpha x}\right)_0^{+\infty} = \dfrac{2}{\alpha^2}$$

Nota 1:

Como $\sigma^2 = V(X) = E(X^2) - (E(X))^2$ entonces $V(X) = \mu'_2 - (\mu'_1)^2$

Nota 2:

Podríamos haber usado momentos para encontrar la media y varianza de cualquier variable aleatoria, sea uniforme, exponencial, normal, etc.

<u>Caso de una variable discreta</u>

El momento de orden "r" de una variable aleatoria discreta se define como

$$\mu'_r = E(x^r) = \sum_{i=1}^{\infty} x_i\, p(x_i) \qquad \text{donde } p(x_i) \text{ es la función de distribución de X}$$

Observación

Si X $\rightarrow$ Poisson(λ) entonces:

El momento de orden 1, de X es

$$\mu'_1 = E(X^1) = \sum_{i=1}^{\infty} x_i \dfrac{e^{-\lambda}\lambda^{x_i}}{x_i!} = \sum_{i=1}^{\infty} x_i \dfrac{e^{-\lambda}\lambda\,\lambda^{x_i-1}}{x_i(x_i-1)!} = \lambda\sum_{i=1}^{\infty} \dfrac{e^{-\lambda}\lambda^{x_i-1}}{(x_i-1)!} = \lambda\sum_{j=1}^{\infty} \dfrac{e^{-\lambda}\lambda^{y_j}}{y_j!} = \lambda$$

Aquí hemos hecho $y = x - 1$. La última sumatoria es 1 ya que $\sum p(x) = 1$

Usando el mismo procedimiento podríamos hallar el momento de orden 2 de esta variable y encontraríamos que $E(X^2) = \lambda^2 + \lambda$.

Momento muestral

Sea $X_1, X_2, \ldots, X_n$ una muestra aleatoria de tamaño n, extraída de una población de parámetro μ (esto es $E(X) = \mu$). El momento muestral de orden "r" de la variable X, define como $M'_r = E(X^r)$

$$= \sum_{i=1}^{n} x^r{}_i \frac{1}{n} = \frac{\sum_{i=1}^{n} x^r{}_i}{n}$$ Hemos usado p(x) = 1/n ya que siendo una muestra aleatoria, cada

uno de los elementos de la muestra tienen igual probabilidad de ser seleccionados.

Observación

El momento muestral de orden "1" de X es $M_1' = \dfrac{\sum_{i=1}^{n} x_i}{n} = \dfrac{\sum x}{n} = \overline{X}$

El momento muestral de orden "2" de X es $M_2' = \dfrac{\sum_{i=1}^{n} x_i^2}{n}$

<u>Otra observación:</u>

Si restamos $M_2' - \left(M_1'\right)^2 = \dfrac{\sum_{i=1}^{n} x_i^2}{n} - \left(\overline{X}\right)^2 = \dfrac{\sum_{i=1}^{n} x_i^2 - n\left(\overline{X}\right)^2}{n} = \dfrac{\sum_{i=1}^{n} \left(x_i - \overline{x}\right)^2}{n} = \hat{\sigma} = s^2$

En otras palabras, el estimador asintóticamente insesgado de σ^2 puede ser obtenido restando al momento de orden 2, el cuadrado del momento de orden 1, de X.

ESTIMACION POR EL METODO DE MOMENTOS

Sea f(x;θ_1, θ_2, …, θ_k) una función de densidad con k parámetros y sean μ'_1, μ'_2, …, μ'_k los primeros k momentos poblacionales. Sea X_1, X_2, …, X_n una muestra aleatoria extraída de la población anterior cuya función de densidad es f.. Si M'$_1$, M'$_2$, …, M'$_k$ son los primeros k momentos muestrales. Si $\theta_1, \hat{\theta_2}…, \theta_k$ es la **Solución**, en función de θ de las k ecuaciones $M_i' = \mu_i'$ i = 1, 2, …, k

Entonces diremos que dicha **Solución** constituyen los estimadores obtenidos por el método de los momentos.

Procedimiento:

Obtener el primer momento poblacional y muestral. Igualando los dos resultados y despejando el parámetro, se tendrá el primer estimador.

Obtener el segundo momento poblacional y muestral. Igualando los dos resultados y despejando el parámetro en cuestión y usando el estimador del primer parámetro encontrado en el paso anterior, se tendrá el estimador del siguiente parámetro.

Continuar con el paso anterior hasta obtener el k – ésimo estimador.

Observación:

Si la población tiene r parámetros, se deberán obtener r estimadores; esto es, resolver r ecuaciones, usando los estimadores de los primeros parámetros.

Ejemplo 14

Sea X una variable aleatoria con función de densidad $f(x; \alpha) = \alpha e^{-\alpha x}$ x > 0; $\alpha > 0$. Si X_1, X_2, …, X_n una muestra aleatoria extraída de la población, obtenga un estimador de α por el método de los momentos.

Solución

Puesto que la población dada sólo tiene un parámetro, $\theta = \alpha$, deberemos resolver sólo una ecuación. Para ello empezamos obteniendo el primer momento muestral y poblacional:

$$M_1^{'} = \frac{\sum X}{n} = \overline{X} \qquad (1)$$

$$\mu_1^{'} = E(X) = \int_0^{+\infty} x \alpha e^{-\alpha x} dx = \frac{1}{\alpha} \qquad (2)$$

En realidad no era necesario integrar puesto que, siendo exponencial la función dada, por propiedades E(X) = $1/\alpha$.

Ahora, formando la ecuación (1) = (2), obtenemos: $\alpha = \dfrac{1}{\overline{X}}$ con lo cual podemos concluir que

$\hat{\theta} = \frac{1}{\overline{X}}$ es el estimador de α

Ejemplo 15

Dada la función de densidad poblacional $f(x; \alpha) = \dfrac{2}{\alpha^2}(\alpha - x)$ $\quad 0 < x < \alpha$. Estímese α por el método

de los momentos.

Solución

Momento muestral de orden 1: $M_1^{'} = \dfrac{\sum X}{n} = \overline{X}$

Momento poblacional de orden 1: $\mu_1^{'} = E(X) = \int_0^{\alpha} x \dfrac{2}{\alpha^2}(\alpha - x)dx = \dfrac{2}{\alpha^2}\left(\dfrac{\alpha x^2}{2} - \dfrac{x^3}{3}\right)_0^{\alpha} = \dfrac{\alpha}{3}$

Igualando ambos momentos obtenemos $\hat{\alpha} = 3\overline{X}$

Observación:

Si la muestra fuera de tamaño 2, el estimador de $\alpha = 3(X_1+X_2+X_3)/2$

Ejemplo 16

Sea X_1, X_2, ..., X_n una muestra aleatoria extraída de la población $N(\mu,\sigma^2)$. Obtenga los estimadores de los parámetros μ y σ^2 por el método de los momentos.

Solución

Puesto que la población posee dos parámetros, deberemos resolver dos ecuaciones:

Momento muestral de orden 1: $M_1' = \dfrac{\sum X}{n} = \overline{X}$

Momento poblacional de orden 1: $\mu_1' = E(X) = \mu$, puesto que la población es normal.

Igualando los dos términos obtenemos: $\hat{\mu} = \overline{X}$

Momento muestral de orden 2: $M_2' = \dfrac{\sum X^2}{n}$ $\qquad$ (1)

Momento poblacional de orden 2: $\mu_2' = E(X^2)$. Como $\sigma^2 = V(X) = E(X^2) - (E(X))^2$ entonces

$E(X^2) = \mu^2 + \sigma^2$. Luego $\mu_2' = E(X^2) = \hat{\mu}^2 + \sigma^2$ $\qquad$ (2)

Igualando $\qquad$ (1) $\qquad$ y $\qquad$ (2):

$$\frac{\sum X^2}{n} = \hat{\mu}^2 + \sigma^2 \quad de \ donde \quad \hat{\sigma}^2 = \frac{\sum X^2}{n} - \hat{\mu}^2 = \frac{\sum X^2}{n} - \overline{X}^2 = \frac{\sum X^2 - n\overline{X}^2}{n} = s^2$$

METODO DE MÁXIMA VEROSIMILITUD

FUNCION DE VEROSIMILITUD

La Función de Verosimilitud de n variables aleatorias independientes X_1, X_2, ..., Xn es la función de densidad conjunta de las n variables $g(X_1, X_2, ..., Xn; \theta)$. Esto es, si X_1, X_2, ..., Xn es una muestra aleatoria extraída de una población cuya función de densidad es f, y su parámetro es θ, diremos que $g(X_1, X_2, ..., Xn; \theta)$ constituye la Función de Verosimilitud de dichas variables.

En otras palabras: $g(X_1, X_2, ..., Xn; \theta) = f(X_1; \theta) . f(X_2; \theta) ... f(Xn; \theta) = \displaystyle\prod_{i=1}^{n} f(x_i; \theta)$

Observación:

Para hallar la función de verosimilitud de n variables es suficiente multiplicar n veces su función de densidad.

Ejemplo 17

Si X_1, X_2, …, Xn es una muestra aleatoria extraída de una población es exponencial, encuentre la función de verosimilitud para estas variables.

Solución

Si $X_1 \rightarrow E(\alpha)$, entonces $f(x_i;\alpha) = \alpha\, e^{-\alpha x}$.

Luego $g(X_1, X_2 , … X_n; \alpha) = \displaystyle\prod_{i=1}^{n} f(x_i;\theta) = \alpha\, e^{-\alpha x} \alpha\, e^{-\alpha x} … \alpha\, e^{-\alpha x} = \alpha^{n} e^{-\alpha \sum x_i}$

Nota:

Para simplificar las expresiones, si es posible, podríamos obviar el uso de los subíndices, como en la expresión anterior, pero siempre teniéndolos presente. Además, si usamos $g(X_1, X_2 , … X_n; \alpha)$ podríamos simplificarlo por $g(X; \alpha)$.

Ejemplo 18

Si X_1, X_2, …, Xn es una muestra de tamaño n, con Xi $\rightarrow N(\mu, \sigma^2)$, encuentre la función de verosimilitud para estas n variables.

Solución

Puesto que $f(x_i;\mu,\sigma^2) = \dfrac{1}{\sigma\sqrt{2\pi}} e^{-\frac{1}{2}\left(\frac{x-\mu}{\sigma}\right)^2}$, la función de verosimilitud será

$$f(x_i;\mu,\sigma^2) = \prod_{i=1}^{n} \frac{1}{\sigma\sqrt{2\pi}} e^{-\frac{1}{2}\left(\frac{x_i-\mu}{\sigma}\right)} = \frac{1}{\sigma\sqrt{2\pi}} e^{-\frac{1}{2}\left(\frac{x_i-\mu}{\sigma}\right)} \frac{1}{\sigma\sqrt{2\pi}} e^{-\frac{1}{2}\left(\frac{x_i-\mu}{\sigma}\right)} … \frac{1}{\sigma\sqrt{2\pi}} e^{-\frac{1}{2}\left(\frac{x_i-\mu}{\sigma}\right)}$$

$$= \frac{1}{\sigma^{n}(2\pi)^{n/2}} e^{-\frac{1}{2}\sum_{i=1}^{n}\left(\frac{x_i-\mu}{\sigma}\right)^2} = \sigma^{-n}(2\pi)^{-n/2} e^{-\frac{1}{2}\frac{\sum_{1}^{n}(x-\mu)^2}{\sigma^2}}$$

Ejemplo 19

Si X_1, X_2, …, X_n es una muestra aleatoria extraída de una población con función de densidad f(x; θ_1, θ_2) encuentre la función de verosimilitud para estas variables, donde

$$f(x;\theta_1,\theta_2) = \frac{\theta_2}{\theta_1}\left(\frac{x}{\theta_1}\right)^{\theta_2-1} \qquad 0 \le x \le \theta_1 \qquad \theta_1 > 0 \quad \theta_2 > 0$$

Solución

Usando la definición:

$$f(x;\theta_1,\theta_2) = \prod_{i=1}^{n}\frac{\theta_2}{\theta_1}\left(\frac{x_i}{\theta_1}\right)^{\theta_2-1} = \frac{\theta_2^n}{\varpi_1^n}\prod\left(\frac{x_i}{\theta_1}\right)^{\theta_2-1} = \frac{\theta_2^n}{\varpi_1^n}\frac{\left(\prod x_i\right)^{\sum(\theta_2-1)}}{(\theta_1)^{\sum(\theta_2-1)}} = \frac{\theta_2^n}{\varpi_1^n}\frac{\left(\prod x_i\right)^{n(\theta_2-1)}}{\theta_1^{n(\theta_2-1)}}$$

ESTIMADOR MÁXIMO -VEROSÍMIL

Sea $L(\theta) = g(x_1, x_2, …, x_n; \theta)$ la función de verosimilitud para las variables x_1, x_2, …, x_n. Si $\hat{\theta} = t(x_1, x_2, …, x_n)$ es el valor de θ que maximiza a $L(\theta)$; es decir,

$L(\hat{\theta}) = Max\{L(\theta)\}$ diremos entonces que $\hat{\theta} = t(x_1, x_2, …, x_n)$ es el Estimador Máximo Verosímil de θ.

Observaciones

Recordemos que, si f(x; θ) es la función de densidad poblacional y x_1, x_2, …, x_n es una muestra aleatoria entonces $L(x; \theta) = f(x_1; \theta)\, f(x_2; \theta)… f(x_n; \theta)$

Condición de regularidad: El estimador máximo verosímil (EMV) satisface la siguiente ecuación:

$$\frac{\partial L(x;\theta)}{\partial\theta} = 0$$

La función $L(x; \theta)$ y $\log(L(x; \theta))$ tienen su máximo en el mismo valor de θ. Y como se puede apreciar, usando la observación anterior, será más conveniente usar $\log(L(x; \theta))$ en lugar de $L(x; \theta)$ para derivar y hallar su máximo.

Si $L(x; \theta)$ contiene k parámetros; esto es, si $L(\theta_1,\theta_2...\theta_k) = \prod_{1}^{n} f(x;\theta_1,\theta_2...\theta_k)$ los EMV de cada uno de estos parámetros son estadísticos de la muestra $\hat{\theta}_1 = t_1(x_1,x_2...x_n)$, $\hat{\theta}_2 = t_2(x_1,x_2...x_n)$, $...\hat{\theta}_k = t_k(x_1,x_2...x_n)$ que maximizan $L(x; \theta)$.

Para el caso de múltiples parámetros, en el caso de que se satisfaga las condiciones de regularidad, el punto en el cual L(x; θ) es máxima es una **Solución** del sistema:

$$\frac{\partial L(\theta_1, \theta_2, \ldots \theta_k)}{\partial \theta_1} = 0$$

$$\frac{\partial L(\theta_1, \theta_2, \ldots \theta_k)}{\partial \theta_2} = 0$$

$$\ldots\ldots\ldots\ldots\ldots\ldots$$

$$\frac{\partial L(\theta_1, \theta_2, \ldots \theta_k)}{\partial \theta_k} = 0$$

Usar Ln(…) es más adecuado que usar log(…).

Nota:

Procedimiento a seguir para obtener el Estimador Máximo Verosímil (EMV):

Paso 1: Obtener la función de verosimilitud L(X; θ)

Paso 2: Tomar Ln(L(X; θ)) y simplificar todo lo posible

Paso 3: Obtener las derivadas parciales respecto a cada parámetro

Paso 4: Igualar a cero cada una de las ecuaciones resultantes en el paso anterior

Cada una de las soluciones encontradas constituirá un EMV de θ.

Ejemplo 20

Si X_1, X_2, …, Xn es una muestra aleatoria extraída de una población es exponencial con f(x; α) su función de densidad, obtenga un estimador máximo verosímil para θ = α

Solución

Si X_1 → E(α), entonces $f(x_i; \alpha) = \alpha\, e^{-\alpha x}$.

Usando el procedimiento:

1: L(X;θ) = L(X_1, X_2, … X_n; α) = $\prod_{i=1}^{n} f(x_i; \theta) = \alpha\, e^{-\alpha x} \alpha\, e^{-\alpha x} \ldots \alpha\, e^{-\alpha x} = \alpha^n e^{-\alpha \sum x_i}$

2: Ln[L(X;θ)] = n Ln α - α Σ X

3: Como sólo tenemos um parámetro, derivamos respecto a α

$$\frac{\partial Ln[L(x; \alpha)]}{\partial \alpha} = \frac{n}{\alpha} - \sum X$$

4: Igualando a cero: $\dfrac{n}{\alpha} - \sum X = 0 \Rightarrow \dfrac{n}{\alpha} = \sum X \Rightarrow \alpha = \dfrac{n}{\sum X} \Rightarrow \hat{\alpha} = \dfrac{1}{\overline{X}}$

El EMV de α es $\hat{\alpha} = \dfrac{1}{\overline{X}}$

Ejemplo 21

Si X_1, X_2, …, X_n es una muestra de tamaño n, con $Xi \rightarrow N(\mu, \sigma^2)$, obtenga el EMV para μ y σ^2.

Solución

Puesto que $f(x_i ; \mu, \sigma^2) = \dfrac{1}{\sigma\sqrt{2\pi}} e^{-\frac{1}{2}\left(\frac{x-\mu}{\sigma}\right)^2} = \dfrac{1}{\sqrt{2\pi\sigma^2}} e^{-\frac{1}{2}\left(\frac{x-\mu}{\sigma}\right)^2}$

La f. de ver. $L(X; \mu, \sigma^2) = \dfrac{1}{\left(2\pi\sigma^2\right)^{n/2}} e^{-\frac{1}{2}\sum_{i=1}^{n}\left(\frac{x_i-\mu}{\sigma}\right)^2} = \left(2\pi\sigma^2\right)^{-n/2} e^{-\frac{1}{2}\frac{\sum_{1}^{n}(x-\mu)^2}{\sigma^2}}$

$Ln[L(X; \mu,\sigma^2)] = -\dfrac{n}{2}Ln(2\pi\sigma^2) - \dfrac{1}{2}\dfrac{\sum(X-\mu)^2}{\sigma^2} = -\dfrac{n}{2}Ln(2\pi) - \dfrac{n}{2}Ln\,\sigma^2 - \dfrac{1}{2}\dfrac{\sum(X-\mu)^2}{\sigma^2}$

Derivando respecto a μ: $\dfrac{\partial Ln[L(X;\mu,\theta)]}{\partial\mu} = 0 - 0 - \dfrac{1}{2\sigma^2}2\sum(X-\mu)(-1) = \dfrac{\sum(X-\mu)}{\sigma^2}$

Igualando a cero: $\Sigma(X - \mu) = 0$, simplificando $\Sigma X - n\mu = 0$ de donde $\hat{\mu} = \overline{X}$

Derivando respecto a σ^2: $\dfrac{\partial Ln[L(X;\mu,\theta)]}{\partial\mu} = -\dfrac{n}{2}\dfrac{2\sigma}{\sigma^2} - 0 - \dfrac{1}{2}\sum(X-\mu)^2 .(-2\sigma^{-3})$

Igualando a 0 y despejando σ^2. $-\dfrac{n}{\sigma} - \dfrac{\sum(X-\mu)^2}{\sigma^3} = 0 \Rightarrow \hat{\sigma}^2 = \dfrac{\sum(X-\mu)^2}{n} = \dfrac{\sum(X-\overline{X})^2}{n}$

Luego los estimadores MEV de μ y σ^2 son: $\hat{\mu} = \overline{X}$ y $\hat{\sigma}^2 = \dfrac{\sum(X-\overline{X})^2}{n}$ respectivamente.

Ejemplo 22

Si X_1, X_2, …, X_n es una muestra aleatoria extraída de una población con función de densidad $f(x$;

θ_1, θ_2) $\quad f(x;\theta_1,\theta_2) = \dfrac{\theta_2}{\theta_1}\left(\dfrac{x}{\theta_1}\right)^{\theta_2-1} \qquad 0 \leq x \leq \theta_1 \qquad \theta_1 > 0 \quad \theta_2 > 0$

Hallar una estadística suficiente para $\theta = (\theta_1, \theta_2)$

Obtener el EMV para $1/\theta_2$ suponiendo que θ_1 es conocido.

Solución

Recordemos que para obtener una estadística suficiente para un parámetro debemos encontrar la función de distribución conjunta de X. Esta función es equivalente a encontrar la función de verosimilitud. Por lo que

$$F(X_1, X_2, \ldots, X_n; \theta_1, \theta_2) = \prod \frac{\theta_2}{\theta_1}\left(\frac{x}{\theta_1}\right)^{\theta_2-1} = \frac{\theta_2^n}{\theta_1^n}\left(\frac{\prod X_i}{\theta_1^n}\right)^{\theta_2-1}$$

Desdoblemos en dos factores g(X; θ) y h(x)

$$= \frac{\theta_2^n}{\theta_1^n}\left(\frac{\prod X_i}{\theta_1^n}\right)^{\theta_2} \frac{1}{\prod X_i} \qquad \text{Según esto, } T = \frac{1}{\prod X_i} \text{ es una estadística suficiente.}$$

La función de verosimilitud: $L(X; \theta_1, \theta_2) = \prod \frac{\theta_2}{\theta_1}\left(\frac{x}{\theta_1}\right)^{\theta_2-1} = \frac{\theta_2^n}{\theta_1^n}\left(\frac{\prod X_i}{\theta_1^n}\right)^{\theta_2-1}$

Tomando logaritmo: $Ln[L(X; \theta_1, \theta_2)] = nLn\,\theta_2 - nLn\,\theta_1 + (\theta_2 - 1)Ln\left(\frac{\prod X_i}{\theta_1^n}\right)$

Derivando respecto a θ₂ e igualando a cero (sabiendo que θ₁ es conocido):

$$\frac{\partial Ln[L(X;\theta_1,\theta_2)]}{\partial \theta_2} = \frac{n}{\theta_2} - 0 + Ln\left(\frac{\prod X_i}{\theta_1^n}\right) = 0$$

$$\hat{\theta}_2 = \frac{-n}{Ln\left(\dfrac{\prod X_i}{\theta_1^n}\right)} = \frac{1}{Ln(\theta_1) - \dfrac{1}{n}\prod X_i}$$

Ejemplo 23

Si $X_1, X_2, \ldots, X_n$ es una muestra aleatoria extraída de una población poisoniana con función de densidad $f(x; \lambda) = \dfrac{e^{-\lambda}\lambda^x}{x_i!}$. Encuentre el EMV para λ.

Solución

La función de verosimilitud: $L(X; \lambda) = L(x; \lambda) = \prod \dfrac{e^{-\lambda}\lambda^x}{x_i!} = \dfrac{e^{-n\lambda}\lambda^{\sum x_i}}{\prod x_i}$

Tomando logaritmo: $Ln[L(X;\lambda)] = -n\lambda + \sum XLn\,\lambda - Ln\prod X_i$

Derivando respecto a λ: $\dfrac{\partial Ln[L(X;\lambda)]}{\partial \lambda} = -n + \sum X_i \dfrac{1}{\lambda} - 0$ de donde $\hat{\lambda} = \overline{X}$ será el EMV.

Ejemplo 24

Si X_1, X_2, ..., Xn es una muestra aleatoria extraída de una población función de densidad

$$f(x;\theta) = \theta(1+x)^{-(1+\theta)} \qquad x > 0, \quad \theta > 0$$

Hallar el estimador de θ por el método de los momentos, suponiendo que $\theta > 1$

Hallar el EMV de $1/\theta$.

Solución

Momento muestra de X, de orden 1: $M_1^{'} = \dfrac{\sum X_i}{n} = \overline{X}$

Momento poblacional de X, de orden 1: $\mu_1^{'} = E(x) = \int x\theta(1+x)^{-(1+\theta)}\,dx$

Usando integración por partes y evaluando adecuadamente, tenemos

$$\mu_1^{'} = x(1+x)^{-\theta}\Big)_0^{+\infty} - \int_0^{+\infty} -(1+x)^{-\theta}\,dx = 0 + \frac{(1+x)^{-\theta+1}}{-\theta+1}\Bigg)_0^{+\infty} = \frac{1}{1-\theta}(0-1) = \frac{1}{1-\theta}$$

Igualando los dos momentos: $\overline{X} = \dfrac{1}{1-\theta}$, de donde $\hat{\theta} = \dfrac{1+\overline{X}}{\overline{X}}$

La función de verosimilitud: $L(X;\dfrac{1}{\theta}) = \prod_1^n \dfrac{1}{\theta}(1+x_i)^{-(1+\frac{1}{\theta})} = \left(\dfrac{1}{\theta}\right)^n \left(\prod_{x=1}^n (1+x_i)\right)^{-(1+\frac{1}{\theta})}$

Tomando Ln: $Ln[L(X;\dfrac{1}{\theta})] = nLn\dfrac{1}{\theta} - (1+\dfrac{1}{\theta})Ln\left(\prod (1+x_i)\right)$

Derivando respecto a θ: $\dfrac{\partial Ln[L(x;\frac{1}{\theta})]}{\partial \frac{1}{\theta}} = \dfrac{n}{1/\theta} - Ln\left(\prod (1+x_i)\right)$

Igualando a cero: $n\theta = Ln\left(\prod (1+x_i)\right)$ de donde $\hat{\theta} = \dfrac{\sum\limits_{x=1}^n Ln(1+x_i)}{n}$

METODO DE LOS MÍNIMOS CUADRADOS

Las poblaciones desde las cuales hemos extraído muestras aleatorias, presentan una distribución o función de densidad definida por una sola variable aleatoria. En base a ella, la teoría de la estimación puntual ha tratado de encontrar una estadística en la muestra capaz de ser usada como un estimador para cada uno de los parámetros de dicha población; esto es, los modelos poblacionales estudiados usan una sola variable.

Sin embargo, los modelos reales provienen de poblacionales con múltiples variables. Por ejemplo, si hablamos de la función de distribución de los ahorros de una familia, esta variable no sólo dependen de sus ingresos sino también de sus gastos, de su renta, de los impuestos que paga, etc. De manera que el modelo general para este tipo de poblaciones, podríamos formularla como f(X_1, X_2, …, X_k; θ_1; θ_2, …, θ_k ; e) = 0 . Una forma simplificada de este modelo puede ser expresado como Y_i = g(X_{1i}, X_{2i}, …, X_{ki}; θ_1; θ_2, …, θ_k) + e_i ; i = 1, 2, …, n donde la variable θ_1; θ_2, …, θ_k son los parámetros a ser estimados y e_i son variables que deben satisfacer las siguientes condiciones:

$E(e_i) = 0$

$Var(e_i) = \sigma^2$

$Cov(e_i , e_j) = 0$

Nota:

1. Una de las formas del modelo $Y_i = \beta_0 + \beta_1 X_1 + \beta_2 X_2 + ... + \beta_k X_k + e$

2. La forma del modelo general Y_i = g(X_{1i}, X_{2i},…, X_{ki}; θ_1; θ_2,…,θ_k) + e_i ; i = 1, 2,.., n

ESTIMADOR MINIMO CUADRÁTICO

Sea Y_i = g(X_{1i}, X_{2i},…, X_{ki}; θ_1; θ_2,…,θ_k) + e_i ; i = 1, 2,.., n . Diremos que $\hat{\theta} = (\hat{\theta}_1, \hat{\theta}_2,..., \hat{\theta}_k)$ es un Estimador Mínimo Cuadrático (EMC) de $\theta = (\theta_1, \theta_2,..., \theta_k)$ siempre que minimice a la función

$$G(\theta) = G((\theta_1, \theta_2,..., \theta_k) = \sum_{i=1}^{n} e_i^2 = \sum_{i=1}^{n} [Y_i - g(\theta_1, \theta_2,..., \theta_k)]^2 \quad esto \ es \ G(\hat{\theta}) = \underset{\forall \theta}{Min}[G(\theta)]$$

Procedimiento:

Paso 1: Dada la función Y_i = g(X_{1i}, X_{2i},…, X_{ki}; θ_1; θ_2,…,θ_k) + e_i , despejar e_i ; elevar al cuadrado y sumar para i = 1, 2, …, n; esto es, obtener $\sum_{i=1}^{n} e_i^2 = \sum_{i=1}^{n} [Y_i - g(\theta_1, \theta_2,..., \theta_k)]^2$

Paso 2: Derivar a esta sumatoria, respecto a cada uno de los parámetros e igualar a 0

Paso 3: Resolver el sistema de k ecuaciones

El conjunto de soluciones obtenidas, constituirán los valores de estimaciones mínimo cuadráticos de los respectivos parámetros.

Ejemplo 25

Sea $Y_i = A + BX_i + e_i$ el modelo lineal en donde Y constituye la variable explicada y X, la variable explicativa. Supongamos que $X_1, X_2, ..., X_n$ es una muestra aleatoria extraída de esta población. Obtenga los EMC de los parámetros A y B.

Solución

Paso 1: $e_i = Y_i - (A + BX_i)$ ➜ $G(A,B) = \Sigma e_i^2 = \Sigma\, [Y_i - (A + BX_i)]^2$

Paso 2: $\dfrac{\partial G}{\partial A} = 2\sum [Y - (A + BX)](-1)$ $\dfrac{\partial G}{\partial B} = 2\sum [Y - (A + BX)](-X)$

Paso 3: Igualando a 0 las dos ecuaciones:

$$\Sigma[Y - (A + BX)] = 0 \qquad \Sigma Y - nA - B\Sigma X = 0 \quad (1)$$

$$\Sigma[XY - AX - BX^2] = 0 \qquad \Sigma XY - A\Sigma X - B\Sigma X^2 = 0 \quad (2)$$

Paso 3: Resolviendo las ecuaciones (1) y (2) obtenemos:

$$\hat{B} = \frac{n\sum XY - \sum X \sum Y}{n\sum X^2 - \left(\sum X\right)^2} \qquad\qquad y \qquad\qquad \hat{A} = \bar{Y} - \hat{B}\,\bar{X}$$

Que son los estimadores mínimo cuadráticos de $Y = A + BX + e$

Ejemplo 26

Supongamos que 8 ejemplares de cierto tipo de aleación fue producido en diferentes temperaturas y que se observó la durabilidad de cada ejemplar. La siguiente tabla muestra estos datos donde Xi representa la temperatura y Yi la durabilidad del i-ésimo ejemplar,

Ajustar una línea recta de la forma $Y = \alpha + \beta X + e$ a estos valores por el método de los mínimos cuadrados.

Ajustar una parábola de la forma $Y = \beta_0 + \beta_1 X + \beta_2 X^2 + e$ a estos valores por el método de los mínimos cuadrados.

i	X_i	Y_i
1	0.5	40
2	1	41
3	1.5	43
4	2	42
5	2.5	44
6	3	42
7	3.5	43
8	4	42

Solución

Usando la solución del ejemplo anterior, si $Y = \alpha + \beta X + e$, entonces

$$\hat{\beta} = \frac{n\sum XY - \sum X \sum Y}{n\sum X^2 - \left(\sum X\right)^2} \qquad\qquad y \qquad\qquad \hat{\alpha} = \overline{Y} - \hat{B}\,\overline{X}$$

Para calcular estos estimadores las sumatorias correspondientes son:

$$\Sigma X = 18 \qquad \Sigma Y = 337 \qquad \Sigma XY = 764 \qquad \Sigma X^2 = 51$$

Con lo cual $\hat{\alpha} = 40.8928571 \qquad\qquad \hat{\beta} = 0.54761905$

Por lo que la recta estimada será: $\hat{Y} = 40.89286 + 0.54761905\ X$

$e_i = Y_i - (\beta_0 + \beta_1 X + \beta_2 X^2) \rightarrow G(\beta_0, \beta_1; \beta_2) = \Sigma e^2_i = \Sigma\,[Y_i - (\beta_0 + \beta_1 X + \beta_2 X^2)]^2$

Derivando respecto a cada parámetro, simplificando e igualando a cero:

Respecto a β_0 : $\Sigma Y - n\beta_0 - \beta_1 \Sigma X - \beta_2 \Sigma X^2 = 0$ $\qquad\qquad$ (1)

Respecto a β_1 : $\Sigma XY - \beta_0 \Sigma X - \beta_1 \Sigma X^2 - \beta_2 \Sigma X^3 = 0$ $\qquad\qquad$ (2)

Respecto a β_2 : $\Sigma X^2 Y - \beta_0 \Sigma X^2 - \beta_1 \Sigma X^3 - \beta_2 \Sigma X^4 = 0$ $\qquad\qquad$ (3)

Resolviendo dicho sistema:

$$\beta_2\left[\frac{n\sum X^4 - (\sum X^2)^2}{n\sum X^3 - \sum X \sum X^2} - \frac{n\sum X^3 - \sum X \sum X^2}{n\sum X^2 - (\sum X)^2}\right] =$$

$$= \frac{n\sum X^2 Y - \sum X^2 \sum Y}{n\sum X^3 - \sum X \sum X^2} - \frac{n\sum XY - \sum X \sum Y}{n\sum X^2 - (\sum X)^2}$$

Sin despejar β_2 , reemplazamos las respectivas sumatorias y encontramos:

$\beta_2 = -0.64285714$

$\beta_1 = 3.44047619$

$\beta_0 = 38.4821429$

Con lo cual, la ecuación parabólica estimada es: $Y = 38.482 + 3.441X - 0.643X^2$

ESTIMACIÓN POR INTERVALOS

INTRODUCCIÓN

El estudio de la estimación puntual nos ha permitido analizar uno o más estadísticos de la forma

$T = t(X_1, X_2, \ldots, X_n)$ y determinar si éste puede ser un buen estimador $\hat{\theta}$ de θ.

Y gracias al fundamento teórico en el cual nos basamos para deducir que $\hat{\theta}$ es un estimador del parámetro θ, podemos inferir, deducir o aproximar un valor a dicho parámetro de manera que , sin conocer su verdadero valor, podamos aproximarnos a él con sólo encontrar el estadístico en la muestra, capaz de ser usado como su estimador.

Por ejemplo:

Si a una muestra de 40 de trabajadores de la empresa CONSIL de 320 trabajadores se les pregunta por sus ingresos familiares y se encuentra que el ingreso medio en la muestra es de 1200 soles, la estimación puntual nos permite estimar el ingreso familiar promedio de todos los trabajadores y afirmar que dicho promedio es de 1200 soles. En este caso, con n = 40, y $\overline{X} = 1200$, inferimos que todos los trabajadores de la empresa, tienen un ingreso familiar promedio de 1200 soles; esto es, $\mu = 1200$ ya que $\hat{\theta} = \overline{X}$ es un buen estimador de $\theta = \mu$.

Pero esta forma de estimar el promedio poblacional tiene un altísimo riesgo de no ser cierto. Es como disparar a un blanco constituido por un punto y tratar de acertarlo. Si tomamos otras muestras y encontramos otros valores para el estimador, podemos acercarnos bastante al verdadero valor del parámetro mas difícilmente encontraremos dicho valor. Esto se aprecia claramente en el siguiente esquema.

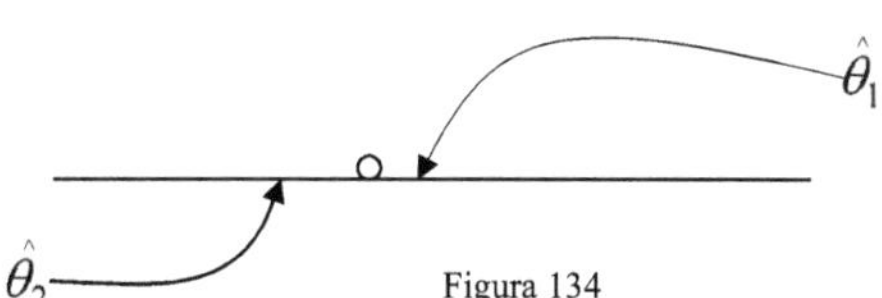

Figura 134

Sin embargo, si la estimación nos permitiera afirmar que el parámetro es $\hat{\theta} \pm \varepsilon$, entonces el riesgo de acertar con el verdadero valor del parámetro estará sujeto a un riesgo muy bajo y quizás tan pequeño que nos permita tener la confianza de que la estimación será adecuada.

Dicho de otra manera, si al obtener el valor del estimador afirmamos que $\hat{\theta} - \varepsilon \leq \theta \leq \hat{\theta} + \varepsilon$ entonces diremos que hemos estimado el parámetro mediante la obtención de un intervalo en el cual se encuentra dicho parámetro. Dicho intervalo recibe el nombre de intervalo de confianza y ε recibirá el nombre de error de estimación.

En este capítulo estudiaremos la estimación por intervalos para los parámetros poblacionales.

ESTIMACION POR INTERVALOS

Abra el archivo de presentaciones **Intervalos.ppt** y ejecute la presentación.

Después de haber observado y tomado nota las definiciones dadas en la presentación, si el estadístico $\hat{\theta}$ es el estimador de θ el Intervalo de Confianza para θ se define como

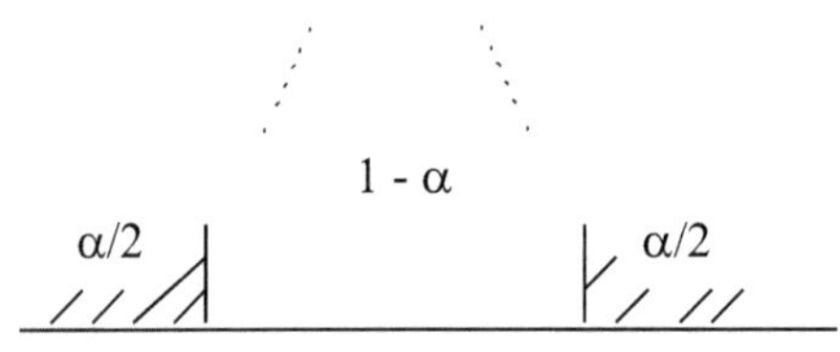

Figura 135

Gráficamente podemos visualizarlo en la siguiente figura:

La probabilidad 1- α se expresa por ....

Si el Coeficiente de Confianza es del 95% entonces α = ... Podría darle una interpretación a α ? ....

Cuál es el Error de Estimación en este caso? ....

Cómo será el Intervalo de Confianza para μ?; para σ². Y cómo para los otros estadísticos?

INTERVALO DE CONFIANZA PARA LA MEDIA DE UNA POBLACION

Cuando la varianza poblacional es conocida

Sea $\hat{\theta} = \overline{X}$ y $\theta = \mu$.

Según la presentación, se tiene $P(|\hat{\theta} - \theta| < \varepsilon) = 1 - \alpha$

Aplicándolo a la media poblacional, tenemos:

$$P(|\hat{\theta} - \theta| < \varepsilon) = P(|\overline{X} - \mu| < \varepsilon) = P(\varepsilon < \overline{X} - \mu < \varepsilon) = 1 - \alpha \tag{1}$$

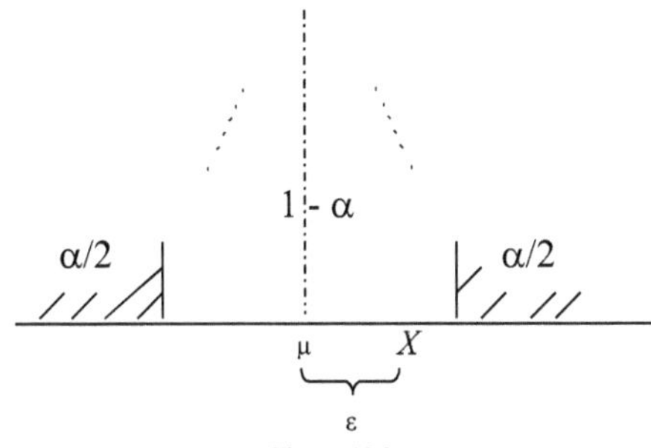

Figura 136

Según esto, el intervalo de confianza del 100(1-α)% para μ será, $\overline{X} - \varepsilon \leq \theta \leq \overline{X} + \varepsilon$ (2)

Será suficiente obtener el valor de ε para tener el intervalo de confianza para μ. Para ello debemos estandarizar (1) a fin de encontrar dicho valor.

Pasando a Z→N(0, 1) y puesto que la distribución muestral de $\overline{X} \to N(\mu, \dfrac{\sigma^2}{n})$. Entonces

$$P(\varepsilon < \overline{X} - \mu < \varepsilon) = P\left(\frac{-\varepsilon}{\frac{\sigma}{\sqrt{n}}} < \frac{\overline{X} - \mu}{\frac{\sigma}{\sqrt{n}}} < \frac{\varepsilon}{\frac{\sigma}{\sqrt{n}}}\right) = P\left(\frac{-\varepsilon}{\frac{\sigma}{\sqrt{n}}} < Z < \frac{\varepsilon}{\frac{\sigma}{\sqrt{n}}}\right) = 1 - \alpha$$

De donde $\quad 2\Phi\left(\dfrac{\varepsilon}{\frac{\sigma}{\sqrt{n}}}\right) - 1 = 1 - \alpha \quad$ *esto implica que* $\quad \Phi\left(\dfrac{\varepsilon}{\frac{\sigma}{\sqrt{n}}}\right) = 1 - \dfrac{\alpha}{2}$

De acuerdo a la N(0, 1), $\dfrac{\varepsilon}{\frac{\sigma}{\sqrt{n}}} = Z_{1-\alpha/2}$ y despejando, tenemos $\varepsilon = Z_{1-\alpha/2}\dfrac{\sigma}{\sqrt{n}}$

Luego el Intervalo de Confianza para μ será:

$$\overline{X} - Z_{1-\alpha/2}\frac{\sigma}{\sqrt{n}} \quad < \quad \mu \quad < \quad \overline{X} + Z_{1-\alpha/2}\frac{\sigma}{\sqrt{n}}$$

El siguiente esquema muestra el Intervalo de Confianza del 100(1-α)% para la Media

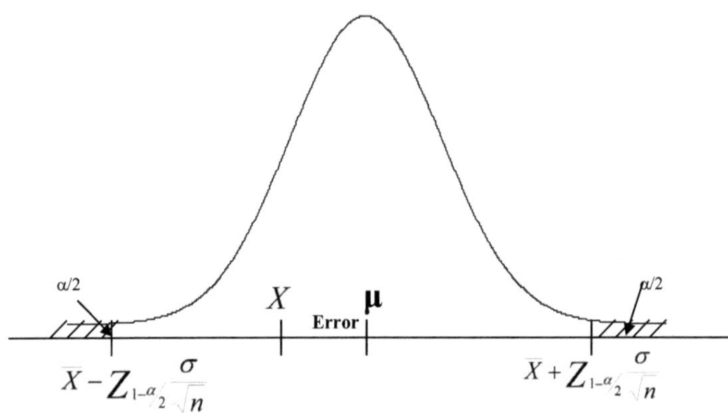

Figura 137

Observación importante:

Si el muestreo se hace sin reposición y el tamaño poblacional es finito, el intervalo de confianza para μ viene dado por

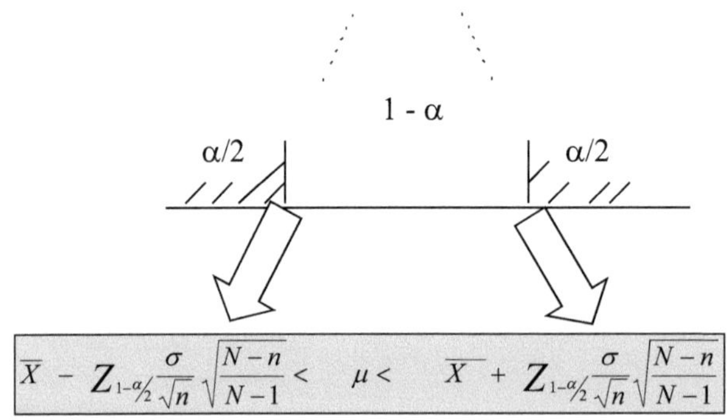

Figura 138

Y se define como longitud del Intervalo a L / $L = 2Z_{1-\alpha/2}\dfrac{\sigma}{\sqrt{n}}$

Ejemplo 1

Una máquina llena un determinado producto en bolsas cuyo peso medio es μ gramos. Suponga que la población de los pesos es normal con σ = 20 gramos.

i)   Estime μ de manera que el 99.38% de las bolsas tengan pesos no superiores a 55 gramos. Estime μ mediante un intervalo de confianza del 95%, si una muestra aleatoria de 16 bolsas ha dado una media de 495 gramos.

Solución

Debemos encontrar un valor K tal que P(X < 550) = 0.9938.

Pasando a N(0, 1): P(Z < ....) = 0.9938   (1)

Usando Minitab: Use la secuencia <Calc> - <Probability Distributions> -<Normal>. Activar <Inverse ....>; <Mean = 0>; <Desv. Estand. = 1>; en <Input constant> 0.9938.

El valor obtenido es ....

Igualando $\dfrac{550-\mu}{20}$ con el valor obtenido nos permite encontrar μ = ...

Usando Calc de OpenOffice:

La fórmula =DISTR.NORM.INV(0.9938;0;1) nos permite encontrar 2.500551793

Siendo conocida la varianza poblacional y no conociendo el tamaño poblacional, asumimos que es población infinita; por lo que el intervalo de confianza es

$$\overline{X} - Z_{1-\alpha/2}\dfrac{\sigma}{\sqrt{n}} <\ \ \mu\ \ <\ \overline{X} + Z_{1-\alpha/2}\dfrac{\sigma}{\sqrt{n}}$$

Según los datos: $\overline{X}$ = 495; n = 16; 1-α = 0.95 y σ = 20

Reemplazando estos valores obtenemos: ....

Ejercicio 1

Se decide estimar la media μ del nivel de ansiedad de todos los estudiantes pre -universitarios. Se supone que la población de los puntajes de la prueba para medir la ansiedad se distribuye normalmente con desviación estándar igual a 10 puntos.

   Determinar el intervalo para μ con una confianza del 95%, si una muestra aleatoria de tamaño 100 ha dado una media de 70 puntos

Si μ se estima en 70 puntos con el nivel de confianza del 98%, ¿es el error de la estimación puntual superior a 5 puntos?

Si Usted considera que el intervalo encontrado en i) no es muy preciso, ¿qué acción debería tomar para que el intervalo de estimación al 95% sea más preciso?

Solución

Según los datos, $\sigma = 10$

n = 100; $1 - \alpha = 0.95$; $\overline{X} = 70$. Si $1 - \alpha = 0.95$, entonces $Z_{1-\alpha/2} = 1.96$. Con estos datos obtenemos el intervalo pedido: ....

Hemos definido al Error de Estimación como $\varepsilon = |\overline{X} - \mu|$. Obtendremos $P(|\varepsilon| > K)$

$P(|\varepsilon| > K) = P(|\overline{X} - \mu| > K) = 1 - P(|\overline{X} - \mu| \leq K) = 1 - P(Z \leq 10K/10) = 0.01$

De esto $P(Z \leq K) = 0.99$; con lo cual, K = ...

Es superior a 5? ....

Se debería aumentar el tamaño de muestra? .... Porqué? Qué implica aumentar el tamaño de muestra? Qué ocurre con el Error de la Estimación si se aumenta el tamaño de muestra?

<u>Cuando la varianza poblacional es desconocida</u>

En este caso debemos analizar dos situaciones:

b. 1) <u>Cuando el tamaño de muestra es menor que 30; (n < 30).</u>

Según hemos visto en distribuciones muestrales de la media muestral, cuando se desconoce la varianza poblacional, la variable $\dfrac{\overline{X} - \mu}{\dfrac{s}{\sqrt{n}}} \to t(n-1)$.

Al ser simétrica la distribución, de $P(|\overline{X} - \mu| < \varepsilon) = 1 - \alpha$, usando el mismo criterio que en el caso a), podemos encontrar que el Intervalo de Confianza viene dado por

$$\overline{X} - t_{1-\alpha/2}(n-1)\dfrac{s}{\sqrt{n}} \quad < \quad \mu \quad < \quad \overline{X} + t_{1-\alpha/2}(n-1)\dfrac{s}{\sqrt{n}}$$

b. 2) <u>Cuando el tamaño de muestra es mayor o igual a 30 (n ≥ 30)</u>

Se sabe que cuando el tamaño de muestra es mayor que 30, la distribución t de Student se aproxima a una distribución Normal N(0, 1). En este caso, el Intervalo de Confianza para la media poblacional viene dado por

$$\boxed{\overline{X} - t_{1-\alpha/2}\frac{s}{\sqrt{n}} < \mu < \overline{X} + t_{1-\alpha/2}\frac{s}{\sqrt{n}}}$$

Ejemplo 2

Un fabricante produce focos cuya duración tiene una distribución normal. Si una muestra aleatoria de 9 focos da las siguientes vidas útiles en horas: 775, 780, 800, 795, 790, 785, 795, 780, 810. Estimar la duración media de todos los focos del fabricante mediante un intervalo de confianza del 95%

Si la media poblacional se estima en 790 horas con una confianza del 98%, ¿cuál es el error máximo de la estimación con una confianza del 98%?

Solución

Se conoce σ^2? ....

Tamaño de n? ....

Qué distribución usamos? .... Por qué? ....

Use Excel o Minitab para hallar: $\overline{X}$ y s^2: $\overline{X}$ = ... s = ...

Usaremos t de Student con .... grados de libertad.

El valor de t (9-1) y con un nivel de confianza del 95% es ....

Usando $\overline{X} - t_{1-\alpha/2}(n-1)\frac{s}{\sqrt{n}} \quad < \quad \mu \quad < \quad \overline{X} + t_{1-\alpha/2}(n-1)\frac{s}{\sqrt{n}}$

Obtenemos:

....

InstaCalc:

Usando R:

x=c(775,780,800,795,790,785,795,780,810)

xb = mean(x)

ds = sqrt(var(x)/9)

t = qt(0.975,9)

Límite inferior:

xb-t*ds = 781.5694

Límite superior:

xb+t*ds = 798.4306

Usando Python

x=[775,780,800,795,790,785,795,780,810]

x=np.array(x)

xb = np.mean(x)

sx2=sum(x*x)

v = (sx2-9*xb*xb)/8

ds = np.sqrt(v)/3

t = st.t.ppf(0.975,8)

Límite inferior del intervalo

xb-t*ds = 781.40603

Límite superio del intervalo:

xb+t*ds = 798.59397

Usando Octave:

Ingresando los datos indicados en Python:

t = tinv(0.975,8)

xb = mean(x)

ds = sqrt(var(x)/9)

Límite inferior:

xb-t*ds

Límite superior:

xb+t*ds

Ejercicio 2

Extraída una muestra de 30 cajas de un determinado producto de exportación, se midieron sus pesos y se obtuvieron los siguientes resultados:

	250	275	287	298	307	322
265		277	289	301	309	324
267		281	291	303	311	328
269		283	293	306	315	335
271		284	293	307	319	339

Usando Intervalo de confianza, responder si ésta muestra satisface la afirmación de que el peso medio de cada caja del lote debe ser de 300 Kg. Use $\alpha = 0.05$

<u>Sugerencia:</u>
Abra el archivo <u>IC para la Media.xls</u>. En la hoja Ejercicio 2 se tiene la suficiente información para responder a esta pregunta.
Ahora diga Usted: Satisface o no satisface? ....

Ejercicio 3

En una fábrica, al seleccionar una muestra de cierta pieza, se obtuvo las siguientes medidas para los diámetros de dichas piezas.

10	11	11	11	12	12	12	12	13	13
13	13	13	13	13	13	13	13	13	13
14	14	14	14	14	15	15	15	16	16

Estimar la media y varianza
Construir el intervalo de confianza para la media

Sugerencia
Resuelva el ejercicio y compare su **Solución** y algunos otros criterios con la hoja Ejercicio 3 del libro contenido en el archivo <u>IC para la Media.xls</u>.
Use la hoja IC para la media e intente resolver otros problemas, luego grafique.

RESUMEN:
Analice la figura 8.11 de la página 318 del libro Estadística para Administración y Economía de Anderson-Sweeney-Williams (330.015195 / A57 / 2004)

TAMAÑO DE MUESTRA PARA ESTIMAR LA MEDIA POBLACIONAL

NOTA 1: TAMAÑO DE MUESTRA EN MUESTREO

Si bien la elección del tipo de muestreo es uno de los problemas que tiene un investigador, el segundo gran problema que tiene que resolver es el de obtener el tamaño de muestra para realizar el muestreo.

En el caso del tamaño de muestra para la media, $P(|\overline{X} - \mu| < \varepsilon) = 1 - \alpha$

Si pasamos a Z $\rightarrow$ N(0, 1) hallaremos $P(-\dfrac{\varepsilon}{\frac{\sigma}{\sqrt{n}}} < Z < \dfrac{\varepsilon}{\frac{\sigma}{\sqrt{n}}}) = 1 - \alpha$

$$2F(\dfrac{\varepsilon}{\frac{\sigma}{\sqrt{n}}}) - 1 = 1 - \alpha \quad de \ donde \quad \dfrac{\varepsilon}{\frac{\sigma}{\sqrt{n}}} = Z_{1-\alpha/2}$$

Despejando n, obtenemos: $n = \dfrac{Z_{1-\varepsilon/2}^{2} \sigma^{2}}{\varepsilon^{2}}$

Cuando se conoce el tamaño poblacional, tenemos

$$n = \dfrac{N\sigma^{2} Z_{1-\alpha/2}^{2}}{\varepsilon^{2}(N-1) + \sigma^{2} Z_{1-\alpha/2}^{2}}$$

En el caso del tamaño de muestra para la proporción, tenemos

Si $P(|\overline{p} - \pi| < \varepsilon) = 1 - \alpha$ entonces $2F(\dfrac{\varepsilon}{\sqrt{\frac{\pi(1-\pi)}{n}}}) - 1 = 1 - \alpha$

De donde

$$n = \dfrac{Z_{1-\alpha/2}^{2}\pi(1-\pi)}{\varepsilon^{2}}$$ Si no se conoce π, se usa $\pi = 0.5$

Si se conoce el tamaño poblacional

$$n = \dfrac{Z_{1-\alpha/2}^{2} p(1-p)N}{\varepsilon^{2}(N-1) + Z_{1-\alpha/2}^{2} p(1-p)}$$

OBSERVACIÓN

Abra el archivo Tamaño de muestra general.xlsm para obtener el tamaño de muestra en el caso de la media o proporciones.

OBSERVACION: ESTIMACIÓN DEL TAMAÑO DE MUESTRA PARA LA MEDIA EN FUNCION DE LA LONGITUD DEL INERVALO

Recordemos que el Intervalo de Confianza para le media es

$$\overline{X} - Z_{1-\alpha/2}\frac{\sigma}{\sqrt{n}} < \mu < \overline{X} + Z_{1-\alpha/2}\frac{\sigma}{\sqrt{n}}$$

Como esto proviene de $P(|\,\overline{X} - \mu\,| < \varepsilon) = 1 - \alpha$ podemos obtener la longitud del intervalo. $L = 2\varepsilon$

$$L = 2\varepsilon = 2Z_{1-\alpha/2}\frac{\sigma}{\sqrt{n}}$$

Si despejamos n, obtenemos:

n = ...

Observaciones:

Como se puede deducir, el tamaño de muestra se calcula bajo dos supuestos:

El nivel o coeficiente de confianza de $100(1-\alpha)\%$

El Error de Estimación, $\varepsilon = |\,\overline{X} - \mu\,.|$; es decir, $\varepsilon = Z_{1-\alpha/2}\frac{\sigma}{\sqrt{n}}$

Ejemplo 3

Un fabricante afirma que el peso promedio de las latas de fruta en conserva que saca al mercado es 19 onzas. Para verificar esta afirmación se escogen al azar 20 latas de fruta y se encuentra que el peso promedio es de 18.5 onzas. Suponga que la población de los pesos es normal con una desviación estándar de 2 onzas.

Utilizando un intervalo de confianza del 98% para μ, ¿se puede aceptar la afirmación de fabricante?

¿Qué tamaño de muestra se debe escoger para estimar μ si se quiere un error no superior a 0.98 onzas con confianza del 95%?

Solución

¿Cuál es la afirmación del fabricante? ....

Según los datos: n = ...; .... = 18.5;   .... = 19.

Estaremos resolviendo el problema si encontramos el intervalo y luego verificamos si el promedio poblacional, 19, se encuentra en dicho intervalo?. ....

Reemplace los valores correspondientes en $\overline{X} - Z_{1-\alpha/2}\dfrac{s}{\sqrt{n}} < \mu < \overline{X} + Z_{1-\alpha/2}\dfrac{s}{\sqrt{n}}$

Al final debe obtener el intervalo (17.46 , 19.54).

Aceptaría Usted la afirmación del fabricante? ....

Según la fórmula del tamaño de muestra para la media $n = Z^2_{1-\alpha/2}\dfrac{\sigma^2}{\varepsilon^2}$, y de acuerdo a los datos: ε

= ....;   1-α/2 = ... ; $Z^2_{1-\alpha/2}$ = ...

Luego n = ...

Nota:

Se puede usar la distribución t de Student para estimar el tamaño de muestra para la media poblacional?. Por qué?

INTERVALO DE CONFIANZA PARA LA PORPORCION POBLACIONAL

En el caso de una población proporcional, el parámetro es la proporción de éxitos, p (en muchos casos se emplea π); puesto que la población es Bernoulli, con p, la probabilidad de éxito.

En una muestra aleatoria proporcional, el estadístico $\hat{\theta} = \overline{p}$ debe ser un estimador de θ =p. De manera que el Intervalo de Confianza para la proporción poblacional, p, proviene de

$P(|\overline{\vartheta} - \theta| < \varepsilon) = 1 - \alpha$; lo que reemplazando los respectivos valores obtenemos

$P(|\overline{p} - p| < \varepsilon) = 1 - \alpha$ Esto indica que $\overline{p} - \varepsilon < p < \overline{p} + \varepsilon$ será el intervalo.

Sólo nos falta determinar el valor del error de estimación para proporciones.

En efecto: $P(|\overline{p} - p| < \varepsilon) = P(-\varepsilon < \overline{p} - p < \varepsilon) = 1 - \alpha$ (*)

Pasando a N(0, 1), tenemos $\quad P\left(-\dfrac{\varepsilon}{\sqrt{\dfrac{p(1-p)}{n}}} < \dfrac{\overline{p}-p}{\sqrt{\dfrac{p(1-p)}{n}}} < \dfrac{\varepsilon}{\sqrt{\dfrac{p(1-p)}{n}}}\right) = 1-\alpha$

$$2\Phi\left(\dfrac{\varepsilon}{\sqrt{\dfrac{p(1-p)}{n}}}\right) - 1 = 1-\alpha \qquad \text{de donde} \quad \Phi\left(\dfrac{\varepsilon}{\sqrt{\dfrac{p(1-p)}{n}}}\right) = 1-\alpha/2$$

De esta forma encontramos: $\qquad \dfrac{\varepsilon}{\sqrt{\dfrac{p(1-p)}{n}}} = Z_{1-\alpha/2} \qquad\qquad (**)$

Si de esta ecuación despejamos ε, entonces tendremos el Error de Estimación para una proporción. Cuál es? ....

Despejando ε y reemplazándolo en (*), obtenemos el Intervalo de Confianza del $100(1-\alpha)\%$ para la proporción poblacional.

$$\overline{p} - Z_{1-\alpha/2}\sqrt{\dfrac{p(1-p)}{n}} \; < \; p \; < \; \overline{p} + Z_{1-\alpha/2}\sqrt{\dfrac{p(1-p)}{n}}$$

Observación importante

¿Cuál es el Intervalo de Confianza de la proporción poblacional en los casos de muestreo sin reposición o si la población desde donde se extrae la muestra es finita?

Como ya se ha dicho antes, sólo debemos tomar en cuenta el factor de corrección que incluye en el cálculo de la varianza del estimador. Por ello el intervalo es:

$$\overline{p} - Z_{1-\alpha/2}\sqrt{\dfrac{p(1-p)}{n}}\sqrt{\dfrac{N-n}{N-1}} \; < \; p \; < \; \overline{p} + Z_{1-\alpha/2}\sqrt{\dfrac{p(1-p)}{n}}\sqrt{\dfrac{N-n}{N-1}}$$

TAMAÑO DE MUESTRA PARA UNA PROPORCION POBLACIONAL

De (**) despeje n: ....

Esta es la fórmula que se emplea para calcular el tamaño de muestra en el caso de una proporción poblacional.

Observación 1:

En muchos casos, cuando no se conoce la proporción de éxitos; es decir, p es desconocido, se asume que la distribución tiene la mayor desviación estándar.

Y cómo saber esto?
Basta con encontrar el máximo valor para p tal que p(1-p) sea también máximo.
Por ejemplo si p = 0.1 entonces p(1-p) = 0.09
Si p = 0.4 entonces p(1-p) = 0.24
Se logra el máximo producto (que determina la mayor varianza) si p = 0.5

En este caso, el tamaño de muestra es $\quad n = \dfrac{Z^2_{1-\alpha/2}}{4\varepsilon^2}$

Observación 2:

Si el muestreo se hace sin reposición o se tiene poblaciones finitas, se debe tomar en cuenta el factor $\sqrt{\dfrac{N-n}{N-1}}$ con lo cual, el tamaño de muestra será

$$n = \dfrac{Z^2_{1-\alpha/2}\,p(1-p)N}{\varepsilon^2(N-1) + Z^2_{1-\alpha/2}\,p(1-p)}$$

Ejemplo 5

Una compañía dedicada al estudio de opinión, decidió realizar una encuesta sobre el voto en urna, de una determinada población electoral. Para ello tomó una muestra aleatoria de 600 electores que terminaban de votar y encontró que 240 de ellos votaron a favor del candidato de la reelección.
a) Estimar el porcentaje de electores a favor de la reelección en toda la población, encontrando un intervalo del 95% de confianza.
b) Si la proporción a favor de la reelección se estima en 40%, ¿cuánto es el error máximo de la estimación, si se quiere tener una confianza del 98%?

c) Si con la misma muestra la proporción a favor del candidato R se estima en 38% con una confianza del 98% de que el error no es mayor a 4.62%, ¿se puede proclamar al candidato a la reelección como ganador de la contienda?

d) Qué tan grande se requiere que sea la muestra si se desea tener una confianza del 94% de que el error de estimación de p no sea superior al 2%?

Solución

a)

Según los datos: n = ...;

Si definimos a $\bar{p}$ como la proporción muestral de electores a favor del candidato de la reelección, entonces $\bar{p}$ = ...

Como sabemos, el intervalo de confianza para una proporción (que asumimos infinita ya que N no es conocido) es

$$\bar{p} - Z_{1-\alpha/2}\sqrt{\frac{p(1-p)}{n}} \; < \; p \; < \; \bar{p} + Z_{1-\alpha/2}\sqrt{\frac{p(1-p)}{n}}$$

Como el nivel de confianza es del 95% , $1 - \alpha/2$ = ... y $Z_{1-\alpha/2}$ = ...

Reemplazando estos datos y simplificando, tenemos:

....

InstaCalc:

Usando R:

p = 240/600

sp = sqrt(p*(1-p)/600)

z = qnorm(0.975,0,1)

Lado izquierdo del inervalo:

p-z1*sp = 0.3608007

Lado derecho:

p+z2*sp = 0.4391993

Usando Python:

p-z*sp = p-st.norm.ppf(0.975,0,1)*sp = 0.36080072030919896

p+z*sp = p+st.norm.ppf(0.975,0,1)*sp = 0.4391992796908011

Usando Octave:

z = norminv(0.975,0,1)

Lado izquierdo: p-z*sp   Lado derecho: p+z*sp

Respecto a la segunda pregunta:

Como el nivel de confianza debe ser del 98%, entonces $Z_{1-\alpha/2} = \ldots\ldots\ldots$

Si p = 0.40 y el Error de Estimación es $\varepsilon = Z_{1-\alpha/2}^{2}\sqrt{\dfrac{p(1-p)}{n}}$

Reemplazando valores y simplificando tenemos: $\varepsilon = \ldots\ldots\ldots\ldots$

En este caso el intervalo de confianza será: 0.40 − 0.0466 < p < 0.40 + 0.0466

Para el candidato R, se tiene $\bar{p}$ = 0.38; n = 600; $Z_{1-\alpha/2}$ = ...; ε = 0.0462

El intervalo correspondiente será:

0.38 - 0.0462 < p < 0.38 + 0.0462

Puesto que la intersección de ambos intervalos no es nula, se dice que hay un empate técnico, ya que es probable que la estimación del parámetro en ambos casos, coincida.

En este caso para encontrar el tamaño de muestra usaremos la ecuación:

$$n \; = \; Z_{1-\alpha/2}^{2}\,\dfrac{p(1-p)}{\varepsilon^{2}}$$

Como el nivel de confianza es el 94% entonces $1 - \alpha/2 = \ldots\ldots$ y $Z_{1-\alpha/2} = \ldots\ldots$

ε = 0.02 y p = 0.4 , de acuerdo a los datos del problema.

Luego n = 2122

Nota:

Si no se usa el dato p = 0.4, entonces asumiríamos que p es desconocido, en cuyo caso, tomamos p = 0.5; con lo cual n = 2210.

Ejemplo 6

La empresa PROTEC está interesada en introducir un nuevo tipo de producto en el mercado limeño. Para medir el nivel de aceptación de los potenciales consumidores, decide realizar un estudio de mercado a una población de 30,000 consumidores potenciales.

Qué tamaño de muestra deberá escoger si desea tener una confianza del 95% de que el error de la estimación de la proporción a favor del nuevo producto no sea superior al 4%?

Si con el tamaño de muestra calculado en a) se usa $\bar{p} = 0.70$ como estimación de la proporción de todos los consumidores que prefieren su producto. Qué grado de confianza utilizó, si estimó de 19,783 a 22,217 el total de los consumidores de la población que prefieren su producto?

Solución

De acuerdo a los datos: N = ...; 1 - $\alpha/2$ = ... y $Z_{1-\alpha/2}$ = ...

ε = ...

El muestreo es con o sin reposición? ....

Según esto la fórmula para estimar el tamaño de muestra es:

....

Reemplazando todos los datos y simplificando se tiene n = 589.

En este caso p = 0.70. Si N es el total de la población, de los cuales el 70% está a favor del nuevo producto, el total de la población que está a favor del nuevo producto es Np; es decir, 30,000x0.70 = 21,000 habitantes.

Según el problema, este total a favor del nuevo producto está en el intervalo 19,783 a 22,217. Según esto, 19,783 < Np < 22,217. Por otro lado, como

$$\bar{p} - Z_{1-\alpha/2}\sqrt{\frac{p(1-p)}{n}} < p < \bar{p} + Z_{1-\alpha/2}\sqrt{\frac{p(1-p)}{n}}$$

Multiplicando a toda la desigualdad debemos tener

$$19,783 = \bar{p} - Z_{1-\alpha/2}\sqrt{\frac{p(1-p)}{n}}$$

y del mismo modo

$$22,217 = \bar{p} + Z_{1-\alpha/2}\sqrt{\frac{p(1-p)}{n}}$$

Reemplazando en las dos ecuaciones: p = 0.70 y n = 589 y con α desconocido, encontramos un Z = ...

Usando Minitab encontramos el nivel de confianza: $100(1-\alpha)\%$ = ...

Usando Excel, para encontrar 1- α , se debe usar =Distr.Norm.Estand.Inv(Z)

Ejercicio 5

En un estudio socioeconómico se tomó una muestra aleatoria a 100 comerciantes informales y se encontró lo siguiente: un ingreso medio de $600, una desviación estándar de $50 y sólo el 30% de ellos tienen ingresos superiores a $800.

Estimar la proporción de todos los comerciantes con ingresos superiores a $800 usando para ello un intervalo del 98% de confianza.

Si la proporción de todos los comerciantes con ingresos superiores a $800 se estima entre 20.06% y 39.94%, qué grado de confianza se utilizó?

INTERVALO DE CONFIANZA PARA LA DIFERENCIA DE PROPORCIONES

Sea X_1, X_2, ..., X_{n1} una muestra aleatoria extraída de una población Bernoulli con parámetro p_1. Sea Y_1, Y_2, ..., Y_{n2} una muestra aleatoria extraída de una población Bernoulli con parámetro p_2. Supongamos que ambas muestras son independientes.

Si $\overline{p}_1$ y $\overline{p}_2$ son los estadísticos muestrales y definimos a $\hat{\theta} = \overline{p}_1 - \overline{p}_2$ como el estimador de la diferencia de proporciones poblacionales $\theta = p_1 - p_2$ entonces se debe cumplir que

$$P(\mid (\overline{p}_1 - \overline{p}_2) - (p_1 - p_2) \mid < \varepsilon) = 1 - \alpha$$

A partir del cual debemos encontrar el intervalo del $100(1-\alpha)\%$ de confianza

$$(\overline{p}_1 - \overline{p}_2) - Z_{1-\alpha/2}\sqrt{\frac{p_1(1-p_1)}{n_1} + \frac{p_2(1-p)_2}{n_2}} < p_1 - p_2 < (\overline{p}_1 - \overline{p}_2) + Z_{1-\alpha/2}\sqrt{\frac{p_1(1-p_1)}{n_1} + \frac{p_2(1-p)_2}{n_2}}$$

Nota:
Si n_1 y n_2 son bastante grandes el radical se calcula usando los estadísticos de la muestra.

El criterio usado es el mismo dado en los temas anteriores.
Consulte la página 263 del libro Inferencia Estadística de Máximo Mitacc, para una explicación un poco más detallada de este tema.

Ejemplo 7

Una empresa investigadora de mercado es requerida para hacer un estudio sobre la preferencia de un producto. Se le pide que estime la proporción de hombres y mujeres que conocen el producto que está siendo promocionado en toda la ciudad. En una muestra aleatoria de 100 hombres y 200 mujeres se determina que 20 hombres y 60 mujeres están familiarizados con el producto indicado. Construya el intervalo de confianza del 95% para la diferencia de proporciones de hombres y mujeres que conocen el producto. En base a estos resultados, ¿se estaría inclinado a concluir que existe una diferencia significativa entre las dos proporciones?

Solución

Según los datos: Se trata de un problema de ....

Sea p_1: La proporción de hombres que conocen el producto

Sea p_2: La ....

n_1 = ...; n_2 = ...; $\overline{p}_1$ = ...; $\overline{p}_2$ = ...; $1-\alpha/2$ = ...

El intervalo de confianza pedido tendrá la forma:

....

Calculemos por partes: $Z_{1-\alpha/2}$ = ...; $\overline{p}_1 - \overline{p}_2$ = ...

$$\sigma_{\overline{p}_1-\overline{p}_2} = \sqrt{\frac{\overline{p}_1(1-\overline{p}_1)}{n_1} + \frac{\overline{p}_2(1-\overline{p}_2)}{n_2}} = ...$$

Luego el intervalo de confianza del 95% será .... $< p_1 - p_2 <$ ....

Según esto, existe diferencia significativa? .... por qué ....

InstaCalc:

Usando R:

difp = 20/100-60/200

sp=sqrt(20/100*(1-20/100)/100+60/200*(1-60/200)/200)

z = qnorm(0.975,0,1)

Los extremos del intervalo

difp-z*sp

difp+z*sp

Usando Python

Tomando los cálculo con R:

z=st.norm.ppf(0.025,0,1)

Los extremos:

difp-z*sp = -0.2008953

difp+z*sp = 0.0008953214

Usando Octave:

Usar como en Python, excepto z que se calcula con:

z=norminv(0.025,0,1)

Ejercicio 6

El gerente de control interno de una empresa le encarga a dos de sus técnicos, la verificación de la validez de un conjunto de certificados de ventas. Para ello se toma una muestra de 120 y se les distribuye 60 a cada uno de ellos.

Después de presentar su informe, se encuentra que el primer técnico examina a 40 y encuentra 10 falsos, mientras que el segundo técnico examina 50 y encuentra 15 falsos. Debido a la diferencia de entre estos porcentajes el gerente solicitó un intervalo de confianza del 95% para la diferencia de verdadera.

¿Este intervalo de confianza justificará la creencia del gerente de que los dos técnicos emplean métodos diferentes?

INTERVALO DE CONFIANZA PARA LA VARIANZA POBLACIONAL

Se acuerda qué distribución tiene la varianza muestral? ....

Qué distribución muestral tiene el estadístico $T = \dfrac{(n-1)s^2}{\sigma^2}$? ....

Puesto que debemos determinar el Intervalo de Confianza para una variable como T que tiene distribución Chi-Cuadrado, debemos encontrar un intervalo tal como se muestra en la siguiente figura:

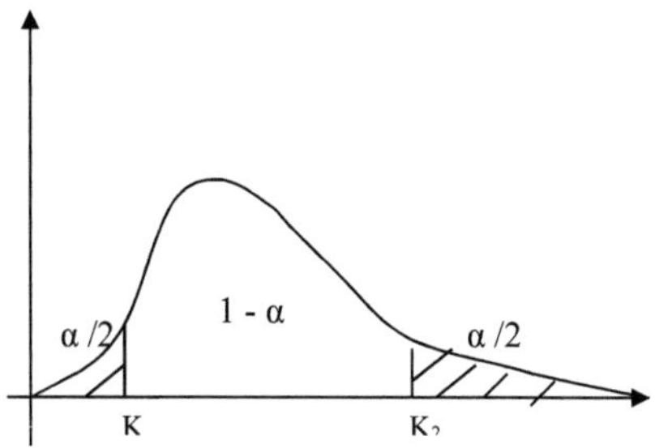

Figura 138

El intervalo buscado será (K_1, K_2) tal que $K_1 < T < K_2$.

Se trata de encontrar los valore de K_1 y K_2 de tal forma que al reemplazar T por su definición, mostrada líneas arriba, podamos despejar σ^2 y tener el intervalo para este parámetro.

Ahora la pregunta es: Porqué no usar el mismo criterio empleado para μ; es decir,

$$P(\left|\hat{\theta} - \theta\right| < \varepsilon) = P(\left|\overline{X} - \mu\right| < \varepsilon) = P(\varepsilon < \overline{X} - \mu < \varepsilon) = 1 - \alpha$$

Qué dirías al respecto? ....

La distribución Normal es simétrica? ....

La distribución Chi – Cuadrado es simétrica? ....

Esto significa que la distribución no está centrada alrededor del parámetro, por ello debemos encontrar los valore de K_1 y K_2 .

Luego, según el criterio de un intervalo de confianza, $P(K_1 < T < K_2) = 1 - \alpha$

Por otro lado, Si $T \rightarrow \chi^2 (n-1)$ entonces K_1 y K_2 son valores $\chi^2(n-1)$, tales que

$K_1 \rightarrow \chi^2_{\alpha/2} (n-1)$ y $K_2 \rightarrow \chi^2_{1-\alpha/2} (n-1)$

Luego $P(K_1 < T < K_2) = P(\chi^2_{\alpha/2} (n-1) < T < \chi^2_{1-\alpha/2} (n-1)) = 1 - \alpha$

Ahora reemplace la definición de T y despeje σ^2 en el centro del intervalo.

Finalmente, el Intervalo de Confianza del $100(1-\alpha)$ % para la varianza poblacional será:

187

$$\frac{(n-1)s^2}{\chi^2_{1-\alpha/2}(n-1)} < \sigma^2 < \frac{(n-1)s^2}{\chi^2_{\alpha/2}(n-1)}$$

Ejemplo 4

Se escoge una muestra aleatoria de 13 tiendas y se encuentra que las ventas de la semana de un determinado producto de consumo popular tiene una desviación estándar de s = \$ 6. Se supone que las ventas del producto tienen una distribución normal. Estimar a) la varianza y b) la desviación estándar poblacional mediante un intervalo de confianza del 95%

Solución

Según los datos: .... = 13;   .... = 6;   .... = 0.95

Qué distribución usamos para el IC de la varianza? ....

Escriba aquí el intervalo de confianza correspondiente:

....

Si 1 - α = 0.95, entonces $\chi^2_{1-\alpha/2}(13-1) =$ .... y $\chi^2_{\alpha/2}(13-1) =$ ....

a) Reemplace todos los valores en (x) y obtenga el intervalo para σ^2.

Luego extraiga la raíz cuadrada a todo el intervalo para obtener el IC para σ.

InstaCalc
Usando R:
(13-1)*6**2/qchisq(0.975,12)
18.51164
(13-1)*6**2/qchisq(0.025,12)
98.09735

Usando Python:
>>> (13-1)*6**2/st.chi2.ppf(0.975,12)
18.511643183585026
>>> (13-1)*6**2/st.chi2.ppf(0.025,12)
98.09735397490444

Ejercicio 4

Una máquina produce piezas metálicas en forma cilíndrica. Para estimar la variabilidad de los diámetros, se toma una muestra aleatoria de 10 piezas producidas por la máquina, encontrando los siguientes diámetros en cms.

10.1   9.7   10.3   10.4   9.9   9.8   9.9   10.1   10.3   9.9

Encuentre un intervalo de confianza del 95% para la varianza de los diámetros de todas las piezas producidas por la máquina. Suponga que los diámetros de las piezas se distribuyen normalmente.

INTERVALO DE CONFIANZA PARA LA RAZÓN DE DOS VARIANZAS

Sea S_1^2 y S_2^2 las varianzas muestrales de dos muestras aleatorias e independientes de tamaño n_1 y n_2 seleccionadas desde dos poblaciones normales con varianzas σ_1^2 y σ_2^2, respectivamente.

El estadístico $\hat{\theta} = \dfrac{S_1^2}{S_2^2}$ es un estimador de la razón de varianzas $\theta = \dfrac{\sigma_1^2}{\sigma_2^2}$

Puesto que nuestro interés consiste en encontrar un intervalo de confianza del $100(1-\alpha)\%$ para esta razón de varianzas poblacionales, entonces se debe cumplir que $P(|\hat{\theta} - \theta| < \varepsilon) = 1 - \alpha$

Reemplazando valores tenemos: $P(|\dfrac{S_1^2}{S_2^2} - \dfrac{\sigma_1^2}{\sigma_2^2}| < \varepsilon) = 1 - \alpha$

Factorizando $\dfrac{\sigma_1^2}{\sigma_2^2}$ y aplicando el valor absoluto $-\varepsilon < \dfrac{\sigma_1^2}{\sigma_2^2}(\dfrac{S_1^2 \sigma_2^2}{S_2^2 \sigma_1^2} - 1) < \varepsilon$

Despejando tenemos: $1 - \dfrac{\sigma_2^2}{\sigma_1^2}\varepsilon < \dfrac{S_1^2 \sigma_2^2}{S_2^2 \sigma_1^2} < 1 + \dfrac{\sigma_2^2}{\sigma_1^2}\varepsilon$

La expresión central es una variable muestral $T = \dfrac{\dfrac{S_1^2}{\sigma_1^2}}{\dfrac{S_2^2}{\sigma_2^2}}$ tal que T $\rightarrow$ F(n_1-1,n_2-1)

Por lo tanto el intervalo buscado deberá tener sus extremos valores F tal que

$$F_{\alpha/2}(n_1-1, n_2-1) \; < \; T \; < \; F_{1-\alpha/2}(n_1-1, n_2-1)$$

Ahora bien, si reemplazamos T por su valor y despejamos $\dfrac{\sigma_1^2}{\sigma_2^2}$ obtenemos

$$\boxed{\dfrac{S_2^2}{S_1^2}\, F_{\alpha/2}(n_1-1, n_2-1) \; < \; \dfrac{\sigma_2^2}{\sigma_1^2} \; < \; \dfrac{S_2^2}{S_1^2}\, F_{1-\alpha/2}(n_1-1, n_2-1)}$$

Observación

Del mismo modo, invirtiendo la razón y tomando en cuenta que $F_{\alpha/2}(n.m) = 1/F_{1-\alpha/2}(m,n)$, se puede tener

$$\boxed{\dfrac{S_1^2}{S_2^2}\, F_{\alpha/2}(n_2-1, n_1-1) \; < \; \dfrac{\sigma_1^2}{\sigma_2^2} \; < \; \dfrac{S_1^2}{S_2^2}\, F_{1-\alpha/2}(n_2-1, n_1-1)}$$

Recuerde que:

No siendo simétrica esta distribución los valores de F son diferentes. El F de lado izquierdo de intervalo debe producir un F menor que el de la derecha.

Observe también cómo se deben tomar los grados de libertad.

Ejemplo 8

Una de las maneras de medir el grado de satisfacción de los empleados de una misma categoría en cuanto a la política salarial, es a través de las desviaciones estándar de sus salarios. La fábrica A afirma ser más homogénea en su política salarial que la fábrica B. Para verificar esa afirmación se escoge una muestra aleatoria de 10 empleados no especializados de A y 13 de B, obteniendo las dispersiones $s_A = 50$ y $s_B = 30$ de salario como mínimo. ¿Cuál sería su conclusión si utiliza un intervalo del 95% para el cociente de varianzas?. Suponga distribuciones normales.

Solución

Datos de la fábrica A: $n_1 =$ ....; $s_A =$ ....

Datos de la fábrica B: $n_2 =$ ....; $s_B =$ ....

Siendo el problema de intervalo de confianza para la razón de varianzas, usamos F.

La afirmación planteada significa el uso de $P(\sigma_1^2 < \sigma_2^2)$, lo que significa que debemos usar la razón de varianza definida por $\dfrac{\sigma_1^2}{\sigma_2^2}$. Luego el intervalo usado será

$$\frac{S_A^2}{S_B^2}\, F_{\alpha/2}(n_2-1,n_1-1) \;<\; \frac{\sigma_A^2}{\sigma_B^2} \;<\; \frac{S_A^2}{S_B^2}\, F_{1-\alpha/2}(n_2-1,n_1-1)$$

Nivel de confianza: $1-\alpha =$ .... ; $\quad F_{\alpha/2}(12,9) =$ .... $\quad F_{1-\alpha/2}(12,9) =$ ....

Reemplazando todos los datos en el intervalo, tenemos: $\quad 0.80846 < \dfrac{\sigma_1^2}{\sigma_2^2} < 10.7451$

InstaCalc:

Usando R:

50**2/30**2*qf(0.025,12,9)

0.8084699

50**2/30**2*qf(0.975,12,9)

Usando Python:

50**2/30**2*st.f.ppf(0.025,12,9)

50**2/30**2*st.f.ppf(0.975,12,9)

Ejercicio 7

Se sospecha que un laboratorio de medidas de viscosidad obtenidas en la mañana eran menores que en la tarde. Para confirmar esta sospecha, se toman dos muestras, una por la mañana y otra por la tarde, obteniéndose los siguientes resultados:

Viscosidad		
	Mañana	Tarde
N	10	9
$\overline{X}$	56.8	58
$\sum\limits_{i=1}^{n}\left(X_i-\overline{X}\right)^2$	1273.6	284

Existe evidencia estadística para afirmar que la variabilidad de la viscosidad difieren en ambos turnos?

INTERVALO DE CONFIANZA PARA LA DIFERENCIAS DE MEDIAS

Sea $\overline{X_1}$ la media de una muestra de tamaño n_1 extraída de la población normal y sea $\overline{X_2}$ la media de una muestra de tamaño n_2 extraída de otra población normal.

Hemos visto que $\overline{X_1} - \overline{X_2}$ es una variable aleatoria definida como la diferencia de medias muestrales tales que

$$\mu_{\overline{X_1}-\overline{X_2}} = \mu_1 - \mu_2 \quad \text{y} \quad \sigma^2_{\overline{X_1}-\overline{X_2}} = \frac{\sigma_1^2}{n_1} + \frac{\sigma_2^2}{n_2}$$

Si los tamaños de muestra son suficientemente grandes ($n_1 + n_2 \geq 30$), aplicando el TCL diremos que el estadístico $Z = \dfrac{(\overline{X_1} - \overline{X_2}) - (\mu_1 - \mu_2)}{\sigma_{\overline{X_1}-\overline{X_2}}}$ es tal que $Z \to N(0, 1)$.

Ahora estamos interesados en hallar el Intervalo de Confianza del para $\mu_1 - \mu_2$

Si $\hat{\theta} = \overline{X_1} - \overline{X_2}$ es un estimador de $\theta = \mu_1 - \mu_2$,

entonces se cumple que

$$P(\,|\,\hat{\theta} - \theta\,| < \varepsilon\,) = P(\,|\,(\overline{X_1} - \overline{X_2}) - (\mu_1 - \mu_2)\,| < \varepsilon\,) \; = \; 1 - \alpha$$

Es decir $P[-\varepsilon < (\overline{X_1} - \overline{X_2}) - (\mu_1 - \mu_2) < \varepsilon\,] \; = \; 1 - \alpha$

Aquí, al construir la variable muestral, T, en el centro de esta desigualdad, tendremos determinado los límites del intervalo que estamos buscando.

Sea $T = \dfrac{(\overline{X_1} - \overline{X_2}) - (\mu_1 - \mu_2)}{\sigma_{\overline{X_1}-\overline{X_2}}}$ la variable muestral para el caso de dos poblaciones. Si despejamos la diferencia de medias poblacionales, obtendremos

$$(\overline{X_1} - \overline{X_2}) - T_{1-\alpha/2}\; \sigma_{\overline{X_1}-\overline{X_2}} < \mu_1 - \mu_2 < (\overline{X_1} - \overline{X_2}) + T_{1-\alpha/2}\; \sigma_{\overline{X_1}-\overline{X_2}}$$

En este punto debemos determinar dos cuestiones:

Qué distribución tiene la variable muestral T (Normal, χ^2, t, F)

Cómo obtener $\sigma_{\overline{X}_1-\overline{X}_2}$ que como ya sabemos, depende de T

Puesto que se trata de medias muestrales, T debe ser Normal o t de Student. Esto dependerá del tamaño de muestra conjunta $(n_1 + n_2)$ si es mayor que 30 o no.

Y la obtención de $\sigma_{\overline{X}_1-\overline{X}_2}$ dependerá de si σ_1^2 y σ_1^2 son conocidas o no.

Para ello debemos tomar en las situaciones:

Caso 1: Que $n_1 + n_2 \geq 30$ con varianzas poblacionales conocidas

En este caso $\sigma_{\overline{X}_1-\overline{X}_2} = \sqrt{\dfrac{\sigma_1^2}{n_1}+\dfrac{\sigma_2^2}{n_2}}$ y T $\rightarrow$ N(0, 1)

Según esto, el intervalo correspondiente será

$$\left(\overline{X}_1-\overline{X}_2\right)-Z_{1-\alpha/2}\;\sigma_{\overline{X}_1-\overline{X}_2} < \mu_1-\mu_2 < \left(\overline{X}_1-\overline{X}_2\right)+Z_{1-\alpha/2}\;\sigma_{\overline{X}_1-\overline{X}_2}$$

Ejemplo 9

Para probar la efectividad de dos nuevas técnicas de ventas, se eligieron a dos grupos de vendedores. La primera técnica, aplicado a 18 vendedores, logró un promedio en sus ventas de 75 productos con una desviación de 5.

La segunda técnica se aplicó a 15 vendedores, quienes obtuvieron un promedio en sus ventas de 70 productos con una desviación de 6. Obtenga un intervalo de confianza del 95% para las medias poblacionales.

Solución

Tomando en cuenta los datos del problema, complete la siguiente tabla

	Técnica 1	Técnica 2
Tamaño de muestra	$n_1 =$	$n_2 =$

Promedio	$\overline{x}_1 =$	$\overline{x}_2 =$
Desviación estándar	$s^2{}_1 =$	$s^2{}_2$
Nivel de confianza		
$1 - \alpha/2 =$		
$Z_{1-\alpha/2} =$		
$\sigma_{\overline{X}_1 - \overline{X}_2 =}$		

Reemplazando los valores en el intervalo dado líneas arriba, tenemos:

Caso 2: Que $n_1 + n_2 \geq 30$ con varianzas poblacionales desconocidas.

Como T $\rightarrow$ N(0, 1) se debe usar los estimadores de σ_1^2 y σ_2^2, que son s_1^2 y s_2^2

Según esto $\sigma_{\overline{X}_1 - \overline{X}_2} = \sqrt{\dfrac{S_1^2}{n_1} + \dfrac{S_2^2}{n_2}}$ con lo cual, el Intervalo de confianza será

$$\left(\overline{X}_1 - \overline{X}_2\right) - Z_{1-\alpha/2}\sqrt{\frac{\sigma_1^2}{n_1} + \frac{\sigma_2^2}{n_2}} < \mu_1 - \mu_2 < \left(\overline{X}_1 - \overline{X}_2\right) + Z_{1-\alpha/2}\sqrt{\frac{\sigma_1^2}{n_1} + \frac{\sigma_2^2}{n_2}}$$

Basta con reemplazar las varianzas muestrales, por las varianzas poblacionales en el intervalo del caso a).

Escriba aquí el intervalo para $\mu_1 - \mu_2$, correspondiente al 95% de confianza (use el Z correspondiente a $1 - \alpha = 0.95$:

Ejemplo 10

El banco del Estado de Río desea estimar la diferencia entre las medias de los saldos de las tarjetas de crédito de dos de sus sucursales. Una muestra independiente de tarjetahabientes generaron los resultados que aparecen en la siguiente tabla.

Sucursal 1	Sucursal 2
$n_1 = 32$	$n_2 = 36$
$\overline{x}_1 = \$500$	$\overline{x}_2 = \$375$
$S_1 = \$150$	$S_2 = \$130$

Determine un estimador puntual para la diferencia entre las medias de los saldos de las dos sucursales

Determine un intervalo de confianza del 99% para la diferencia entre las medias de los saldos. Analice otros intervalos abriendo el archivo

	Muestra 1	Muestra 2
Tamaño de muestra	$n_1 =$	$n_2 =$
Promedio	$\overline{x_1} =$	$\overline{x_2} =$
Desv. estánd. poblac.	$\sigma_1 =$	$\sigma_2 =$
Nivel de confianza =		
$1-\alpha/2 =$		
$Z_{1-\alpha/2} =$		
Suponiendo varianzas poblacionales iguales, debemos encontrar un s^2 según se ha visto y luego $\sigma_{\overline{X_1}-\overline{X_2}=}$	$s^2 =$ $\sigma_{\overline{X_1}-\overline{X_2}=}$	

ICMedia.xls, en la hoja IC para la media.

Solución

Según sabemos el estimador puntual para la diferencia de medias es $\overline{X_1}-\overline{X_2}$. Por ello, el valor del estimador será $\overline{X_1}-\overline{X_2} = \$ \ldots\ldots$

Si $1-\alpha/2 = \ldots\ldots$ entonces $Z_{1-\alpha/2} = \ldots\ldots\ldots$; $\sigma_{\overline{X_1}-\overline{X_2}} = \sqrt{\dfrac{S_1^2}{n_1}+\dfrac{S_2^2}{n_2}} = \ldots\ldots$

Luego el intervalo de confianza para la diferencia de medias será:

$\ldots\ldots\ldots\ldots\ldots\ldots\ldots\ldots\ldots\ldots\ldots\ldots\ldots\ldots\ldots\ldots\ldots$

Caso 3: Que $n_1 + n_2 < 30$ con varianzas poblacionales conocidas.

Qué distribución se emplea para la diferencia de medias muestrales en este caso? t de Student, Chi – Cuadrado o F de Fisher? $\ldots\ldots\ldots\ldots\ldots\ldots$

Usando t de Student, a qué es igual $\sigma_{\overline{X_1}-\overline{X_2}} = \ldots\ldots\ldots\ldots\ldots$

Según esto, el Intervalo de Confianza para la diferencia de medias será

$$\boxed{(\overline{X}_1 - \overline{X}_2) - t_{1-\alpha/2}\ \sigma_{\overline{X}_1 - \overline{X}_2} < \mu_1 - \mu_2 < (\overline{X}_1 - \overline{X}_2) + t_{1-\alpha/2}\ \sigma_{\overline{X}_1 - \overline{X}_2}}$$

Reemplace el valor de $\sigma_{\overline{X}_1 - \overline{X}_2}$ y escriba el intervalo para $\mu_1 - \mu_2$ en este caso

… ……………………………………………………………………………………

Nota:

Recuerde que debe tener bien claro la fórmula para $\sigma_{\overline{X}_1 - \overline{X}_2}$

Caso 4: Que $n_1 + n_2 < 30$ con varianzas poblacionales desconocidas.

Siendo $n_1 + n_2 < 30$ y las varianza poblacionales desconocidas, existe aún dos situaciones que debemos suponer:

Que siendo desconocidas, suponer que son iguales; es decir, $\sigma_1 = \sigma_2$

En este caso la variable muestral $T = \dfrac{(\overline{X}_1 - \overline{X}_2) - (\mu_1 - \mu_2)}{\sigma_{\overline{X}_1 - \overline{X}_2}}$ → $t(n_1+n_2-2)$

Donde $\sigma_{\overline{X}_1 - \overline{X}_2} = \sqrt{\dfrac{s^2}{n_1} + \dfrac{s^2}{n_2}}$ en el cual se está usando s^2 como estimador de σ^2

y $s^2 = \dfrac{(n_1 - 1)s_1^2 + (n_2 - 1)s_2^2}{n_1 + n_2 - 2}$

Luego el Intervalo de Confianza para este caso será

………………………………………………………………………………………..

Ejemplo 11

Una compañía de automóviles de alquiler está tratando de decidir la compra de neumáticos, entre las marcas GoodTrack y OptiRaid, para su flota de taxis en una ciudad. Para estimar la diferencia entre las dos marcas, se efectúa un experimento empleando 12 de cada marca. Los neumáticos se usan hasta que se desgastan. Los resultados para la muestra GoodTrack on: $\overline{x_1}$ = 36,300 Km; s_1 = 5,000 Km, mientras que para OptiRaid son $\overline{x_2}$ = 38,100 Km y s_2 = 6,100 Km.

	Marca 1	Marca 2
Tamaño de muestra	n_1 =	n_2 =
Promedio	$\overline{x_1}$ =	$\overline{x_2}$ =
Desv. estánd. Poblac.	σ_1 =	σ_2 =
Nivel de confianza =		
1-α/2 =		
$t_{1-\alpha/2}$ =		
Suponiendo varianzas poblacionales diferentes, debemos encontrar un g que representa los grados de libertad, usando la fórmula dada líneas arriba.	g = $\sigma_{\overline{X_1}-\overline{X_2}}$ =	

Calcule un intervalo de confianza del 95% para μ_1- μ_2. Suponga que las muestras son extraídas de una población aproximadamente normal.

Solución

Complete la siguiente tabla con los datos del problema y su propia deducción

Según el cuadro, el intervalo de confianza para μ_1- μ_2 será

……………………………………………………..

Que siendo desconocidas, suponer que son diferentes; es decir, $\sigma_1 \neq \sigma_2$

Cuando no se conocen las varianza poblacionales y se suponen que son diferentes, hemos visto que la variable muestral T, toma la forma

$$T = \frac{(\overline{X_1} - \overline{X_2}) - (\mu_1 - \mu_2)}{\sqrt{\dfrac{S_1^2}{n_1} + \dfrac{S_2^2}{n_2}}}$$ cuya distribución es t(g), donde

$$g = \frac{\left(\dfrac{S_1^2}{n_1} + \dfrac{S_2^2}{n_2}\right)^2}{\dfrac{\left(\dfrac{S_1^2}{n_1}\right)^2}{n_1-1} + \dfrac{\left(\dfrac{S_2^2}{n_2}\right)^2}{n_2-1}}$$

Según esto, el Intervalo de confianza del $100(1-\alpha)\%$ para $\mu_1- \mu_2$ será

....

Ejemplo 12

El jefe de mantenimiento de una compañía debe cambiar de producto de limpieza. De dos marcas de productos que hay en el mercado, decide adquirir como prueba 8 productos de cada una de las dos marcas. El registro de evaluación de cada uno de estos productos proporcionó los siguientes resultados:

Marca 1	Marca 2
$\overline{x_1} = 250$ hrs.	$\overline{x_2} = 375$ hrs.
$S_1 = 150$ hrs.	$S_2 = 130$ hrs.

Construya el intervalo de confianza para la diferencia de medias con un riesgo del 5%.

Se podría, en base al intervalo encontrado, inferir respecto a cuál de las marcas de productos se preferiría comprar?

Solución

Usando el mismo procedimiento anterior, complete la tabla.

Ahora obtenga el intervalo del 95% para la diferencia de medias.

Resumen

Abra el archivo IC para la media.xls y diríjase a la hoja IC para diferencia de medias. Use esta plantilla para resolver sus problemas de Intervalo de Confianza para la diferencia de medias.

PROBLEMAS PROPUESTOS

Estimación de la media

1. Una tienda de pinturas quiere estimar la cantidad correcta de pintura que hay en las latas de un galón, compradas a un conocido fabricante. Por las especificaciones del productor se sabe que la desviación estándar de la cantidad de pintura es igual a 0.02 galones. Se selecciona una muestra aleatoria de 50 latas y la cantidad promedio de pintura en cada lata es 0.995 galones.

   a) Establezca una estimación por intervalo de confianza del 99% de la cantidad promedio real por lata de toda la producción.

   b) Con base en estos resultados ¿sería posible que el propietario de la tienda tuviera derecho a quejarse al fabricante? ¿Por qué?

2. Un analista de investigación de mercados quiere estimar el promedio del ingreso familiar mensual de una determinada población. En una muestra aleatoria de tamaño 100 de esa población se encontró que el promedio del ingreso familiar era de S/.2500. Suponga que el ingreso se distribuye normalmente con desviación estándar igual a S/.300 .

   a) Determine el intervalo de confianza (I.C) del 95% para la estimación requerida

   b) Si la población consiste de 2000 ingresos familiares. Construya un intervalo de confianza del 95% para la *estimación del ingreso total.*

3. El dueño de un establecimiento de servicio de fotocopias está preocupado por conocer el ingreso promedio diario obtenido dado que sospecha de la honestidad del encargado del establecimiento. Suponga que el valor de la desviación estándar es de S/.50. Si los ingresos se encuentran distribuidos en forma normal, ¿cuál debe ser el número de días que debe supervisar personalmente el establecimiento para que con un nivel del 95% de confianza el valor del promedio muestral del establecimiento se encuentre a no más de S/.15 del verdadero valor del ingreso diario del establecimiento?

4. Se desea tener una estimación de los montos por cobrar de los arbitrios en el municipio de La Molina en el presente trimestre. Se sabe que en el trimestre anterior la desviación estándar de dichos montos fue S/. 35.

   a) ¿Cuál será el tamaño de muestra necesario de contribuyentes, si se desea tener un margen de error no mayor a 8 soles, con una seguridad del 95%?

b) Si se sabe que el municipio tiene 25000 contribuyentes, ¿cual será el tamaño de muestra necesario de contribuyentes, si se desea tener un margen de error de 5 soles con una seguridad del 95%?

5. En los últimos doce meses, el volumen promedio diario de ventas de una tienda de autoservicio fue de US$ 2000. El gerente afirma que en los últimos 25 días del mes anterior hubo una disminución sustancial con respecto al volumen normal de las ventas. Al finalizar el periodo de estos 25 días, se comprobó que el volumen diario de ventas y su desviación estándar fueron de US$ 1800 y US$ 200, respectivamente; se asume que el volumen diario de ventas es una variable aleatoria con distribución normal. Sobre la base de la información muestral, ¿encuentra apoyo la afirmación del gerente?. Realice la estimación con 98% de confianza.

a) Los resultados de la revisión de una muestra de 100 cuentas de ahorros en US dólares de BANAMEX, mostraron que el saldo promedio de las cuentas fue de US$ 1000 con una desviación estándar de US$ 500.

b) ¿Cuál será el intervalo de confianza del 95% del saldo promedio de todas las cuentas de ahorros en US dólares de BANAMEX?

c) Si se sabe que BANAMEX tiene 10000 cuentas de ahorros en US dólares, ¿cuál será el intervalo de confianza del 95% del saldo total de las cuentas del banco?

6. En un depósito se cuentan con 2000 objetos de cierto tipo adquiridos en diferentes periodos y por tanto tienen distintos costos. El comerciante estima el costo total en 30,000 unidades monetarias (u.m). Para verificar tal estimación se toma una muestra aleatoria de 50 costos x_1, $x_2, \ldots, x_{50}$ encontrándose:

$$\sum x_i = 900 \text{ u.m}, \quad \sum x_i^2 = 47{,}450 \text{ u.m}^2$$

a) ¿Cuánto es el costo total estimado a partir de la muestra?

b) Utilizando un intervalo de confianza del 95% para el costo total, ¿es el valor estimado de la muestra coherente con el valor estimado por el comerciante?. Verifique.

7. La Asociación Nacional de Defensa del Consumidor hace encuestas entre asiduos concurrentes a los chifas de Lima para determinar calificaciones de calidad de este tipo de restaurantes. La calificación máxima es de 10. Suponga que se toma una muestra aleatoria de

50 clientes y que a cada uno se le pide calificar el chifa *Shao Ling*. Las calificaciones obtenidas en la muestra se presentan en la columna 1 del archivo guia3.ods.

Determine un estimado del intervalo de confianza del 95% para la calificación promedio de este chifa.

8. Una muestra de 10 latas de 120 grs. de café instantáneo *COLCA,* seleccionadas al azar de una población normal, tuvieron un rendimiento de 285, 291, 279, 288, 282, 285, 291, 279, 288 y 282 tazas de café. Se utilizó una medida estándar para la preparación de las tazas de café. ¿Entre que valores se encontrará el número promedio de tazas que deben rendir dichas latas de café con una confianza del 98%?

9. A un grupo de 15 estudiantes se les sometió a un test de inteligencia y se registró los tiempos que utilizaron para realizar dicho test:

   3.4 2.8 4.4 2.5 3.3 4.0 4.8 2.9 5.6 5.2 3.7 3.0 3.6 2.8 y 4.8 .

   Bajo el supuesto de que los tiempos tienen una distribución normal.
   a) ¿Cuál cree que es el intervalo del 95% de confianza del verdadero valor del tiempo promedio para efectuar el mencionado test de inteligencia?
   b) Si el psicólogo encargado considera que el tiempo verdadero es de 5.0 minutos, ¿qué opina usted al respecto?

Estimación de la proporción

10. Los anunciadores de televisión creen, equivocadamente, que la mayoría de televidentes entienden la mayor parte de la publicidad que ven y escuchan. Una investigación utilizó recientemente 2000 telespectadores de 18 años o más de edad. Cada uno vio cortos de 30 segundos de publicidad televisiva. Resultó que 1540 de los televidentes no entendieron todo o parte de los cortos. Estime con 95% de confianza la proporción de todos los telespectadores que no entendieron todo o parte de los cortos televisivos que se utilizan en el estudio.

11. El gerente de producción de artefactos eléctricos garantiza que el 95% de los artefactos que se producen están de acuerdo con las especificaciones estándares exigidas. Examinando una muestra de 200 unidades de dichos artefactos se encontró que 25 son defectuosos.

Si se pone en duda la afirmación del gerente de producción ¿cuál será el intervalo de confianza del 96% para la proporción de artefactos defectuosos?

12. Se desea realizar una encuesta de mercado para estimar la proporción de consumidores que prefieren a una de las dos marcas líderes en el mercado de embutidos. Asimismo, se requiere que el error al estimar esta proporción no sea mayor de 4 puntos porcentuales con un nivel de confianza del 95%. El Dpto. de marketing estima que el 25% de los consumidores prefieren a una de las marcas. Si cuesta US $1500 poner en marcha la encuesta y US $5 por entrevista, ¿cuál será el costo total de la encuesta?.

13. La Gerencia General de la Superintendencia Nacional de Registros Públicos (SUNARP) realizó una encuesta para conocer como percibían los usuarios la calidad del servicio. Se les preguntó si creían que el servicio es mejor en la actualidad que hace dos años, obteniéndose los siguientes resultados (código 0 corresponde a un entrevistado con respuesta negativa y código 1 afirmativa).

    Los datos se encuentran en la columna 2 del archivo guia3.ods.

Obtenga un intervalo de confianza para la proporción poblacional de usuarios que creen que el servicio ha mejorado con un 95% de confianza.

14. En una encuesta de opinión pública se invita a 100 personas, seleccionadas de una población de 10000 a expresar su preferencia por el producto A con respecto a otras marcas; a partir de esta muestra se concluye que entre 2100 y 3900 personas prefieren el producto A. ¿Qué nivel de confianza se usó en este informe?.

15. Cable Futuro S.A. desea estimar la proporción de sus clientes que comprarían una revista con los programas selectos de televisión por cable. La compañía emplea una confianza del 95% para un margen de error de ±0.05 con respecto a la proporción real. La experiencia anterior en otras áreas señala que el 75% de los clientes comprarán la revista de programas. ¿Qué tamaño de muestra se necesita?

16. Vista Asociados, empresa de estudios de mercado, está interesada en conocer la proporción de consumidores de cierto producto cuya publicidad se lanzó hace dos meses. Si de una muestra de 300 personas, 100 consumen el producto.
    a) ¿Cuál será el intervalo del 96% de confianza de la verdadera proporción de consumidores?

b) ¿Cuál cree que debería ser el tamaño de muestra en una posterior investigación, si se desea tener un nivel de confianza del 96% con un error de estimación no mayor a 0.04?.

17. Suponga que usted ha realizado una encuesta para estimar la verdadera proporción de consumidores que adquiriría su producto en Arequipa.

18. Si usted tomó como muestra 500 personas y encontró que la proporción era de 25%; cuál es su estimado de la proporción de consumidores que adquirirían su producto con un nivel de confianza de 95%?

19. Si se exige que la estimación tenga una confiabilidad del 95% con una precisión de 4 puntos porcentuales, y si el trabajo muestral tiene un costo fijo de S/. 2400 y a cada encuestador se le paga S/4 por entrevista. Halle el costo total de la encuesta si no se tiene estimados previos sobre la proporción real de consumidores que adquiere el producto.

<u>Estimación de la varianza</u>

20. Un fabricante quiere estimar la variabilidad de los niveles de impureza de los envíos de materia prima de un determinado proveedor. Extrae para ello una muestra de quince envíos y comprueba que la desviación típica muestral en la concentración de los niveles de impureza es de 2.36%. Supóngase que la población es normal.
   a) Calcular un intervalo de confianza del 95% para la varianza poblacional.
   b) Sin hacer los cálculos, determinar si un intervalo de confianza del 99% tendría una longitud mayor, menor o igual a la del intervalo calculado en el apartado a).

21. En la fabricación de anillos para motores, se sabe que el diámetro promedio es de 5 cm. con una desviación estándar igual a 0.005 cm. El proceso es vigilado en forma periódica mediante la selección aleatoria de 64 anillos, midiendo sus diámetros. Así en la última muestra se obtuvo una desviación estándar de 0.0065 y se consideró que la variabilidad de los diámetros estaba bajo control ¿Cuáles son los límites de la variabilidad esperados con un nivel del 95% de confianza?. Suponga que los diámetros tienen distribución normal.

22. Se espera tener cierta variación nominal en el espesor de las láminas de plástico que una máquina produce. Para determinar cuándo la variación en el espesor se encuentra dentro de ciertos límites, cada día se seleccionan en forma aleatoria 12 láminas de plástico y se mide en milímetros su espesor. Los datos que se obtuvieron son los siguientes:

12.6   11.9   12.3   12.8   11.8   11.7   12.4   12.1   12.3   12.0   12.5   12.9

Si se supone que el espesor es una variable aleatoria distribuida normalmente. Obtenga los intervalos de confianza estimados del 90%, 95% y 99% para la varianza desconocida del espesor.

23. Un grupo de empresarios desea invertir una gran cantidad de dinero en una gran empresa de alta tecnología. Para tomar una decisión desea que dicha empresa le proporcione un rango de valores de su riesgo sobre el beneficio mensual, medido a través de la desviación estándar, con un 99% de confianza. Para elaborarlo la empresa le proporciona a usted como integrante del grupo empresarial los datos que aparecen en la columna 3 del archivo guia3.ods.

    Indique la información que debe proporcionar al grupo inversor.

24. Según registros del departamento de calidad de la compañía "A", el peso de ciertos paquetes tiene una distribución normal con peso medio de 40 gramos y $\sigma = 0.25$ gramos. Una muestra aleatoria de 20 paquetes dio S = 0.32 gramos. ¿ Con 95% de confianza, se podría concluir que la variabilidad de los paquetes se ha incrementado?. Justifique.

<u>Estimación de la Razón de varianzas y de diferencia de medias</u>

25. Una empresa posee un departamento de costos que informa del costo total soportado por la empresa y un departamento de ventas que informa de los ingresos totales. Los directivos desean conocer un rango de valores para el beneficio medio, con el fin de informar a los accionistas en la próxima Junta General. Ambos departamentos le proporcionan los datos que aparecen en las columnas 8 y 9 del archivo guia3.ods.

    Sabiendo Que los ingresos totales siguen una distribución normal con $\sigma = 8$ y los costos totales una distribución normal con $\sigma = 10$. Obtenga un intervalo de confianza del 99% para el beneficio medio.

26. La siguiente información se refiere a la vida útil en años de dos marcas de motores para refrigeradores:

Marca	Promedio	Desv. Est.	muestra
A	12.0	1.2	50

B	13.8	1.5	50

Si se calcula los límites de confianza del 90% para $\mu_A - \mu_B$, ¿a qué conclusión llegaría usted.?

27. En los últimos años se está vendiendo autos coreanos, cuya aceptación en el mercado fundamentalmente se debe al alto rendimiento en kilómetros por galón de gasolina. El gerente de ventas de la marca Hyundai sostiene que los autos que ellos ofrecen no tienen competencia ya que el rendimiento promedio es de 62 km/gal. Sin embargo, los representantes de la marca Daewoo, no piensan lo mismo consideran que sus autos superan dicha cifra con creces, pues tienen un rendimiento promedio de 69 km/gal. Como la publicidad que se maneja confunde un tanto al consumidor, el instituto oficial de defensa al consumidor ha tomado una muestra de 9 autos de ambas marcas, a los cuales les ha hecho las pruebas y mediciones de rendimiento correspondientes Los resultados fueron los siguientes:

Hyundai	62.0	61.0	60.0	60.5	61.5	61.0	62.5	60.0	60.5
Daewoo	69.0	69.5	68.0	68.5	69.0	69.5	68.0	67.0	67.5

¿A un nivel de confianza del 99%, los datos muestrales obtenidos indican que los representantes de Daewoo tienen razón?

28. Una empresa de software está investigando la utilidad de dos lenguajes diferentes para mejorar la rapidez de programación. A doce programadores, familiarizados con ambos lenguajes, se les pide que programen un cierto algoritmo en ambos lenguajes, y se anota el tiempo que tardan, produciendo los siguientes datos en minutos:

Lenguaje 1:	17	16	21	14	18	24	16	14	21	23	13	18
Lenguaje 2:	18	14	19	11	23	21	10	13	19	24	15	20

Con base en estos datos, calcular:

a) Un intervalo de confianza al 95% para la diferencia de medias en el tiempo de programación.

b) ¿Puede considerarse que uno de los dos lenguajes es preferible al otro?"

29. Los administradores de dos sucursales Suc1 y Suc2 proporcionan a la gerencia general de la empresa la informacion que aprarece en las columnas 6 y 7 del archivo guia3.ods acerca de sus beneficios netos.

Los directivos de la empresa desean presentar en la próxima Junta General de Accionistas las cifras correspondientes al beneficio neto esperado de cada sucursal (o su estimado) junto con un rango de valores para el riesgo relativo del beneficio neto de ambas sucursales, esto es, un rango de valores para el cociente de desviaciones estandar del beneficio neto con un 99% de confianza. Calcule los límites del intervalo.

Estimación de la diferencia de proporciones

30. En un instituto de idiomas se están probando dos nuevos métodos de enseñanza del inglés. Con el objeto de conocer sus resultados, en el método A se involucraron a 80 alumnos; mientras que 100 en el método B. Al final del ciclo académico se obtuvo que el 70% de los alumnos del método A fueron sobresalientes; en cambio en el método B, sólo al 60% se les pudo considerar como sobresalientes. Halle el intervalo de confianza del 99% para la verdadera diferencia en las proporciones de alumnos sobresalientes de los dos métodos de enseñanza del idioma inglés?

31. En una muestra al azar de 250 baterías tomadas de la línea de producción de CAPSA se encuentra que 20 son defectuosas y en una muestra al azar de 300 unidades sacada de la línea de fabricación de VOLTA, 18 son defectuosas. ¿Cuál será el intervalo del 99% de confianza para la verdadera diferencia de la proporción de baterías defectuosas entre CAPSA y VOLTA?

32. Una empresa de Marketing la semana pasada lanzó, por todos los medios de comunicación, la publicidad de un nuevo producto para el cuidado del cabello y quiere conocer si la publicidad permitió que el producto sea conocido, y sobre todo está interesada en saber si existe una diferencia marcada entre hombres y mujeres. Se tomó una muestra de 200 hombres de los cuales 80 contestaron que conocían el producto mientras que de una muestra de 200 mujeres la mitad dijeron conocer el producto, ¿cuál es el intervalo del 95% de confianza para la diferencia las proporciones entre hombres y mujeres?

33. En una encuesta de preferencia de marcas en Arequipa de 1600 consumidores en un área dada, 760 expresaron su preferencia por la marca A y 840 por todas las otras marcas combinadas. En la ciudad Lima, 600 consumidores de 1,200 prefirieron la marca A. Construya un intervalo de confianza del 99% para la diferencia de la preferencia de la marca A en las dos ciudades. Interprete.

34. A una agencia de publicidad le encargan la elaboración de un anuncio de TV para un champú. Sus especialistas en marketing desarrollan dos posibles anuncios A1 y A2, que deciden poner a prueba para determinar cual tiene mayor impacto sobre la audiencia. Para ello se pasó cada uno de ellos 4 veces al día en un área de prueba durante una semana. A la semana siguiente se llevó a cabo una encuesta telefónica para identificar quienes habían visto los anuncios y si recordaban el mensaje principal en ellos, obteniéndose los datos que aparecen en las columnas 4 y 5 del archivo guia3.ods (el código 0 significa que el individuo no recuerda el mensaje principal y el código 1 que si lo recuerda).

Obtenga un intervalo de confianza del 99% para la diferencia de proporciones de individuos que recuerdan el mensaje principal de los anuncios de TV.

<u>Problemas Diversos</u>

35. La oficina de transportes del municipio de Lima afirma que el parque automotor de servicio público tiene una antigüedad promedio de 10 años. Para comprobar esta aseveración, se escogen al azar 400 unidades que circulan por la ciudad y se registra el número de años que están operando cada una de ellas. Se obtuvo los siguientes datos:

$$\sum x_i = 5000 \qquad \sum x_i^2 = 72500$$

además se observó 80 unidades con una antigüedad mayor a 18 años

a) Calculando los límites de confianza del 95%, ¿encuentra apoyo la afirmación de la oficina de transportes?.

b) Estime con 98% de confianza la proporción de unidades con antigüedad no mayor a 18 años. <u>Interprete</u> su resultado.

36. A manera experimental, SURMEBANK ha entregado, previa evaluación, tarjetas de crédito a una muestra representativa de 20 profesores universitarios de Lima, luego de un mes se registra el consumo, en soles, de cada uno de ellos con la mencionada tarjeta. Los datos obtenidos son:

68 76	63	77	87	63	64	83	76	67
66 62	76	79	58	73	66	69	64	51

a) Estime con 97% de confianza el consumo promedio real mensual de los profesores que hacen uso de esta tarjeta. <u>Interprete</u> el resultado obtenido.

b) Si el banco espera entregar en el futuro esta tarjeta a $N = 400$ profesores universitarios de todo Lima, estime con 97% de confianza el ingreso total del banco por consumos con esta tarjeta.

37. En un proceso de envasado de frascos de champú se utiliza dos máquinas envasadoras. De acuerdo con las especificaciones técnicas, ambas maquinas deben llenar los frascos en un contenido promedio de 400 ml. El gerente de producción desea saber si en realidad no existe diferencia significativa entre ambas máquinas en el proceso de envasado. En tal sentido, selecciona al azar 10 frascos de champú producidos por una máquina, observando que el contenido promedio fue de 403.34 ml. con una desviación estándar de 2.4 ml. Del mismo modo, escogió aleatoriamente 9 frascos de la otra máquina, comprobando que el contenido promedio de estos fue de 398.75 ml. con una desviación de 6.8 ml. ¿Cree usted que tiene sustento la afirmación del gerente de producción, si éste asume un nivel de confianza del 99%?

38. En la encuesta de estudio de mercado del nuevo producto CAFETÍN, café soluble instantáneo, se comprobó que a 150 de 250 consumidores potenciales entrevistados, no les agradó el producto. Además, se comprobó que en los consumidores que les agradó el café, la edad promedio fue de 55 años con una desviación estándar de 25 años. Con una confianza del 95%:

a) ¿Entre que valores se podría estimar la proporción de los consumidores que les agrada el nuevo producto?

b) ¿Entre que valores se podría estimar la edad promedio de los consumidores que les agrada el nuevo producto?

39. Se introduce al mercado un nuevo tipo de leche evaporada en cajas, cuyo contenido promedio se especifica en las mismas y es igual a 0.25 litros. La aceptación del producto se probó en las bodegas de un Distrito Tipo C de Lima Metropolitana. Al final del periodo de prueba de 30 días, se comprobó que en las 25 bodegas se vendió en promedio 150 cajas con una desviación estándar de 9 cajas.

a) De acuerdo con los datos de la muestra, ¿puede usted afirmar que se puede esperar un promedio de ventas (por bodega del distrito) superior a las 145 cajas. Usar $1 - \alpha = 0.99$

b) Si en el distrito existen 2500 bodegas, establezca un intervalo de confianza del 99% para el número de cajas necesarias para abastecer dicho mercado.

c) Por otro lado, el contenido de cajas fue un detalle observado por los consumidores. Algunos consideraban que el contenido de las cajas estaba por debajo del especificado en las etiquetas. Para tal efecto se tomó una muestra de 15 cajas comprobándose su contenido y los resultados fueron los siguientes: 0.23; 0.24; 0.24; 0,24; 0.25; 0.23, 0.23; 0.22; 0.22; 0.20; 0.25; 0.23; 0.24; 0.24; y 0.25. Diga usted si existe suficiente evidencia como para afirmar que el contenido medio está por debajo del especificado en las cajas.

d) ¿Entre que valores se encontrará la desviación estándar de los contenidos de las cajas con una confianza del 98%?

40. El director de personal de una gran corporación quiere estudiar el ausentismo entre los empleados en las oficinas centrales de la empresa durante el último año. Una muestra aleatoria de 25 empleados mostró lo siguiente: una media de 9.7 días y una desviación estándar de 4.0 días; y 12 empleados estuvieron ausentes durante más de 10 días. Estime intervalos de confianza del 95% para cada uno de los casos siguientes:

a) El número promedio de días de ausentismo de los empleados durante el último año. Interprete.

b) La proporción de empleados ausentes más de 10 días en el último año.

c) ¿Qué tamaño de muestra requeriría si quisiera tener una confianza del 95% de estar en lo correcto en una escala de 1.5 días y se supone que la desviación estándar de la población es 4.5 días?

d) ¿Qué tamaño de muestra se necesitaría si el director deseara tener una confianza del 90% de estar en lo correcto en una escala de ± 0.075 de la proporción real de empleados que se ausentaron más de 10 días, si no se cuenta con estimados anteriores?

## CAPÍTULO XIV

PRUEBA DE HIPÓTESIS

CONCEPTOS BÁSICOS

En el capítulo anterior nos hemos dedicado a obtener un estimador puntual para un determinado parámetro o estimarlo mediante un intervalo de confianza a partir de los resultados estadísticos de la muestra.

Como consecuencia de obtener el valor aproximado o el intervalo donde se encuentra el parámetro es natural plantear una afirmación. Pero esta afirmación en realidad constituye un supuesto cuya validez debe ser comprobada mediante los resultados estadísticos de muestras cuyos datos deben ser actualizados.

Por ello diremos que una **Hipótesis Estadística** es una afirmación o supuesto que se plantea respecto al valor de un parámetro o el comportamiento de una población (la distribución que tiene) y cuya veracidad o falsedad puede ser comprobada estadísticamente.

Diremos que la hipótesis que formulemos y que debe ser comprobada constituirá la hipótesis nula mientras que llamaremos hipótesis alternativa a la hipótesis de contraste pues mediante ella se deberá probar la nula. Representaremos con **Ho** la hipótesis nula y con **H₁** la alternativa.

La hipótesis nula puede ser **Simple**, cuando la afirmación que se plantea afirma que el parámetro toma un único valor, mientras que diremos que es **Compuesta** cuando toma múltiples valores.

En una situación real, toda vez que se plantea una hipótesis estadística siempre se está tomando una decisión, por ejemplo: Realizar la acción A. Si la decisión que se toma luego de la formulación de Ho, entonces se la está aceptando como verdadera. Pero también se puede decidir: No realizar la acción A; es lógico pensar que en este caso se la está rechazando; es decir, "deducimos a priori" que es falsa.

El párrafo anterior sugiere el siguiente cuadro.

Ho

		Verdadera	Falsa (H1 verdadera)
Ho	Aceptar	Decisión correcta $1 - \alpha$	Decisión incorrecta <u>Error de tipo II</u> β
	Rechazar (Aceptar H1)	Decisión incorrecta <u>Error de tipo I</u> α	Decisión correcta $1 - \beta$

De acuerdo a esto definimos:

Error de tipo I: (α)

Afirmar que Ho no es cierta cuando en realidad sí lo es.

Rechazar la hipótesis nula cuando en realidad ésta es verdadera

Otra forma de definirla: Afirmar erróneamente que Ho es falsa.

Error de tipo II: (β)

Afirmar que Ho es cierta cuando en realidad no lo es

Aceptar la hipótesis nula cuando en realidad ésta es falsa

Otra forma de definirla: Afirmar erróneamente que Ho es verdadera.

<u>Por lo general es el error más grave pues implica tomar la acción A habiendo aceptado que Ho es cierta y comprobar después que no era verdadera.</u>

Potencia de la prueba: ($1 - \beta$)

Es la capacidad de rechazar la hipótesis nula cuando ésta es falsa. A mayor valor de la potencia de la prueba, menor será el error de tipo II.

Nivel de significación: (α)

Es la máxima probabilidad con la que estamos dispuestos a correr el riesgo de cometer el error de tipo I.

Se interpreta como el $100\alpha\%$ de veces en las que la hipótesis nula o hipótesis del problema será rechazada cuando después que era verdadera.

Probabilidades de los errores tipo I y II

Error de tipo I: $\alpha = P(\text{Rechazar Ho / Ho es Verdadera})$

Error de tipo II: β = P(Aceptar Ho / Ho es Falsa; es decir H1 es cierta)

Modelos de hipótesis nula y alternativa

Sea θ el parámetro poblacional y θ_0 un valor particular de dicho parámetro.

Modelo A: Llamado también De cola a la izquierda

Ho: $\theta \geq \theta_0$: Interpretado como "El parámetro no es menor a θ_0 "

H1: $\theta < \theta_0$: Interpretado como "El parámetro es menor a θ_0 "

Modelo B: Llamado también De cola a la izquierda

Ho: $\theta \leq \theta_0$: Interpretado como "El parámetro no es mayor a θ_0 "

H1: $\theta > \theta_0$: Interpretado como "El parámetro es mayor a θ_0 "

Modelo C: Llamado también De cola bilateral

Ho: $\theta = \theta_0$: Interpretado como "El parámetro es igual a θ_0 "

H1: $\theta \neq \theta_0$: Interpretado como "El parámetro no es igual a θ_0 "

Estadístico de la prueba

Sea X_1, X_2, ..., X_n una muestra aleatoria extraída de una población de parámetro θ. Sea $\hat{\theta}$ = t = $T(X_1, X_2, ..., X_n)$ un estadístico de la muestra. Diremos que θ_C es el estadístico de la prueba, al valor obtenido a partir del estadístico $\hat{\theta}$, tomando en cuenta la distribución muestral de dicho estadístico tomado como una variable muestral. Al estadístico de la prueba lo denotaremos por θ_C

.

Valor o valores críticos

Son los valores para los cuales se tiene a α como probabilidad.

En el caso del modelo de cola a la izquierda, el valor crítico es θ_α

En el caso del modelo de cola a la derecha, el valor crítico es $\theta_{1-\alpha}$

Y en el caso de dos colas o prueba bilateral el valor del nivel de significación α se divide en dos valores iguales: $\alpha/2$ y $1-\alpha/2$.

Estos valores se pueden apreciar en las tres siguientes gráficas correspondientes a los tres modelos: cola izquierda, derecha y doble cola.

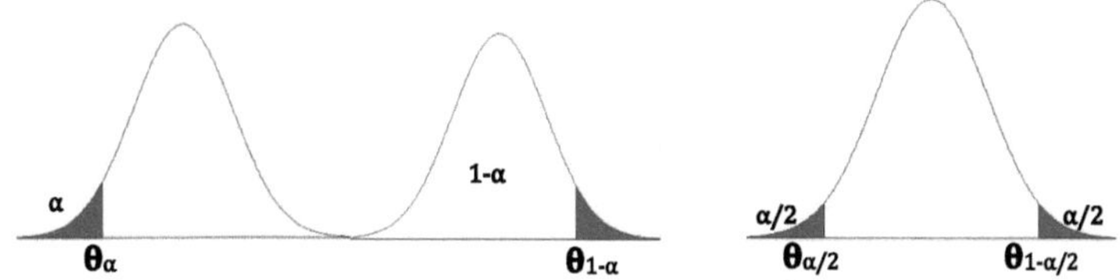

Estos cuatro valores se obtendrán usando el procedimiento de la inversa en la distribución que le

Figura 139

corresponda. Hemos usado la gráfica de la campana de Gauss sólo como un medio para representar la posición de estos valores críticos según corresponda al modelo de hipótesis en cuestión.

Regiones de aceptación y rechazo de la hipótesis nula

Cualquiera que sea el modelo de hipótesis nula Ho, implica el rechazo o la aceptación (preferiremos decir que no se rechaza Ho) de la misma.

Puesto que la comprobación de la validez de Ho se realiza con los datos muestrales, entonces el espacio de los valores muestrales se divide en dos regiones: La región de rechazo de Ho o región crítica y la región de aceptación o de no rechazo de Ho.

Para definir ambas regiones usaremos gráficos tomando en cuenta la campana de Gauss (forma de la curva normal o t de Student). El mismo esquema se presenta si se toma la curva correspondiente a las distribuciones Chi cuadrado o F de Fisher.

Para el modelo A:

Ho: $\theta \geq \theta_0$: Interpretado como "El parámetro no es menor a θ_0 "

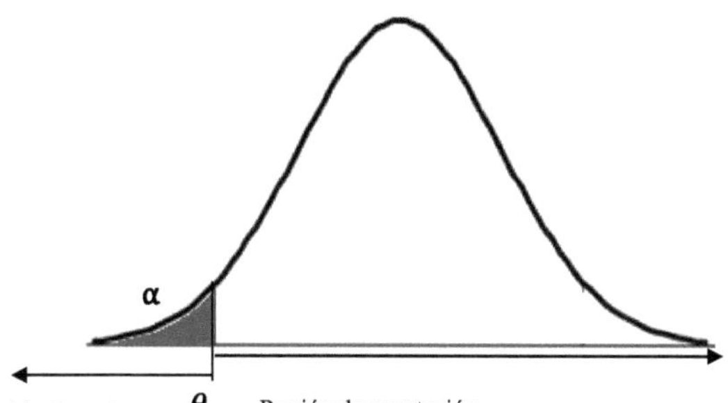

H1: $\theta < \theta_0$: Interpretado como "El parámetro es menor a θ_0 "

Figura 140

213

$$Región\ de\ rechazo = \left\{ \widetilde{\hat{\theta}} \,/\, \hat{\theta} < \theta_\alpha \right\}$$

$$Región\ de\ aceptación = \left\{ \widetilde{\hat{\theta}} \,/\, \hat{\theta} \geq \theta_\alpha \right\}$$

Modelo B:

Ho: $\theta \leq \theta_0$: Interpretado como "El parámetro no es mayor a θ_0 "

H1: $\theta > \theta_0$: Interpretado como "El parámetro es mayor a θ_0 "

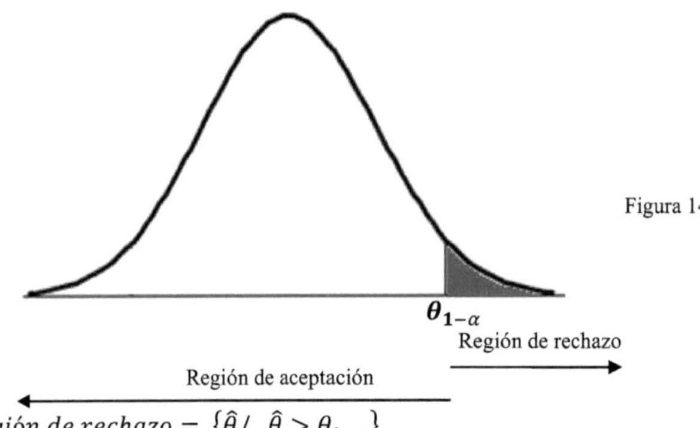

Figura 141

$$Región\ de\ rechazo = \left\{ \hat{\theta} /\ \hat{\theta} > \theta_{1-\alpha} \right\}$$

$$Región\ de\ aceptación = \left\{ \widetilde{\hat{\theta}} \,/\, \hat{\theta} \leq \theta_{1-\alpha} \right\}$$

Modelo C:

Ho: $\theta = \theta_0$: Interpretado como "El parámetro no es mayor a θ_0 "

H1: $\theta \neq \theta_0$: Interpretado como "El parámetro es mayor a θ_0 "

$$Región\ de\ rechazo = \left\{ \hat{\theta}/\hat{\theta} < \theta_{\frac{\alpha}{2}} \quad ó \quad \hat{\theta} > \theta_{1-\frac{\alpha}{2}} \right\}$$

$$Región\ de\ aceptación = \left\{ \hat{\theta}/\theta_{\frac{\alpha}{2}} \leq \hat{\theta} \leq \theta_{1-\frac{\alpha}{2}} \right\}$$

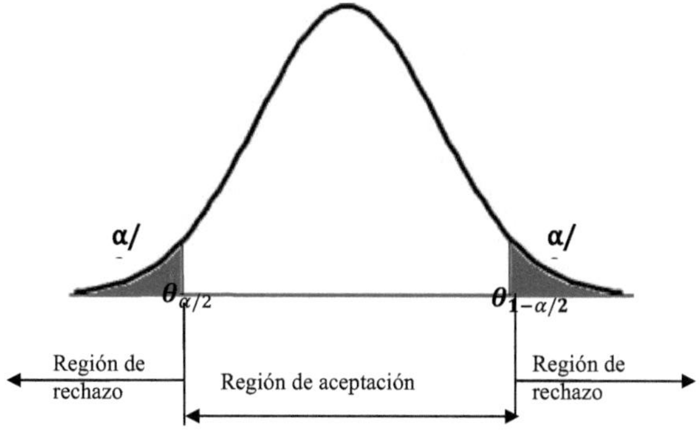

Figura 142

Nota Previa:

Usaremos el Calc del Open Office para todo lo que se requiera de las distribuciones continuas.

El programa Calc dispone de herramientas para realizar las siguientes pruebas de hipótesis en el caso de comparación de dos parámetros:

** Prueba para diferencia de media con varianzas conocidas

** Prueba para la razón de varianzas

** Prueba para diferencia de media con varianzas desconocidas e iguales

** Prueba para diferencia de media con varianzas desconocidas y diferentes.

** Prueba para datos pareados.

En aquellos temas o exigencias nuestras, el Calc no las cubre, nosotros las implementaremos para dar respuesta a los problemas.

Estamos seguros que, en una nueva edición del libro y, con el constante desarrollo de avance que tiene el Open Office, tendremos automatizado las pruebas de hipótesis y, si así no fuera, estamos seguros que los implementaremos con la elaboración de todas las macros necesarias.

<u>Sintaxis de las funciones del Calc que vamos a usar:</u>

<u>Normal:</u>

P(X<a) = Distr.Norm(a;media;desvest;1)

1- α = Distr.Norm(a;media;desvest;1)

a = Distr.Norm.Inv(α;media;desvest)

<u>t de Student:</u>

P(X<a) = 2 α = Distr.t(a;glib;2)

a = Distr.t.inv(2 α;glib)

Chi Cuadrado:

$P(X < a) = \text{Distr.Chi}(a; \text{glib})$

$a = \text{Prueba.Chi.Inv}(1-\alpha; \text{glib})$

F de Fisher:

$P(X<a) = \text{Distr.F}(\text{glibNum}; \text{glibDen})$

$a = \text{Distr.F.Inv}(\alpha; \text{glibNum}; \text{glibDen})$

PRUEBA DE HIPÓTESIS PARA LA MEDIA

Cuando la varianza poblacional es conocida

Modelo de cola a la izquierda:

Ho: $\mu \geq \mu_0$

H1: $\mu < \mu_0$

Valor crítico:

$Z_\alpha = \text{Distr.Norm.Inv}(\alpha, 0,1)$

Estadístico de la prueba:

$$Z_C = \frac{\overline{X} - \mu_0}{\sigma/\sqrt{n}}$$

El estadístico de la prueba es el mismo para los tres modelos.

Criterio de decisión:

Si $Z_C < Z_\alpha$ entonces se rechazará la hipótesis nula; en caso contrario no se rechazará.

Modelo de cola a la derecha:

Ho: $\mu \leq \mu_0$

H1: $\mu > \mu_0$

Valor crítico:

$Z_{1-\alpha} = \text{Distr.Norm.Inv}(1-\alpha, 0,1)$

Criterio de decisión:

Si $Z_C > Z_{1-\alpha}$, entonces, se rechazará la hipótesis nula; en caso contrario no se rechazará.

Modelo de cola bilateral:

Ho: $\mu = \mu_0$

H1: $\mu \neq \mu_0$

Valor crítico:

$Z_{1-\alpha/2}$ = Distr.Norm.Inv(1-α/2, 0,1)

$Z_{\alpha/2}$ = Distr.Norm.Inv(α/2, 0,1)

Criterio de decisión:

Si $Z_C < Z_{\alpha/2}$ ó $Z_C > Z_{1-\alpha/2}$ entonces se rechazará la hipótesis nula en caso contrario no se rechazará.

Cuando la varianza poblacional no es conocida

Puesto que la varianza poblacional no es conocida, la distribución a ser usada es la distribución t de Student con (n -1) grados de libertad.

El estadístico de la prueba se obtiene usando $t_C = \dfrac{\overline{X} - \mu_0}{s/\sqrt{n}}$

Los valores críticos son similares los mismos excepto que se obtienen usando la inversa en t de Student.

El criterio de decisión es equivalente, sólo debe tomarse en cuenta la distribución t de Student con n-1 grados de libertad.

Ejemplo 01

El ingreso medio de los trabajadores de las industrias metalúrgicas es de 1580 soles con una desviación de 300 soles. La autoridad del trabajo afirma que en los últimos meses los ingresos medios se han incrementado. Para comprobar esta afirmación se toma una muestra de 49 empleados, encontrando un ingreso medio de 1650 soles. A un nivel del 5% de significación, apoyaría la afirmación de dicha autoridad?

Solución

Datos: μ_0 = 1580; σ = 300;   n = 49; $\overline{X}$ = 1650;   α = 0.05

Las hipótesis:

$H_0: \mu \leq 1580$

$H_1: \mu > 1580$

Como la varianza poblacional es conocida, usaremos normal, por lo que el estadístico de la prueba es

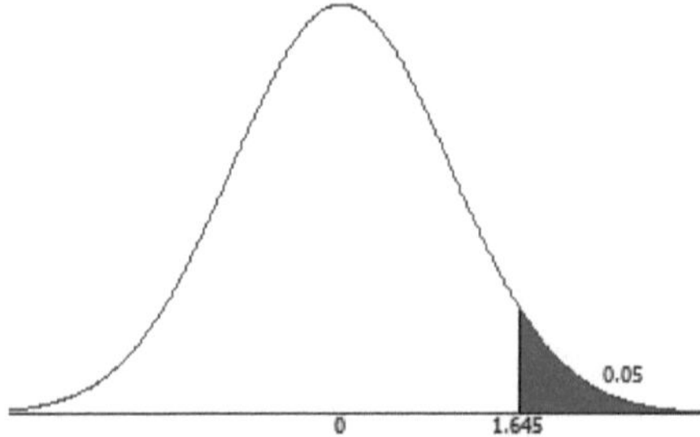

Figura 143

$$Z_C = \frac{\overline{X} - \mu_0}{\sigma/\sqrt{n}} = 1.6333$$

$$Valor\ crítico = Z_\alpha = Z_{0.95} = 1.645$$

Criterio de decisión:

Como Zc no es mayor que el valor crítico, no rechazamos Ho; es decir, no apoyaría la afirmación de la autoridad del trabajo.

Ejemplo 02

Una encuesta realizada a 64 empleados profesionales de una gran empresa reveló que el tiempo promedio de permanencia en dicho centro laboral era de 5 años, con una desviación estándar de 4 años. ¿Sirven estos datos de soporte a la hipótesis de que el tiempo promedio de permanencia en un centro laboral está por debajo de los 7 años? Use un nivel de significación del 5%.

Solución

Datos del problema: $\mu_0 = 7$; $s = 4$;　　$n = 64$;　　　　$\overline{X} = 5$; $\alpha = 0.05$

Las hipótesis:

$H_0 : \mu \geq 7$

$H_1 : \mu < 7$

En este caso, la varianza poblacional es desconocida, por lo que usaremos la distribución t de Student. Según esto, el estadístico calculado es

$$t_C = \frac{\overline{X} - \mu_0}{s/\sqrt{n}} = -4$$

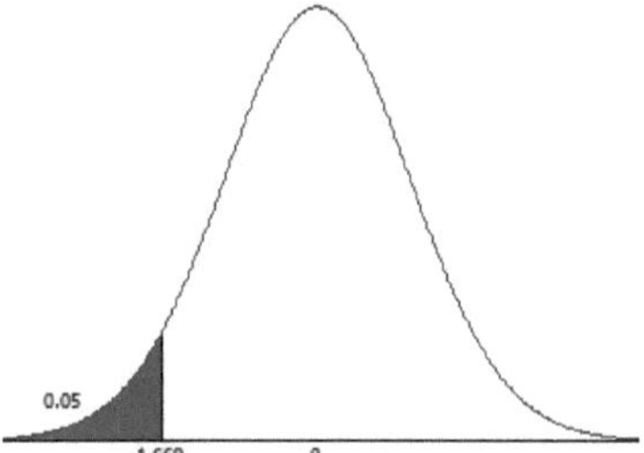

Figura 144

Como t_c es menor que el valor crítico: DISTR.T.INV(0.1;63) = 1.669 entonces rechazamos Ho; es decir, es cierto que el tiempo medio de permanencia de estos empleados está por debajo de 7 años.

Ejemplo 03

Un proceso de envasado opera con una media de 500 ml y una desviación estándar de 5 ml. Se tiene la sospecha de que la media del proceso ha disminuido, y para verificar esto se toman al azar 25 envases, resultando una media de 498.6 ml.

a) Al 1% de significación, ¿la sospecha tiene justificación?

b) ¿Cuál es la probabilidad de que usted decida no rechazar la hipótesis nula siendo la verdadera media del proceso 495 ml? Use 1% de significación.

Solución

Datos: μ_o = 500; σ = 5;   n = 25; $\overline{X}$ = 498.6; α = 0.01

$H_0: \mu \geq 500$: La media del proceso no ha disminuido

$H_1: \mu < 500$: La media del proceso ha disminuido

Siendo varianza conocida, usaremos la distribución normal.

$$Z_C = \frac{\overline{X} - \mu_o}{s/\sqrt{n}} = -1.4$$

Z_α = DISTR.NORM.INV(0.01;0;1) = -2.326347

a) Criterio de decisión: Como el estadístico de la prueba no es menor que el valor crítico, no rechazamos la hipótesis nula; esto significa que la media del proceso no ha disminuido.

b) La nueva media = μ_1 = 495.

Por la forma de la pregunta, se trata de hallar la probabilidad de cometer el error de tipo II; es decir β.

Según el siguiente gráfico en el cual se muestra la curva normal cuando la media es 498.6 y cuando la nueva media es 495, debemos encontrar el valor de L, que determina la región de rechazo de Ho cuando en realidad es verdadero, error de tipo I y la región de aceptación de Ho cuando en realidad es falsa (ya que la media es otra), que es el error de tipo II o β.

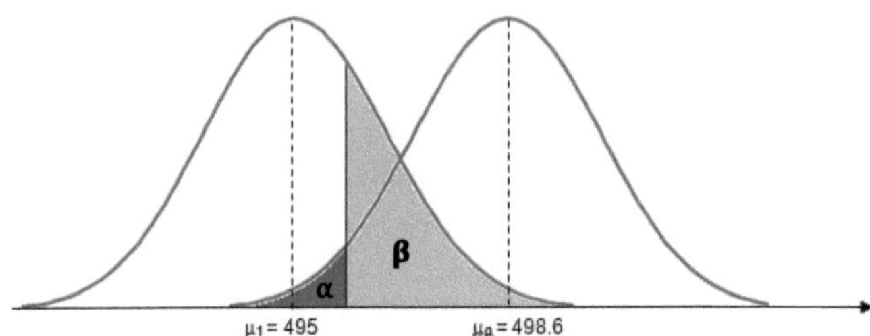

Figura 145

Por ello

β = P(Aceptar Ho / Ho es F) = $P(\overline{X} > L/\mu_1 = 495)$

Calculemos primero L:

Como $Z_\alpha = \dfrac{L-\mu_0}{\sigma/\sqrt{n}}$ entonces $L = \mu_0 + Z_\alpha * \dfrac{\sigma}{\sqrt{n}} = 496.955$

Luego β $= P(\overline{X} > L/\mu_1 = 495) = 1 - P\left(Z \leq \dfrac{496.955-495}{5/\sqrt{25}}\right) = P(Z \leq 1.955)$

= 1-Distr.Norm(1.955;0;1) = 0.02529

PRUEBA DE HIPÓTESIS PARA LA PROPORCIÓN

Sea π la proporción de éxitos en una población Binomial. Sea p la proporción de éxitos en una muestra de tamaño n extraída de dicha población.

A continuación, pasamos a recordar los tres modelos de hipótesis aplicados para una proporción poblacional:

Modelo de cola a la izquierda:

Ho: $\pi \geq \pi_0$

H1: $\pi < \pi_0$

Estadístico de la prueba:

Aplicando el Teorema del Límite Central,

el estadístico de prueba es

$$Z_C = \frac{p - \pi_0}{\sqrt{\dfrac{\pi_0(1 - \pi_0)}{b}}}$$

Figura 146

El valor crítico es Z_α

El criterio de decisión:

Si $Z_C < Z_\alpha$ entonces se rechazará la nula, en caso contrario no se rechazará.

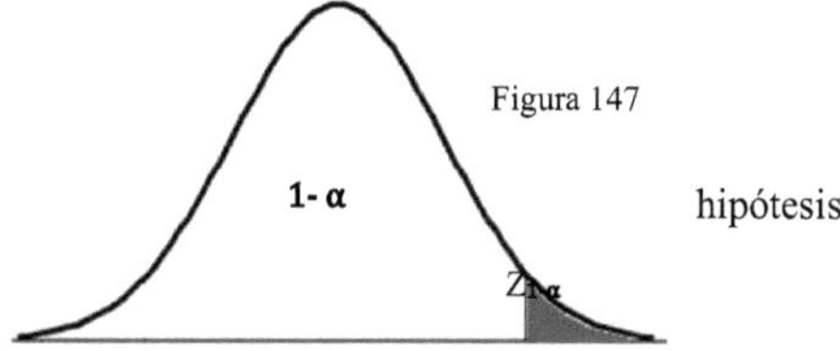

hipótesis

Modelo de cola a la derecha:

Ho: $\pi \leq \pi_0$

H1: $\pi > \pi_0$

En cuanto al estadístico de la prueba es el mismo.

El gráfico muestra que $Z_{1-\alpha}$ será el valor crítico.

Criterio de decisión:

Si $Z_C > Z_\alpha$ entonces se rechazará la hipótesis nula, en caso contrario no se rechazará.

Modelo de cola bilateral:

Ho: $\pi = \pi_0$

H1: $\pi \neq \pi_0$

En este caso tenemos dos valores críticos:

Z_α y $Z_{1-\alpha/2}$, como se muestra en la gráfica.

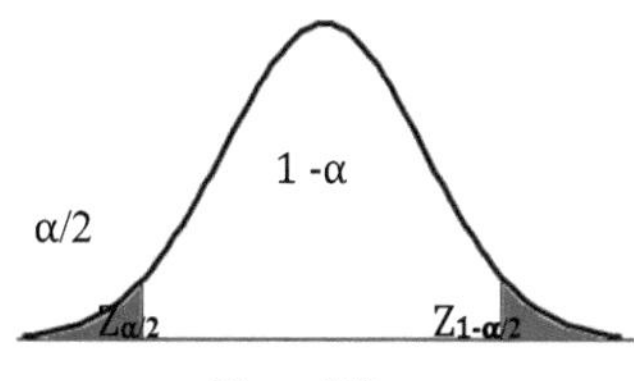

Criterio de decisión:

Si $Z_C < Z_{\alpha/2}$ o Si $Z_C > Z_{1-\alpha/2}$ entonces se rechazará la hipótesis nula, en caso contrario no se rechazará.

Ejemplo 04

Un fabricante garantiza que el 90% de los equipos que comercializa están de acuerdo con los estándares exigidos. Para comprobar si en esta fábrica se cumplían con estos requerimientos se tomó una muestra de 200 unidades y se encontró 25 equipos presentaban algún tipo de defecto. A un nivel de significación del 5% ¿existe alguna evidencia que apoye la afirmación del fabricante?

Solución

Sea π la proporción de equipos que cumplen con las especificaciones exigidas.

Datos del problema: $\pi_0 = 0.90$;   n = 200:   nro. de éxitos (no defectuosos) = 175.

Ho: $\pi = \pi_0$ Cumple con las especificaciones

H1: $\pi \neq \pi_0$ No cumple con las especificaciones

Según esto, la proporción muestral de éxitos será p = 0.80.

Estadístico de la prueba: $Z_C = \dfrac{p - \pi_0}{\sqrt{\dfrac{\pi_0(1-\pi_0)}{n}}} = -1.1785$

Valor crítico: $Z_{0.025} = -1.96$ y $Z_{0.975} = 1.96$

Según esto, como el estadístico de la prueba no es menor que ni mayor que los valores críticos, no se rechaza la hipótesis nula; por lo que no existe evidencia suficiente para no apoyar la afirmación del fabricante.

Ejemplo 05

El propietario de una casa comercial deseaba conocer la proporción de cuentas por cobrar con más de 60 días de vencimiento. Dicho propietario estima que a lo más el 20% de las cuentas por cobrar tienen más de 60 días de vencimiento.

Una muestra aleatoria de 150 cuentas por cobrar revela que 36 cuentas tenían más de 60 días de vencimiento. Al nivel del 5%, ¿es válida la afirmación del propietario?

Solución

Sea π la proporción de cuentas por cobrar con más de 60 días de vencimiento.

Datos: $\pi_0 = 0.20$; $n = 150$:   nro. de éxitos (no defectuosos) = 36

Ho: $\pi \leq \pi_0 = 0.20$

H1: $\pi > \pi_0 = 0.20$

Estadístico de la prueba: $Z_C = 1.2247$

Valor crítico = $Z_{0.95} = 1.645$

Como el estadístico de la prueba no es mayor que el valor crítico, no se rechaza Ho. Por lo tanto la afirmación del propietario es válida al 5% de significación.

PRUEBA DE HIPÓTESIS PARA LA VARIANZA

Recordemos que, dada una muestra aleatoria X1, X2,…, Xn extraída de una población normal de parámetro σ^2, podemos afirmar que el estadístico $s^2 = \frac{\Sigma(X_i - \overline{X})^2}{n-1}$ es un estimador puntual de este parámetro donde $T = \frac{(n-1)s^2}{\sigma^2} \rightarrow \chi^2(n_1 - 1)$.

Las afirmaciones relativas a los valores que pueda tomar la varianza permiten formular un modelo de hipótesis, los que en general pueden ser planteados de la siguiente manera:

Para los siguientes tres modelos, el estadístico de la prueba es el mismo; es decir,

$$\chi_C^2 = \frac{(n-1)s^2}{\sigma_0^2}$$

El o los valores críticos dependerá (n) del modelo de hipótesis

<u>Modelo de cola a la izquierda:</u>

Ho: $\sigma^2 \geq \sigma_0^2$

H1: $\sigma^2 < \sigma_0^2$

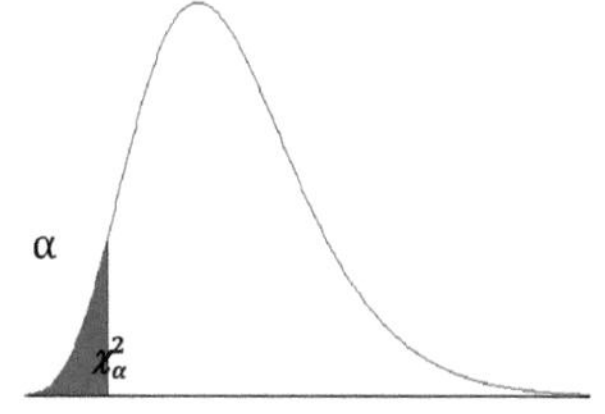

Figura 149

El valor crítico según se muestra en el gráfico, será χ^2_α obtenido por la inversa en Chi–cuadrado con (n-1) grados de libertad.

Criterio de decisión:

Rechazar Ho si el estadístico de la prueba es menor al valor crítico de otra manera no rechazar Ho.

<u>Modelo de cola a la derecha:</u>

Ho: $\sigma^2 \le \sigma_0^2$

H1: $\sigma^2 > \sigma_0^2$

En este modelo el valor crítico es $\chi^2_{1-\alpha}$

Criterio de decisión:

Rechazar Ho si $\chi^2_C > \chi^2_{1-\alpha}$

en caso contrario, no rechazar Ho.

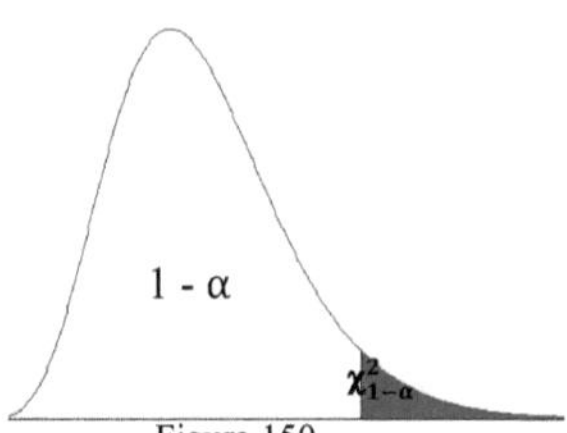

Figura 150

<u>Modelo de cola bilateral:</u>

Ho: $\sigma^2 = \sigma_0^2$

H1: $\sigma^2 \ne \sigma_0^2$

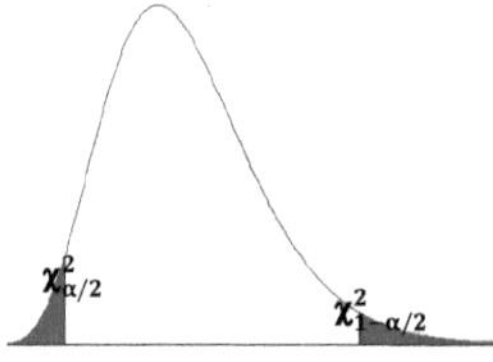

Figura 151

En este modelo debemos hallar los dos valores críticos: $\chi^2_{\alpha/2}$ y $\chi^2_{1-\alpha/2}$

Criterio de decisión:

Rechazar Ho si el estadístico de la prueba es menor a $\chi^2_{\alpha/2}$ o mayor a $\chi^2_{1-\alpha/2}$ en caso contrario no rechazar Ho.

Tome en cuenta la siguiente advertencia:

<u>**Advertencia:**</u>

MS Excel no posee ninguna función o herramienta que permita obtener el valor inverso para una determinada probabilidad usando la distribución Chi-cuadrado; sin embargo, Calc de Open Office sí tiene la función *Prueba.Chi.Inv(...)*. Usaremos esta función para encontrar el valor crítico; sin embargo, podemos también calcular la probabilidad del estadístico de la prueba, que es el famoso **pValor**, y comparar con el nivel de significación para tomar la decisión que corresponda.

La probabilidad de la ocurrencia del estadístico de la prueba siempre se debe evaluar tomando en cuenta el siguiente criterio:

pValor = P(Variable de la distribución en uso < Estadístico de la prueba)

Criterio de decisión usando el pValor:

Este criterio se usa en todas la hipótesis que puedan formularse en todos los campos de la Estadística sea paramétrica o no:

Si pValor < α entonces se deberá rechazar la hipótesis nula, en caso contrario no se rechazará.

Otra advertencia:

Como se puede ver, hemos definido el "pValor" en términos muy generales, puesto que no hace referencia a ningún modelo de hipótesis ni tampoco a ningún parámetro en cuestión o si será para uno o más parámetros y menos aún, no hace referencia a una o más variables, el criterio de decisión planteada será válido para todos los casos en los que se formule una hipótesis estadística.

Ejemplo 06

Un fabricante de cierto tipo de varillas de acero afirma que su producto tiene una desviación estándar de la resistencia a la tensión, no mayor a 5 Kb/cm², cumpliendo de esta manera con los estándares de calidad. Una firma que comercializa este tipo de productos deseando comprobar esta afirmación, toma una muestra de 11 varillas y examina su tensión. Los estadísticos encontrados fueron los siguientes: Una resistencia media de 263 Kg/cm² con una varianza de 48 (Kg/cm²)². A un nivel de significación del 5%, ¿debemos apoyar la afirmación del fabricante?

Solución

Los datos: $\sigma_0 = 5$;   n = 11; $\overline{X}$=263;   s² = 48;   α = 0.05;

Las hipótesis:

Ho: $\sigma^2 \leq 25$

H1: $\sigma^2 > 25$

Estadístico de la prueba: $\chi_C^2 = \frac{(n-1)s^2}{\sigma_0^2} = 19.2$

Valor crítico:

Como es un modelo de cola a la derecha, entonces

$$\chi^2_{1-\alpha}(n-1) = Prueba.Chi.Inv(0.05; 10) = 18.3070$$

Criterio de decisión: Puesto que $\chi^2_C >$ 18.3070, debemos rechazar la hipótesis nula, lo que significa que la afirmación del fabricante no tiene sustento estadístico.

Ejemplo 07

La producción anual de una planta industrial obedece a una distribución normal con varianza 300. Luego de implementarse una nueva técnica con un nuevo equipo, se observó la producción durante 24 meses encontrándose una producción promedio de 10000 unidades con una varianza de 400 unidades cuadráticas. A un nivel de significación del 5% ¿hay razones para creer que la varianza de la producción anual en esta planta cambió?

Solución

Datos: $\sigma^2_0 = 300$;   n = 24; $\overline{X}$=10000;   s² = 400; $\alpha = 0.05$;

Las hipótesis:

Ho: $\sigma^2 = 300$

H1: $\sigma^2 \neq 300$

El estadístico de la prueba:

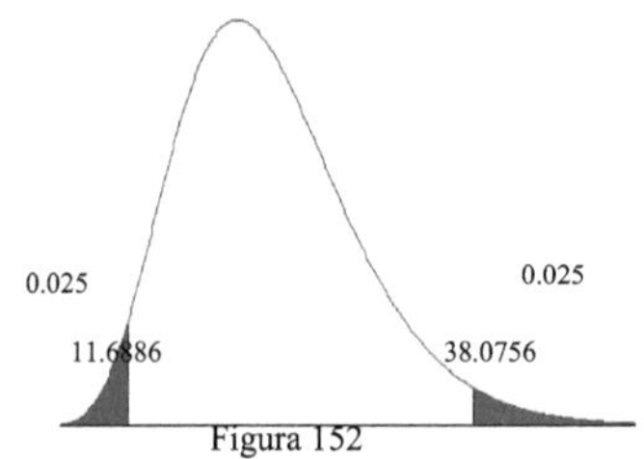

$$\chi^2_C = \frac{(n-1)s^2}{\sigma^2_0} = \frac{23*400}{300} = 30.6667$$

Valor crítico:

$$\chi^2_{\frac{\alpha}{2}} = Prueba.Chi.Inv(0.975; 23) = 11.688552$$

$$\chi^2_{1-\alpha/2} = Prueba.Chi.Inv(0.025; 23) = 38.075627$$

Criterio de decisión:

Como el estadístico de la prueba no es menor que el primer valor crítico no mayor que el segundo, entonces no se debe rechazar Ho. Esto significa que se puede afirmar que la varianza de la producción anual no ha cambiado.

PRUEBA DE HIPÓTESIS PARA LA RAZÓN DE VARIANZAS

Sean X_1, X_2,…, Xn_1 una muestra aleatoria extraída de una población normal con varianza σ_1^2 ; del mismo modo sea Y_1, Y_2,…, Yn_2 otra muestra aleatoria extraída de una población normal con varianza σ_2^2 . Si s_1^2 y s_2^2 son las varianzas de la primera y segunda muestra, respectivamente, podemos afirmar que s_1^2/ s_2^2 es un estimador de la razón de varianzas σ_1^2/ σ_2^2 sabiendo que la variable

$$T = \frac{s_1^2 \big/ \sigma_1^2}{s_2^2 \big/ \sigma_2^2} \to F(n_1 - 1, n_2 - 1)$$

Para comprobar dicha afirmación u otras relativas a la comparación de varianzas, estudiaremos los tres modelos de hipótesis aplicadas a la razón de varianzas.

Estadístico de la prueba

Para los tres modelos el estadístico de la prueba estará basado en la variable T la que al simplificarse se reduce a

$$F_C = \frac{s_1^2}{s_2^2}$$

La variable T anterior se reduce a ésta pues en los tres modelos la hipótesis nula afirmará que las varianzas poblacionales son iguales.

<u>Modelo de cola a la izquierda</u>

$$H_0: \sigma_1^2 \geq \sigma_2^2$$

$$H_1: \sigma_1^2 < \sigma_2^2$$

En este modelo, *el valor crítico será F_α*

Criterio de decisión:

Si $F_C < F_\alpha$ entonces rechazaremos la hipótesis nula, en caso contrario no la rechazaremos.

<u>Modelo de cola a la derecha</u>

$H_0: \sigma_1^2 \leq \sigma_2^2$

$H_1: \sigma_1^2 > \sigma_2^2$

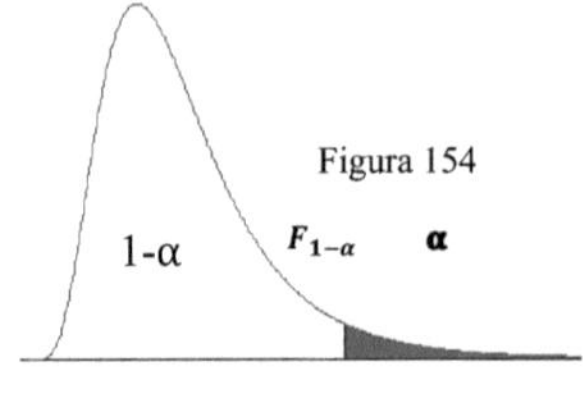

En este caso el *valor crítico será* $F_{1-\alpha}$

como se muestra en la figura.

Criterio de decisión:

Si F_C> F$_\alpha$ entonces rechazaremos Ho, en caso contrario no la rechazaremos.

<u>Modelo de cola bilateral</u>

$H_0: \sigma_1^2 = \sigma_2^2$

$H_1: \sigma_1^2 \neq \sigma_2^2$

En un modelo de dos colas tendremos que

obtener los *valores críticos* $F_{\alpha/2}$ *y* $F_{1-\alpha/2}$

Criterio de decisión:

Si F_C< F$_{\alpha/2}$ ó F_C> F$_{1-\alpha/2}$ entonces rechazaremos Ho en caso contrario no se rechazará.

Ejemplo 08

Un inversionista desea comparar los riesgos asociados con dos tipos de inversión en fondos mutuos, diariamente: Acciones moderadas (AM) y Acciones equilibradas (AE). El riesgo de la inversión en estos fondos se mide por la variación en los cambios que experimentan los precios. El inversionista piensa que el riesgo asociado con las acciones equilibradas es superior que el riesgo asociado con las acciones moderadas. Para tener una clara idea de cómo operar con estas acciones de fondos mutuos, se tomaron muestra de 21 de acciones moderadas y 16 de acciones equilibradas. Obteniéndose los siguientes resultados. Probar con $\alpha = 0.05$.

	Acciones moderadas	Acciones equilibradas
Monto promedio(miles $)	125	115
Desviación estándar	2.5	4.5

Solución

AM: n$_1$ = 21; $\overline{X}_1 = 125$; s$_1$ = 2.5   (1)

AE: $n_2 = 16$; $\overline{X}_2 = 115$; $s_2 = 4.5$ (2)

De acuerdo a los datos, las hipótesis deben ser

$H_0: \sigma_2^2 \leq \sigma_1^2$

$H_1: \sigma_2^2 > \sigma_1^2$

El estadístico de la prueba $F_C = \frac{s_2^2}{s_1^2} = 3.24$

El valor crítico: $F_{1-\alpha} = $ Distr.F.Inv(0.05;15;20) $= 2.20327429$

Según esto, debemos rechazar Ho; con lo cual, diremos que la variación de las acciones equilibradas de fondo mutuo, son superiores a la variación de las acciones moderadas.

Ejemplo 09

Una de las maneras de medir el grado de satisfacción de los empleados de una misma categoría en cuanto a la política salarial es a través de las desviaciones típicas de los salarios de los empleados. La fábrica A dice ser más coherente con la política salarial que la fábrica B. Para verificar esta afirmación, se selecciona una muestra de 10 funcionarios no especializados de A, y 15 de B, obteniendo las desviaciones típicas $S_A = 1$ salario mínimo y $S_B = 1.6$,.salarios mínimos. A nivel del 5% de significación, ¿Cuál sería su conclusión?

Solución

Datos del problema:

Fábrica A: $n_1 = 10$; $s_1 = 1.0$ (1)

Fábrica B: $n_2 = 15$; $s_2 = 1.6$ (2)

Según el enunciado del problema, las hipótesis son:

$H_0: \sigma_1^2 \geq \sigma_2^2$

$H_1: \sigma_1^2 < \sigma_2^2$

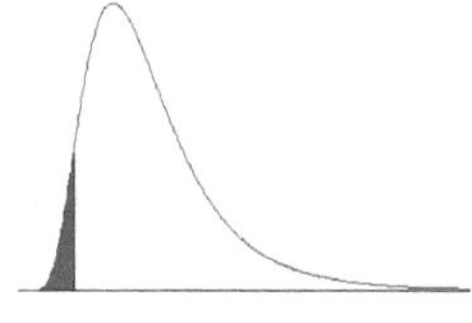

Figura 156

Estadístico de la prueba: $F_C = \frac{1}{1.6^2} = 0.3906$

Valor crítico: $F\alpha = $ Distr.F.Inv(0.95;9;14) $= 0.330526$

Como F_C no es menor que $F\alpha$ entonces no se rechaza Ho; es decir que no es cierto que la política salarial de la fábrica A sea más coherente que la política salarial de la fábrica B.

<u>Ejemplo 10. Resuelto usando Calc de Open Office</u>

El archivo **Precio CobrePlomo.ods** contiene los precios del cobre y plomo durante el mes de marzo del 2012. ¿Sugieren estos precios una variación homogénea en la cotización de ambos tipos de metales? Use un nivel de significación del 5%.

<u>Procedimiento:</u>

La formulación de las hipótesis:

$H_0: \sigma_1^2 = \sigma_2^2$

$H_1: \sigma_1^2 \neq \sigma_2^2$

Abra el archivo mencionado

Calcule las varianzas muestrales: $s_1^2 \quad y \quad s_2^2$.

Calcule el estadístico de la prueba: $F_C = \dfrac{s_1^2}{s_2^2} = \dfrac{5358.311433}{3612.183476} = 1.48339975$

Nivel de significación es $\alpha = 0.05$.

$\mathbf{F1 - \alpha/2} = \text{Distr.F.Inv}(0.975; 20; 20) = 0.705764$

Puesto que Fc no es menor que el valor crítico, entonces no se rechaza la hipótesis nula; es decir, no hay evidencia suficiente para afirmar que las cotizaciones de ambos tipos de metales no sean homogéneas.

Otra forma de decidir:

Usando los valores de F:

Como Fc = 1.4834 no es menor que $F_{1-\alpha}$ = 0.705674, entonces no rechazamos Ho.

Usando el pValor:

Como pValor = DISTR.F(1.48339975;20;20) = 0.192683 no es menor que $\alpha = 0.05$, entonces no rechazamos Ho.

PRUEBA DE HIPÓTESIS PARA LA IGUALDAD DE MEDIAS

Sean $X_1, X_2, \ldots, X_{n_1}$ una muestra aleatoria extraída de una población con media μ_1 y varianza σ_1^2 ; del mismo modo sea $Y_1, Y_2, \ldots, Y_{n_2}$ otra muestra aleatoria extraída de una población con media μ_2 y varianza σ_2^2. De acuerdo a la teoría de la estimación de parámetros, podemos afirmar que

$\overline{X}_1 - \overline{X}_2$ es un estimador puntual de $\mu_1 - \mu_2$. Este tipo de afirmaciones y otros similares relacionados con las medias poblacionales, nos permiten formular modelos de hipótesis de comparaciones de medias, que es lo que vamos estudiar ahora.

Ante todo analicemos el estadístico de la prueba, válido para todos los modelos:

Puesto que $\overline{X}_1 - \overline{X}_2$ es una variable muestral cuya distribución de probabilidad viene dada por $\mu_{\overline{X}_1 - \overline{X}_2} = \mu_1 - \mu_2$ y $\sigma^2_{\overline{X}_1 - \overline{X}_2}$, en donde éste último depende de si las varianzas poblacionales son conocidas o no, contemplemos los siguientes casos:

Caso1: Cuando las varianzas poblacionales σ_1^2 y σ_2^2, son conocidas:

En este caso, $\sigma^2_{\overline{X}_1 - \overline{X}_2} = \frac{\sigma_1^2}{n_1} + \frac{\sigma_2^2}{n_2}$ y en la cual, por el teorema del límite central se usa la distribución normal.

Por esta razón, el estadístico de la prueba será:

$$Z_C = \frac{\overline{X}_1 - \overline{X}_2}{\sqrt{\dfrac{\sigma_1^2}{n_1} + \dfrac{\sigma_2^2}{n_2}}}$$

Caso 2: Cuando las varianzas poblacionales σ_1^2 y σ_2^2 no son conocidas:

Como la distribución muestral de la variable $\overline{X}_1 - \overline{X}_2$ debe ser transformada en una variable t de Student, debemos determinar si las varianzas poblacionales son iguales o diferentes.

Lo anterior implica formular y resolver hipótesis de igualdad de varianzas:

$$H_0: \sigma_1^2 = \sigma_2^2$$
$$H_1: \sigma_1^2 \neq \sigma_2^2$$

Si se rechaza Ho entonces el estadístico de la prueba será:

$$t_C = \frac{\overline{X}_1 - \overline{X}_2}{\sqrt{S_P^2\left(\frac{1}{n_1} + \frac{1}{n_2}\right)}} \text{sabiendo que} \quad S_{sP}^2 = \frac{(n_1 - 1)S_1^2 + (n_2 - 1)S_2^2}{n_1 + n_2 - 2}$$

en el cual usaremos la distribución t con (n_1+n_2-2) grados de libertad.

Pero si no se rechaza la hipótesis nula, entonces el estadístico de la prueba será:

$$t_C = \frac{\overline{X}_1 - \overline{X}_2}{\sqrt{\dfrac{s_1^2}{n_1} + \dfrac{s_2^2}{n_2}}}$$

En el cual usaremos la distribución t con g grados de libertad donde

$$g = \frac{\left(\dfrac{s_1^2}{n_1} + \dfrac{s_2^2}{n_2}\right)^2}{\dfrac{\left(\dfrac{s_1^2}{n_1}\right)^2}{n_1 + 1} + \dfrac{\left(\dfrac{s_2^2}{n_2}\right)^2}{n_2 + 1}}$$

<u>Modelo de cola a la izquierda</u>

Ho: $\mu_1 \geq \mu_2$

H1: $\mu_1 < \mu_2$

El estadístico de la prueba es Z_C o t_C, dependiendo de la distribución.

Criterio d decisión:

Si las varianzas poblacionales son conocidas: Rechazaremos Ho si $Z_C < Z_\alpha$

Si las varianzas poblacionales son desconocidas: Rechazaremos Ho si $t_C < t_\alpha$

<u>Modelo de cola a la derecha</u>

Ho: $\mu_1 \leq \mu_2$

H1: $\mu_1 > \mu_2$

El estadístico de la prueba es Z_C o t_C, dependiendo de la distribución.

Criterio d decisión:

Si las varianzas poblacionales son conocidas: Rechazaremos Ho si $Z_C > Z_{1-\alpha}$

Si las varianzas poblacionales son desconocidas: Rechazaremos Ho si $t_C > t_{1-\alpha}$

Modelo de cola bilateral

Ho: $\mu_1 = \mu_2$

H1: $\mu_1 \neq \mu_2$

El estadístico de la prueba es Z_C o t_C, dependiendo de la distribución.

Criterio d decisión:

Si las varianzas poblacionales son conocidas y supuestas iguales:

Rechazaremos Ho si $Z_C < Z_{\alpha/2}$ o si $Z_C > Z_{1-\alpha/2}$

Si las varianzas poblacionales son desconocidas y supuestas diferentes:

Rechazaremos Ho si $t_C < t_{\alpha/2}$ o si $t_C > t_{1-\alpha/2}$

Ejemplo 11

En una industria se quiere contrastar si la productividad media de los obreros del turno diurno es igual a la productividad media de los obreros del turno nocturno. Para esto se toman dos muestras, uno de cada turno, observándose la producción de cada obrero. Los resultados obtenidos fueron los siguientes:

	n	$\sum x_i$	$\sum x_i^2$
Diurno	15	180	2685
Nocturno	15	150	2550

Suponiendo que la productividad se distribuye normalmente, ¿se puede afirmar que la productividad de los obreros del turno diurno es superior a los del turno nocturno? Use $\alpha = 0.05$

Solución

Las estadísticas de la muestra son:

$n_1 = 15;$ $\overline{X}_D = \frac{180}{15} = 12$ $s_D^2 = \frac{2685-15(144)}{14} = 37.5$

$n_2 = 15;$ $\overline{X}_N = \frac{150}{15} = 10$ $s_D^2 = \frac{2550-15(100)}{14} = 75$

Las hipótesis a ser contrastadas son:

Ho: $\mu_D = \mu_N$

H1: $\mu_D \neq \mu_N$

Como las varianzas poblacionales son desconocidas, formularemos las siguientes hipótesis:

$H_0: \sigma_D^2 = \sigma_N^2$

$H_1: \sigma_D^2 \neq \sigma_N^2$

En este caso: $F_C = \frac{37.5}{75} = 0.5$

Los valores críticos: $F_{\alpha/2} = 0.33573$ y $F_{1-\alpha/2} = 2.97859$

Según esto podemos afirmar que las varianzas poblacionales son iguales.

Volviendo al problema y sabiendo que las varianzas poblacionales son desconocidas e iguales, el estadístico de la prueba es

$$t_C = \frac{\overline{X}_1 - \overline{X}_2}{\sqrt{S_P^2(\frac{1}{n_1} + \frac{1}{n_2})}} = \frac{12 - 10}{\sqrt{\frac{14(37.5) + 14(75)}{15 + 15 - 2}(\frac{1}{15} + \frac{1}{15})}} = 0.730296$$

Los valores críticos:

$t_{\alpha/2} = -2.0484$ $t_{1-\alpha/2} = 2.0484$

Como el estadístico calculado no es menor -2.0484 ni es mayor a 2.0484 entonces no se puede afirmar que la productividad de los trabajadores del turno diurno sea superior a los del turno nocturno.

Ejemplo 12

El departamento de recursos humanos de una gran empresa desea comprobar sus indicadores con respecto al índice promedio de rendimiento en las ventas de su personal.

Por información pasada se sabe que el índice promedio de rendimiento de los empleados que reciben un curso de capacitación es mayor al de aquellos que no asisten al curso. Además, se sabe que la varianza del rendimiento de los que asisten al curso de capacitación es igual a 1.44, mientas que en aquellos que no asisten es igual a 2.25. Para comprobar si la afirmación sigue siendo cierta, se tomó una muestra aleatoria de 60 vendedores adiestrados obteniéndose un índice de rendimiento de 7.35. Por otra parte, se seleccionaron 80 vendedores no capacitados resultando un índice de 6.85. A un nivel del 5% ¿se puede afirmar que la diferencia se mantiene?

Solución

Sea μ_1: Índice promedio de rendimiento de los empleados que asisten a un curso

Y μ_2: Índice promedio de rendimiento de los empleados que no asisten a un curso

Datos del problema:

$$\sigma_1^2 = 1.44; \quad n_1 = 60; \quad \overline{X}_1 = 7.35$$

$$\sigma_2^2 = 2.25; \quad n_2 = 80; \quad \overline{X}_2 = 6.85$$

De acuerdo al problema debemos resolver el modelo:

Ho: $\mu_1 \leq \mu_2$

H1: $\mu_1 > \mu_2$

Como las varianzas poblacionales son conocidas, usaremos la distribución normal

El estadístico de la prueba:

$$Z_C = \frac{7.35 - 6.85}{\sqrt{\dfrac{1.44}{60} + \dfrac{2.25}{80}}} = 2.1900144$$

Como es cola a la derecha, el valor crítico será: $Z_{1-\alpha} = 1.645$

De la comparación de estos valores podemos concluir que se rechaza la hipótesis nula, lo que significa que es cierto que el índice medio de rendimiento de los empleados que reciben el curso es superior al de aquellos que no lo reciben.

Ejemplo 13

Un analista financiero desea saber si ha habido o no cambio significativo en las utilidades por acción de un período a otro entre las empresas que participan en la bolsa de valores de Lima. Una muestra aleatoria de 15 de estas empresas entre las 150, arrojó los siguientes resultados:

	1	2	3	4	5	6	7	8	9	10	11	12	13	14	15
Año1	4.12	2.82	2.80	3.38	2.03	4.80	2.28	4.10	6.39	1.52	2.4	2.25	5.01	1.85	1.95
Año2	4.79	3.20	3.30	2.22	-1.85	3.78	2.51	4.32	5.16	1.75	1.85	-1.31	5.06	2.15	2.07

Con un nivel de significación del 1%, ¿hay diferencia significativa en las utilidades por acción entre los dos años? ¿Qué supuestos se deben plantear?

Solución

Debemos suponer que la población desde donde se extrae la muestra es una población norma y las muestras son independientes.

La hoja C5Ej14 del archivo **Prob01.ods** contiene los datos y los estadísticos de la muestra.

Los datos de la muestra son:

$n_1 = 15;\ \ \overline{X}_1 = 3.18,\ \ \ \ s_1^2 = 1.99747143$

$n_2 = 15;\ \ \ \overline{X}_2 = 2.6\ \ ,\ s_2^2 = 4.25811429$

$\alpha = 0.01$

Las hipótesis a formularse son

Ho: $\mu_1 = \mu_2$

H1: $\mu_1 \neq \mu_2$

Siendo las varianzas poblacionales desconocidas veamos cómo son las varianzas:

$H_0: \sigma_1^2 = \sigma_2^2$

$H_1: \sigma_1^2 \neq \sigma_2^2$

El estadístico de la prueba: $Fc = 1.99747143/4.25811429 = 0.46909766$

Por otro lado, los valores críticos son: $F_{\alpha/2} = 0.232597\ \ \ F_{1-\alpha/2} = 4.29929$

Comparando el estadístico de la prueba con los valores críticos, el criterio de decisión nos permite afirmar que las varianzas poblacionales son iguales.

Según esto, el estadístico de la prueba usando varianzas desconocidas pero iguales

$$t_C = \frac{\overline{X}_1 - \overline{X}_2}{\sqrt{S_P^2(\frac{1}{n_1} + \frac{1}{n_2})}} = \frac{3.18 - 2.6}{\sqrt{0.41703905}} = 0.89813089$$

Valores críticos: $t_{\alpha/2} = -2.76326\ \ \ t_{1-\alpha/2} = 2.76326$

Comparando el estadístico de la prueba con estos valores no se rechaza la hipótesis nula, en consecuencia, podemos afirmar que no hay diferencia significativa en las utilidades por acción en los dos años.

Ejemplo 14

Tomando en cuenta los datos del Ejemplo 13 y a un nivel de significación del 5% ¿se puede afirmar que las utilidades por acción difieren significativamente entre un año y otro?

Solución

Según vimos en el ejemplo 13 el modelo a formular es el de doble cola.

Se trata de resolver primero la hipótesis de igualdad de varianzas:

$$H_0: \sigma_1^2 = \sigma_2^2$$

$$H_1: \sigma_1^2 \neq \sigma_2^2$$

Usando el mismo procedimiento explicado en el Ejemplo 13, obtenemos:

FC = 0.4690929

Valor crítico = 0.40262094

Esto significa rechazar Ho, en consecuencia, podemos afirmar que las varianzas de las cotizaciones por acción en ambos años son diferentes.

Pasamos a resolver el modelo

Ho: $\mu_1 = \mu_2$

H1: $\mu_1 \neq \mu_2$

Basándonos en el hecho de que las varianzas poblacionales son desconocidas y diferentes.

Al hacer clic en <Aceptar> obtendremos los siguientes resultados:

Prueba t para dos muestras suponiendo varianzas desiguales		
	Año1	*Año2*
Media	3.18	2.6
Varianza	1.99747143	4.25811429
Observaciones	15	15
Diferencia hipotética de las medias	0	
Grados de libertad	25	
Estadístico t	0.89813089	
P(T<=t) una cola	0.18884228	
Valor crítico de t (una cola)	1.70814075	
P(T<=t) dos colas	0.37768456	
Valor crítico de t (dos colas)	2.05953854	

Siendo un problema de doble cola usamos el pValor = 0.37768456, lo cual, al compararlo con α = 0.05, rechazaremos la hipótesis nula, en consecuencia, podemos afirmar que sí hay diferencia significativa en las utilidades por acción en los dos años.

PRUEBA DE HIPÓTESIS PARA LA IGUALDAD DE PROPORCIONES

Sea p1 la proporción de éxitos en una muestra de tamaño n1, extraída de una población Bernoulli, de parámetro π_1 . Del mismo modo, Sea p2 la proporción de éxitos en una muestra de tamaño n2, extraída de una población Bernoulli, de parámetro π_2 . El interés que tenemos ahora es comparar las proporciones de éxito entre dos poblaciones a fin de tomar ciertas decisiones.

Esto significa formular modelos de hipótesis que nos permitan comparar ambas proporciones poblacionales para ver si se rechaza o no la hipótesis nula. Como es costumbre, estudiaremos los tres modelos de hipótesis:

Modelo de cola a la izquierda:

Ho: $\pi_1 \geq \pi_2$

H1: $\pi_1 < \pi_2$

Tomando como nivel de significación $100\alpha\%$,

Estadístico de la prueba:

Puesto que el estadístico de la prueba tiene la forma de la variable muestral p, definida como la proporción muestral, entonces

$$Z_C = \frac{(p_1 - p_2)}{\sqrt{\dfrac{p_1(1 - p_1)}{n_1} + \dfrac{p_2(1 - p_2)}{n_2}}}$$

El valor crítico en este modelo será Zα.

Criterio de decisión:

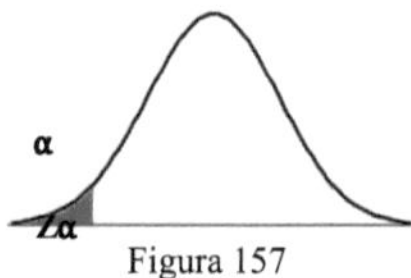

Figura 157

Si $Z_C < Z\alpha$ entonces se rechazará la hipótesis nula, en caso contrario, no se rechazará.

Modelo de cola a la derecha:

Ho: $\pi_1 \leq \pi_2$

H1: $\pi_1 > \pi_2$

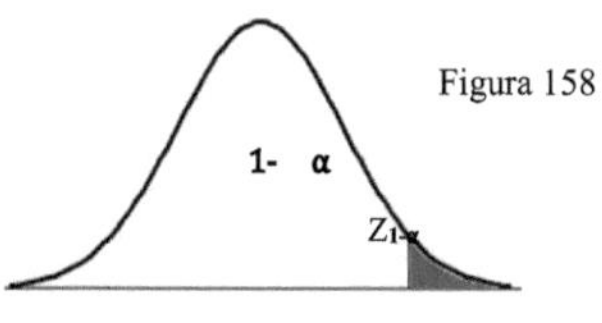

El estadístico de la prueba es el mismo.

El valor crítico será Z1-α , como se aprecia

en la figura

Criterio de decisión:

Si $Z_C > Z1-\alpha$ entonces se rechazará la hipótesis nula, en caso contrario no se rechazará.

Modelo de cola a la derecha:

Ho: $\pi_1 = \pi_2$

H1: $\pi_1 \neq \pi_2$

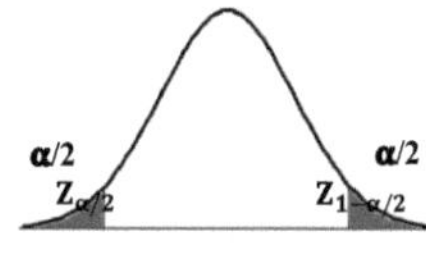

Figura 159

Los valores críticos a tomarse en cuenta son:

$Z_{\alpha/2}$ y $Z_{1-\alpha/2}$ como se muestran en el gráfico.

Criterio de decisión:

Se rechazará la hipótesis nula si $Z_C < Z_{\alpha/2}$ o si $Z_C > Z_{1-\alpha/2}$ en caso contrario, no se rechazará la hipótesis.

Ejemplo 15

El responsable del sector de trabajo desea determinar la frecuencia de desempleo en dos grandes ciudades: Ica y Arequipa. Él sospecha que en Ica el desempleo se ha incrementado en los últimos años más que en Arequipa. Para comprobar esto, se realiza un muestreo seleccionando a 500 personas en cada una de estas ciudades y se encuentra que en Ica hay 35 desempleados y 25 en Arequipa.

Con el 5% de significación se puede afirmar que el responsable de dicho sector tiene razón?

Solución

Sea π_1 y π_2 las proporciones de desempleo en las ciudades de Ica y Arequipa, respectivamente.

Datos: $n_1 = 500$; $n_2 = 500$; $p_1 = 35/500=0.07$; $p_2 = 25/500 = 0.05$, $\alpha = 0.05$

Las hipótesis

Ho: $\pi_1 \leq \pi_2$ El nivel de desempleo en Ica no es mayor que en Arequipa

H1: $\pi_1 > \pi_2$ El nivel de desempleo en Ica es mayor que en Arequipa

Estadístico de la prueba:

$$Z_C = \frac{(p_1 - p_2)}{\sqrt{\dfrac{p_1(1 - p_1)}{n_1} + \dfrac{p_2(1 - p_2)}{n_2}}} = \frac{0.07 - 0.05}{\sqrt{\dfrac{0.07(0.93)}{500} + + \dfrac{0.05(0.95)}{500}}} = 1.33274$$

El valor crítico para un modelo de cola a la derecha es $Z_{1-\alpha} = 1.645$

Como Z_C no es mayor que $Z1-\alpha$ entonces no se rechaza Ho. Esto significa que no es cierta la sospecha del responsable del sector, no tiene razón.

Ejemplo 16

Se desea llevar a cabo un muestreo en Lince y Jesús María con el objeto de determinar la proporción de familias de altos ingresos mensuales que adquieren un departamento en los nuevos conjuntos habitacionales en cada distrito. De una muestra aleatoria de 600 departamentos en ocupados en Lince reveló que 150 estaban ocupadas por familias de altos ingresos mensuales mientras que en una muestra de 300 departamentos seleccionados aleatoriamente en Jesús María indicaba que 54 de ellos estaban ocupados por familias de altos ingresos mensuales. Tomando en cuenta estos resultados, a un nivel de significación del 5% se puede afirmar que no existe diferencia significativa en la proporción de familias que adquieren departamentos en ambos distritos?

Solución

Sea π_1 y π_2 las proporciones de departamentos ocupados por familias de altos ingresos en Lince y Jesús María, respectivamente.

Datos: $n_1 = 600$; $n_2 = 300$; $p_1 = 150/600=0.25$; $p_2 = 54/300 = 0.18$, $\alpha = 0.05$

Las hipótesis

Ho: $\pi_1 = \pi_2$

H1: $\pi_1 \neq \pi_2$

El estadístico de la prueba es $Z_C = 2.4679$

Siendo una prueba bilateral, los valores críticos son: $Z_{\alpha/2} = -1.96$ y $Z_{1-\alpha/2} = 1.96$

De acuerdo al criterio de decisión para este modelo, debemos rechazar la hipótesis nula, lo que significa que sí existe diferencia significativa en el número de familias de altos ingresos mensuales que adquieren departamentos en ambos distritos.

PRUEBA DE HIPÓTESIS PARA DATOS PAREADOS

Como lo explicamos en estimación de la media de datos pareados, en esta oportunidad se trata de formular y resolver problemas de hipótesis relativas a la comparación de la media de la diferencia en los efectos respecto de 0, con la finalidad de saber si hubo efecto o no y si lo hubo saber si éste fue positivo o negativo.

En los tres modelos a formularse usarán la distribución t de Student pues no se conoce la varianza poblacional y se supone que ésta tiene distribución normal.

Por ello el estadístico de la prueba, basado en la distribución de la variable $\overline{D}$, es

$$t_C = \frac{\overline{D}}{\frac{S_D}{\sqrt{n}}}$$

Por ello los modelos a resolver son

<u>Modelo de cola a la izquierda:</u>

$H_0: \mu_D \geq 0$

$H_0: \mu_D < 0$

Criterio de decisión:

Rechazaremos la hipótesis nula si el estadístico de la prueba es menor al valor crítico t_α. Usando el pValor, diremos que se rechaza la hipótesis nula si pValor $< \alpha$.

<u>Modelo de cola a la derecha:</u>

$H_0: \mu_D \leq 0$

$H_0: \mu_D > 0$

Criterio de decisión:

Rechazaremos la hipótesis nula si el estadístico de la prueba es mayor al valor crítico $t_{1-\alpha}$. Usando el pValor, diremos que se rechaza la hipótesis nula si pValor $< \alpha$.

<u>Modelo de cola a la derecha:</u>

$H_0: \mu_D = 0$

$H_0: \mu_D \neq 0$

Criterio de decisión:

Rechazaremos la hipótesis nula si el estadístico de la prueba es menor que $t_{\alpha/2}$ o que es superior al valor crítico $t_{1-\alpha/2}$. Usando el pValor, diremos que se rechaza la hipótesis nula si pValor $< \alpha$.

<u>Ejemplo 17</u>

Una empresa farmacéutica está interesada en la investigación preliminar de un nuevo medicamento que al parecer tiene propiedades reductoras del colesterol en la sangre. Para comprobar esta sospecha se toma una muestra al azar de 6 personas con características similares, y se determina el contenido en colesterol antes y después del tratamiento. Los resultados han sido los siguientes:

Antes	217	252	229	200	209	213
Después	209	241	230	208	206	211

a) Formule adecuadamente las hipótesis nula y alternativa e indique, en términos del enunciado, en qué consisten los errores de tipo I y tipo II

b) A un nivel de significación del 1%, ¿se puede confirmar estadísticamente la bondad del tratamiento?

Solución

a) Si X representa el contenido de colesterol antes del tratamiento e Y representa el contenido de colesterol después del tratamiento, entonces D = X − Y representará el efecto del tratamiento. Para afirmar que sí tiene efecto, debe ocurrir que D < 0, en consecuencia se podría afirmar como hipótesis nula,

$H_0: \mu_D \geq 0$ No logra reducir el nivel de colesterol en la sangre.
$H_0: \mu_D < 0$ Sí logra reducir el nivel de colesterol en la sangre.

Error de tipo I: Afirmar erróneamente que el tratamiento reducirá el nivel de colesterol en la sangre.

Error de tipo II: Afirmar erróneamente que el tratamiento no reducirá el nivel de colesterol en la sangre.

b) Resolveremos el problema usando la distribución t de Student con 5 grados de libertad.

El estadístico de la prueba: $t_C = \dfrac{\overline{D}}{S_D/\sqrt{n}} = \dfrac{2.5}{6.71565336/\sqrt{6}} = 0.91185832$

Como el problema es de cola a la izquierda, el valor crítico es: $t_\alpha = -3.36493$

Y como tc no es menor que tα entonces no se rechaza Ho; en consecuencia no se puede afirmar que el medicamento tenga propiedades reductoras de los niveles de colesterol en la sangre.

PROBLEMAS PROPUESTOS

1. En un proceso de muestreo se les pidió a 541 consumidores que valorasen un producto en una escala de 1 (Pésimo) a 5 (Excelente). La media muestral de las respuestas fue de 3.68 con una desviación estándar de 1.21. Suponga que se acepta el producto si la respuesta media en la población es al menos 3.75 frente a la alternativa que es inferior a 3.75. Contrastar las hipótesis usando como nivel de significación el 5%.

2. En una empresa estaban interesados en estudiar el tiempo medio necesario para terminar una unidad en una línea de armado. Se sabía que la distribución del tiempo medio de armado de una unidad era Normal con desviación estándar 1.4 minutos. Bajo condiciones de operación idóneas, el tiempo medio por unidad era de 10 minutos. Sin embargo, el gerente de planta sospecha que el tiempo promedio de armado era mayor que 10 minutos y si esto se comprueba, entonces el proceso debe ser detenido para reajustarlo.

    a) Formule adecuadamente las hipótesis nula y alternativa e indique, en términos del enunciado, en qué consisten los errores de tipo I y tipo II

    b) Para comprobarlo se observaron los tiempos de armado de 25 unidades seleccionadas al azar, se obtuvo una media de 12 y se fijó como nivel de significación 0.05. ¿Está acertado el gerente en su sospecha? ¿Qué valor máximo debe tener la media de la muestra de 25 unidades seleccionadas para no rechazar Ho? $\alpha = 0.02$

    c) ¿Qué probabilidad tiene el gerente de no rechazar Ho cuando en realidad el verdadero tiempo promedio es 13 minutos? $\alpha = 0.02$.

3. Las cajas de cierto tipo de cereal, procesados por una fábrica deben tener un contenido promedio de 160 gr. Por una queja ante el defensor del consumidor de que tales cajas de cereal tienen menos contenido, un inspector tomó una muestra aleatoria de 10 cajas encontrando los siguientes pesos de cereal en gramos:

    157   157   163   158   161   159   162   159   158   156

    ¿Es razonable que el inspector multe al fabricante? Utilice un nivel de significación del 5% y suponga que los contenidos tienen distribución normal.

4. Un artículo reciente publicado en una revista especializada indica que sólo uno de cada 5 graduados universitarios consigue empleo luego de graduarse. Las razones principales para ello son el excesivo número de graduados y la débil economía del país. Una encuesta aplicada

a 200 graduados reveló que 32 tenían empleo. Con $\alpha = 2\%$ ¿puede usted concluir que la proporción de graduados con empleo es inferior a lo afirmado por la revista?

5. En la operación de un equipo eléctrico accionado por baterías, quizás sería menos costoso reemplazar todas las baterías a intervalos fijos que sustituir cada una en forma individual a medida que falla. Suponga que este es el caso si la desviación estándar de las baterías es menor de 10 horas. ¿Cuál sería su conclusión, si las pruebas de 12 baterías que se analizan dan una desviación estándar de 6 horas? Use $\alpha = 0,05$

6. Un exportador de turrones desea analizar la homogeneidad de los turrones "San José" y "Las hermanitas" que son comercializados en cajas de "Un kilogramo". Para este fin selecciona al azar cajas de ambas marcas de turrones obteniendo la siguiente información:

Turrones San José	1.05	1.1	1.15	0.98	0.97	0.99	1.07
Las Hermanitas	0.99	0.96	0.98	0.94	1.2	1.1	

¿Puede afirmarse que ambas marcas tienen la misma variabilidad? Use $\alpha = 0.04$.

7. Un inversionista está por decidir abrir entre dos ciudades para abrir un centro comercial. Para esto debe probar la hipótesis de que hay diferencia en el promedio de ingresos familiares de las dos ciudades. Si una muestra de 300 hogares de la ciudad 1 revela un ingreso promedio de $ 400 con una desviación estándar de $ 90 y otra muestra de 400 hogares de la ciudad 2, revela un promedio de ingresos familiares de $ 420 con una desviación estándar de $ 120, ¿se puede concluir que las dos medias poblacionales son diferentes?; si es así, ¿en cuál de estas dos ciudades se debe abrir el centro comercial?

8. Un sociólogo cree que la proporción de hombres que pertenecen a un grupo socioeconómico determinado (grupo A) y que ven regularmente programas deportivos en la televisión, es mayor que la proporción del un segundo grupo de hombres (grupo B). Al respecto se tomó dos muestras aleatorias, que arrojaron los siguientes resultados:

Grupo	Tamaño de la Muestra	Número de hombres que ven regularmente programas deportivos en la TV
A	150	98
B	200	80

¿Proporcionan estos datos evidencia suficiente como para apoyar la tesis del sociólogo?

9. Un usuario de grandes cantidades de componentes eléctricos adquiere éstos principalmente de los proveedores A y B. Debido a los mejores precios ofrecidos, el usuario hará negocio únicamente con el proveedor B si la proporción de artículos defectuosos para A y B es la misma. De los lotes grandes, el usuario selecciona al azar 150 unidades de A y 120 unidades de B; inspecciona las unidades y encuentra que 9 unidades defectuosas en ambas muestras. Bajo suposiciones adecuadas y con base en esta información, ¿existe alguna razón para no comprar en forma única los componentes del proveedor B?

CAPÍTULO XV

DISEÑO DE EXPERIMENTOS

CONCEPTOS BÁSICOS EN EL DISEÑO DE EXPERIMENTOS

Concepto de diseño de experimento:

El diseño de experimentos es una metodología estadística que, aplicada a un problema, requiere de una secuencia adecuada de pasos planeada (diseñada) previamente que nos permitan contar con los datos apropiados de modo que el análisis sea objetivo, claro y práctico a fin de establecer deducciones válidas respecto al problema en cuestión.

Veamos el siguiente ejemplo:

Un conjunto de trabajadores de una empresa es sometido a un curso de capacitación en el que deben pasar por cuatro módulos para adquirir la certificación el cual le permite acceder a una vacante de mayores ingresos. En el curso participan los trabajadores de los tres niveles que tiene la empresa. El número de trabajadores varones que participan es n_H y el de mujeres es n_M. Al final del curso la gerencia de recursos humanos recibe los resultados (número de participantes con certificación en cada módulo) que se muestran en la siguiente tabla.

		Número de participantes aprobados por módulo			
		Módulo 1	Módulo 2	Módulo 3	Módulo 4
Nivel 1	H	8	5	6	3
	M	5	9	3	6
Nivel 2	H	6	6	4	8
	M	2	6	5	2
Nivel 3	H	4	4	5	6
	M	6	7	5	5

Frente a estos resultados Recursos Humanos se encuentra interesada en realizar una serie de comparaciones como por ejemplo: ¿Existe diferencia significativa en el rendimiento promedio entre los módulos? ¿Existe alguna diferencia significativa en rendimiento medio de los trabajadores de cada nivel? ¿Existe diferencia significativa en el rendimiento por género en cada módulo y en cada sucursal?

Todas estas preguntas significan elaborar pruebas de hipótesis de comparación de promedios en el cual se deben tomar en cuenta diferentes tipos de variables.

Distinguimos:

<u>Variables independientes</u>: Número de participantes aprobados por cada módulo.

<u>Variables dependientes</u> (<u>endógenas</u>): Número de participantes aprobados de cada nivel. Los valores de esta variable dependen fundamentalmente del nivel alque pertenece cada trabajador. Estas variables son explicadas por las variables independientes.

<u>Variables exógenas</u>: Aquellas cuyo aporte no son significativas en el modelo, como edad, estado civil, etc.

<u>Tratamiento</u>: Son la llamadas variables independientes, aquellas que deben ser controladas por el investigador.

<u>Unidad experimental</u>: Es el mínimo elemento al que se aplica el tratamiento. En este caso es un trabajador.

<u>Diseño experimental completamente aleatorizado</u>: Es aquel modelo en el cual los trabajadores son seleccionados aleatoriamente sin distinguir nivel ni género. Sólo se toma en el número de participantes con certificación por módulo.

<u>Diseño experimental en bloques completamente aleatorizado</u>: Es el modelo en el cual las unidades experimentales son asignadas aleatoriamente en cada nivel de tratamiento constituyendo cada uno de ellos un bloque.

<u>Análisis de varianza</u>: Procedimiento estadístico que permite desagregar la variabilidad de la variable del problema tomando en cuenta la variabilidad de los resultados entre los tratamientos, dentro de cada uno de ellos, la variabilidad de los resultados por bloques y la variabilidad de los resultados en la interacción de bloques y tratamientos.

MODELO DE CLASIFICACIÓN DE UNA VARIABLE

El ejemplo anterior sugiere un modelo de dos variables con replicación pues estaríamos hablando de dos variables (por el lado de los tratamientos (módulos) y los bloques (niveles) y es con replicación porque en cada nivel se considera dos tipos de datos: hombres y mujeres.

En esta sección analizaremos el caso de una variable.

Modelo 1: Completamente Aleatorizado o PRUEBA DE K - MEDIAS

Este modelo se caracteriza por que los datos que constituye la muestra son seleccionados para cada tratamiento de manera aleatoria.

<u>Estructura del problema:</u>

Supongamos que un equipo de médicos está interesado en probar si ciertos medicamentos pueden tener cierta efectividad al aplicárseles a un conjunto de pacientes. Para ello selecciona aleatoriamente a nj pacientes para aplicarles el j-ésimo medicamento.

Los datos se presentan en la siguiente tabla:

Matriz de datos					
M1	M2	...	Mj	...	Mk
X_{11}	X_{11}	...	X_{1j}	...	X_{1k}
X_{21}	X_{21}	...	X_{2j}	...	X_{2k}
...	...	...	...	...	...
$x_{n_1 1}$	$x_{n_2 1}$	...	$x_{n_j 1}$	...	$x_{n_k 1}$
$\sum_{1}^{n_1} x_{i1}$	$\sum_{1}^{n_2} x_{i2}$	...	$\sum_{1}^{n_j} x_{ij}$	...	$\sum_{1}^{n_k} x_{ik}$
$\overline{x}_{.1}$	$\overline{x}_{.2}$	...	$\overline{x}_{.j}$	...	$\overline{x}_{.k}$
$s_{.1}^2$	$s_{.2}^2$	...	$s_{.j}^2$	...	$s_{.k}^2$

A partir de la cual podemos obtener

$n = n_1 + n_2 + \ldots + n_k$

$$\overline{X} = \frac{\sum_{j=1}^{j=k} \sum_{i=1}^{i=n_j} x_{ij}}{n}$$

$$s^2 = \frac{\sum_{j=1}^{k} \sum_{i=1}^{n_j} (x_{ij} - \overline{X})^2}{n}$$

$$\overline{X}_{.j} = \frac{\sum_{i=1}^{n_j} x_{ij}}{n_j} \quad s_{.j}^2 = \frac{\sum_{i=1}^{n_j} (x_{ij} - \overline{X}_{.j})^2}{n_j - 1}$$

<u>El modelo:</u>

Sea X la variable que representa la medida de una determinada característica de la población en estudio

Si en base a esto definimos a x_{ij} como la medida o valor del i-ésimo elemento obtenido en el j-ésimo tratamiento, podemos decir que el modelo de una variable completamente aleatorizado se puede expresar como

$$x_{ij} = \mu + \beta_j + e_{ij}, \quad i = 1, 2, \ldots, n_j \; ; j = 1, 2, \ldots k$$

Frente a este modelo podemos formular las siguientes hipótesis:

$H_o: \mu_1 = \mu_2 = \cdots = \mu_k$

$H_1: \mu_i \neq \mu_j$ para algún i $\neq$ j

Nivel de significación de la prueba: α

Estadístico de la prueba:

Para esto debemos construir la **Tabla del Análisis de la Varianza**

Deducción de la tabla:

Como $\left(x_{ij} - \overline{X}\right) = \left(x_{ij} - \overline{X}_{.j}\right) + \left(\overline{X}_{.j} - \overline{X}\right)$

Se puede probar que

$$\sum_{j=1}^{k} \sum_{i=1}^{n_j} \left(x_{ij} - \overline{X}\right)^2 = \sum_{j=1}^{k} \sum_{i=1}^{n_j} \left(x_{ij} - \overline{X}_{.j}\right)^2 + \sum_{j=1}^{k} \sum_{i=1}^{n_j} \left(\overline{X}_{.j} - \overline{X}\right)^2$$

Por la forma cómo se obtiene cada doble sumatoria, podríamos definirlas como:

Suma de los cuadrados de los desvíos totales = SCT, tal que

$$SCT = \sum_{j=1}^{k} \sum_{i=1}^{n_j} \left(x_{ij} - \overline{X}\right)^2$$

Suma de los cuadrados de los desvíos por columna o tratamiento = SCTR, talque

$$SCTR = \sum_{j=1}^{k} \sum_{i=1}^{n_j} \left(\overline{X}_{.j} - \overline{X}\right)^2$$

Finalmente, Suma de los cuadrados de los desvíos dentro de los tratamientos, llamado también suma de los cuadrados de los errores = SCE, tal que

$$SCE = \sum_{j=1}^{k} \sum_{i=1}^{n_j} \left(x_{ij} - \overline{X}_{.j}\right)^2$$

Luego, tenemos: SCT = SCE + SCTR   (ecuación 1)

Como estas sumatorias expresan parte de una varianza, podemos estimar la varianza poblacional en cada caso por el método de los estimadores máximo verosímiles, tomando en cuenta nuestra primera advertencia, podríamos decir que al dividir a cada uno de ellos por sus respectivos grados de libertad obtendremos los llamados cuadrados medios.

Esto es:

Cuadrado medio de los tratamientos: $CMTR = \frac{SCTR}{k-1}$

Cuadrado medio de los errores: $CME = \frac{SCE}{n-k}$

Del mismo modo y desde antes de esto, la varianza total; es decir los errores totales tienen por grados de libertad a (n-1) por lo que $S^2 = \frac{SCT}{n-1}$

Como se obtuvo (n-k), simplemente de la ecuación (1): n-1 = x + (k-1)

Por lo que la tabla del Análisis de la Varianza para este modelo será:

	TABLA DEL ANÁLISIS DE LA VARIANZA			
Fuente (debido a)	Número grados de libertad	Suma de cuadrados	Cuadrados medios	Estadístico de la prueba (Fc)
Columnas	k-1	SCTR	CMTR	$F_c = \frac{CMTR}{CME}$
Errores	n-k	SCE	CME	
Totales	n-1	SCT		

Criterio de decisión: Usado en Calc:

$SiF_C > F_\alpha(k-1, n-k)$ rechazaremos Ho; es decir, podemos decir que no hay diferencia significativa entre el efecto medio de las poblaciones a las cuales se les aplicó el tratamiento. En caso contrario, existirá por lo menos un pareja de medias en los cuales hay diferencia significativa El siguiente paso podría consistir ahora en tratar de determinar cuáles son esas parejas de medias. El procedimiento consiste en encontrar el intervalo de confianza del 100(1-α)% para cada par de medias. Allí tendremos la respuesta y más aún, encontrar cuál de ellas difiere más o menos que las otras.

Ejemplo 01

El gerente de operaciones de una gran tienda de almacenes desea comparar las ventas realizadas por los 4 locales con los que cuenta la empresa. El gerente selecciona al azar las ventas realizadas durante 5 fines de semana para cada una de las sucursales. Los resultados de las ventas en miles de dólares se presentan a continuación:

Locales			
Local A	**Local B**	**Local C**	**Local D**
6.0	7.2	6.2	9.5
5.3	6.9	6.1	10.2
5.8	7.5	6.6	9.6
5.9	7.3	6.4	9.9
5.5	7.4	6.3	10.0

Asumiendo que las ventas se distribuyen normalmente

Pruebe si existen diferencias significativas entre las ventas promedio realizadas por las 4 sucursales. Use α=0.05.

¿Cuál de los cuatro locales presenta las mayores ventas?

	A	B	C	D
1	Locales			
2	Local A	Local B	Local C	Local D
3	6	7.2	6.2	9.5
4	5.3	6.9	6.1	10.2
5	5.8	7.5	6.6	9.6
6	5.9	7.3	6.4	9.9
7	5.5	7.4	6.3	10

Figura 160

Solución

Procedimiento:

Primero introduciremos los datos hacia la primera hoja de un nuevo documento en Calc, conforme se muestra en la tabla anterior.

	A	B	C	D	E	F	G
1	Locales					Ventas	Locales
2	Local A	Local B	Local C	Local D		8	Local A
3	8	7.2	6.2	9.5		5.3	Local A
4	5.3	6.9	6.1	10.2		5.8	Local A
5	5.8	7.5	6.6	9.6		5.9	Local A
6	5.9	7.3	6.4	9.9		5.5	Local A
7	5.5	7.4	6.3	10		7.2	Local B
8						6.9	Local B
9						7.5	Local B
10						7.3	Local B
11						7.4	Local B
12						6.2	Local C
13						6.1	Local C
14						6.6	Local C
15						6.4	Local C
16						6.3	Local C
17						9.5	Local D
18						10.2	Local D
19						9.6	Local D
20						9.9	Local D
21						10	Local D
22							

Figura 161

Ahora preparamos los datos como lo pide el procedimiento ANOVA del Calc. Esto se muestra en la siguiente imagen

Seleccionamos el rango F1:G22

Usamos la secuencia: <Estadísticas> - <One Way Anova>

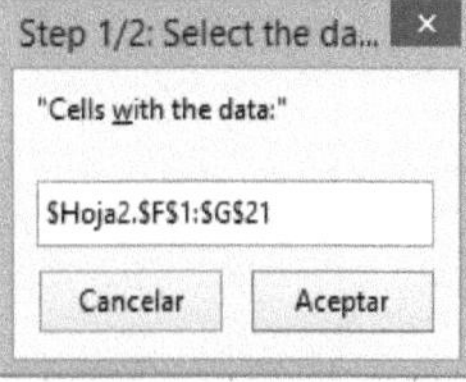

Figura 162

A continuación, hacemos clic en <Aceptar> y obtenemos la siguiente ventana

Figura 163

En esta ventana colocamos como grupos, el encabezado de la columna Locales, que son los tratamientos y como <Scores>, Ventas, la columna que contiene los datos.

Al hacer clic en <Aceptar>, debemos obtener dos nuevas hojas conteniendo los resultados de la salida del ANOVA:

En la primera imagen apreciamos las estadísticas, la prueba de Levene, de homogeneidad de varianzas, las hipótesis formuladas al 5% y la tabla del análisis de la varianza.

En la segunda imagen apreciamos el análisis posterior a la prueba, la comparación de las medias por el método de Scheffe, al haberse rechazado la hipótesis nula de igualdad de varianzas:

	A	B	C	D	E	F	G
1	**Group Description**						
2	Group		N	$\overline{X}$	s	$s_{\overline{X}}$	
3	Local A		5	6.100	1.089	.487	
4	Local B		5	7.260	.230	.103	
5	Local C		5	6.320	.192	.086	
6	Local D		5	9.840	.288	.129	
7	Total		20	7.380	1.615	.361	
8							
9	**Test for Homogeneity of Variances**						
10	Test		F	df_b	df_w	p	
11	Levene's Test		3.353	3	16	.045*	
12	Note: *: $p<.05$, **: $p<.01$ H_0: $\sigma_1=\sigma_2=...\sigma_N$ (the populations of the groups have the same variances). H_1: ANOVA does not apply (the populations of the groups does not have the same variances) if the probability (p) is small enough.						
13							
14	**One-way ANOVA (Analysis of Variances)**						
15	Source of Variation		SS	df	MS	F	p
16	Between Groups		44.140	3	14.713	43.338	.000**
17	Within Groups		5.432	16	.340		
18	Total		49.572	19			
19	Note: *: $p<.05$, **: $p<.01$ H_0: $\mu_1=\mu_2=...\mu_N$ (the populations of the groups have the same means). H_1: The above is false (the populations of the groups does not have the same means) if the probability (p) is small enough.						

Encontramos que, las ventas entre los locales A con C y B con C no difieren significativamente pues sus pValors son superiores a 0.05, con lo cual se acepta la hipótesis nula.

255

Inst.Calc:

Usando R:

Ingresemos los datos:

X=c(6,5.3,5.8,5.9,5.5,7.2,6.9,7.5,7.3,7.4,6.2,6.1,6.6,6.4,6.3,9.5,10.2,9.6,9.9,10)

Tr=c("A","A","A","A","A","B","B","B","B","B","C","C","C","C","C","D","D","D","D","D")

Construimos el modelo:

modelo = aov(X~Tr)

Generamos la tabla de l ANOVA

anova(modelo)

Observando el pValue, rechazamos la hipótesis de igualdad de medias.

Criterio de comparación de medias

model.tables(modelo,type="means")

Veamos con el método de Bonferroni

pairwise.t.test(X,T,p.adj="bonferroni")

La tabla de medias:

model.tables(modelo,type="means")

Para gráficas, dividiremos la ventana de gráfico en 4 regiones

Par(mfrow=c(2,2))

Plot(modelo)

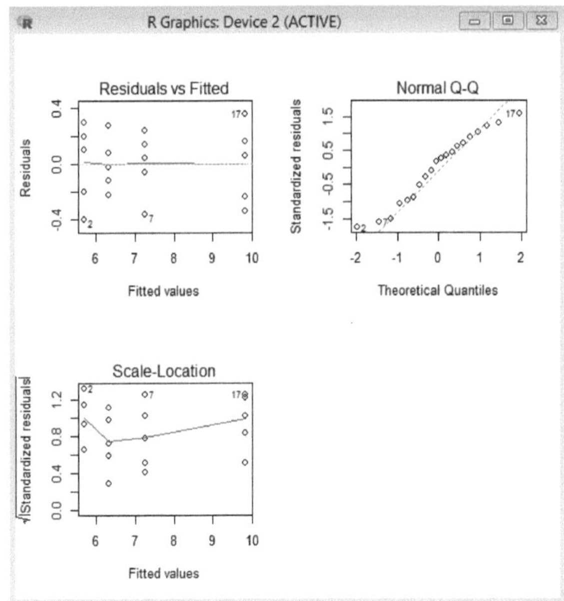

Figura 165

Ahora, veamos manualmente.

a) El estadístico de la prueba: Fc = 43.338

   Según el problema: n = 20; k = 4

   El valor crítico: $F_{\alpha}(k-1,n-k) = F_{\alpha}$ 3,16) = Distr.F.Inv(0.05;3;16) = 3.238871522

Criterio de decisión:

Como Fc > Fα entonces rechazaremos Ho; esto significa que sí hay diferencia significativa en el promedio de las ventas entre estas cuatro tiendas.

También podemos comparar el pValor (probabilidad) con α. Si pValor < α entonces se rechazará la hipótesis nula.

En este caso: pValor = Distr.F(43.338:3;16) = 6.5931124589743E-008

b) Dos formas de responder a esta pregunta: Se puede formular hipótesis de doble cola para todos los pares de medias usando t de Student; tema ya estudiado.

Se debe tomar pares de medias μ_i y μ_j ; para $i \neq j$,con $i,j = 1, 2, .. , k$ que es el número de tratamientos o número de columnas y se obtiene el intervalo de confianza para $\mu_i - \mu_j$. Esto implica realizar pruebas de hipótesis para cada par de medias, lo que se realiza con el método de Scheffe.

	Post-Hoc Test Between Groups with Scheffé's Method				
	X_i	X_j	X_i-X_j	F	p
	Local A	Local B	-1.160	9.909	.047*
		Local C	-.220	.356	.948
		Local D	-3.740	103.001	.000**
	Local B	Local A	1.160	9.909	.047*
		Local C	.940	6.507	.132
		Local D	-2.580	49.016	.000**
	Local C	Local A	.220	.356	.948
		Local B	-.940	6.507	.132
		Local D	-3.520	91.240	.000**
	Local D	Local A	3.740	103.001	.000**
		Local B	2.580	49.016	.000**
		Local C	3.520	91.240	.000**

Note: *: $p<.05$, **: $p<.01$
H_0: $\mu_i=\mu_j$ (the populations of the two groups have the same means).
H_1: $\mu_i \neq \mu_j$ (the populations of the two groups have different means) if the probability (p) is small enough.

Figura 166

Esto se ha explicado al comentar el contenido de la figura 163.

Modelo 2: Por Bloques Completamente Aleatorizado

En este modelo, además de los tratamientos que es un tipo de variable los datos de las muestras de cada tratamiento se agrupan para formar el concepto de FACTOR, el cual a su vez puede ser sometida a un análisis de comparación de los efectos que se encuentren entre los bloques, por ello el modelo en este caso es:

$$x_{ij} = \mu + \alpha_i + \beta_j + e_{ij}, \quad i = 1, 2, ..., n_j \; ; j = 1, 2, ... k, i = 1, 2, ..., l$$

Frente a este modelo podemos formular las siguientes hipótesis:

Hipótesis de igualdad de medias poblaciones de los tratamientos:

$$H_o: \mu_{\cdot 1} = \mu_{\cdot 2} = \cdots = \mu_{\cdot k} = \mu$$

$$H_1: \mu_i \neq \mu_j \text{ para algún } i \neq j$$

Hipótesis de igualdad de medias poblacionales por bloque:

$H_o: \mu_{.1} = \mu_{.2} = \cdots = \mu_{.k} = \mu$

$H_1: \mu_i \neq \mu_j$ para algún i ≠ j

La deducción de la tabla del ANOVA es similar al modelo anterior, lo cual, en este caso es:

	TABLA DEL ANÁLISIS DE LA VARIANZA			
Fuente (debido a)	Nro grados de libertad	Suma de cuadrados	Cuadrados medios	Estadístico de la prueba (Fc)
Columnas	k-1	SCTR	CMTR	$F_C^T = \dfrac{CMTR}{CME}$
Entre bloques	l-1	SCB	CMB	
Errores	(l-1)(k-1)	SCE	CME	$F_C^B = \dfrac{CMB}{CME}$
Totales	n-1	SCT		

Criterio de decisión para tratamientos:

$Si F_C > F_\alpha(k - 1, n(k - 1)(l - 1))$ se rechazará la hipótesis nula.

Criterio de decisión para los bloques:

$Si F_C > F_\alpha(l - 1, (k - 1)(l - 1))$ se rechazará la hipótesis nula.

Ejemplo 02

Una empresa fabricante de componentes para motores diesel debe reemplazar sus máquinas antiguas cuyo costo era bastante oneroso a fin de competir con sus competidores asiáticos.

Por esta razón el gerente de producción ordenó someter a estudio cuatro nuevos tipos de máquinas y se probaron por un tiempo encontrándose la producción del número de componentes por hora de cada una de ellas; los datos se muestran en la siguiente tabla:

	Marca de máquinas (producción por hora)			
Tipo de máq.	MA	MB	MC	MD
1	502	896	725	989
2	451	900	700	950
3	631	897	826	1001
4	529	915	750	1120

Para tomar una decisión adecuada se planea formular las siguientes hipótesis:

a) No hay diferencia significativa en la producción medias entre las máquinas

   Ho: $\mu A = \mu B = \mu C = \mu D$

   H1: $\mu i \neq \mu j$ para algún $i \neq j$

b) No hay diferencia significativa en la producción promedio por tipo de máquina

   Ho: $\mu 1 = \mu 2 = \mu 3 = \mu 4$

   H1: $\mu i \neq \mu j$ para algún $i \neq j$

   Ingresando los datos a otra hoja vacía de MS Excel, tendremos

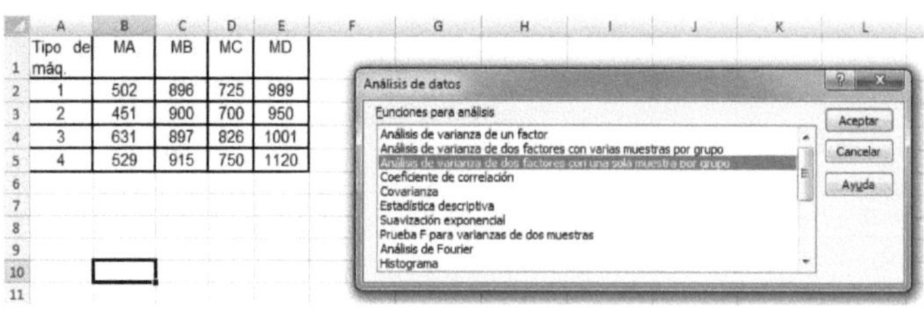

Figura 167

y usando <Datos> - <Análisis de datos> - <Análisis de la varianza de dos factores con una sola muestra por grupo>, tendremos la siguiente ventana de diálogo:

Ingresamos los datos según se indica y obtendremos la siguiente salida de resultados:

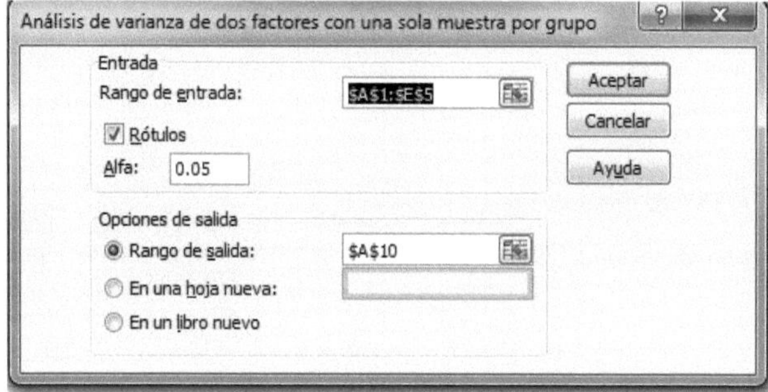

Figura 168

	A	B	C	D	E	F	G
10	Análisis de varianza de dos factores con una sola muestra por grupo						
11							
12	RESUMEN	Cuenta	Suma	romedi	/arianza		
13	1	4	3112	778	45810		
14	2	4	3001	750.3	51467		
15	3	4	3355	838.8	24347		
16	4	4	3314	828.5	62772		
17							
18	MA	4	2113	528.3	5738.3		
19	MB	4	3608	902	78		
20	MC	4	3001	750.3	2966.9		
21	MD	4	4060	1015	5374		
22							
23							
24	ANÁLISIS DE VARIANZA						
25	de las vari	de cuadros	de lib	de los (	F	Probabilidad	lor crítico para F
26	Filas	21071.3	3	7024	2.9539	0.09056379	3.86254836
27	Columna:	531788	3	2E+05	74.549	1.1214E-06	3.86254836
28	Error	21400.3	9	2378			
29							
30	Total	574260	15				
31							

Figura 169

Criterio de decisión:

En el caso de la hipótesis por máquina: Rechazaremos Ho pues el Fc es mayor que el f crítico (74.59 > 3.86254836)

Pero en el caso de la hipótesis por tipo de máquina no se rechaza Ho pues el Fc = 2.9539 no es mayor a el F crítico = 3.86254836

Es decir, la producción promedio de componentes por hora es significativa entre los tipos de máquinas.

Por otro lado, entre las máquinas no hay diferencia significativa en la producción promedio.

Si se decide usando el pValor diríamos:

En el caso de las máquinas: Como pValor = 0 < α = 0.05 entonces rechazaremos Ho.

Del mismo modo, en el caso de los bloques: Como pValor = 0.0906 no es menor que α = 0.05 entonces no se rechaza Ho.

Inst.Calc:

Usando R:

Los datos lo tenemos en el archivo:prodmaq.txt

d=read.table("d:\\aa\\prodmaq.txt",sep="\t",header=TRUE)

Preparamos las variables X: producción, Tr: Marcas, Tipo: Tipo de máquina

X=c(dMA,dMB,dMC,dMD)

Tr = c("MA","MA","MA","MA","MB","MB","MB","MB","MC","MC","MC","MC","MD", "MD","MD", "MD")

Tipo=c("1","2","3","4","1","2","3","4","1","2","3","4","1","2","3","4")

Generamos el modelo

modelo = aov(X~Tr+Tipo)

Obtenemos el ANOVA

anova(modelo)

Observando el pValue de marcas, no hay diferencia significativa en la producción, pero sí en cuanto al tipo de máquina.

<u>Pregunta:</u>

¿Por qué la respuesta anterior se expresa como dos respuestas independientes? ¿Se responde si hay diferencia en promedios de producción por máquina y se responde si hay diferencia o no en promedios de producción por tipo de máquina? ¿Y por qué no se responde por una ocurrencia simultánea; es decir que hay una interacción, un evento que ocurre como una interacción entre tratamientos y bloques? ¿Que la variabilidad de los errores se debe a la influencia de las máquinas y los tipos de máquinas?

Esto es lo que pretende el siguiente modelo en el cual tanto a tratamiento como a bloques se les define como dos variables independientes y se trata de encontrar explicación en la interacción entre ellas, además de la influencia entre los tratamientos, entre los bloques y dentro de los tratamientos.

MODELO DE CLASIFICACIÓN DE DOS VARIABLES

Lo dicho en la pregunta anterior nos releva de otros comentarios. A cada variable se la considera como un Factor, uno independiente de otro. A su vez este modelo se divide en dos:

Cuando por cada bloque y por cada tratamiento (una celda) se presenta un solo elemento constituyendo una muestra de tamaño uno.

Y cuando en cada bloque y cada tratamiento se presentan un conjunto de elementos por lo que la muestra tiene un tamaño mayor a uno y en el cual se detecta alguna forma de interacción.

El primero constituye modelo sin repetición o sin replicación y el segundo modelo con repetición o con replicación.

Veamos el caso: Sin Replicación

Ahora presentaremos el modelo para formular las hipótesis y pasar a presentar la tabla del análisis de la varianza correspondiente.

Como antes, se X la característica de una población bajo estudio. Un valor de esta variable puede ser expresada como x_{ij} que representa el efecto obtenido por la combinación del i-ésimo bloque y el j-ésimo tratamiento. Por lo que

$$x_{ij} = \mu + \alpha_i + \beta_j + \gamma_{ij} + e_{ij}, \quad i = 1, 2,\ldots, n_j; j = 1, 2,\ldots k, i = 1, 2,\ldots, 1$$

Si se compara con el modelo anterior, se verá que sólo se ha añadido el componente de la interacción de filas y columnas: γ_{ij}

Este es un ejemplo esquemático del modelo:

Para optar a una maestría en una universidad extranjera se debe pasar por un período de entrenamiento y capacitación para luego presentarse el examen.

Los programas de preparación son de tres tipos: Una sesión de repaso de 3 horas, un programa de un día y un curso de 10 semanas. Por otro lado, por lo general a este examen se presentan licenciados en Administración, Ingeniería y de Artes y Ciencia.

Según esto, un factor a ser estudiado es si la licenciatura de un postulante puede afectar a su calificación en la prueba. Un segundo factor a ser estudiado es si la forma de preparación que elija el postulante puede afectar su calificación en la prueba.

Cualesquiera de los dos factores constituirán los tratamientos y el otro, los bloques.

La tabla del ANOVA será la misma excepto que el componente que antes generaba una variabilidad por bloques es generado por una nueva variable o un segundo factor, siendo los tratamientos el primero.

Las hipótesis y la tabla es la misma, de manera que pasaremos a resolver un ejemplo al respecto:

Ejemplo 03

Una empresa de investigaciones prueba el rendimiento, en millas por galón, de tres marcas de gasolina. Como la gasolina tiene un rendimiento diferente en las diferentes marcas de automóviles, se seleccionaron 5 marcas de automóviles las que se consideraron como bloques en el experimento; es decir, cada marca se prueba con cada tipo de gasolina. Los resultados del experimento, en millas por galón, son los siguientes:

	Marcas de gasolina		
Automóviles	I	II	III
A	18	21	20
B	24	26	27
C	30	29	34
D	22	25	24
E	20	23	24

Formulación de la hipótesis:

Respecto a las marcas de gasolina:

Ho: El rendimiento medio en los tres tipos de gasolina es la misma

H1: Hay diferencia significativa en el rendimiento entre el tipo de gasolina

Respecto a la marca de automóvil:

Ho: La marca de automóvil no afecta en el rendimiento medio

H1: El rendimiento medio entre las marcas de automóvil es diferente.

Ingresando al Excel como el ejemplo anterior, tendremos los siguientes resultados:

Criterio de decisión:

Como en ambos factores el estadístico Fc es mayor al valor crítico F a un nivel de significación del 5%, podemos afirmar que:

- el rendimiento medio difiere entre las marcas de gasolina.
- El rendimiento medio es diferente entre las marcas de automóviles.

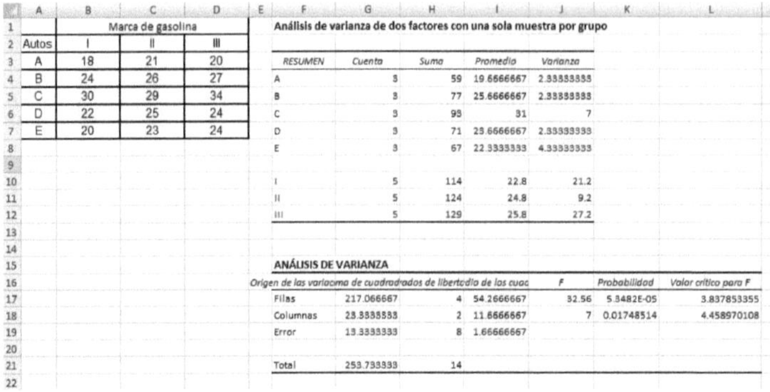

Datos de entrada

Autos	Marca de gasolina		
	I	II	III
A	18	21	20
B	24	26	27
C	30	29	34
D	22	25	24
E	20	23	24

Análisis de varianza de dos factores con una sola muestra por grupo

RESUMEN	Cuenta	Suma	Promedio	Varianza
A	3	59	19.6666667	2.33333333
B	3	77	25.6666667	2.33333333
C	3	93	31	7
D	3	71	23.6666667	2.33333333
E	3	67	22.3333333	4.33333333
I	5	114	22.8	21.2
II	5	124	24.8	9.2
III	5	129	25.8	27.2

ANÁLISIS DE VARIANZA

Origen de las variaciones	Suma de cuadrados	Grados de libertad	Promedio de los cuadrados	F	Probabilidad	Valor crítico para F
Filas	217.066667	4	54.2666667	32.56	5.3482E-05	3.837853355
Columnas	23.3333333	2	11.6666667	7	0.01748514	4.458970108
Error	13.3333333	8	1.66666667			
Total	253.733333	14				

Figura 170

Ahora veamos el caso: Con Replicación

En este último caso, se consideran dos factores y por cada valor del factor por fila y por columna se disponen de muestras de tamaño mayor que uno. De allí que el modelo pretende explicar la variabilidad de los datos debido a la interacción entre los dos factores. El modelo es el siguiente:

$$x_{ij} = \mu + \alpha_i + \beta_j + \gamma_{ij} + e_{ijh}, \quad i = 1, 2,\ldots, n_j; j = 1, 2,\ldots k, i = 1, 2,\ldots, l$$

En este modelo e_{ijh} representa la interacción entre los dos factores i y j y además el efecto con el aporta el h-ésimo elemento de la muestra. El siguiente esquema nos muestra el estado de una celda cualquiera.

	Factor j
Factor i	$n_1, n_2, \ldots, n_h$

Formulación de las hipótesis:

a) Debido a los tratamientos (Factor 1):

Ho: No hay diferencia en el efecto medio entre los tratamientos

H1: Hay alguna diferencia entre los efectos medios de algunos de ellos

b) Debido a los bloques o filas (Factor 2):

Ho: El efecto medio entre los bloques o factor 2 es la misma

H1: El efecto medio difiere entre los bloques

c) Debido a las interacciones entre el factor 1 y el factor 2:

Ho: No existe interacción en el efecto medio de tratamientos y bloques.

H1: Sí existe diferencia significativa entre ellos.

<u>Tabla del ANOVA:</u>

	TABLA DEL ANÁLISIS DE LA VARIANZA			
Fuente (debido a)	Nro grados de libertad	Suma de cuadrados	Cuadrados medios	Estadístico de la prueba (Fc)
Factor 1	k-1	SCTR	CMTR	$F_C^T = \dfrac{CMTR}{CME}$
Factor 2	l-1	SCB	CMB	$F_C^B = \dfrac{CMB}{CME}$
Interacción	SCI	h-1	CMI	
Errores	(l-1)(k-1)	SCE	CME	$F_C^I = \dfrac{CMI}{CME}$
Totales	n-1	SCT		

Lo nuevo en esta tabla: SCI = Suma de cuadrados de las interacciones

Grados de libertad de la varianza de las interacciones: h-1

$$CMI = \frac{SCI}{h-1}$$

Ejemplo 04

Tomando en cuenta el problema del acceso a la maestría por postulantes egresados con diferentes licenciaturas, tenemos los datos en el siguiente cuadro. Formule las hipótesis correspondientes y a partir de la tabla del ANOVA compruebe las hipótesis formuladas.

	Factor 1: Licenciados en		
Factor 1: Preparación	Administración	Ingeniería	Artes y Ciencias
Repaso de 3 horas	500	540	480
	580	460	400
Programa de un día	460	560	420
	540	620	480
Curso de 10 días	560	600	480
	600	58	410

Los datos se ingresaron al Calc del OpenOfficce, como se muestra en la siguiente imagen:

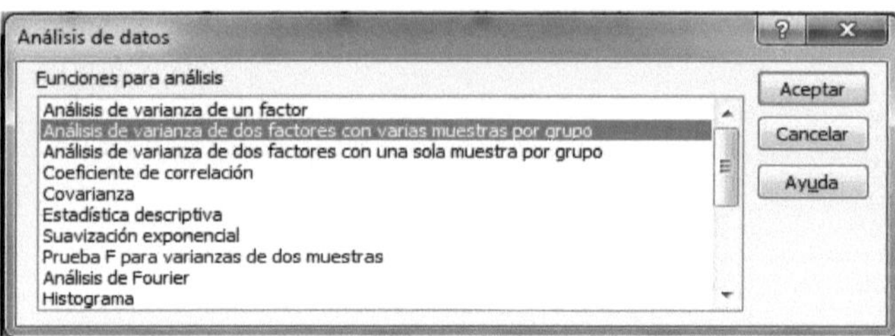

Figura 171

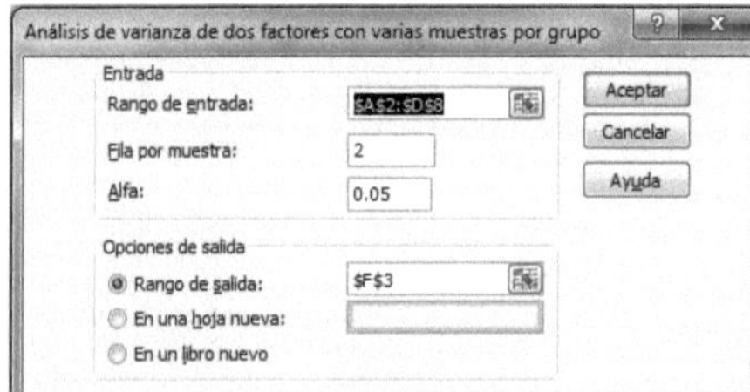

Figura 172

A continuación, usando la opción y llenando la ventana siguiente como se muestra,

Se obtuvieron los siguientes resultados:

Figura 173

RESUMEN	Administración	Ingeniería	Artes y Ciencias	Total
Repaso de 3 horas				
Cuenta	2	2	2	6
Suma	1080	1000	880	2960
Promedio	540	500	440	493.333333
Varianza	3200	3200	3200	3946.66667

266

Programa de un día				
Cuenta	2	2	2	6
Suma	1000	1180	900	3080
Promedio	500	590	450	513.333333
Varianza	3200	1800	1800	5386.66667
Curso de 10 días				
Cuenta	2	2	2	6
Suma	1160	658	890	2708
Promedio	580	329	445	451.333333
Varianza	800	146882	2450	42650.6667
Total				
Cuenta	6	6	6	
Suma	3240	2838	2670	
Promedio	540	473	445	
Varianza	2720	44438	1510	

Figura 174

Y la tabla del

ANOVA es el siguiente:

ANÁLISIS DE VARIANZA						
Origen de las variaciones	*Suma de cuadrados*	*Grdos de libertad*	*Cuadrados medios*	*F*	*Probabilidad*	*Valor crítico para F*
Muestra	12016	2	6008	0.32469	0.7308735	4.25649473
Columnas	28596	2	14298	0.77272	0.4901189	4.25649473
Interacción	64792	4	16198	0.8754	0.5151509	3.63308851
Dentro del grupo	166532	9	18503.5556			
Total	271936	17				

Figura 175

Observando la tabla podemos comprobar que, como los estadísticos de la prueba (Fc) para cada pareja de hipótesis plantead es menor que el valor crítico correspondiente, no se rechaza la hipótesis nula, en consecuencia, podemos afirmar:

a) El factor preparación para el examen de postulación no tiene efecto significativo sobre los postulantes.

b) El tipo de licenciatura de cada postulante no afecta significativamente en el acceso a la maestría

No hay interacción entre la forma cómo se preparen para la prueba ni el tipo de especialidad que tengan.

1. Se han propuesto tres métodos distintos para ensamblar un nuevo producto. Se eligió un diseño experimental totalmente aleatorizado para determinar cuál de los métodos da como resultado la mayor cantidad de partes producidas por hora, y se seleccionaron al azar a 30 trabajadores, asignándoles uno de los métodos propuestos. La cantidad de unidades que produjo cada trabajador fue la siguiente:

Método		
A	B	C
97	93	99
73	100	94
93	93	87
100	55	66
73	77	59
91	91	75
100	85	84
86	73	72
92	90	88
95	83	86

Utilice estos datos y comprueba si la media del número de partes producidas es la misma en cada método. Use un nivel de significación del 5%.

2. A continuación, vemos los cambios porcentuales en el Promedio Industrial del Dow Jones en cada uno de los cuatro años de los seis períodos presidenciales. ¿Parece haber algún efecto importante debido al año del período presidencial sobre el desempeño del mercado accionario? Use $\alpha = 0.05$.

Año 1	Año 2	Año 3	Año 4
10.9	-18.9	15.2	4.3

-15.2	4.8	6.1	14.6
-16.7	-27.6	38.3	17.9
-17.3	-3.1	4.2	14.9
-9.2	19.6	20.3	-3.7
27.7	22.6	2.3	11.8
27.0	-4.3	20.3	4.2
13.7	2.1	33.5	26.0

3. Se probaron tres formulaciones distintas para reparación de asfalto en cuatro lugares de una carretera. En cada lugar se repararon tres secciones de la carretera; cada sección con uno de los tres compuestos. A continuación, se obtuvieron datos acerca de la cantidad de días de uso hasta que se requirió nueva reparación. Estos datos se ven en la siguiente tabla. Con $\alpha = 0.01$, prueba si hay alguna diferencia importante en las formulaciones.

	Lugar			
Formulación	1	2	3	4
A	99	73	85	103
B	82	72	85	97
C	81	79	82	86

4. Una empresa manufacturera diseñó un experimento factorial para determinar si la cantidad de partes defectuosos producidas por dos máquinas es distinta, y si esa cantidad también depende de si la materia prima para cada máquina se alimentaba en forma manual o con un sistema automático. Los datos de la tabla muestran las cantidades producidas de partes defectuosas. Use $\alpha = 0.05$ y vea si hay algún efecto importante debido a las máquinas al sistema de carga y a su interacción.

	Sistema de alimentación	
	Manual	Automático
Máquina 1	30	30
	34	26
Máquina 2	20	24

	22	28

CAPÍTULO XVI

ESTADÍSTICA NO PARAMÉTRICA

INTRODUCCIÓN

El uso que hemos hecho de la estadística ha sido para intentar explicar o comprender de alguna forma, el comportamiento de una población cuya distribución se define a partir de un conjunto de parámetros. Las muestras que hemos extraído y las herramientas utilizadas requieren de una serie de supuestos sobre la naturaleza de dichos parámetros. Por ello la estadística que hemos estudiado se la define como la Estadística Paramétrica.

Sin embargo, podemos realizar un análisis estadístico de un conjunto de datos cuya población de donde proceden es desconocida o simplemente no es paramétrica. Supongamos por ejemplo que se desea realizar un estudio sobre el número promedio alumnos que asisten a la universidad llevando consigo por lo menos un libro o el monto promedio de dinero en monedas con el que los alumnos asisten a la universidad[2]. Naturalmente estas variables no provienen de poblaciones paramétricas.

Por otro lado, sólo el parámetro definido como la proporción de éxitos nos permite el estudio de datos ordinales. En este tipo de datos no podemos hablar de media, varianza, etc. Por estas dos razones estudiaremos algunos casos de la Estadística No Paramétrica.

Los métodos utilizados en la Estadística no paramétrica deben satisfacer alguno de los siguientes criterios:
i)   Ser utilizado con datos nominales, aquellos que identifican, sea para conteo o identificación
ii) Ser utilizado con datos ordinales, aquellos que permiten ordenarlos tanto como valores discretos (codificados) o como categóricos, además de agruparlos porcentualmente.

---

[2] El objetivo de estudiar estas variables pueden estar motivadas por una editorial que quiere vender más libros o una entidad bancaria que quiere regalar tarjetas de crédito.

Ser utilizado con datos cuya unidad de medida sea de intervalo o de relación cuando no se formula ningún supuesto sobre la naturaleza de la existencia o forma de la distribución de probabilidad poblacional.

PRUEBA DE SIGNOS

Sea X_1, X_2,…, X_r un conjunto de **r** resultados obtenidos al aplicarle a una muestra algún criterio de tratamiento. Y sea Y_1, Y_2,…, Y_r los resultados obtenidos al aplicarle a la misma muestra un segundo criterio de tratamiento. Nuestro amigo lector estará encontrando similitud con el concepto de datos pareados. Sí, en efecto, este método también se puede aplicar a datos pareados y sin la exigencia de requerir la existencia o suposición de un parámetro. Más todavía, nuestro objetivo no consiste en evaluar la diferencia de valores como lo hace la técnica de datos pareados. Aquí queremos evaluar parejas de datos para manipular el signo de su diferencia: "*+" o "-", para el cual, el único requisito es que ambas serie de resultados deban ser independientes.

Según esto, las hipótesis a plantearse son:
Ho: La proporción de signos "+" y signo "-"es la misma.
Ho: La proporción de signos "+" y signos "-"no es la misma.

Procedimiento:
-   Colocar en una lista los pares de resultados obtenidos en pares de 1 a r
-   Para cada par, colocar a la derecha un signo "+" si el primero es mayor, un signo "-", si el primero es menor y dejar en blanco si son iguales.
-   Sea p el número de signos positivos y m el número de signos negativos.
-   El tamaño de la muestra: n = p + m.
-   Sea k = Min{p,m}
-   Si X se define como el número de signos "+". Como el número de éxitos es Binomial, hallar pValor = $P(X \leq k)$ = Distr.Binom(k,n,0.5,1)
-   Si pValor < α se deberá rechazar Ho; en caso contrario, no rechazarla.

Si el número de datos procesados es mayor a 25 (o 20), aplicando el teorema de aproximación de Binomial a Normal $X \longrightarrow N(0.5n , np(1 - p))$ tal que

$$Z_C = \frac{k + 0.5 - 0.5n}{\sqrt{np(1.p)}}$$

<u>Criterio de decisión</u>:

Si Zc > Zα entonces se rechazará la hipótesis nula.

Nota:

Lo usual p = 0.5

Ejemplo 01

A un conjunto de personas presentes se les invitó a degustar un determinado tipo de queso. Luego de degustarlo se les pregustó si les parecía agradable o no, registrando "+" cuando la respuesta le parecía "agradable" y "-", cuando manifestaba que no le era agradable y se dejaba en blanco, en caso contrario.

Los datos están en la hoja **PrbaSigno01** del archivo en Calc, **EstadnoParamet.ods**. Les resultó agradable a la mayoría de concurrentes? Use α = 0.05

Solución

Ho: No hubo diferencia significativa en la proporción de agrado o desagrado

H1: Sí hubo diferencia significativa en la proporción

Observando los cálculos, pValor = $P(X \leq k)$ = 0.407625

Como pValor no es menor a α no se rechaza Ho; es decir, no se puede afirmar que la proporción de concurrentes a quienes les agradó, sea mayor. Podríamos afirmar también que "a más personas les agradó el producto degustado".

Ejemplo 02

En un laboratorio se desea probar una nueva técnica que debe reducir el tiempo para saber si un paciente tiene diabetes o no. Para ello se hicieron las pruebas usando la metodología antigua y se volvió aplicar la nueva técnica al mismo paciente. Esto se repitió con 17 pacientes. El tiempo se midió en minutos. ¿Hay suficiente evidencia de que la nueva técnica reduce el tiempo para saber si el paciente tiene diabetes?

Solución

Los datos y la **Solución** se encuentran en la hoja **PrbaSigno02** del archivo mencionado en el Ejemplo 01.

PRUEBA DE RANGOS CON SIGNO DE WILCOXON

El test anterior nos permitió realizar comparaciones de pares de valores obtenidos en una muestra sobre los efectos que podría tener la aplicación de una acción sobre los mismos. Como se pudo comprobar, el método está basado en una distribución Binomial con **p** la probabilidad de éxito (tenga el signo +), siendo necesario que los elementos de la muestra fuesen independientes. Dijimos que cuando el tamaño de la muestra fuese grande, se podría usar el teorema de la aproximación de la Binomial a una normal. Finalmente en dicho test no estábamos interesados en tomar en cuenta el valor en cada pareja de datos, de allí la hipótesis nula que se formulara como que la proporción de éxitos (signos +) es la misma que la de fracasos (signos -). En cambio en un problema de datos pareados sí se requiere de la comparación de los valores en cada pareja.

En el presente test o prueba, seguiremos tomando en cuenta el signo o diferencia entre los pares pero también tomaremos en cuenta el valor de cada elemento en la pareja de datos. A partir de la diferencia entre ellos, los ordenaremos y le asignaremos un rango a cada diferencia, le asignaremos el signo que le corresponde a cada rango, obtendremos estadísticas de estos rangos y usando criterios aportados por Wilcoxon, estaremos en capacidad de rechazar o no la hipótesis nula.

Por ello es que el interés de esta prueba radica en tratar de probar la hipótesis de que la medida o acción aplicada a la muestra no presenta ningún efecto en uno u otro sentido; es decir, no hay diferencia significativa en la medida o acción aplicada a los elementos de la muestra.

Fundamento:

Sea X_1, X_2,…, X_r un conjunto de r resultados obtenidos al aplicarle a una muestra algún criterio o medida de tratamiento. Y sea Y_1, Y_2,…, Y_r los resultados obtenidos al aplicarle a la misma muestra un segundo criterio o medida de tratamiento.

Si definimos como T la variable resultante de éste método, entonces

$$\mu_T = \frac{1}{4}n(n + 1)$$

$$\sigma_T^2 = \frac{1}{24}n(n+1)(2n+1)$$

<u>Hipótesis:</u>

En este caso la hipótesis nula consiste en afirmar que las poblaciones a la cual pertenecen ambos resultados es la misma o son idénticas. Esto es equivalente a formularlas de la siguiente manera:

Ho: El criterio aplicado no tiene efecto significativo en la muestra

H1: El criterio aplicado sí tiene efecto significativo en la muestra

Nivel de significación: $100\alpha\%$

<u>Procedimiento:</u>

- Calcular $D_i = X_i - Y_i$
- Tomar el valor absoluto de ellas. De preferencia colocarlas en otra columna, acompañado de la identificación del número de elemento
- Ordenarlo de menor a mayor con la columna de identificación
- Asignarle un rango a cada elemento ordenado. Si un rango se repite k veces, el rango asignado a cada elemento que se repite será el promedio de los siguientes rangos. La siguiente diferencia tendrá por rango el número de rango que corresponda, si no hubiera habido repetición.
- Identificar el rango a cada diferencia original (sin el valor absoluto)
- Asignarle el signo positivo o negativo según el valor de la diferencia
- Sumar todos los valores de los rangos positivos y los negativos
- Elegir el mínimo de estas sumas. Este será el estadístico.
- Obtener el estadístico de la prueba usando: $Z_C = \dfrac{T - \mu_T}{\sigma_T}$
- Si $|Z_C| > Z\alpha$ entonces se rechazará la hipótesis nula.

Ejemplo 03

En una clínica se aplicó un determinado medicamento a un conjunto de 8 pacientes usando el método A; se repitió el tratamiento, pero usando el método B. Los resultados obtenidos se muestran en el siguiente cuadro. A un nivel de significación del 5% ¿se puede afirmar que es indiferente el método a usar?

Paciente	Método A	Método B
1	87	76
2	66	56
3	75	76
4	95	86
5	73	76
6	88	86
7	69	64
8	77	70

Solución

	A	B	C	D	E	F	G	H	I	J	K
1	Paciente	Método A	Método B	Diff	Rango	Rango con signo		Paciente	Diff	Asignar rango	
2	1	87	76	11	5	5		3	11	8	
3	2	66	56	10	4	4		6	10	7	
4	3	75	76	-1	8	-8		5	1	1	
5	4	95	86	9	2	2		7	9	6	
6	5	73	76	-3	1	-1		8	3	3	
7	6	88	86	2	7	7		4	2	2	
8	7	69	64	5	6	6		2	5	4	
9	8	77	70	7	3	3		1	7	5	
10											
11						27 >0					
12						-9 <0					
13			Suma de rango con signo = T =			18					
14			Tamaño de muestra =			8					
15			Media de T =			0					
16			Desviación de T =			14.28285686					
17			Estadístico calculado = Tc =			1.260252076			pValor =	0.53515517	
18			Valor crítico =			1.96					
19						No se rechaza Ho					

Figura 176

Ho: Ambos métodos proporcionan el mismo resultado

H1: Hay diferencia en la aplicación de los dos métodos.

El segmento de hoja anterior tiene todo el procedimiento y la **Solución** del problema.

Explicación:

En la columna D hemos calculado las diferencias: =C2-B2

Hemos copiado la columna A (identificación del paciente) y el valor absoluto de la diferencia y los hemos pegado como valores en las columnas H e I.

Hemos ordenado estas dos columnas de menor a mayor.

En la columna J hemos asignado rango a estas diferencias absolutas ordenadas. Como no hay valores que se repiten los rangos se asignan como enteros secuenciales a cada rango.

Usando la función buscar hemos colocado los rangos en la columna E, para cada diferencia original.

En la columna F le hemos asignado el signo que le corresponde a cada rango.

En F11 y F12 hemos sumado los rangos positivos y negativos. En F13 hemos hallado el mínimo de los valores absolutos de estas sumas. Ese es el estadístico T de la muestra.

En F14 hemos calculado el tamaño de la muestra que es el número de rangos positivos y negativos.

En F15 y F16 hemos calculado la media y deviación estándar. En F17 tenemos el estadístico de la prueba y en F18 el valor crítico.

Finalmente, usando el criterio de decisión, no se rechaza Ho; es decir, ambos métodos proporcionan el mismo resultado.

Ejemplo 04

Una fábrica trata de determinar si dos métodos de producción tienen distintos tiempos de terminación del lote. Se seleccionó una muestra de 11 trabajadores y cada uno de ellos terminó el lote de producción con los dos métodos. Una diferencia positiva indica que el método 1 requirió más tiempo, en cambio si la diferencia es negativa, indicaría que el método 2 requirió más tiempo. ¿Indican estos datos que los dos métodos son significativamente diferentes? Los datos se encuentran en la hoja RangWil02 del archivo Estad no paramet.xlsx.

Solución

Las hipótesis a ser formuladas son:

Ho: Los dos métodos son iguales en el tiempo de terminación del lote

H1: Hay diferencia en el tiempo de terminación del lote por ambos métodos

El procedimiento es similar al descrito en el ejemplo anterior.

Luego de ingresar los datos, se obtiene la diferencia; se ordena tomando en cuenta las diferencias absolutas; se asigna un rango a cada diferencia absoluta; se le inserta el signo a cada rango según la diferencia original, Se selecciona el mínimo entre ambas sumas, tomando sus valores absolutos; se calcula la media y desviación de T; se calcula el estadístico de la prueba y éste valor se compara con el valor crítico al 5% de nivel de significación. Según apreciamos los resultados concluimos que se debe rechazar la hipótesis nula; es decir, podemos afirmar que los resultados obtenidos con los dos métodos, es diferente y que el método 2 reduce el tiempo de terminación de producción del lote.

PRUEBA MANN – WHITNEY – WILCOXON

A diferencia del método anterior que se aplica a una sola muestra en dos comportamientos diferentes de la misma, en este método se comparan dos muestras independientes.

La diferencia que podemos encontrar con respecto a la diferencia de medias, resuelto en la estadística paramétrica son los supuestos a partir de la cual se comprobaron las hipótesis y éstos fueron:

- Las muestras aleatorias son independientes
- Las poblaciones de donde provienen son normales.

En este caso sólo se requiere del supuesto de que las muestras son independientes. Según esto las hipótesis a ser comprobadas a un nivel de significación del $100\alpha\%$ son:

H_0: Las muestras provienen de la misma población o las poblaciones son iguales

H_1: Las muestras provienen de poblaciones diferentes.

Procedimiento

- Luego de disponer de las dos muestras, apilar los datos en una sola columna y en otra la forma de identificarlas. Sea n_1 el tamaño de la primera muestra y n_2 el tamaño de la segunda muestra.
- Ordenar las dos columnas de menor a mayor
- Asignar el rango a cada uno de los datos ordenados. Usando el mismo criterio de asignación: Cuando el dato se repite, se suman todas las repeticiones y se divide entre el número de datos repetidos, dicho resultado será el rango de todos ellos.
- El siguiente dato no repetido tendrá por rango el valor entero que le correspondería si no hubiera habido repeticiones.
- Se suman todos los valores de los rangos correspondientes a la misma muestra. Supongamos que estas sumas son S_1 y $S2$, respectivamente.
- Se calculan los siguientes estadígrafos:

$$U_1 = n_1 x n_2 + \frac{1}{2}n_1(n_1 + 1) - S_1$$

$$U_2 = n_1 x n_2 + \frac{1}{2}n_2(n_2 + 1) - S_2$$

- Sea U = Min $\{U_1, U_2\}$ el estadístico de la muestra.
- Calculamos la media:

$$\mu = \frac{n_1 x n_2}{2}$$

- Calculamos la varianza:

$$\sigma^2 = \frac{1}{12}n_1 x n_2(n_1 + n_2 + 1)$$

- Calculamos el estadístico de la prueba

$$T_C = \frac{U - \mu_U}{\sigma}$$

- Criterio de decisión: Si el valor absoluto de Tc es mayor el valor crítico Zα, rechazaremos la hipótesis nula; es decir, las muestras no provienen de la misma población, o las poblaciones de donde provienen, no son iguales.

Ejemplo 05

La jefatura de atención al cliente de una empresa de servicio técnico vehicular, está preocupada en el rendimiento semanal de los obreros del turno diurno y nocturno en el sentido de que estos no tienen el mismo rendimiento. Para comprobar esta sospecha decide tomar una muestra del número de vehículos atendidos durante la semana por 22 obreros del turno diurno y 16 del turno nocturno. Los datos se encuentran en la hoja ManWitWill01 del archivo EstadNoParametM.ods. ¿A un nivel de significación del 5% apoyaría Ud. la sospecha de la jefatura? ¿Cuál de los turnos tiene mejor rendimiento semanal?

Solución

Como puede apreciar, los datos se han ingresado en las dos primeras columnas.

Hemos apilado los datos en la columna D y el turno al que pertenecen cada dato, en la columna E.

Luego hemos ordenado por la columna D

En la columna F hemos asignado el rango a cada uno de los datos.

En L4 hemos calculado la suma de los rangos del turno diurno

En L5 hemos calculado la suma de los rangos del turno nocturno

En L11 se ha calculado el estadístico U_1, para el turno diurno y en L12 el estadístico U_2, para el turno nocturno.

En L14 hemos obtenido el mínimo de ellos que será el estadístico de la muestra.

En L17 tenemos el cálculo de la media y la varianza en L18.

Finalmente en L21 hemos calculado el estadístico de la prueba.

Luego de comparar su valor absoluto con el valor crítico decidimos rechazar la hipótesis nula.

Ejemplo 06

PetroSol es una empresa que tiene una cadena de estaciones de venta de gasolina de 84, 90 y 95 octanos. La gerencia de esta empresa ha decidido expandir su negocio añadiendo gasolina de mayor octanaje. Pero no han decidido si debe ser la de 97 octanos o la aditiva 98 octanos. Para tomar una decisión adecuada encarga a una empresa de mercado a fin de comparar el rendimiento por galón de ambos tipos de gasolina. Los datos se muestran en la hoja ManWitWill02 del archivo **EstadNoParamet.ods**. A un nivel de significación del 5%, ¿podemos saber si hay diferencia significativa en el rendimiento por galón de los dos tipos de gasolina? Si así fuera, ¿cuál de los dos tipos aconsejaría Ud.?

Solución

La **Solución** debidamente detallada y explicada se muestra en la misma hoja de los datos del archivo mencionado.

PRUEBA KRUSKALL – WALLIS

Esta prueba es similar a la prueba anterior, de Mann – Whitney – Wilcoxcon, excepto que se aplica para cuando el número de poblaciones es mayor que dos. El número de poblaciones cuyo comportamiento se desea analizar, la denotaremos por K. Se puede aplicar cuando se trata de variables ordinales, así como también cuando se trata de variables de intervalo o de relación.

A diferencia de la prueba de K – medias en el cual se requiere que las muestras sean independientes y provenientes de poblaciones normales y que sólo es aplicable para variables de intervalo o de relación, en este caso sólo se requiere que las muestras sean independientes. Es ampliamente usado cuando los supuestos de normalidad y las varianzas no son conocidas.

La prueba consiste en probar la hipótesis nula de que las poblaciones desde donde se extrae las muestras son iguales o que no existe diferencia significativa entre estas poblaciones.

Para ello se procede como en la prueba anterior, a ordenar todos los datos de las k muestras siempre disponiendo de la forma de reconocer la pertenencia de los datos a su respectiva muestra. A continuación, se debe asignar rangos a cada elemento. Se procede a sumar los rangos por muestra.

Sea R_1, R_2,…, R_k la suma de estos rangos. Sean también n_1, n_2,…, n_k los tamaños de cada una de las muestras, con $n = n_1 + n_2 + … + n_k$.

A continuación, se calcula el estadístico H usando $H = \dfrac{12}{n(n+1)}\left[\sum_{i=1}^{k}\dfrac{R_i^2}{n(n+1)}\right] - 3(n+1)$

El atributo particular demostrado por Kruskall y Wallis es que este estadístico puede ser aproximado a una distribución $\chi^2_{1-\alpha}(k-1)$

<u>Criterio de decisión:</u>

Si el estadístico H es mayor que $\chi^2_{1-\alpha}(k-1)$ entonces se rechaza Ho en cuyo caso estaremos en capacidad de afirmar que sí existe diferencia significativa entre las k poblaciones o éstas no son iguales. La prueba también nos permitirá identificar la población que mejor se adapte a nuestro análisis.

Ejemplo 07

Un agente exportador de anchoveta está interesado en comercializar estos productos y colocarlos en mercados asiáticos. De acuerdo a la información que tiene, en el norte del Perú existen tres grandes empresas pesqueras bien constituidas de las que puede adquirir dichos productos pero no sabe si existirá diferencia significativa en los volúmenes de exportación mensual. Para ello se registraron las ventas de los últimos meses de las tres empresas pesqueras, los que se muestran en el cuadro contenido en las primeras tres columnas de la hoja KruskWallis01 del archivo **EstadNoParametric.ods**.

A un nivel de significación del 5%, ¿se puede afirmar que el agente puede adquirir dichos productos de cualquiera de las empresas pesqueras?

Solución

Las hipótesis que vamos a probar son:

Ho: Es lo mismo elegir cualquiera de las empresas (Las poblaciones son idénticas)

H1: No se puede a elegir cualquiera de ellas (Las poblaciones son idénticas)

En la siguiente figura se muestran los datos y la primera parte del procedimiento. En la columna G ya se han asignado el rango a cada uno de los datos.

En las celdas M4, M5, M6 y;M7, usando la función Contar.si() hemos obtenido los valores de n1, n2, n3 y el tamaño de la muestra, n, como la suma de ellas.

En las celdas del rango R4:U6 hemos obtenido la suma de los rangos, su cuadrado y el cociente Ri/ni

En la celda N9 hemos calculado el estadístico H, que es el estadístico de la prueba y

	A	B	C	D	E	F	G
1	A	B	C		Valor	Método	**Rango**
2	25	60	50		15	B	1
3	70	20	70		20	B	2
4	60	30	60		25	A	3
5	85	15	80		30	B	4
6	95	40	90		35	B	5
7	90	35	70		40	B	6
8	80		75		50	C	7
9					60	A	9
10					60	B	9
11					60	C	9
12					70	A	12
13					70	C	12
14					70	C	12
15					75	C	14
16					80	A	15.5
17					80	C	15.5
18					85	A	17
19					90	A	18.5
20					90	C	18.5
21					95	A	20

finalmente al comparar con el Figura 173 valor crítico decidimos rechazar la hipótesis formulada, lo que

significa que existe diferencia significativa en el comportamiento de las tres empresas en términos de sus ventas. Del mismo modo podríamos afirmar que se puede seleccionar a la empresa pesquera C.

Ejemplo 08

MyBody promociona un de sus métodos de bandera a fin de reducir la cantidad de calorías mediante tres tipos de ejercicios realizados durante media hora y por tres días a la semana: Método 1: Running, Método 2: Break Dance, Método 3: Subir y bajar escalera. Los datos que se muestra en las tres primeras columnas de la hoja **KruskWallis02** del archivo **Estad NoParamet.xlsm** se obtuvieron de un grupo de participantes en cada método en una determinada semana. ¿Indican estos datos que hay diferencia significativa entre los métodos en cuanto a la cantidad de caloría que se logra reducir por semana? Use α = 0.05.

Solución

El procedimiento empleado es el mismo descrito en el ejemplo 07. La siguiente figura muestra parte de estos cálculos.

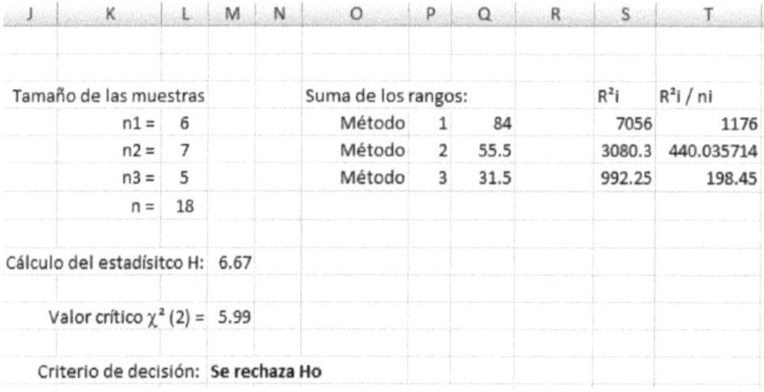

Figura 177

PRUEBA DE CORRELACIÓN POR RANGOS DE SPEARMAN

Esta prueba no paramétrica es utilizada para propósitos de comparación en la relación que existe entre dos variables. A diferencia de los métodos anteriores, ésta mide el grado de asociación existente entre dos variables. En el mundo real existen muchos casos en los que se desea comparar el grado de dependencia de una característica poblacional respecto de otra. Si bien el análisis de regresión se ocupa extensivamente de estos problemas, los realiza sustentado en supuestos de normalidad y un análisis de la varianza que caen en el terreno de la estadística paramétrica.

Las hipótesis a ser probadas mediante este método son:
Ho: No existe asociación entre las poblaciones
H1: Sí existe asociación entre las poblaciones

El grado de asociación entre dos variables no es otro que el coeficiente de correlación de dos variables X e Y, denotado por $\rho(X, Y)$ o simplemente ρ. De manera que las hipótesis debieran ser:
Ho: $\rho = 0$ vs H1: $\rho \neq 0$.

Para ello se usa el estadístico rs tal que

$$r_S = 1 - \frac{6\sum_{i=1}^{i=n} D_i^2}{n(n^2-1)}$$

Donde $D_i = R_{X_i} - R_{Y_i}$ constituye la diferencia de los rangos entre una pareja de valores de X e Y.

Spearman demostró que para probar la hipótesis formulada se puede usar la distribución t de Student con (n-2) grados de libertad.

Para ello se calcula el estadístico $t_C = \dfrac{r_S\sqrt{n-2}}{\sqrt{1-r_S^2}}$

Y, se rechazará la hipótesis nula si $t_C > t_{1-\alpha/2}(n-2)$ en cuyo caso diremos que sí existe un grado de dependencia entre las dos variables.

Ejemplo 09

Un estudio de mercadeo televisivo se programó la realización de un determinado número de repeticiones de un spot referido al consumo y las bondades de un tipo de bebida energizante. Luego de este período de 30 días, se les preguntó a un grupo de televidentes que dijeran cuántas veces vieron el spot y cuántas bebidas de ese tipo habían consumido.

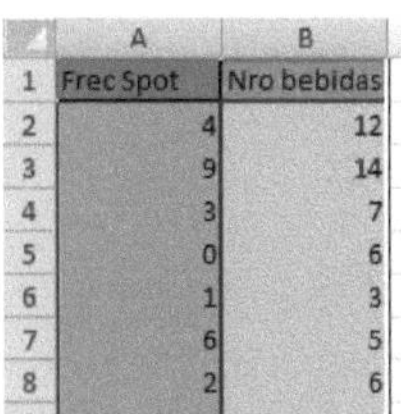

Figura 178

Los datos de la misma se encuentran en la hoja **CxRSpearman01** del archivo **Estad NoParamet.xlsm**. A un nivel de significación del 5% ¿se puede afirmar que el spot televisivo no influyó en el consumo de la bebida?

Solución

Hemos copiado los datos a las columnas E y G. En F y H se asignó el rango a cada valor y en la columna J se ha calculado el cuadrado de la diferencia de rangos. Las otras celdas de la columna J permiten obtener el estadístico de la prueba, así como el valor crítico y decidir respecto de Ho.

APLICACIONES CHI CUADRADO: PRUEBAS DE BONDAD DE AJUSTE

Este tipo de prueba es también considerada como no paramétrica, pero se diferencia de la anteriores por cuanto se trata de determinar o identificar si un conjunto de datos puede ser "ajustada" a una distribución conocida o a una particular.

Para resolver este tipo de problemas se utiliza la distribución Chi-Cuadrado cuya fundamentación se da en el siguiente teorema.

<u>Teorema</u>

Si X_1, X_2, …, X_k , es un conjunto de categorías en los que se puede clasificar los resultados de las n repeticiones de un experimento, tales que $p_{X_i} = P(X = x_i)$, conteniendo cada uno de ellos Oi repeticiones a las cuales las llamaremos "frecuencias observadas" tales que $n = \sum_{i=1}^{k} O_i$.

Entonces el estadístico $\chi_C^2 = \sum_{i=1}^{k} \frac{(O_i - e_i)^2}{e_i}$ se aproxima a una distribución χ^2 con k – 1 grados de libertad y $e_i = np_{X_i}$

Una forma de aplicar este teorema es probar el supuesto de que el conjunto de resultados tienen una particular, o se puede ajustar a una distribución conocida. Según esto la hipótesis nula y alternativa en esta prueba serán:

Ho: Los datos se pueden ajustar a una distribución conocida
H1: Los datos no se pueden ajustar a una distribución conocida
O también
Ho: Los datos se pueden ajustar a una distribución particular o empírica
H1: Los datos no se pueden ajustar a una distribución particular o empírica

<u>Criterio de decisión:</u>

Se rechazará la hipótesis nula $\chi_C^2 > \chi_{1-\alpha}^2(k - 1)$

<u>Observación:</u>

Si las frecuencias esperadas de alguna categoría, fuese menor que 5 se suman con las contiguas a fin de no dispersar los resultados con lo cual se reduce el número de categorías según el número de frecuencias fusionadas, lo que afecta el valor de k.

Observación

Si el conjunto de datos debe ser ajustados a una distribución conocida, se deberá tomar en cuenta el número de parámetros a ser estimado, con lo cual, los grados de libertad a ser tomados en cuenta será: $k - 1 - r$. Donde r representa el número de parámetros a ser estimados.

Ejemplo 10

La unidad de investigación de la Oficina de Transportes de una localidad deseaba determinar el porcentaje de tipos de vehículos que diariamente, entre las 8:00 y las 8:15 de la mañana pasan por cierta arteria de gran densidad vehicular. Esta unidad sospecha que hay 6 tipos de vehículos que con mayor frecuencia circulan en este horario por dicha arteria y que los porcentajes son de 30%, 20%, 20%, 10%, 10% y 10% de vehículos Suzuki, Nissan, Toyota, Honda, Mercedes y Kia. Para robar si estos vehículos registran este comportamiento diariamente, se registraron los vehículos que pasaron en dicho horario obteniéndose la siguiente tabla:

Suzuki	Nissan	Toyota	Honda	Mercedes	Kia
62	45	42	22	25	24

¿Confirman esto, la sospecha de la Oficina de transportes a un nivel de significación del 5%?

Solución

Las hipótesis a ser probadas son:

Ho: La proporción de tipos de vehículos es la misma

H1: La proporción de vehículos es diferente.

En la siguiente tabla se presenta las columnas necesarias para obtener el estadístico de la prueba:

En ella el número de vehículo de cada marca representa la frecuencia observada Oi, teniendo el tamaño n = 220 y tomando los porcentajes como probabilidad de ocurrencia hemos hallado la frecuencia esperada Ei, con la cual se ha obtenido la última columna.

Vehículo	Oi	pi	Ei	$(Oi - Ei)^2/Ei$
Suzuki	62	0.3	66	0.2424242
Nissan	45	0.2	44	0.0227273

Toyota	42	0.2	44	0.0909091
Honda	22	0.1	22	0
Mercedes	25	0.1	22	0.4090909
Kia	24	0.1	22	0.1818182

$$n =$$

$$220 \qquad \Box^2 \text{ calc} = 0.9469697$$

Como $\alpha = 0.05$ y el número de grados de libertad es $k - 1 = 6 - 1 = 5$, el valor crítico será:

$$\chi^2_{0.95}(5) = 11.0705$$

Como $\chi^2_{0.95}$ no es mayor que el valor crítico, no se rechaza la hipótesis nula, por lo que podemos afirmar que la sospecha de la oficina de transportes es cierta.

Ejemplo 11

Una nueva planta de fabricación de audífonos para teléfonos celulares presentaba diversos tipos de fallas. Se tomó una muestra de 200 audífonos para examinar el número de fallas que tuviera. A un nivel del 5% se puede afirmar que el número de fallas sigue una distribución de Poisson?

Número de fallas	0	1	2	3	4	5
Número de audífonos	40	35	38	30	32	25

Solución

Sea X la variable definida como el número de fallas encontrada en una pieza.

Si $X \rightarrow P(\lambda)$ entonces debemos estimar un parámetro.

Se puede demostrar que el estimador de λ es la media de la muestra $\overline{X}$

	A	B	C	D	E
1	Número de fallas	Número de audífonos	pi	Ei	(Oi-Ei)^2/Ei
2	0	40			
3	1	35			
4	2	38			
5	3	30			
6	4	32			
7	5	25			

Figura 176

Las hipótesis a ser formuladas son:

Ho: El número de fallas por pieza sigue una distribución de Poisson

H1: El número de fallas por pieza no sigue una distribución de Poisson

Procedimiento:

Ingresamos los datos a una hoja del programa MS Excel según se muestra en la siguiente tabla.

Calculamos la media de la muestra usando:

$\overline{X}$= SumaProducto(A2:A7,B2:B7) /Suma(A2:A7) = 2.27   Promedio de fallas

La función de distribución en el caso de la Poisson es $p(x) = \dfrac{e^{-\lambda}\lambda^x}{x!}$

Usando esta función hallamos la probabilidad de que ocurra 0, 1, etc. fallas. Para ello digitamos en C2: =Exp(-2.27)*2.27^B2/fact(B2) = 0.1033

Copiamos hacia las otras celdas del rango

Calculamos la columna E. En el caso de E2: =(A2-D2)^2/D2. Copiamos hacia las otras celdas de la columna.

Los resultados se muestran en el siguiente segmento de hoja:

	A	B	C	D	E
1	Número de fallas	Número de audífonos	pi	Ei	(Oi-Ei)^2/Ei
2	0	40	0.10331218	20.662436	18.0976425
3	1	35	0.23451865	46.9037298	3.02105574
4	2	38	0.26617867	53.2357333	4.36037139
5	3	30	0.20140852	40.2817048	2.62435403
6	4	32	0.11429934	22.8598675	3.65452784
7	5	25	0.0518919	10.3783798	20.5997255
8					
9	n =	200		Chi - Calc =	52.357677
10	Promedio =	2.27			

Figura 177

En este caso k = 6 – 1 – 1 = 4

El valor crítico es $\chi^2_{0.95}(4) = 9.48773$

Siendo el estadístico de la prueba mayor que el valor crítico, rechazaremos la hipótesis nula con lo cual, podemos afirmar que el número de fallas por componentes no sigue una distribución de Poisson.

Ejemplo 12

La inversión en publicidad realizada por las diversas empresas del sector industrial se muestra en la siguiente tabla, en el cual se tiene el número de empresas y el monto promedio de sus inversiones.

Sector A	
Inversión	**No. Empresas**
75	10
85	15
95	40
105	25
115	10

¿A un nivel de significación del 5% es razonable pensar que el monto de las inversiones de estas empresas se ajusta a una distribución normal?

Solución

Ante todo, ingresamos la tabla a una hoja del Calc, como se muestra en el siguiente segmento de hoja:

	A	B
1	Sector A	
2	Inversión	No. Empresas
3	75	10
4	85	15
5	95	40
6	105	25
7	115	10

Figura 179

Si se trata de ajustar a una distribución normal, debemos estimar dos parámetros. En este caso la media y la varianza.

$$\hat{\mu} = \overline{X} = \frac{\sum X_i * f_i}{n} = \frac{SumaProducto(A3:A7, B3:B7)}{Suma(B3:B7)} = 96$$

Del mismo modo estimamos la varianza:

$$\hat{\sigma}^2 = s^2 = \frac{\sum f_i X_i^2 - n\overline{X}^2}{n-1} = 120.20202$$

La desviación estándar $= \sigma = 10.9637$

Ahora vamos a desagregar el punto medio (Inversión) en los límites inferior y superior del intervalo. Hacemos esto porque el número de empresas representa la frecuencia de empresas que realizaron dichas inversiones, lo cual constituye el punto medio de los intervalos que vamos a determinar usando la distribución normal habiendo estimado dos parámetros: la media y varianza. Si 75 y 85 son los puntos medios, su diferencia es la amplitud del intervalo; con lo cual hallamos los límites del primer intervalo que serán: $70 - 80$; $80 - 90$; etc.

Ahora calcularemos las probabilidades de que un cierto monto de la inversión esté en un intervalo. Es decir,

$$p(X_i) = P(LimInf_i \leq X_i \leq LimSup_i) = F(LimSup_i) - F(LimInf_i)$$

En Calc:

=DISTR.NORM(B3,D9,D11,1)-DISTR.NORM(A3,D9,D11,1)

Esto es lo que se muestra en la columna E.

En la columna F se ha calculado Ei usando   =np$_i$

Ahora bien, la columna D contiene los Oi, la columna F los Ei; con ellos hemos calculado G. En G9 se tiene el valor del estadístico de la prueba.

	A	B	C	D	E	F	G	H	I
1			Sector A						
2	Lím Inf	Lím. Sup	Inversión	No. Empresas	pi	Ei	(Oi-Ei)²/Ei		
3	70	80	75	10	0.06337349	6.33734922	2.11681734		
4	80	90	85	15	0.21986708	21.9867084	2.22016383		
5	90	100	95	40	0.35028576	35.0285757	0.70556849		
6	100	110	105	25	0.25680405	25.6804048	0.01802739		
7	110	120	115	10	0.08651419	8.65141911	0.21021643		
8			n =	100					
9			Media =	96		Chi Cuad calc =	5.27079348		
10			Varianza =	120.20202		Glib =	2		
11			Desv est =	10.9636682					
12						Valor teórico =	5.99146		
13									
14							No se rechaza la hipótesis nula		

Figura 180

Como el número de grados de libertad es K-1 y se han estimado dos parámetros entonces el valor crítico es $\chi^2 (2) = 5.99146$

Observamos también que el estadístico $\chi^2_c = 5.270793$

Según el criterio de decisión, no se rechaza la hipótesis nula, lo que significa que los datos se pueden ajustar a una distribución normal.

PRUEBA DE INDEPENDENCIA DE CRITERIOS

En muchos casos se desea probar si existe relación entre dos criterios correspondientes a una variable o entre dos categorías de valores correspondientes a una o dos poblaciones.

Por ejemplo: Una tienda comercial está interesada en saber si las ventas semanales de artefactos de cocina tienen alguna relación con el nivel socioeconómico de los consumidores. Con este motivo se tomó una muestra la que se presenta en la siguiente tabla.

	Nivel socieconómico			
Artefactos	A	B	C	D
Radios	18	20	22	18
Televisores	25	18	12	12
Equipo de video	30	24	22	10
Computadora	15	12	10	6

Como se puede apreciar, la variable ventas semanales de artefactos se ha dividido en dos categorías: Tipo de artefacto y nivel socioeconómico de los clientes.

Por ello las hipótesis a ser probadas serán:

Ho: La venta de artefactos es independiente del nivel socioeconómico

H1: Existe una relación entre la venta de artefactos y el nivel socioeconómico

Fundamento del método:

Sean X_1, X_2,..., X_k y Y_1, Y_2,..., Y_m dos conjuntos de valores correspondientes a dos criterios en los que se puede dividir una variable.

Sea $p_{ij} = P(X = X_i, Y = y_j)$ la probabilidad de que un elemento de la población corresponda al i-ésimo nivel de criterio X y al j-ésimo nivel del criterio Y.

Del mismo modo, $p_i = P(X = x_i)$ y, $p_j = P(Y = y_j)$ serán las probabilidades marginales de X e Y, respectivamente.

Si los criterios X e Y no van a estar relacionados entonces se debe tomar en cuenta que $p_{ij} = p_i * p_j$ para todo i = 1, 2,..., k; j = 1, 2,..., m.

Luego las hipótesis a ser probada, será:

Ho: $p_{ij} = p_i * p_j$ i = 1, 2… k; j = 1, 2… m

H1: Existe por lo menos un $p_{ij} \neq p_i * p_j$ para algún i ≠ j.

<u>Estadístico de la prueba:</u>

Sea O_{ij} el número de elementos que corresponden al i-ésimo criterio X y j – ésimo criterio Y; es decir, O_{ij} será la frecuencia observada.

La siguiente tabla muestra la distribución de la muestra de acuerdo a las dos categorías, lo que se conoce también como una **tabla de contingencia**.

	Y1	Y2	...	Yj	...	Ym	
X1	O_{11}	O_{11}	...	O_{1j}	...	O_{1k}	$\sum_{j=1}^{m} O_{1j}$
X2	O_{21}	O_{21}	...	O_{2j}	...	O_{2k}	$\sum_{j=1}^{m} O_{2j}$
...	...	...	...	...	...	...	
Xk	O_{k1}	O_{k2}	...	O_{kj}	...	O_{km}	$\sum_{j=1}^{m} O_{kj}$
	$\sum_{i=1}^{k} O_{i1}$	$\sum_{i=1}^{k} O_{i2}$	...	$\sum_{i=1}^{k} O_{ij}$	...	$\sum_{i=1}^{k} O_{ik}$	

De acuerdo a esto las estimaciones de las probabilidades marginales serán:

$$p_{i.} = \frac{\sum_{j=1}^{m} O_{ij}}{n}$$

$$p_{.j} = \frac{\sum_{i=1}^{k} O_{ij}}{n}$$

Con lo cual estimaremos $E_{ij} = n \, p_{i.} * p_{.j}$

Donde $n = \sum_{i=1}^{k} \sum_{j=1}^{m} O_{ij}$

El estadístico de la prueba será

$$\chi_C^2 = \sum_{i=1}^{k}\sum_{j=1}^{m}\frac{\left(O_{ij}-E_{ij}\right)^2}{E_{ij}}$$

El número de grados de libertad será (k-1)*(m-1) con el cual se podrá obtener el valor crítico con $100\alpha\%$ de nivel de significación.

Criterio de decisión:

Si $\chi_C^2 > \chi_{1-\alpha}^2(k-1)(m-1)$ se rechazará la hipótesis nula

Ejemplo 13

Tomemos el problema descrito al inicio de esta sección. ¿A un nivel de significación del 5% se puede afirmar que las ventas semanales de artefactos de dicha tienda son independientes con el nivel socioeconómico de los consumidores?

Solución

De acuerdo a la pregunta formularemos las siguientes hipótesis:

Ho: La venta semanal por tipo de artefactos es independiente del nivel socioeconómico en dicha tienda.

H1: Las ventas semanales por tipo de artefactos y el nivel socioeconómico no son independientes.

Cálculo del estadístico de la prueba:

Procedimiento:

Ingresamos los datos en una hoja del Excel, como se muestra en la figura

	Frecuencias observadas				
Artefactos	A	B	C	D	Total
Radios	18	15	25	18	76
Televisores	25	18	12	25	80
Equipo de video	30	24	22	10	86
Computadora	15	12	10	16	53
Total	88	69	69	69	295

La columna F contiene la suma de las frecuencias por artefacto. La fila 7 contiene la suma de las frecuencias por nivel socioeconómico. La celda F7 contiene el tamaño de la muestra $n = \sum_{i=1}^{k} \sum_{j=1}^{m} O_{ij} = 274$

A continuación, obtenemos la matriz de los $p_{ij} = \frac{O_{ij}}{274}$ con lo cual, sumando por fila obtenemos los $p_{i.}$ y $p_{.j}$ que son las proporciones marginales. Esto se aprecia en la siguiente figura

Artefactos	A	B	C	D	
Radios	0.0610	0.0508	0.0847	0.0610	0.2576
Televisores	0.0847	0.0610	0.0407	0.0847	0.2712
Equipo de video	0.1017	0.0814	0.0746	0.0339	0.2915
Computadora	0.0508	0.0407	0.0339	0.0542	0.1797
	0.298305	0.233898	0.233898	0.2339	1

A partir de esta matriz obtenemos otra que constituye la matriz de las frecuencias esperadas $E_{ij} = np_{i.}p_{.j}$ lo que se muestra en la siguiente figura

	Frecuencias esperadas			
Artefactos	A	B	C	D
Radios	22.671	17.776	17.776	17.776
Televisores	23.864	18.712	18.712	18.712
Equipo de video	25.654	20.115	20.115	20.115
Computadora	15.810	12.397	12.397	12.397

Teniendo las matrices de las frecuencias observadas y esperadas, obtenemos el estadístico de la prueba:

$$\chi_C^2 = \sum_{i=1}^{k} \sum_{j=1}^{m} \frac{\left(O_{ij} - E_{ij}\right)^2}{E_{ij}} = 17.251$$

Valor crítico = $\chi^2(9) = 16.919$

Criterio de decisión:

Como el valor calculado es mayor que el valor crítico, rechazamos la hipótesis nula; esto significa que las ventas semanales de los artefactos en dicha tienda dependen del nivel socioeconómico de los consumidores.

Nota:

El archivo TestIndep.ods contiene la **Solución** de este problema en su primera hoja.

La siguiente tabla muestra los resultados finales

	$(O_{ij} - E_{ij})^2/E_{ij}$			
Artefactos	A	B	C	D
Radios	0.962	0.434	2.936	0.003
Televisores	0.054	0.027	2.408	2.113
Equipo de video	0.736	0.750	0.177	5.087
Computadora	0.042	0.013	0.463	1.047
Estad. Prueba =				17.251
Grados de libertad = (k-1)(m-1) =				9
Valor crítico =				16.919

Ejemplo 14

Tres expertos fueron convocados para evaluar un lote de los primeros 500 productos con los que Perú iniciaba su comercio con Malasia. Ellos deberían clasificar a los productos de acuerdo a estándares internacionales en tres calidades C1, C2 y C3.

La siguiente tabla muestra los resultados después de ser evaluados por los expertos. ¿A un nivel de significación del 5% se puede afirmar que la calificación de estos expertos es independiente de las certificaciones de calidad?

Frecuencias observadas		
E1	E2	E3

C1	70	60	30
C2	50	80	55
C3	35	70	50

Solución

Las hipótesis que corresponden a este problema son:

Ho: La calificación de los expertos es independiente a la calidad de los productos.

H1: La calificación de los expertos depende de la calidad de los productos.

La **Solución** se encuentra en la hoja 2 del archivo TestIndep.ods.

Procedimiento utilizado

Aquí hemos variado el procedimiento:

Primero hemos obtenido los totales por fila y por columna

Utilizando la fórmula: $\frac{Total\ Fila_i}{500} * \frac{Total\ Col_j}{500} * 500$ hemos obtenido la matriz Eij.

La tercera matriz se ha obtenido usando la fórmula: $\left(O_{ij} - E_{ij}\right)^2 / E_{ij}$

Estadístico de la prueba:

En la celda D17 se ha obtenido el valor del estadístico de la prueba =20.215957

El número de grados de libertad = (k-1) (m-1) = 4.

El valor crítico Chi cuadrado con 4 grados de libertad =9.48773

Usando el criterio de decisión podemos afirmar que la calificación de los expertos no es independiente a la clasificación de dicho producto.

La siguiente tabla muestra las tres matrices usadas en la **Solución** de este problema.

	Frecuencias observadas			
	E1	E2	E3	
C1	70	60	30	160
C2	50	80	55	185

C3	35	70	50	155
	155	210	135	500
	Frecuencias esperadas			
C1	49.6	67.2	43.2	
C2	57.35	77.7	49.95	
C3	48.05	65.1	41.85	
	$(O_{ij}-E_{ij})^2/E_{ij}$			
	8.39032258	0.771428571	4.033333333	
	0.94197908	0.068082368	0.510560561	
	3.5442768	0.368817204	1.587156511	
		Estad. Calculado =	20.215957	
		Grados de libertad =	4	
		Valor crítico =	9.48773	

PRUEBA DE HOMOGENEIDAD DE PROPORCIONES

Una tercera aplicación de la distribución Chi-cuadrado, dentro de la estadística no paramétrica es aquella que se refiere a pruebas de comparación del comportamiento de dos o más muestras; esto es, afirmar que todas las muestras provienen de la misma población o de poblaciones iguales y como tal, son homogéneos en su comportamiento.

De manera que si se toman k muestras aleatorias extraídas de igual número de poblaciones y son clasificados en m grupos o criterios pre definidos, entonces O_{ij} representará el número de observaciones proveniente de la i-ésima población, perteneciente al j-ésimo criterio. Esto sugiere el uso de la siguiente tabla en la cual se tendrán las observaciones.

	Y1	Y2	...	Yj	...	Ym	
X1	O_{11}	O_{11}	...	O_{1j}	...	O_{1k}	$\sum_{j=1}^{m} O_{1j}$
X2	O_{21}	O_{21}	...	O_{2j}	...	O_{2k}	$\sum_{j=1}^{m} O_{2j}$
	...	...	...	...	...	...	
Xk	O_{k1}	O_{k2}	...	O_{kj}	...	O_{km}	$\sum_{j=1}^{m} O_{kj}$
	$\sum_{i=1}^{k} O_{i1}$	$\sum_{i=1}^{k} O_{i2}$	...	$\sum_{i=1}^{k} O_{ij}$	...	$\sum_{i=1}^{k} O_{ik}$	

Por otro lado, definiremos a $p_{ij} = \frac{\sum_{i=1}^{k} O_{i.}}{n} * \frac{\sum_{j=1}^{m} O_{.j}}{n}$ como la proporción de que una observación cualquiera de la i-ésima población, corresponda al j-ésimo criterio.

Como se podrá apreciar, el procedimiento a seguir será similar a la prueba de independencia de criterios ya los datos tienen la misma estructura y se toma en cuenta la probabilidad de pertenencia de una observación a un criterio.

En tal sentido, las hipótesis a ser formuladas serán:

Ho: Todas las muestras presentan las mismas características o todas las muestras proceden de la misma población

H1: Las muestras difieren en su comportamiento o no es cierto que todas las muestras procedan de la misma población.

Otra manera de formulas las hipótesis es utilizando la proporción de observaciones por criterio:

$Ho: p_{1j} = p_{2j} = \cdots = p_{kj}$

$H1: p_{ij} \neq p_{hj}$ para algún i $\neq$ h

Estadístico de la prueba:

$$\chi_C^2 = \sum_{i=1}^{k} \sum_{j=1}^{m} \frac{(O_{ij} - E_{ij})^2}{E_{ij}}$$

	Distritos		
Opinión	A	B	C
A favor	30	24	30
En contra	15	20	18
Indiferente	15	16	12

Donde

$E_{ij} = n\, p_{i.} * p_{.j}$ representan las frecuencias esperadas y

$n = \sum_{i=1}^{k} \sum_{j=1}^{m} O_{ij}$

Grados de libertad:

Como en el modelo anterior el número de grados de libertad será: (k-1) (m-1).

Criterio de decisión:

Si $\chi_C^2 > \chi_{1-\alpha}^2 (k-1)(m-1)$ entonces rechazaremos la hipótesis nula.

Ejemplo 15

Debido a la crítica situación del equipo Alianza Lima, una firma comercial que desea participar en la **Solución**, decidió llevar a cabo una encuesta a los socios de tres de los distritos más identificados con el club, para saber su opinión respecto a la actual directiva. Los resultados de la muestra se presentan en la siguiente tabla:

A un nivel de significación del 5% ¿se puede afirmar que la opinión de los socios es la misma en los tres distritos?

Solución

Ingresamos los datos a una hoja del Calc.

Como en el segundo ejemplo modelo anterior, obtenemos las sumas por fila y columna.

Obtenemos las frecuencias esperadas E_{ij} usando

$$E_{ij} = \frac{\sum_{i=1}^{k} O_{i.}}{n} * \frac{\sum_{j=1}^{m} O_{.j}}{n} * n$$

Los resultados se muestran en la siguiente tabla.

	Frecuencia esperada Eij		
A favor	28.00	28.00	28.00
En contra	17.6666667	17.6666667	17.6666667
Indiferente	14.3333333	14.3333333	14.3333333

La siguiente tabla muestra los valores (Oij – Eij)²/Eij

	(Oij - Eij)²/Eij		
A favor	0.14285714	0.57142857	0.14285714
En contra	0.40251572	0.3081761	0.00628931
Indiferente	0.03100775	0.19379845	0.37984496

Con lo cual obtenemos el estadístico de la prueba: $\chi_c^2 = 2.178775$

El valor crítico es $\chi_{0.95}^2(4) = 9.48773$

Como el estadístico de la prueba no es mayor al valor crítico, no se rechaza la hipótesis nula; en consecuencia, podemos afirmar que la opinión de los socios es la misma en cualquiera de los tres distritos.

Nota

Todo el problema se encuentra en la hoja Homg1 del archivo TestIndep.ods.

Ejemplo 16

El administrador de peajes de la municipalidad de Lima desea saber si hay diferencia en la proporción de vehículos manejados por un hombre o una mujer, que pasan por una caseta de control en ciertas horas de un fin se semana largo. Para realizar el estudio se observaron a 1000 vehículos que pasaron por dicha caseta, obteniéndose los siguientes resultados:

	Intervalos de tiempo tomados para la observación			
	Entre las 09 y 12	Entre las 12 y 15	Entre las 15 y 18	Total
Hombres	90	125	185	400
Mujeres	210	175	215	600
Total	300	300	400	1000

A un nivel de significación del 5% ¿se puede afirmar que no existe diferencia significativa en la proporción de vehículos que pasan por la caseta en los intervalos considerados?

Solución

Ingresamos la tabla a una hoja del Calc.

Como ya se tienen los totales, pasamos a calcular la matriz de las frecuencias esperadas, lo que se muestra en la siguiente tabla:

	Intervalos de tiempo esperados		
	Entre las 09 y 12	Entre las 12 y 15	Entre las 15 y 18
Hombres	120	120	160
Mujeres	180	180	240

Pasamos a calcular la matriz de los cuadrados de las diferencias de las observaciones y el valor esperado. Esto se muestra en la siguiente tabla:

$(O_{ij} - E_{ij})^2 / E_{ij}$

	Entre las 09 y 12	Entre las 12 y 15	Entre las 15 y 18
Hombres	7.5	0.208333333	3.90625
Mujeres	5	0.138888889	2.604166667

Obtención del estadístico de la prueba: $\chi_C^2 = 19.35763889$

El número de grados de libertad = 2

El valor crítico = $\chi_{0.95}^2(2) = 5.99146$

Luego, como la hipótesis nula se rechaza, podemos afirmar que sí existe diferencia significativa en la proporción de vehículos que pasan por la caseta en los intervalos considerados.

Nota:

La **Solución** al problema se encuentra en la hoja Homg2 del archivo TestIndep.ods.

PROBLEMAS PROPUESTOS

1. Una agencia de viajes está interesada en saber si el porcentaje de familias que asistirán a las 5 playas de su interés, cambiarán para este verano. Los porcentajes de familias que asistieron los fines de semana del verano pasado se muestra en la siguiente tabla.

Playas	1	2	3	4	5
Porcentaje	10	35	10	20	25

Para averiguar si este comportamiento había cambiado, se tomó una muestra de 2000 asistentes a las playas en la última semana, obteniéndose los siguientes resultados:

Playa	P1	P2	P3	P4	P5
N° de familias	200	750	320	350	380

Usando $\alpha=0.05$, pruebe usted si los porcentajes de asistentes a las diferentes agencias cambió de manera significativa.

2. Una tienda de ropa femenina desea promocionar tres de sus prendas de mayor demanda, para el próximo verano: polos Z1, toallas y pareo. En la publicidad ofrece un descuento por temporada del 25% por cada una de estas prendas. Para saber si puede colocar más prendas en el mercado, realiza una encuesta sobre la preferencia de estas prendas. La muestra se llevó a cabo con 300 de sus clientes potenciales del último fin de semana. La información obtenida se muestra en la siguiente tabla:

Prenda	Polo Z1	Toalla	Pareo
Preferencia	110	105	85

A un nivel de significación de 5%, ¿hay alguna preferencia por alguno de los regalos o todos son igualmente deseados?

3. PCB es una caja municipal de provincia con gran demanda en el mercado de prestamistas que no acuden a una entidad financiera o bancaria. En su idea de penetrar al gran mercado limeño, desea estudiar el número de solicitudes de crédito recibidas por día en el último semestre, 180 días por las diversas entidades financieras y bancarias de Lima, obteniéndose la siguiente información:

Nro. Solicitudes de crédito	0	1	2	3	4	5 o más
Frecuencia (número de días)	50	77	81	48	33	11

A un 5%, ¿sería razonable concluir que la distribución del número de solicitudes diarias de préstamo es del tipo Poisson, con una media igual a 2?

4. El número de visitantes a un determinado museo durante una semana cualquiera parecen seguir una distribución normal, pues eso es lo que se puede deducir de las observaciones obtenidas durante 5 días de lunes a viernes, lo cual está contenido en la siguiente tabla en la cual se indica el monto recaudado por día, siendo X el punto medio de cada intervalo y fi el número de visitantes corresponde el valor central de cada intervalo.

	Lun	Mart	Miérc	Juev	Vierne
X	300	500	700	900	1100
f	30	50	90	45	35

A un nivel del 5% ¿se puede afirmar que el número de visitantes al museo sigue una distribución normal?

5. A un curso de Juego de Bolsa asistieron 50 administradores, 40 ingenieros y 10 contadores. Con la intención de formar grupos afines, se les consultó si creen que las acciones mineras bajarían, subirían o se mantendría igual, en la próxima semana. El 20% de los administradores opinaron que subiría, mientras que el 40% de ellos piensa que bajará. El 50% de los ingenieros se inclinaron por que permanecerían igual y sólo el 5% creen que bajaría. La mitad de los contadores se inclina por la subida y la otra mitad por la bajada.

Tomando en cuenta esta información y con un nivel de significación del 5%, ¿existe alguna relación entre el comportamiento del mercado bursátil y la profesión del encuestado?

## CAPÍTULO XVII

REGRESIÓN LINEAL

INTRODUCCIÓN

En los capítulos anteriores en varias ocasiones hemos hablado de más de una variable. Por ejemplo cuando hablamos de variables aleatorias bidimensionales, dijimos que dos variables aleatorias estarán relacionadas si su covarianza es diferente de 0. Si la covarianza es positiva entonces existe una relación directa positiva; es decir, si una variable aumenta, entonces también aumenta la otra; por el contrario, si la covarianza es negativa entonces existe relación inversa; lo que significa que cuando una aumenta, la otra disminuye. Por otro lado, si la covarianza es cero, dijimos que las dos variables no están relacionadas; es decir, son variables aleatorias independientes.

En la práctica existen muchos casos en los cuales dos o más variables aleatorias están relacionadas.

¿Qué significa que dos o más variables están relacionadas? Significa que entre ellas existe una relación funcional de la forma $y = f(x)$ en el caso de dos variables y cuando se tiene más de dos variables entonces el modelo será $y = f(x_1, x_2,\ldots, x_n)$. En esta caso tendremos el modelo en el cual la variable Y está en relación de $X_1, X_2,\ldots, X_n$; es decir, Y depende de los Xi. Según esto, Y recibe el nombre de variable dependiente y $X_1, X_2,\ldots, E_n$ constituyen las variables independientes.

Veamos el caso de la venta del pollo: Cuando la demanda del pollo aumenta, el precio también aumenta; sin embargo, cuando la oferta aumenta, el precio del pollo disminuye. Esto lo saben todas las amas de casa que diariamente hacen el mercado.

De manera que, si se desea analizar si dos o más variables están relacionadas, debemos obtener un modelo matemático que nos permita construir dicha relación.

Y ¿por qué tenemos que estudiar la relación entre dos variables? Si se tiene el modelo podemos realizar proyecciones futuras las que nos permitirá realizar una adecuada toma de decisiones.

Sin embargo, antes de construir el modelo matemático, debemos realizar un análisis de dispersión de las variables dos a dos; entre la variable dependiente y una de las variables independientes. La forma cómo se muestran los puntos en este gráfico nos indicará qué modelo construir.

En el presente capítulo estudiaremos el modelo lineal cuyo modelo matemático se representará como $Y = \beta_0 + \beta_1 X_1 + \beta_2 X_2 + ... + \beta_n X_n + \varepsilon$ denominado *modelo de regresión lineal múltiple*. Cuando se trata de un modelo de dos variables entonces tendremos $Y = \beta_0 + \beta_1 X_1 + \varepsilon$ denominado *modelo de regresión lineal simple*. En ambos modelos ε es una variable llamada *variable estocástica* que representará los errores que afectan a Y, pero que no son explicados por el modelo, el cual se sustenta en los siguientes supuestos:

El modelo de estimación está sujeta a tres supuestos:

Que la esperanza de los errores del muestreo sean cero
$E(\varepsilon) = 0$

Que la varianza de los mismos sea cero
$V(\varepsilon) = \sigma^2$

Y que las variables ε_i no estén correlacionadas.

ESTIMACIÓN DE PARÁMETROS Y PRUEBA DE HIPÓTESIS EN EL MODELO LINEAL

Antes de hablar del modelo lineal, veamos el siguiente ejemplo:

En la página 297 del libro Problemas Econometría, A. Aznar y A. García proponen como problema 4.22 el siguiente caso: Evaluar los efectos de la "revolución verde" tomando una muestra entre los años 1957 a 1976 sobre de la producción agrícola española, Y_i, conjuntamente con el volumen de fitosanitarios, X_1, de la maquinaria agrícola, X_2 y del financiamiento público y privado, X_3. Los datos se muestran en la siguiente tabla:

El problema consiste en comprobar si la producción agrícola depende del volumen de fitosanitarios, de la maquinaria y parque automotor y del financiamiento público y privado.

Y_t	X_{1t}	X_{2t}	X_{3t}
172,900	1,179	38,079	1,636
211,710	1,018	44,511	2,142
220,160	909	52,756	2,135
222,370	930	64,143	3,507
249,610	1,668	80,191	4,214
281,670	1,647	105,390	5,640
319,760	2,096	133,490	69,048
320,110	2,264	157,980	62,964
341,030	2,170	185,180	73,876
386,330	2,769	218,230	84,599
403,540	2,976	254,800	99,652
433,630	3,029	292,210	124,050
462,300	3,480	332,450	144,850
471,830	3,642	363,680	158,490
535,650	4,151	398,770	176,780
578,840	4,708	438,290	196,320
675,400	5,614	480,110	235,340
813,020	6,095	523,490	281,960
917,140	6,660	566,950	319,250
1,016,000	6,850	606,070	372,840

Lógicamente la sola definición de las variables sugiere un modelo de la forma

$$Y_i = \beta_0 + \beta_1 X_{i1} + \beta_2 X_{i2} + \beta_3 X_{i3} + \varepsilon_i$$

Pero antes de formularlo, deberíamos estar seguros que será este el modelo. Para ello hemos realizado un análisis de gráficos utilizando el diagrama de dispersión entre la producción agrícola y cada una de las variables independientes. Todo este análisis exploratorio de datos (EDA) lo hemos realizado en el archivo RegreLineal.ods, en Excel, uno de cuyos gráficos mostramos aquí.

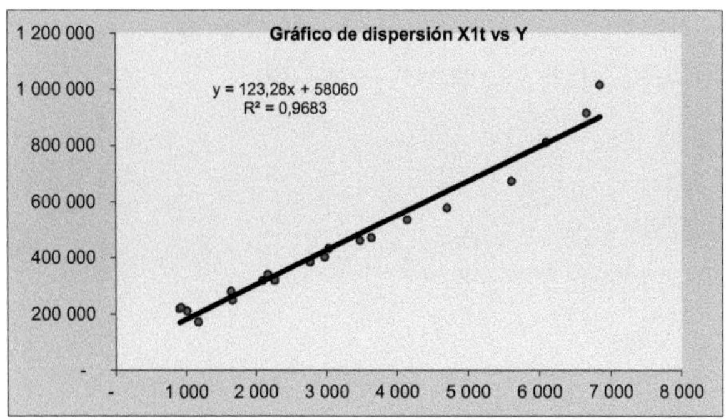

Figura 181

Este gráfico de dispersión, nos dice que la producción agrícola está en relación con el volumen de fitosanitarios. Observen que Excel nos permite obtener la relación lineal Y = 58060 + 123.2X₁

Los diagramas de dispersión elaborado en GRETL son los siguientes:

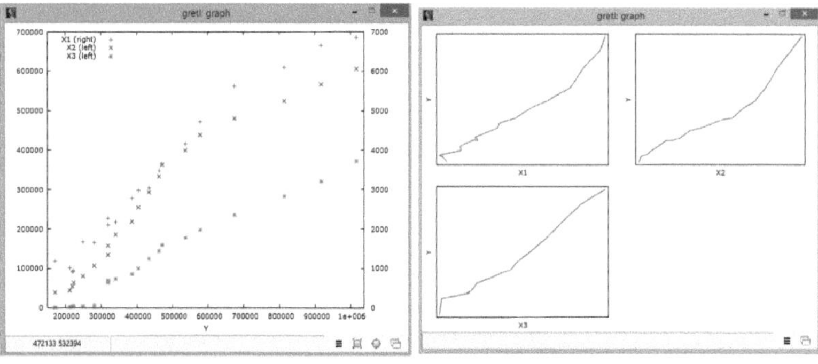

Figura 182   Figura 183

De manera que el modelo lineal general será el siguiente:

$$Y_i = \beta_0 + \beta_1 X_{i1} + \beta_2 X_{i2} + \beta_3 X_{i3} + \dots + \beta_k X_{ik} + \varepsilon_i \quad (1)$$

Donde

Y representa la variable dependiente o variable explicada

$X_1, X_2, \dots, X_k$ representan las variables independientes o variables explicativas

k representa el número de variables independientes

β_0 es el intercepto o valor inicial de Y cuando todos los Xi son iguales a 0.

$\beta_1, \beta_2, \ldots, \beta_k$ son los coeficientes de regresión.

Y ε_i es una variable estocástica que debe cumplir los siguientes supuestos:

$E(\varepsilon_i) = 0$

$V(\varepsilon_i) = \sigma^2$

ε_i es una variable con distribución normal

Y que $\varepsilon_1, \varepsilon_2, \ldots, \varepsilon_k$ no están correlacionadas; es decir, son independientes

De (1)

$$\varepsilon_i = Y_i - (\beta_0 + \beta_1 X_{i1} + \beta_2 X_{i2} + \beta_3 X_{i3} + \ldots + \beta_k X_{ik})$$

Podemos obtener

$$\sum \varepsilon_i^2 = \sum \left(Y_i - (\beta_0 + \beta_1 X_{i1} + \beta_2 X_{i2} + \beta_3 X_{i3} + \ldots + \beta_k X_{ik})\right)^2 \quad (2)$$

El objetivo es obtener los valores críticos que hacen que la sumatoria del lado izquierdo sea mínimo. Estos valores críticos son los estimadores de cada uno de los parámetros β_i del modelo.

El procedimiento para obtener estos estimadores es el método de los Mínimos Cuadrados Ordinarios (MCO), estudiado en el capítulo de estimación puntual.

De manera que

Si $\hat{\beta}_0, \hat{\beta}_1, \hat{\beta}_2, \ldots, \hat{\beta}_k$ son los estimadores de los coeficientes de regresión que han sido obtenidos por dicho método, entonces el modelo estimado será

$$\hat{Y}_i = \hat{\beta}_0 + \hat{\beta}_1 X_{i1} + \hat{\beta}_{i2} X_{i2} + \ldots + \hat{\beta}_k X_{ik} \quad (3)$$

Donde $\hat{Y}_i$ representa el estimador de Y, conocido también como Y pronosticado o Y predicho.

Propiedades de los estimadores

1. El estadístico $\hat{\beta}$ es un estimador insesgado de β; es decir, $E(\hat{\beta}) = \beta$
2. El estadístico $\hat{\beta}_0$ es un estimador insesgado de β_0; es decir, $E(\hat{\beta}_0) = \beta_0$

Ahora bien, restando (3) de (1) obtendremos $Y - \hat{Y}$ lo cual puede expresarse como

$$Y - \hat{Y} = \left(Y - \overline{Y}\right) + (\overline{Y} - \hat{Y})$$

A partir de la cual se puede demostrar que

$$\Sigma\left(Y - \overline{Y}\right)^2 = \Sigma\left(Y - \hat{Y}\right)^2 + \Sigma\left(\hat{Y} - \overline{Y}\right)^2$$

En esta ecuación, a cada sumatoria la denotaremos por

SCT = Suma de cuadrados de los errores totales = $\Sigma\left(Y - \overline{Y}\right)^2$

SCE = Suma de cuadrados debido a los errores o residuos = $\Sigma\left(Y - \hat{Y}\right)^2$

SCR = Suma de cuadrados debido a la regresión = $\Sigma\left(\hat{Y} - \overline{Y}\right)^2$

Los grados de libertad correspondientes son:

Para SCT es (n-1) donde n es el tamaño de la muestra

Para SCR = (k-1) donde k es el número de variables en el modelo.

Para SCE = (n-1) – (k-1) = (n-k)

Luego, dividiendo cada suma de cuadrados entre sus respectivos grados de libertad tendremos los cuadrados medios que constituyen las varianzas respectivas.

$$CMT = \frac{SCT}{n-1}$$

$$CMR = \frac{SCR}{k-1}$$

$$CME = \frac{SCE}{n-k}$$

Finalmente, con toda esta información podemos construir la tabla del análisis de varianza para un modelo de regresión lineal general:

Fuente	Suma de cuadrados	Grados de libertad	Cuadrado medio	Estadístico Fc	pValor

Regresión	SCR	k-1	CMR	F_C	
Residuos	SCE	n-k	CME	$= \dfrac{CMR}{CME}$	
Totales	SCT	n-1			

Coeficiente de determinación

$$R^2 = \frac{SCR}{SCT}$$

representa la proporción de veces que la variación de la variable dependiente Y, es explicada por el modelo; por lo general se interpreta en forma porcentual. A diferencia del coeficiente de correlación entre dos variables, $0 \le r^2 \le 1$. Mientras $\rho(X, Y)$ cuantifica el grado de relación entre dos variables, r^2 indica el porcentaje de veces que el modelo se adecúa para estimar, pronosticar o predecir los valores de Y.

Observación

En algunos casos o en ciertas situaciones, es más conveniente usar el coeficiente de determinación ajustado

$$R_a^2 = 1 - (1 - r^2)\frac{n-1}{n-1-k}$$

Coeficiente de correlación entre dos variables de la muestra

Definiremos a $r(X, Y)$ es el coeficiente de correlación de la muestra entre las variables X e Y (tomado a X como una sola variable) como

$$r(X,Y) = (signo \ de \ \beta)\sqrt{r^2}$$

y su interpretación es la misma dada anteriormente.

ANÁLISIS DEL MODELO LINEAL SIMPLE

Estimación de los parámetros:

En el caso de un modelo lineal simple tendremos

$$Y_i = \beta_0 + \beta_1 X_{i1} + \varepsilon_i$$

$$\hat{Y}_i = \hat{\beta}_0 + \hat{\beta}_1 X_{i1}$$

En el capítulo de estimación de parámetros estudiamos el método de los mínimos cuadrados ordinarios para estimar los coeficientes de un modelo lineal.

Dicho método nos permite encontrar

$$\hat{\beta}_1 = \frac{n\sum XY - \sum X \sum Y}{n\sum X^2 - (\sum X)^2}$$

$$\hat{\beta}_0 = \overline{Y} - \hat{\beta}_1 \overline{X}_1$$

Estimación de la varianza de los errores

Si $Y = \beta_0 + \beta_1 X + \varepsilon$ entonces $\overline{Y} = \beta_0 + \beta_1 \overline{X}$ aquí $E(\varepsilon) = 0$ por los supuestos.

De manera que $\sum \varepsilon^2 = \sum \left((Y - \overline{Y}) - \beta_1 (X - \overline{X}) \right)^2 = \sum (y - \beta_1 x)^2$

Observe que hemos hecho $x = X - \overline{X}$ así como $y = Y - \overline{Y}$

Por otro lado, como $V(\varepsilon) = E(\varepsilon^2) - (E(\varepsilon))^2 = \frac{\sum \varepsilon^2}{n-1-1}$

Se puede demostrar que $\sum \varepsilon^2 = \sum y^2 - \beta_1^2 \sum x^2$

Con lo cual $\sigma^2 = V(\varepsilon) = \frac{\sum y^2 - \beta_1^2 \sum x^2}{n-2}$

Estimación de la varianza de los coeficientes de regresión

Como $\sum x^2 = \sum (X - \overline{X})^2 = \sum X^2 - \frac{1}{n}(\sum X)^2$ entonces podemos deducir

$V(\hat{\beta}_1) = \frac{\sigma^2}{\sum x^2}$ de donde podemos obtener $\sigma_{\hat{\beta}_1} = \sqrt{\frac{\sigma^2}{\sum x^2}}$

Del mismo modo

$V(\hat{\beta}_0) = \sigma^2 (\frac{1}{n} - \frac{\overline{X}}{\sum x^2})$ de donde podemos hallar también $\sigma_{\hat{\beta}_0}$

Estimación por intervalos

A continuación, obtendremos intervalos de confianza del 100(1-α) % para cada uno de los coeficientes de regresión y para Y estimada.

Intervalo de confianza para β₁

Si tomamos en cuenta el supuesto de normalidad para ε entonces, por la propiedad reproductiva de la normal Y también será normal; esto es, supondremos que la muestra usada proviene de una población normal.

Según esto y si consideramos que el estadístico $\hat{\beta}_1$ es una variable muestral, entonces, la variable

$T = \frac{\hat{\beta}_1 - \beta_1}{\sigma_{\beta_1}}$ tendrá una distribución t con (n-2) grados de libertad.

Por lo que el intervalo de confianza del 100(1-α) % para β₁ será:

$$\hat{\beta}_1 - t_{1-\frac{\alpha}{2}}(n-2)\frac{\sigma}{\sqrt{\sum x^2}} \leq \beta_1 \leq \hat{\beta}_1 - t_{1-\frac{\alpha}{2}}(n-2)\frac{\sigma}{\sqrt{\sum x^2}}$$

Intervalo de confianza para β₀

Como en el caso anterior, el intervalo de confianza del 100(1--α) % para β₀ será

$$\hat{\beta}_0 - t_{1-\frac{\alpha}{2}}(n-2)\sigma_{\hat{\beta}_0} \leq \beta_0 \leq \hat{\beta}_0 - t_{1-\frac{\alpha}{2}}(n-2)\sigma_{\hat{\beta}_0}$$

Intervalo de confianza para Ŷ (variable predicha)

Si X = X₀ entonces $\hat{Y}_0 = \hat{\beta}_0 + \hat{\beta}_1 X_1$ será el valor predicho de Y.

Puesto que Y se puede predecir como Yo, dada la ocurrencia de un evento en X; es decir, que ocurra X = Xo entonces podemos saber el valor esperado de Yo, dado X = Xo; en otras palabras, podemos estimar por intervalos a E (Yo/X = Xo) = μ_{Y_0}

Podemos deducir $V(\hat{Y}_0) = \sigma^2\left[\frac{1}{n} + \frac{(X_0 - \overline{X})^2}{\sum x^2}\right]$

Por otro lado, siendo normal de donde se extrajo la muestra, el estadístico

$T = \frac{\hat{Y}_0 - E(Y_0/X = X_0)}{\sqrt{V(\hat{Y}_0)}}$ tiene una distribución t con (n-2) grados de libertad.

Luego el intervalo de confianza del 100(1--α) % para μ_{Y_0} es

$$\hat{\beta}_0 + \hat{\beta}_1 X_1 - t_{1-\frac{\alpha}{2}}(n-2)\sigma_{\hat{Y}_0} \leq \mu_{Y_0} \leq \hat{\beta}_0 - \hat{\beta}_1 X_1 - t_{1-\frac{\alpha}{2}}(n-2)\sigma_{\hat{Y}_0}$$

Prueba de hipótesis

Una primera hipótesis de trabajo surge de inmediato cuando se pretende cuestionar si realmente la variable explicada Y se ajusta al modelo estimado o, si la relación obtenida es significativa.

Por otro lado, puesto que una variable puede depender de otra según el valor del coeficiente de regresión correspondiente, es lógico que nuestros modelos de hipótesis tengan que formularse también respecto los coeficientes β₀ y β₁.

Prueba de hipótesis para la regresión:

H_0: $\rho(X, Y) = 0$: La variable Y no puede ser ajustada por el modelo de regresión
H_1: $\rho(X, Y) \neq 0$ Las dos variables están correlacionadas.

Estadístico de la prueba:
De acuerdo a la tabla del ANOVA, el estadístico de la prueba es $F_C = \dfrac{CMR}{CME}$

Valor crítico de la prueba:
Como en el caso general el número de grados de libertad de SSR es (k-1) en el modelo lineal simple k = 2; por tanto, los grados de libertad del numerador será 1 y del denominador, (n-k) = (n-2).
Luego debemos hallar el valor crítico para $F_{1-\alpha}(1, n-2)$

Criterio de decisión
Si $F_C > F_{1-\alpha}(1, n-2)$ rechazaremos la hipótesis nula, con lo cual estaremos afirmando que el modelo no explica significativamente la variabilidad de la variable dependiente Y.

Prueba de hipótesis para β_1:

H₀: $\beta_1 = 0$

H₁: $\beta_1 \neq 0$

Estadístico de la prueba:

$$t_C = \frac{\hat{\beta}_1}{\sigma_{\hat{\beta}_1}}$$

Valor crítico:

$$t_{1-\alpha/2}(n-2)$$

Criterio de decisión:

Si $t_C > t_{1-\alpha/2}(n-2)$ se rechazará la hipótesis nula; es decir, las variables aleatorias son independientes.

Prueba de hipótesis para β_0:

H₀: $\beta_0 = 0$

H₁: $\beta_0 \neq 0$

Estadístico de la prueba:

$$t_C = \frac{\hat{\beta}_0}{\sigma_{\hat{\beta}_0}}$$

Valor crítico:

$$t_{1-\alpha/2}(n-2)$$

Criterio de decisión:

Si $t_C > t_{1-\alpha/2}(n-2)$ se rechazará la hipótesis nula; es decir, las variables aleatorias tienen un intercepto común en el origen de coordenadas.

ANÁLISIS DEL MODELO LINEAL GENERAL

En este caso la estimación de los parámetros de la regresión se deduce usando matrices:

Desde el punto de vista matricial, el modelo es $Y = \beta X + \varepsilon$, donde

$$Y = \begin{bmatrix} y_1 \\ y_2 \\ \vdots \\ Y_n \end{bmatrix}, \quad X = \begin{bmatrix} 1 & X_{11} & X_{12} & \cdots & X_{1k} \\ 1 & X_{21} & X_{22} & \cdots & X_{2k} \\ \vdots & \vdots & \vdots & \ddots & \vdots \\ 1 & X_{n1} & X_{n2} & \cdots & X_{nk} \end{bmatrix}, \quad \beta = \begin{bmatrix} b_1 \\ b_2 \\ \vdots \\ b_k \end{bmatrix} \quad \varepsilon = \begin{bmatrix} \varepsilon_1 \\ \varepsilon_2 \\ \vdots \\ \varepsilon_k \end{bmatrix}$$

La estimación de los parámetros por los mínimos cuadrados ordinarios utilizando matrices se obtiene

$$\beta = (X^T X)^{-1} X^T Y$$

El análisis de un modelo lineal múltiple se basa en todo lo dicho para el modelo lineal simple $Y = \beta_0 + \beta_1 X_1 + \varepsilon$ dejaremos de lado las deducciones tanto a nivel de estimación puntual, por intervalos como para las pruebas de hipótesis.

Nota

Nos dedicaremos a resolver modelos de más de dos variables mediante el Lenguaje Python o R. Del mismo modo, usaremos GRETL. También podemos usar el programa MS Excel.

Prueba de hipótesis en el modelo lineal general

H_0: $\beta_1 = \beta_2 = \ldots = \beta_k = 0$: La variable Y no es ajustada por el modelo de regresión

H_1: $\beta_i \neq 0$ para algún i = 1, 2,…, k: Una de las variables independientes contribuyen significativamente al modelo.

Estadístico de la prueba:

Como la tabla del ANOVA, nos proporciona este estadístico

Entonces el estadístico de la prueba, es

$$F_C = \frac{CMR}{CME}$$

Valor crítico de la prueba:

En el caso general el número de grados de libertad de SSR es (k-1) por lo que los grados de libertad del numerador será (k-1) y del denominador, (n – k -1)

Luego debemos hallar el valor crítico para $F_{1-\alpha}(1, n - k - 1)$

Criterio de decisión

Si $F_C > F_{1-\alpha}(1, n - k - 1)$ rechazaremos la hipótesis nula, con lo cual estaremos afirmando que el modelo no explica significativamente la variabilidad de la variable dependiente Y.

Prueba de hipótesis para β_j:

H_0: $\beta_j = 0$ La variable Y no depende de la j-ésima variable independiente

H_0: $\beta_j \neq 0$ La variable Y la j-ésima variable presentan alguna relación.

Estadístico de la prueba:

$$t_C = \frac{\hat{\beta}_j}{\sigma_{\hat{\beta}_j}}$$

Valor crítico:

En este caso los grados de libertad para t serán (n-k-1)

$$t_{1-\alpha/2}(n - k - 1)$$

Criterio de decisión:

Si $t_C > t_{1-\alpha/2}(n - k - 1)$ se rechazará la hipótesis nula; es decir, las variables aleatorias tienen un intercepto común en el origen de coordenadas.

Ejemplo 01

La gerencia de personal de una empresa desea elevar la eficiencia de sus empleados controlando el tiempo que tardan en el ensamble de celulares. Para ello somete a 10 de sus empleados a una prueba que consiste en registrar el tiempo de ensamble de un celular y someterlo a un riguroso control de calidad. El tiempo registrado por cada uno de ellos y la eficiencia alcanzada, se muestra en la siguiente tabla.

Tiempo (minutos)	27	45	41	19	35	39	19	49	15	31
Eficiencia (%)	47	84	80	46	62	72	52	87	37	68

a) Obtenga un diagrama de dispersión y diga a qué modelo se puede ajustar los datos. Identifique la variable independiente y la variable dependiente.
b) Calcule e interprete el valor de cada uno de los coeficientes de la recta de regresión
c) ¿Qué indica el valor del coeficiente de determinación?

Solución

a) *Procedimiento:*
   - Ingresemos los datos al Calc del OpenOffice de A1, colocando como nombre de columna: Tiempo y Eficiencia. La variable *Tiempo* será la variable independiente y *Eficiencia* será la variable dependiente.
   - Construiremos el diagrama de dispersión: Seleccionamos el rango A1:B11; usamos la secuencia <Insertar> - <Gráfico> - <XY(Dispersión)> - seleccionamos el primer tipo y hacemos clic en <Finalizar>.

- Observando el gráfico podemos afirmar que existe una relación entre el tiempo que se tarda en ensamblar el celular y la eficiencia obtenida. Esta es una relación directa pues a mayor tiempo de ensamble mayor porcentaje de eficiencia.

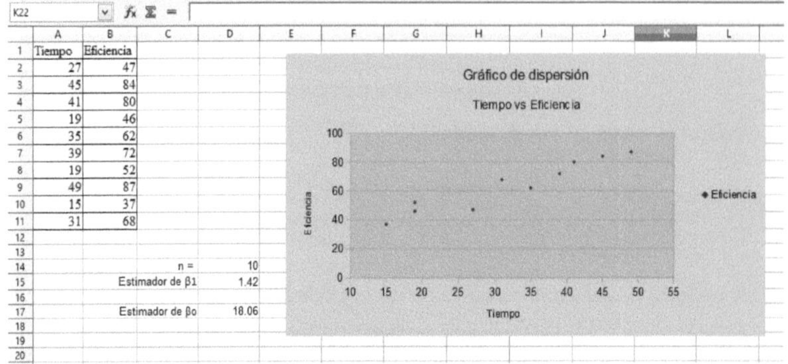

Figura 183

- Podemos apreciar que el modelo es adecuado para explicar el comportamiento de la eficiencia en términos del tiempo de ensamble en el 91.5% de las veces. La ecuación de regresión estimada es: *Eficiencia = 18.06 + 1.42 Tiempo*

  Gracias al modelo podemos decir, si el tiempo de ensamble es de 20 minutos, el porcentaje de eficiencia alcanzado será de 18.06 + 1.42 (20) = 46.46%

- Estimaremos los coeficientes de regresión usando las fórmulas para el cálculo de los estimadores $\hat{\beta}_1$ y $\hat{\beta}_0$

- Como

$$\hat{\beta}_1 = \frac{n\sum XY - \sum X \sum Y}{n\sum X^2 - (\sum X)^2}$$

$$\hat{\beta}_0 = \overline{Y} - \hat{\beta}_1\overline{X}_1$$

En D15 ingresamos la fórmula que calcula el coeficiente β1.

=(D14*SUMAPRODUCTO(A2:A11,B2:B11)-
SUMA(A2:A11)*SUMA(B2:B11))/(D14*SUMA.CUADRADOS(A2:A11)-
SUMA(A2:A11)^2)

En D17 ingresamos la fórmula que calcula el intercepto β0:

=PROMEDIO(B2:B11)-D15*PROMEDIO(A2:A11)

Interpretación:

En cuanto a β_0 : Si el tiempo de ensamble es 0, la eficiencia es de 18.06%. Aunque en este problema la eficiencia debiera iniciarse en 0, podríamos interpretarla como eficiencia inicial.

 Un ajuste más adecuado al problema podría ser obtener la ecuación cuando este coeficiente es 0.

La ecuación estimada será:

 Eficiencia = 1.923 Tiempo

Guarde el archivo con el nombre RegreLineal.ods.

Vamos a resolver el modelo usando GRETL

Estando en el entorno del Gretl, usamos la secuencia: <File> - <New data set> - <Número de observaciones> 10 - <Cross sectional> - Clic en <Start ingreso de datos> - <Apply>

<Ingrese el nombre para la primera variable>: Tiempo - <Ok>

En la ventana que salga, clic en la "+" de la esquina superior izquierda y <Add variable>.

El nombre de la nueva variable: Eficiencia - <Ok>

Ahora ingresamos todos los datos y finalmente hacemos clic en <visto> y cerramos la ventana para volver a la ventana principal de Gretl.

Allí usamos:

<View> -<Graph specified vars> - <x – y scatter …>

Seleccionar Tiempo y hacer clic en la flecha de variable en el eje X

Seleccionar Eficiencia y hacer clic en la flecha de la variable en el eje Y y luego clic en Ok.

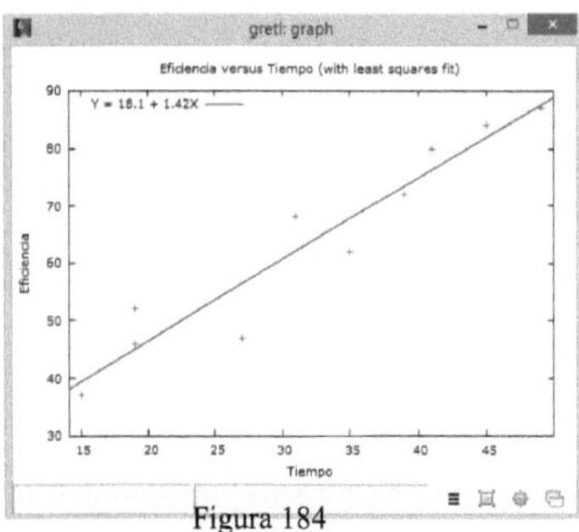

Figura 184

Ahora para calcular el coeficiente de determinación y otros, vamos a realizar una sesión usando la consola o IDE Shell del Python:

Ejecute el Python para cargarlo a memoria. Abra un nuevo archivo usando <File> - <New>. Ingrese las siguientes líneas de código y al final grabe el módulo con un nombre y para ejecutarlo, use la secuencia:<Run> -<Run module ...>. La **Solución** la tendrá en la consola de Python. El código es el siguiente:

```python
# Creamos las dos variables:
Tiempo = [27, 45, 41, 19, 35, 39, 19, 49, 15, 31]
Eficiencia = [47, 84, 80, 46, 62, 72, 52, 87, 37, 68]
# Importamos la librería de numpy
import numpy as np
# Convertimos a las dos variables en arreglos
Tiempo = np.array(Tiempo)
Eficiencia = np.array(Eficiencia)
# Ahora obtenemos todas las sumatorias requeridas para el cálculo de los estimadores de la
línea de regresión.
sx = sum(Tiempo)
sy = sum(Eficiencia)
sxy = sum(Tiempo*Eficiencia)
sx2 = sum(Tiempo*Tiempo)
sy2 = sum(Eficiencia*Eficiencia)
vx = np.var(Tiempo)
vx = np.var(Tiempo)
vy = np.var(Eficiencia)
n = len(Tiempo)
# Calculamos las medias ambas variables
mx = sx/n
my = sy/n
# Ahora pasamos a estimar los dos coeficientes
beta1 = (n*sxy-sx*sy)/(n*sx2-sx*sx)
beta0 = my - beta1*mx
# Cálculo del Yest
Yest = beta0 + beta1*Tiempo
```

```python
# Cálculo de la suma y cuadrado medios
scr = sum((Yest-my)**2)
sce = sum((Eficiencia-Yest)**2)
sct = scr + sce
cmr = scr/1
cme = sce/(n-2)
# Calculamos el estadístico Fc
Fc = cmr/cme
#El coeficiente de determinación
R2 = 1-sce/sct
#El coeficiente de determinación corregido
R2c = 1- (cme/(sct/(n-1)))
r = np.sqrt(R2)
# Imprimir los resultados
raya = 51*"-"
xrec =""
xrec = "Resultados de la estimación Lineal\n"+raya+"\n"
xrec = xrec+"Fuente   glib    S.cuadr.  Cuad.medio    Fcalc"+"\n"
xrec =  xrec+"Regresión           "+str(1)  +  "            "+str(np.round_(scr,4))+" "+str(np.round_(cmr,4))+" "+str(np.round_(Fc,4))+"\n"
xrec =  xrec+"Errores            "+str(n-2)+"             "+str(np.round_(sce,4))+" "+str(np.round_(cme,4))+"\n"
xrec = xrec+"Totales    "+str(n-1)+"     "+str(np.round_(sct,4))+"\n"
xrec = xrec + raya + "\n\n"
xrec = xrec + "Coeficiente de determinación: " + str(np.round(R2,4))+"\n"
xrec = xrec + "Coeficiente de determinación corregido: "+str(np.round_(R2c,4))+"\n"
xrec = xrec + "Coeficiente de correlación: "+str(np.round_(r,4))+"\n\n"
xrec = xrec + "Coeficientes de la regresión estimados:"+"\n"
xrec = xrec + "Término independiente: " + str(np.round_(beta0,4))+"\n"
xrec = xrec + "Coeficiente de X: " + str(np.round_(beta1,4))+"\n"
print(xrec)
```

Volvemos sugerir, para disponer de este segmento como un módulo, abrir un script o módulo nuevo, copiar y pegarlo, para ejecutarlo como módulo en lugar de ingresar cada línea de comando.

Para ejecutar, use la secuencia: <Run> - <Run module>.

Podemos estimar los parámetros también usando Calc del OpenOffice

Uso de la función Estimacion.Lineal(…)

En Excel se debe usar la función

=Estimacion.Lineal(VariableY,VariableX,Intercepto,Detalle)

donde

VariableY constituye el rango de la variable dependiente

VariableX es el rango o matriz que incluye a todas las variables independientes

Intercepto, que puede ser Verdadero o Falso. Verdadero permite obtener el estimador del intercepto β_0. Se puede usar 1 ó 0 en lugar de Verdadero o Falso.

Detalle, que también puede ser Verdadero o Falso (1,0), permite incluir el detalle (Cuadro del ANOVA) o sólo el coeficiente de determinación.

Esta función permite emitir la siguiente tabla:

m_n	m_{n-1}	...	m_1	b	Coeficiente de cada variable
se_n	se_{n-1}	...	se_1	se_b	Error estándar de cada variable
r^2	**Sey**				**Coef.de determ.**
F_c	**Df**				**F calculado**
scr	sce				S.C.de la Regresión

Figura 185

Descripción de esta tabla:

La primera fila contiene los valores de los coeficientes de regresión en orden inverso; es decir, b es el intercepto, m_1 es el coeficiente de X_1,…, m_n es el coeficiente de X_n.

La segunda fila contiene los errores estándar de las variables y del intercepto

La tercera fila contiene el coeficiente de determinación r^2 y el error estándar de Y

La cuarta fila contiene el estadístico de la prueba F_c y los grados de libertad del modelo.

La quinta fila contiene la suma de los cuadrados de la regresión y de los residuales.

Procedemos a usarlo:

En la fila 21, de la hoja donde hemos ingresado los datos, hemos dejado los resultados que arroja el uso de la función Estimacion.Lineal, que se encuentra en la lista de funciones al elegir la categoría Matriz. Se ingresan las variables según la ventana de diálogo y luego se emite los resultados en 5 filas, dos columnas.

Al costado derecho de estos resultados hemos puesto la estructura de esta matriz de resultados.

En el caso de Gretl

Habiéndose ingresado las variables, para correr el modelo usaremos la secuencia:

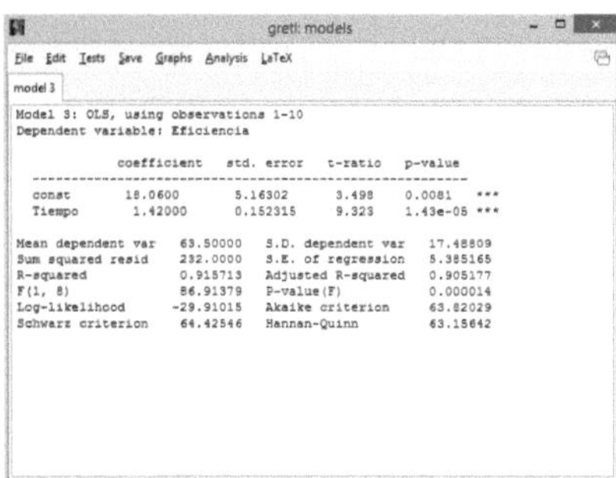

Figura 186

<Model> - <Ordinary Least Square>. Seleccionamos Eficiencia como variable dependiente y

Tiempo como Regresor. Luego hacemos clic en <Ok>. Con lo cual obtendremos la e

ventana de resultados mostrada en la imagen anterior:

Ejemplo 02

Tomemos como ejemplo el caso planteado al inicio de este capítulo sobre la producción agrícola española entre los años 1957 a 1976.

Haga un análisis completo de este problema tomando en cuenta los siguientes criterios:

Construya los diagramas de dispersión necesarios a fin de tener una idea clara sobre el modelo que explique la variabilidad de la producción agrícola

Obtenga una matriz de correlación a fin de realizar un análisis previo de relación entre pares de variables

Obtenga una matriz de correlación a fin de observar el grado de correlación existente entre las variables de este problema

325

Finalmente, a un nivel de significación del 5% ¿se puede afirmar que la producción agrícola depende de las otras tres variables?

Solución

Sea Y_t la variable definida como la producción agrícola total

X_{1t} la variable definida como el volumen de fitosanitarios utilizado

X_{2t} la variable que representa el parque de maquinaria agrícola

X_{3t} la variable que representa el financiamiento público y privado

Ingresamos primero los datos a una hoja de Calc. Esto lo encontramos en la hoja Análisis de datos 1, el archivo RegreLineal.ods.

Para un análisis gráfico de las variables podemos crear los gráficos de dispersión de todas las parejas de variables. En ellas podemos apreciar que la producción agrícola depende de cada una de las otras variables; por lo tanto, es muy probable que un modelo lineal explique la variación de la producción agrícola. Pero, también apreciamos la relación que hay entre las variables independientes.

Vamos a volver a usar Python para crear un script que nos permita estimar un modelo de regresión lineal múltiple.

Estando en el Shell del Ide de Python, abra un nuevo archivo para grabar nuestro módulo. Guarde este script con el nombre **RegMultiple.py.**

Los datos están guardados en el archivo **agri.txt** que está en la carpeta Estadística, dentro de la carpeta pypage, de la unidad D.

Empezamos:

```python
import numpy as np
import pandas as pd
import statsmodels.api as sm

# Ingreso del nombre del archivo
fname = "D:\\pypage\\agri.txt"
datos = pd.read_csv(fname,sep = "\t",names=("prAg","VolFit","PqAut","FinPp"))
print(datos)
#
#Separamos las variables
```

```python
Y = datos.prAg
X1 = datos.VolFit
X2 = datos.PqAut
X3 = datos.FinPp
#
# Creamos un vector de unos
unos = np.ones(20)
# Definimos la matriz A
A = np.array([unos,X1,X2,X3])
print(A.shape)
# Transponemos A
tA = A.transpose()
#
# Obtenemos el modelo
modelo = sm.OLS(Y,tA).fit()
#
# Se emite el modelo
print(modelo.summary())
#
# Los intervalos de confianza de los regresores
intC = modelo.conf_int(0.05)
pValueF = modelo.f_pvalue
valAjust = modelo.fittedvalues
#
# pValue de cada regresor
pValues = modelo.pvalues
#
# Los residuales
Resid = modelo.resid
print("\n\nIntervalos con el 95% de confianza")
print(intC)
print("\n\npValue de Fc: ",pValueF)
print("\n\nValores ajustados: ",valAjust)
print("\n\npValues de los regresores: ",pValues)
print("\n\nResiduales: ",Resid)
```

Ahora vuelva a guardar el archivo

Usando la secuencia:

<Run> - <Run module …>

Ejecute este módulo y observe los resultados en la consola del Pyton.

En esta matriz de resultados tenemos:

El coeficiente de determinación: $r^2 = 0.9875$

El estadístico de la prueba: $F_C = 421.6856$

La desviación estándar de los errores totales: $\sigma = 29363.70194$

Encontramos también:

Número de grados de libertad para cada fuente

Los estimadores de los coeficientes de regresión:

$\hat{\beta}_0 = 166174.177$; $\hat{\beta}_1 = 69.79667214$, $\hat{\beta}_2 = -0.706994337$; $\hat{\beta}_3 = 2.077349096$

Por tanto, el modelo lineal ajustado para este problema ser:

$$Y = 166174.177 + 69.79667214\ X_1 - 0.706994337 X_2 + 2.077349096 X_3$$

Las desviaciones típicas estimadas para cada uno de estos coeficientes son:

$\sigma_{\hat{\beta}_0} = 29684.20428$

$\sigma_{\hat{\beta}_1} = 28.60358049$

$\sigma_{\hat{\beta}_2} = 0.251824119$

$\sigma_{\hat{\beta}_3} = 0.432673638$

Formulación del as hipótesis:

Ho: El modelo no explica la variabilidad de la producción agrícola

H1: El modelo sí explica la variabilidad de la producción agrícola

Estadístico de la prueba:

$F_C = 421.6856$

El valor crítico: Cualquier valor crítico con un nivel de 5% es menor que Fc, por tanto rechazamos la hipótesis nula; esto significa que el modelo explica el comportamiento de los datos.

Del mismo modo, el coeficiente de determinación también indica el alto grado de explicación de los datos mediante el modelo estimado.

Uso de la herramienta Regresión en MS Excel

Vamos a resolver el mismo problema usando la herramienta <Regresión> del Excel.

Abrimos el archivo **RegreLineal.xlsx** y nos vamos a la hoja *Análisis de datos 1*.

El uso de la secuencia <Datos> - <Análisis de datos> - <Regresión> nos lleva a la siguiente ventana que la completaremos como se indica en la figura.

En dicha figura tenemos los datos correspondientes a las variables producción agrícola (Yt), volumen de fitosanitarios (X1t), maquinaria agrícola (X2t) y financiamiento público y privado (X3t).

Aunque no es necesario para un análisis preliminar, le hemos pedido que nos emita en una hoja nueva, los residuales y los residuales estandarizados.

Luego de hacer clic en <Aceptar>, obtendremos los resultados en una hoja nueva. Aquí sólo mostramos una parte. En la nueva hoja que ha creado se apreciará todos los resultados emitidos al usar la herramienta Regresión.

La siguiente imagen nos muestra los datos de la hoja y la ventana de diálogo

Años	Y_t	X_{1t}	X_{2t}	X_{3t}
1957	172,900	1,179	38,079	1,636
1958	211,710	1,018	44,511	2,142
1959	220,160	909	52,756	2,135
1960	222,370	930	64,143	3,507
1961	249,610	1,668	80,191	4,214
1962	281,670	1,647	105,390	5,640
1963	319,760	2,096	133,490	69,048
1964	320,110	2,264	157,980	62,964
1965	341,030	2,170	185,180	73,876
1966	386,330	2,769	218,230	84,599
1967	403,540	2,976	254,800	99,652
1968	433,630	3,029	292,210	124,050
1969	462,300	3,480	332,450	144,850
1970	471,830	3,642	363,680	158,490
1971	535,650	4,151	398,770	176,780
1972	578,840	4,708	438,290	196,320
1973	675,400	5,614	480,110	235,340
1974	813,020	6,095	523,490	281,960
1975	917,140	6,660	566,950	319,250
1976	1,016,000	6,850	606,070	372,840

Figura 187

Si hacemos clic en <En una hoja nueva> , digitamos "Regresion" y hacemos clic en <Aceptar>, tendremos en dicha hoja todo el resultado emitido por esta herramienta.

> *Estadísticas de la regresión*

Coeficiente de correlación múltiple	0.993735534
Coeficiente de determinación R^2	0.987510312
R^2 ajustado	0.985168495
Error típico	29363.70194
Observaciones	20

ANÁLISIS DE VARIANZA

	Grados de lib.	Suma de cuad.	Promedio de los cuad.	F	Valor crítico de F
Regresión	3	1.09077E+12	3.63589E+11	421.685597	1.96578E-15
Residuos	16	13795631861	862226991.3		
Total	19	1.10456E+12			

Al 5% de nivel de significación; es decir, cuando el valor crítico es

$F_{1-\alpha}(2,16) = 3.63373$ y Fc = 421.685597 rechazaremos la hipótesis nula; en consecuencia, el modelo sí puede explicar el comportamiento de la producción agrícola.

El siguiente segmento de hoja corresponde a los resultados que nos permitirán realizar estimación por intervalos para los coeficientes de regresión, así como prueba de hipótesis para cada coeficiente.

	Coeficientes	Error típico	Estadístico t	pValor	Inferior 95%	Superior 95%
Intrcpto	166174.1770	29684.2043	5.5981	0.0000	103246.4755	229101.8785
X1t	69.7967	28.6036	2.4401	0.0267	9.1598	130.4336
X2t	-0.7070	0.2518	-2.8075	0.0126	-1.2408	-0.1732
X3t	2.0773	0.4327	4.8012	0.0002	1.1601	2.9946

Intervalos del 95% de confianza:

En todos los casos $t_{1-\alpha/2}(n - k - 1) = t_{0.975}(16) = 2.1199$

Para βo:

Si el intervalo de confianza del 100(1-α)% para βo es:

$$\hat{\beta}_0 - t_{1-\frac{\alpha}{2}}(n-2)\sigma_{\hat{\beta}_0} \leq \beta_0 \leq \hat{\beta}_0 - t_{1-\frac{\alpha}{2}}(n-2)\sigma_{\hat{\beta}_0}$$

Reemplazando valores obtenemos:

166174.1770 – 2.1199 (29684.2043) ≤βo ≤ 166174.1770 +2.1199 (29684.2043)

Límites que aparecen en las dos penúltimas columnas de la tabla anterior.

Para βj:

Como el intervalo de confianza del 100(1-α) % para βj es

$$\hat{\beta}_j - t_{1-\frac{\alpha}{2}}(n-k-1)\sigma_{\hat{\beta}_j} \leq \beta_j \leq \hat{\beta}_j - t_{1-\frac{\alpha}{2}}(n-k-1)\sigma_{\hat{\beta}_j}$$

Para β₂ será:

-0.7070 – 2.1199 (0.2518) ≤β_2≤-0.7070 + 2.1199 (0.2518)

Prueba de hipótesis para β₂

Ho: β₂ = 0. La producción agrícola no depende de la maquinaria agrícola

Ho: β₂≠ 0. La producción agrícola sí depende de la maquinaria agrícola

Estadístico de la prueba:

En la tercera fila y la cuarta columna encontramos el estadístico tc = -2.8075

Como el valor crítico es $t_{1-\frac{\alpha}{2}}(n-k-1) = t_{0.975}(16) = 2.11991$

Entonces podemos rechazar la hipótesis nula; es decir, la producción agrícola sí depende de la maquinaria agrícola.

Ejemplo 03

En edición de la revista MacUser aparecieron los siguientes datos acerca de las características necesarias para que un usuario pueda seleccionar el monitor adecuado para su sistema de cómputo. Para las características de foco y brillantez, las calificaciones más altas indican mejor calidad. Para la falta de convergencia, distorsión y uniformidad, las calificaciones menores indican mejor calidad. Haga un análisis de los datos y realice una estimación lineal para determinar el precio del monitor.

MONITOR	FOCO	BRILLANTES	CONVERGENCIA	DISTORSION	UNIFORMIDAD	PRECIO
Sony CPD-1730	51.5	43.8	2	9.4	9.5	1100
Nanao T560i	66	37.5	3.6	10.9	6.4	1700
Nokia 447B	47	30.8	3	11	4.9	920
E-Machines T16 II	51.5	22.3	3.3	12.7	4.9	1200
Nanao F560iW	58	29.6	3.4	18	9.6	1490
NEC 5FGe	49.5	30.6	4.9	15.2	8.2	1100
Mitsubishi PRO 17	51	38.2	6.1	7.8	3	1175
Sony 17se	50	29.2	3.5	14	6.8	1195
Mirror 16" Trinitron	43.5	30.4	3.2	20.2	4.9	999
Altima V-Scan 70	53.5	28.4	4.1	9.3	10.4	1000
ViewSonic 17	53	36.4	7.1	8.7	7.2	1010
Tatung CM-17MBD	42	30.9	4	17.5	6.7	875
Philips 1720	50.5	27.5	5.9	13.1	5.4	1170
Sigma Ergo View 17	46	25.1	4.2	21.5	6	1035
Spectre P766D	49.5	20.8	4.7	15	8.5	880
Nanao F550iW	52.5	28.8	5.7	17.5	8.9	1225
Mitsubishi Scan 16	43	25.8	4.1	16.7	8.6	875
SuperMac 17-T	47.5	23	3.3	14.2	10	1045
Orchestra Tuba	46	28.7	4.4	15.6	8.8	995
Nanao F550i	53	27.3	4.2	16.5	8.5	1120

Relisys VividView 16	48.5	25	5.8	13.1	12.8	800
Mitsubishi Scan 17FS	52.5	19.6	6.4	15.9	9.4	1085

Solución

En este problema la variable dependiente es el precio del monitor. Puesto que se sospecha que esta variable dependa de las otras, nuestras hipótesis serán:

H_0: El modelo lineal no explica el precio

H_1: El modelo lineal es el adecuado para explicar el comportamiento del precio

Lo vamos a resolver usando Gretl leyendo un data.set proveniente de un archivo en Calc de OpenOffice

Estando en Gretl, usamos <File> - <Open dataset> - <User File>

En la parte inferior derecha, seleccionamos Open Documents files (*.ods), ubicamos la unidad y carpeta donde se encuentre el archivo RegLineal.ods. Luego lo abrimos y seguimos la secuencia para trabajar con el tipo de dato <Cross sectional>. Nos informa que la primera variable no es numérica. Esto es correcto pues la varariable Monitor contiene nombres.

Al final debe tener las siguientes variables en el panel de Gretl.

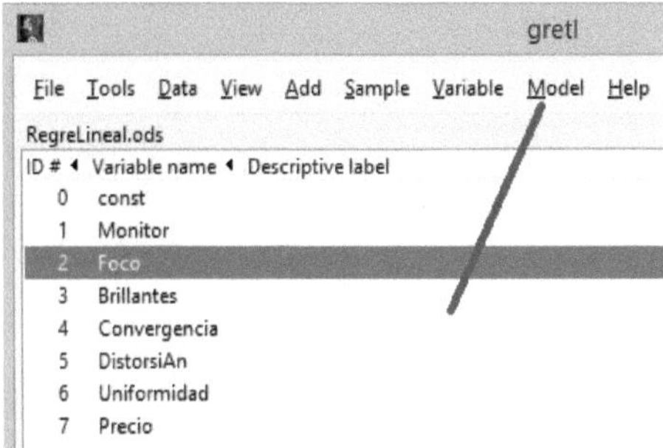

Figura 188

Para correr el modelo siga la siguiente secuencia <Model> - <Ordinary Least Squares>

Seleccione como variable dependiente el Precio y todas las demás como <Regresoras>

Luego <Ok> para crear el modelo.

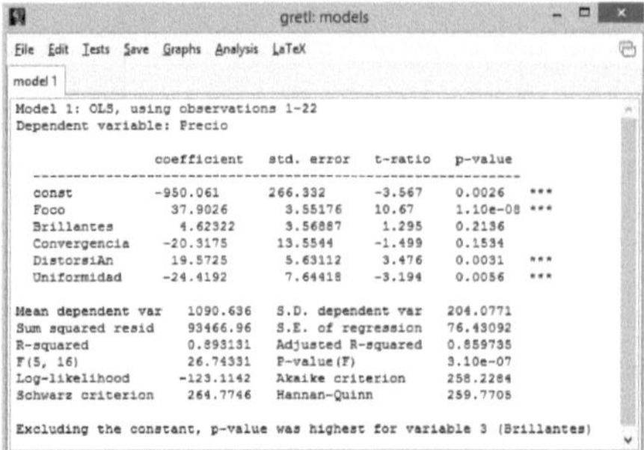

Figura 189

Podemos hacer clic en <Analysis>, luego en <Confidence intervals for coeficientes>

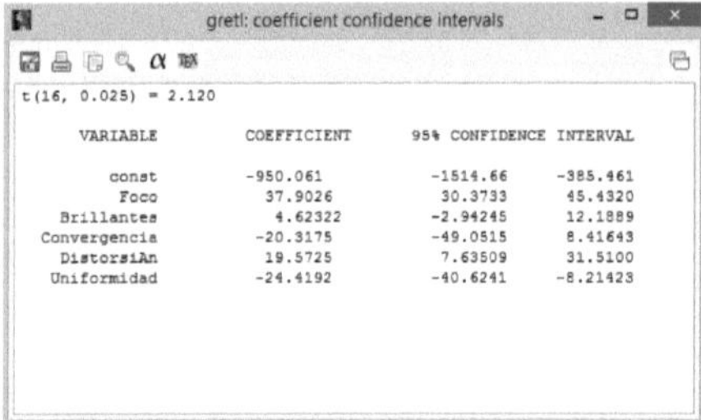

Figura 190

Del mismo modo, haciendo clic en <Analysis> puede obtener <Colinealidad>, <ANOVA>, etc.

Ahora vamos a leer estos datos desde el MS Excel.

El archivo RegreLineal.xlsx contiene los datos en la hoja *Problema 2*.

El rango de los datos de Precio se llama Precio, el rango de las variables independientes se llama Vardep. Estos nombres nos facilitaran su uso.

Usemos la secuencia: <Datos> - <Análisis de datos> - <Regresión> - <Aceptar>

La ventana que se obtiene debemos completarla de la siguiente manera:

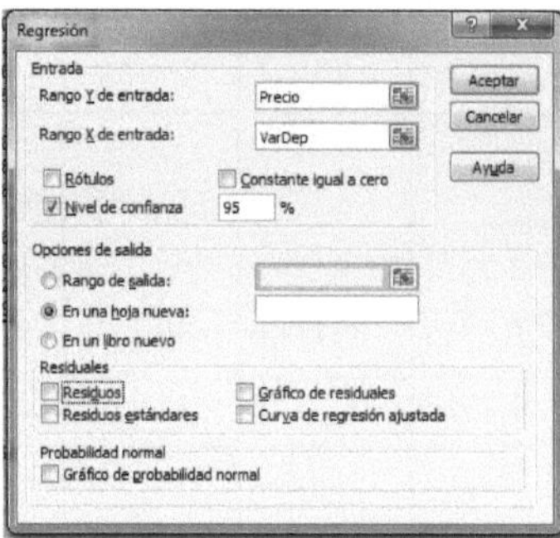

Figura 191

Luego de hacer clic en <Aceptar> obtendremos los resultados en una hoja nueva.

RESUMEN	
Estadísticas de la regresión	
Coeficiente de correlación múltiple	0.9451
Coeficiente de determinación R^2	0.8931
R^2 ajustado	0.8597
Error típico	76.4309
Observaciones	22

ANÁLISIS DE VARIANZA

	Grados de libertad	*Suma de cuadrados*	*Cuadrados medios*	*F*	*Valor crítico de F*
Regresión	5	781130.1267	156226.0253	26.7433	0.0000
Residuos	16	93466.9642	5841.6853		
Total	21	874597.0909			

	Coef. de reg.	Error típico	Estadístico t	Prob.	Inferior 95%	Superior 95%
Intercepto	-950.0606	266.3325	-3.5672	0.0026	-1514.6603	-385.4610
Foco	37.9026	3.5518	10.6715	0.0000	30.3733	45.4320
Brillantes	4.6232	3.5689	1.2954	0.2136	-2.9424	12.1889
Convergencia	-20.3175	13.5544	-1.4990	0.1534	-49.0515	8.4164
Distorsión	19.5725	5.6311	3.4758	0.0031	7.6351	31.5100
Uniformidad	-24.4192	7.6442	-3.1945	0.0056	-40.6241	-8.2142

Según la tabla del ANOVA, FC = 26.7433

El valor crítico para un nivel del 5% es: $F_{0.95}(5,16) = 2.85241$

Según esto, rechazaremos la hipótesis nula; esto significa que el modelo es adecuado para explicar el comportamiento del precio del monitor.

Tomando en cuenta los estimadores de los coeficientes de regresión, el modelo estimado será:

Precio = -950.06 + 37.9026Foco + 4.6232Brillantes -20.3175Convergencia + 19.5725Distorsión – 24.4192Uniformidad

PROBLEMAS PROPUESTOS

1. Tico S.A. es una empresa que desea analizar el ingreso de los conductores de los vehículos tico, utilizado como taxi en los distritos y asentamientos humanos de la gran Lima. Para incrementar el ingreso de sus asociados decide realizar una campaña publicitaria utilizando todos los postes y paredes permitidos por la municipalidad de cada distrito. Los datos obtenidos en las observaciones realizadas en un período de 8 días, se muestra en la siguiente tabla:

Ingreso diario	96	90	95	92	95	94	94	97
Gasto en Publicidad	13.0	8.8	11.2	10.5	12.8	11.6	13.4	11.0

a) ¿Se puede afirmar que los gastos en publicidad favorecen a los ingresos diarios de los asociados?

b) Estime los coeficientes de la ecuación de regresión

c) ¿Cuál sería el ingreso de un asociado si se gastara 15 soles en publicidad?

d) ¿Cuál es el intervalo de confianza del 95% para β_1?

2. Extraído de la página 230 del libro Problemas de econometría de A. Aznar y A. García, que lo proponen como problema 3.20. En un intento de predecir la cotización del régimen general de la Seguridad Social en España para1980, se estimó un modelo $Y = \beta_0 + \beta_1 X_1 + \beta_2 X_2 + \varepsilon_i$ donde Y es la base media trimestral, X_1 es el salario mínimo interprofesional y X_2 es la retribución medida por hora trabajada. Los datos con los que se desea estimar el modelo se presentan en la tabla de la hoja *Cotización* del archivo **RegreLineal.xlsx**. Construya el modelo y diga si es un modelo significativo para este problema. Obtenga intervalos de confianza del 95% para los coeficientes de regresión y realice prueba de hipótesis para cada uno de ellos.

3. Una empresa dedicada a la venta e instalación de productos de seguridad domiciliaria desea colocar sus productos en 10 ciudades del interior del país. El gerente de la empresa dispone de los datos históricos de otras empresas residentes en las 10 localidades. Estos datos se muestran en la hoja *Seguridad* del archivo **RegreLineal.xlsx**. Los datos corresponden a los precios del producto de la competencia y la demanda potencial en cada ciudad, obtenida mediante un sondeo rápido de opinión.

a) Determine la ecuación de regresión que puede estimar las ventas a partir del precio de la competencia y la demanda potencial encontrada.

b) Interprete adecuadamente los coeficientes de regresión estimados

c) ¿Cómo interpreta el coeficiente de determinación?

d) ¿Cuál será la venta estimada si el precio de venta más instalación es de 200 y la demanda potencial es de 160?

APÉNDICE

ANEXO 1: INTRODUCCIÓN A LA SUITE OPENOFFICE

INSTALACIÓN DEL OPENOFFICE EN WINDOWS

Si dispone del disco que acompaña al libro, ubique la carpeta OpenOffice y dentro de ella, la carpeta OpenOffice 4.1.6 (es) Installation Files. Dentro de esta carpeta encontrará el archivo ejecutable **setup.exe**. Haga doble clic en este archivo para iniciar la instalación.

Luego siga las instrucciones del proceso de instalación.

Si por alguna razón, la instalación falla, debe ser porque el Windows tiene cargado el Windows Installer. Si este fuera el caso, con el botón derecho sobre la barra de tareas, seleccione el Administrador de tareas. Dentro de la lista de programas que están en memoria, ubique el Widows Installer y haga clic en <Finalizar tarea>. No se preocupe, no fallará nada.

Si no dispone del disco, en Google digite OpenOffice

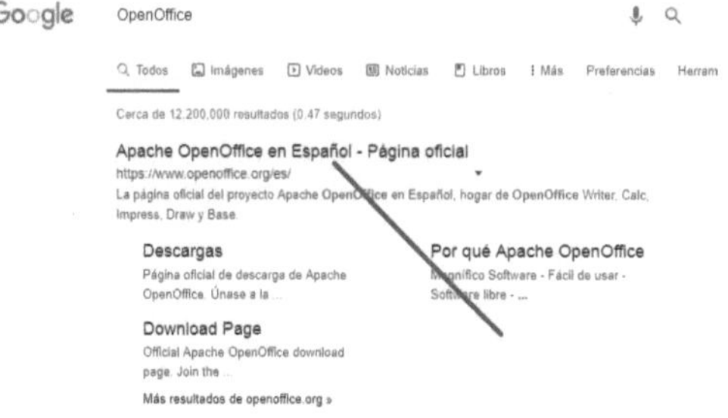

En la ventana que se emita haga clic comose indica en la siguiente imagen

Ahora debe pasar a la siguiente ventana

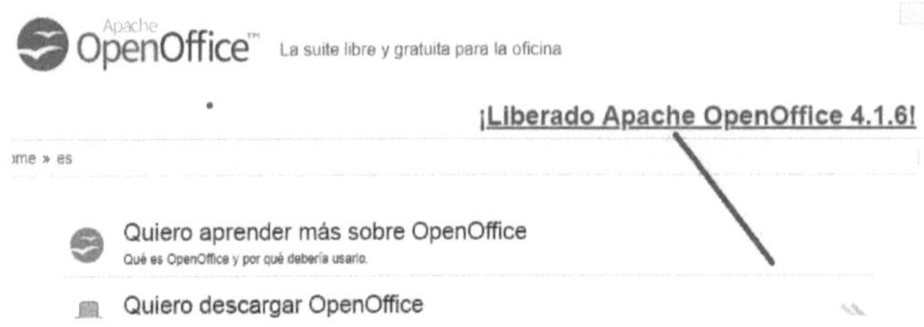

Al hace clic comose indica con la flecha, debe pasar a la siguiente pantalla

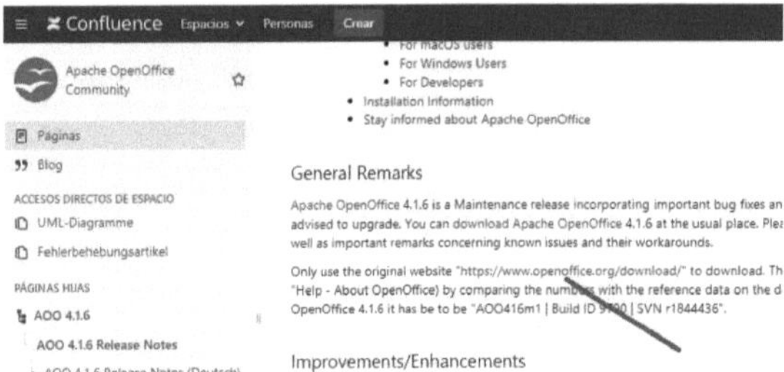

Para elegir el archivo apropiado para Windows, seleccione comose indica con la flecha.

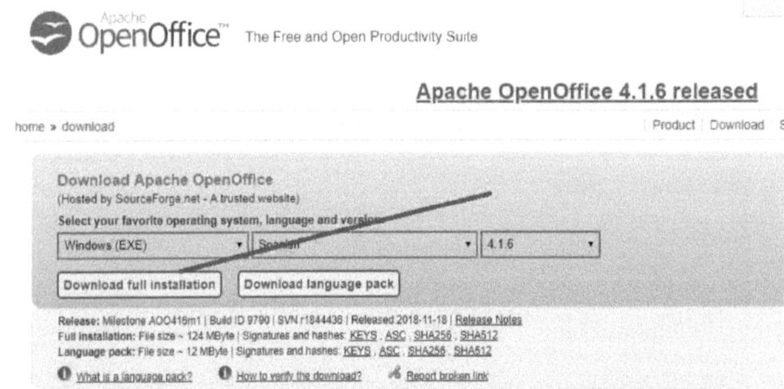

Finalmente en esta ventana, haga clic como se indica con la flecha.

Ubique el archivo descargado y haga doble clic en él para iniciar la instalación.

Si no puede iniciarse la instalación, tome en cuenta la recomendación dada líneas arriba para el

caso en quedisponía de disco. El Windows installer es el crea la supuesta duplicidad de

instalación.

Habiendo finalizado la instalación, debe tener un icono en el escritorio. Haga doble clic en él para cargar a memoria el OpenOffice. Puesto que nuestro interés es la hoja de cálculo, seleccione ella para abrir un documento del Calc.

Estando en la ventana principal del Calc, notará Ud, que hay muchísima simiitud al MS Excel; del mismo modo, el ingreso y tratamiento de los datos en la hoja, son similares en ambos casos.

Si fuera necesario, se puede instalar nuevas extensiones lo cual se realiza haciendo clic en la ventana de ingreso, como se indica con la flecha.

La extensión de los archivos creados en Calc, tienen extensión *.ods.

Puede abrir todo tipo de archivo creado en MS Excel, aún si tuviera macros; excepto que las macros no estarán disponibles después de la conversión.

ANEXO 2: INTRODUCCIÓN AL LENGUAJE R

INSTALACIÓN DEL LENGUAJE R

El software R, es un lenguaje de comandos. Inspirado o sesgado por el assembler de los 60's o del DOS de los 80´s, tomó como base la filosofía del Unix de los 70's y Linux de los 90's pero, por sobre todo, tomó la decisión de compartir, como el S, el terreno de los Open System.

Si tiene el disco que lo adquirión con el libro, ingrese a la carpeta LengR en donde encontrará el archivo de instalación R-3.6.1-win.exe. Haga doble clic en él para ejecutarlo.

Siga las instrucciones de instalación hasta completarla.

Después de haber sido instalado, dispondrá de un icono en el escritorio, donde puede hacer doble clic para cargarlo a memoria.

Si no tiene el disco, siga el siguiente procedimiento.

INSTALACIÓN DEL R

En Google, digite: Descargar lenguaje R

Obtendrá la siguiente lista:

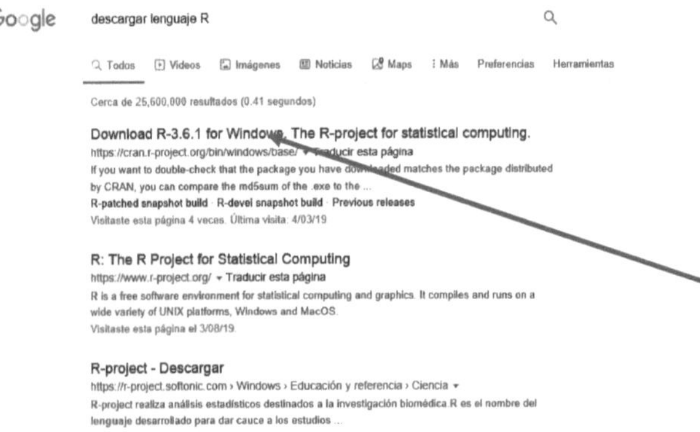

Haga clic en la primera.

En la siguiente ventana, haga clic en la primera, como se muestra con la flecha roja.

Luego, ubique la carpeta donde lo descargó y haga doble clic para iniciar la instalación. Haga clic en <Siguiente>, en todas las ventanas que aparezcan. Al final debe quedar un icono en el escritorio. Doble clic en el icono y tendrá la siguiente ventana del R.

El software R es, ante todo, el lenguaje de la Estadística. Todo lo hace "matematizando". Podríamos afirmar que el lenguaje R es el lenguaje de las ciencias exactas y, por el lado de la Estadística, es también un lenguaje de las ciencias sociales, cuyo comportamiento es analizado y modelado por la Estadística.

Por lo dicho en el primer párrafo, R nos dice que está listo para recibir nuestras órdenes, mostrándonos el símbolo ">". Es el "prompt", a partir del cual ingresamos los comandos.

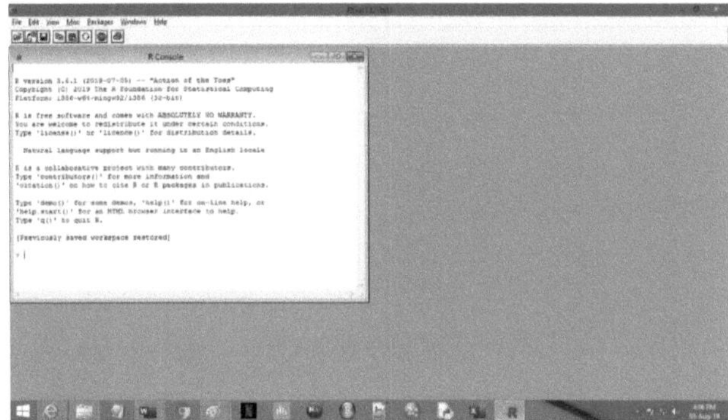

Empecemos:

El R como calculadora:

Hagamos el siguiente cálculo:

>15*5

El R devuelve 75. Ahora, digitemos 15*(12-50/10)+8*2 y presionemos <Intro>. El resultado será: 121

Ahora que calcule la siguiente expresión:

>400+8*(-6+(20-3**3*(12+8*5/4)/11-10))

El resultado es: 0

¿Cuál es el orden de prioridad de los operadores?:

La siguiente tabla responde a esta pregunta:

En primer lugar	Las FUNCIÓNes	Del R o del usuario
En segundo lugar	La potencia	** ó ^
En tercer lugar	La multiplicación o la división	* , /
En cuarto lugar	La suma o resta	+ , -

| Los operadores lógicos | $=$, $<$, $<=$, $>$, $>=$, $\|$, && |

Si se encuentran operadores del mismo nivel, de izquierda a derecha.

Si hubiera paréntesis, primero todo su contenido. Si hubieran varios, primero los más internos.

Entonces, ¿cómo se ejecuta la expresión anterior?

Primero: $8*5 = 40$

Luego: $40/4 = 10$

En seguida: $12 + 10 = 22$

La expresión que queda: 400+8*(-6+(20-3**3*22/11-10))

Ahora ejecuta: $3**3 = 27$

Multiplica por 22: $27*22 = 594$

Ahora divide por 11: 54

La expresión que queda: 400+8*(-6+(20-54-10))

Quitando paréntesis, opera de izquierda a derecha, obteniendo: -50

La expresión que resta: 400+8*(-50)

Primero multiplica, y luego suma 400 con (-400) obteniéndose el resultado 0.

Puesto que no requiere declarar la variable, podemos asignar 15 a la variable "a", 5 a la variable "b" y 12 a "c".

>a = 15

>b = 5

> c = 12

Le pedimos que nos muestre el contenido de b:

>b

5

Ahora podemos buscarle alguna aplicación:

Podemos realizar la siguiente operación:

>10^2*a+10*b**2+b**3*(a+b)/(c-2)

Obteniendo como resultado: 2000

Ejemplo 1

Hallar las raíces de la ecuación: $5x^2 + 12x - 20 = 0$

Solución:

Sea a = 5, b = 12, c = -20.

Como las raíces se obtienen usando

$$r = \frac{-b \pm \sqrt{b^2 - 4ac}}{2a}$$

Entonces:

>r1 = (-b+(b**2-4*a*c)**0.5)/(2*a)

> r2 = (-b-(b**2-4*a*c)**0.5)/(2*a)

Ahora pedimos los valores de r1 y r2

>r1

-0.6666667

>r2

-4

Ejemplo 2

Usemos la función seno de la librería de FUNCIÓNes del R para resolver:

$$r = \frac{sen(2x) + cos(3x)}{sen^2(2x) + cos^2(3x)}$$

Para realizar este cálculo, x debe tener un valor, por tanto, sea x = pi. La función "pi" devuelve el valor 3.141593.

>x = pi

Ahora ingresamos la expresión que calcula "r"

> r = (sin(2*x)+cos(3*x))/(sin(2*x)**2-cos(3*x)**2)

El resultado es 1

En R podemos también trabajar con variables cuyo contenido es una cadena de caracteres:

>tit = "Hola mundo !!! …"

> mes = "Enero   Febrero Marzo   Abril   Mayo   Junio   Julio   Agosto   SetiembreOctubre NoviembreDiciembre"

> nom = "Jose Luis"

> apPat = "Manrique"

> apMat = "Ternero"

> DNI = "27740381"

FUNCIÓNES BÁSICAS DEL R

La siguiente tabla muestra las funciones básica del lenguaje R.

Operadores Aritméticos.

Operador	Definición	Ejemplo
+	Suma	> 9 + 2
		[1] 11
-	Resta	> 9 - 2
		[1] 7
*	Multiplicación	> 9 * 2
		[1] 18
/	División	> 9 / 2
		[1] 4.5
^	Potencia	> 9^2
		[1] 81
%/%	División Entera	> 9 **%/%** 2
		[1] 4
%%	Resto/Residuo	> 9 **%%** 2
		[1] 1

Operadores de Comparación.

Operador	Definición	Ejemplo
>	Mayor que	if (a > 4)
<	Menor que	if (a <>
==	Igual que	if (b == 5)
>=	Mayor o igual que	if (b >= 11)
<=	Menor o igual que	if (a <= b)
!=	Diferente de	if (a != 0)

FUNCIÓNes de Signo.

Operador	Definición	Ejemplo
abs(a)	Valor absoluto de a	> abs(-4)
		[1] 4

sign(a)	Devuelve el signo de a:	> sign(-4)
		[1] -1
	1 Positivo	> sign(11-11)
	0 Cero	[1 .0
	-1 Negativo	> sign(8)
		[1] 1
sqrt(a)	Raíz cuadrada de a	> sqrt(4)
		[1] 2

FUNCIÓNes de Trigonométricas.

Operador	Definición	Ejemplo
cos(a)	Coseno de a	> cos(0)
		[1].1
sin(a)	Seno de a	> sin(pi/2)
		[1].1
tan(a)	Tangente de a	> tan(0)
		[1].0
acos(a)	Arcocoseno de a	> acos(0.60)
		[1].0.9272952
asin(a)	Arcoseno de a	> asin(0.43)
		[1].0.4444928
atan(a)	Arcotangente de a	> atan(0.11)
		[1].0.1095595

FUNCIÓNes Hiperbólicas.

Operador	Definición	Ejemplo
cosh(a)	Coseno hiperbólico de a	> cosh(0)
		[1] 1
sinh(a)	Seno hiperbólico de a	> sinh(pi/2)
		[1] 2.301299
tanh(a)	Tangente hiperbólica de a	> tanh(0)
		[1] 0

acosh(a)	Arcocoseno hiperbólico de a	> acosh(pi)
		[1] 1.811526
asinh(a)	Arcoseno hiperbólico de a	> asinh(pi/2)
		[1] 1.233403
atanh(a)	Arcotangente hiperbólico de a	> atanh(0.11)
		[1] 0.1104469

FUNCIÓNes de Redondeo.

Operador	Definición	Ejemplo
ceiling(a)	Devuelve el menor entero >= a	> ceiling(4.5)
		[1] 5
floor(a)	Devuelve el mayor entero <= a	> floor(4.5)
		[1] 4
trunc(x)	Devuelve entero más cercano a x, entre x y 0, inclusive.	> trunc(4.5) [1] 4
	Esta función es como *floor* para valores positivos y como *ceiling* para valores negativos.	> trunc(-4.5) [1] -4

FUNCIÓNes Exponenciales y Logarítmicas.

Operador	Definición	Ejemplo
log(a, base=exp(1))	Logaritmo de a de base exponente 1	> log(4, base=exp(1)) [1] 1.386294
log10(a)	Logaritmo de a de base 10	> log10(10) [1] 1
log2(a)	Logaritmo de a de base 2	> log2(2) [1] 1
log1p(a)	Realiza el logaritmo $log(1+a)$ para $|a| <<>$	> log1p(0.0001) [1] 9.9995e-05
exp(a)	Función exponencial de a	> exp(1) [1] 2.718282

expm1(a)	Realiza el exponencial	>
	exp(a) - 1 para $|a| <<>$	expm1(0.0001)
		[1] 0.000100005
scan()	Permite el ingreso de datos	scan()
runif()	Genera nro aleatorio (0,1)	runif(10)
round(a,b)	Redondea a con b decimales	Round(1258.737
		36,2)

ARREGLOS DE UNA DIMENSIÓN: VECTORES

Si digitamos y presionamos <Intro>

>1:10

Obtenemos

[1] 1 2 3 4 5 6 7 8 9 10

que es un vector

Esta otra,

>c(1:10)

[1] 1 2 3 4 5 6 7 8 9 10

También esta

>seq(1:10)

 [1] 1 2 3 4 5 6 7 8 9 10

Un vector cuyos elementos se inician en -6.28 hasta 6.28, incrementándose en 0.02:

>y = seq(-6.28,6.28,by = 0.02)

En R se usa extensivamente las variables. El nombre de una variable es una secuencia de letras y números: xTit, m1, Valor_de_Venta, etc.

El lenguaje R distingue letras mayúsculas y minúsculas; es decir, xTot y xtot son dos variables diferentes.

Ahora,

Si almacenamos estos valores en variables, entonces tendremos tres formas de generar vectores:

>a=1:20

>b=20:1

En efecto:

>a

>b

Ambos son vectores

La longitud de un vector; es decir, el número de elementos de un vector podemos saberlo usando la función: **length(...).**

Del mismo modo, la suma de los elementos de un vector podemos obtenerla usando la función: **sum(...).**

>length(a)

10

>sum(a)

210

Así las cosas, podemos realizar operaciones con estos vectores:

>a+b

>a-b

Interesante ¿no?

Ahora

>a*b

>a/b

>b/a

Otros vectores

Ejemplo 3

Supongamos que una tienda de artefactos electrónicos registra las ventas de 6 productos:

Precio unitario: 1280.25, 3200.45, 12837.1, 1200, 850, 2030.12

Cantidad vendida de cada uno: 5,10,4,2,20,12

Si no se aplica ningún descuento y el IGV es de 18%, ¿Cuál será el monto total de la venta bruta y venta neta?

Definimos los vectores: Precio y Cantidad

>Precio = c(1280.25, 3200.45, 12837.1, 1200, 850, 2030.12)

>Cantidad = c(5,10,4,2,20,12)

>IGV = 0.18

Si VBruta es la venta bruta y VNeta es la venta neta, entonces:

>VBruta = Precio*Cantidad

[1] 6401.25 32004.50 51348.40 2400.00 17000.00 24361.44

>VNeta = VBruta+VBruta*IGV

[1] 7553.475 37765.310 60591.112 2832.000 20060.000 28746.499

Los montos totales: TBruta y TNeta serán

>TBruta = sum(VBruta)

[1] 133515.6

>TNeta = sum(VNeta)

[1] 157548.4

Ejemplo 4

Un alumno necesita calcular su promedio ponderado que lo usará en su siguiente matrícula. Si tiene las notas y créditos de los 6 cursos que llevó en el último semestre, ¿cómo puede el R ayudarlo a resolver su problema?

Solución

Como en el caso anterior, supondremos que sus notas, almacenadas en la variable "nota" y sus créditos en "crédito"; es decir:

>notas = c(12,15,10,8,12,15)

> creditos = c(5,3,4,5,4,3)

Si pPond es la variable que guardará el promedio ponderado, entonces:

>prod = notas*créditos

>sumCred = sum(creditos)

>pPond = sum(prod)/sumCred

 [1] 11.58333

También pudimos calcular todo a la vez:

>pPond = sum(Notas*créditos)/sum(créditos)

Sigamos con vectores

Usando la función **sample(…)** definamos el vector x de 50 elementos desde 0 hasta 20 que representan las notas de 100 alumnos permitiendo la repetición de los elementos.

>x = sample(20,100,rep=T)

>x = sample(10:20,200,rep=T)

Esta función permite obtener una muestra aleatoria de elementos correspondientes a un rango permitiendo su repetición (True) o no (False).

Una nueva forma de ingreso de datos es el uso de la función **scanf(…)**:

Al digitar scan() y presionar <Intro>, se ingresa los datos, uno o más por fila, separándolos con un espacio en blanco. Al terminar, se presiona <Intro> si digitar dato alguno.

>scan()

1: 12

2: 20

3: 25 35 54

6: 65

7: 80

8: 120 60 80 65 50

13: 65 100

15:

Read 14 items

Si nuestro deseo era ingresar 20 datos, usamos la función **c(...)** para seguir ingresando los que falta, de la siguiente manera:

> x = c(x,120,78,130,150,200,180,220)

> x

 [1] 12 20 25 35 54 65 80 120 60 80 65 50 65 100 120 78 130 150 200

[20] 180 220

¿Qué ocurre si tenemos más datos como en este caso que hemos ingresado 21? Debemos eliminar el elemento 21. Para ello usamos:

>x = x[-21]

De esta forma se elimina el elemento 21 del vector x.

¿Qué ocurre si el valor 120 de la posición debe ser 90? Lo corregimos de la siguiente manera:

>x[8] 90

Ejemplo 5

Vamos a calcular los principales estadísticos de la Estadística Descriptiva

Generemos un vector aleatorio de 60 elementos que representan los ingresos de igual número de trabajadores de un sector.

Para ello usaremos al función runif(...) que nos permite generar números aleatorios entre 0 y 1.

A cada valor los multiplicaremos por 1000 para simular el ingreso mensual de un trabajador.

>x = runif(60)*10000

Lo redondeamos a 2 decimales:

>x = round(x,2)

Calculamos la media:

>mx = mean(x)

La varianza:

>vx = var(x)

La desviación estándar:

\>dstx = sqrt(vx)

Pudimos haber usado:

\>dstx = sd(x)

El coeficiente de variación:

\>cvarx = dstx/mx*100

La mediana:

\>mednx = median(x)

Los dos cuartiles:

\>Q1 = cuantile(x,0.25)

\>Q3 = cuantile(x, 0.75)

Un percentil cualquiera:

\>pct20 = cuantile(x,0.20)

Ahora nos gustaría construir la tabla de frecuencias de estos datos:

Para ello debemos usar la función: **fdt(…)** que no está disponible.

PAQUETES EN EL R

El lenguaje R dispone de muchas librerías externas al mismo y que deben ser cargadas en el momento de ser requeridas.

Del mismo modo, posee también "paquetes" de librerías que deben ser instaladas adicionalmente o "paquetes" externos al R.

Si el paquete está instalado, pero no fue cargado a memoria, se debe ingresar el comando:

\>library(…)

Si se digita:

\>library()

Apreciaremos todas las librerías disponibles y que se pueden cargar usando library(nombre)

Como se puede ver, no está la librería **fdth** en donde se encuentra la función **fdt(…)**

Esto significa que debemos descargar e instalarlo primero y después levantarlo a memoria.

Usemos la secuencia:

<Packages> - <Load packages>

En la lista que se muestra, no está la función que queremos, por tanto usamos la secuencia:

<Packages> - <Install packages>. De la lista que se muestra, elegimos uno cualquiera. Yo elegiré <Brazil(PR) (https)>. Ahora disponemos de otra lista alfabética muy grande en donde buscamos el paquete **fdth**. Luego de ubicarla la seleccionamos y hacemos clic en <Ok> y le decimos que <Si> en algún mensaje que se emita.

Luego de que ha descargado y se ha instalado, usamos

>library(fdth)

Ahora, ya está disponible la función deseada.

>frec = fdt(x)

>frec

Se mostrará la tabla de frecuencias con 7 clases o intervalos.

Podemos modificar la tabla cambiando el número de clases o intervalos:

>frec = fdt(x,6)

Ahora, nos gustaría obtener el coeficiente de asimetría y la curtosis de los ingresos. Para eso se requiere del paquete **fBasics**. No estando en la librería cargada ni instalada, vamos a instalarla como hicimos con el fdth.

<Packages> - <Install packages>. Si sale la lista de los países, seleccionamos uno; yo elegiré Brasil de RJ. En la lista que salga seleccionamos **fBasics** y hacemos clic en <Ok>. Después que termine la instalación, cargamos a memoria usando:

>library(fBasics)

Ahora ya podemos usar las FUNCIÓNes **skewness(…)** y **kurtosis(…)** para obtener el coeficiente de asimetría y el apuntamiento de la curva (curtosis).

>skewness(x)

>kurtosis(x)

LECTURA DE DATOS DESDE UN ARCHIVO

En R podemos leer datos desde un archivo plano o de texto, del Excel o SPSS.

Supondremos que los archivos que vamos a leer se encuentran en la siguiente ruta:

d:\\libro\\lengR\\

Si es un archivo plano, separado por comas (CSV) y que tiene cabecera o nombre de variable:

> datos=read.table("d:\\datosr\\pagos.csv",header=T,sep=",")

También se puede usar:

>datos = read.csv("d:\\libro\\lengR\\pagos.csv",header=T,sep=";") aunque el separador no sea una coma.

Si es un archivo plano, con extensión txt, separado por ",", ";", "\t", " ", que tiene cabecera o nombre de variable:

> datos=read.table("d:\\datosr\\pagos.txt",header=T,sep=";")

> datos=read.table("d:\\datosr\\costocasa.txt",header=T,sep="\t")

> datos=read.csv("d:\\datosr\\pagos.csv",header=T,sep="\t")

Si es un archivo de Excel con extensión xlsx:

Si no se ha instalado se debe hacer lo siguiente:

<Paquetes> - <Instalar paquetes(s)…>. Seleccionar país, elegiremos <Brasil(PR)(https)> - De la siguiente lista seleccionamos XLSX -<Ok>

Ahora lo cargamos a memoria usando:

>library(xlsx)

Leemos el archiva gri.xlsx

> d=read.xlsx("d:\\libro\\lengR\\agri.xlsx",1)

El argumento 1 indica que se leerán los datos de la hoja 1.

Si fuera un archivo del SPSS

Debemos tener registrado el paquete **foreign** . Puesto que no está cargado en memoria, lo cargamos usando la secuencia:

<Packages> - <Load packages …>. En la lista que se muestra, seleccionamos **foreign** y luego hacemos clic en <Ok>.

Vamos a leer el archivo Hatco.sav que viene con la instalación del SPSS

d=read.spss("d:\\libro\\lengr\\Hatco.sav",use.value.labels=TRUE,max.value.labels=TRUE, to.data.frame=TRUE)

Ejemplo 6

Para terminar con los cálculos directos vamos a leer el archivo ahorro.txt que contiene dos variables: Ahorro e Ingreso. El separador de variables es la coma y que tiene cabecera. Puesto que la variable Ahorro depende de Ingreso; es decir, tenemos la función lineal: $Y = f(X)$, vamos a estimar los parámetros de la regresión lineal:

$Y = A + BX$

Leemos los datos:

> datos = read.csv("d:\\libro\\lengr\\ahorro.txt",header = T, sep = ",")

>datos

El objeto "datos" es una estructura de tipo "**list**", como tal, las variables no se pueden manipular de manera independiente. Ya lo veremos más adelante.

Ahora vamos a independizar las variables:

>X = datos$Ingreso

>Y = datos$Ahorro

Mostremos el contenido de cada variable

>X

>Y

La ecuación a ser estimada es: Y = A + BX. Los estimadores de A y B serán: a y b.

<u>Cálculo de A y B:</u>

Los estimadores de A y B se calculan usando:

$$b = \frac{n \sum X_i Y_i - \sum X_i \sum Y_i}{n \sum X_i^2 - (\sum X_i)^2}$$

$$a = \overline{Y} - b\overline{X}$$

La covarianza y el coeficiente de correlación se calculan mediante:

$$covar = \frac{sXY - n\overline{X}\,\overline{Y}}{n-1}$$

$$r = \frac{covar}{\sqrt{Var(X)Var(Y)}}$$

sx, sx2, sy, sxy serán las variables que contendrán las sumatorias correspondientes.

Mx, my serán las medias de X e Y.

vx, vy serán las varianzas de X e Y.

```
>sx = sum(X)
>sx2 = sum(X*X)
>sy = sum(Y)
>sxy = sum(X*Y)
>n = length(X)
>mx = sx/n
>my = sy/n
>vx = var(X)
>vy = var(Y)
>b = (n*sxy-sx*sy)/(n*sx2-sx**2)
>a = my – b*mx
```

Los coeficientes estimados son:

```
>a
>b
```

Calculemos la covarianza: covar y el coeficiente de correlación:

```
>covar = (sxy-n*sx*sy)/(n-1)
>r = covar/sqrt(vx*vy)
>covar
```

DATA FRAMES EN R

Un data.frame es una lista o tabla con una estructura elemental de base de datos, donde las filas constituyen los registros o individuos y las columnas, los diferentes características (campos) que describen al registro.

Ejemplos:

Una tabla de alumnos, productos, facturas, ventas, etc.

El objeto iris es un data.frame contenida en el R. Veamos su contenido:

>iris

Los primeros elementos:

>head(iris)

Esta lista, base de datos o data.frame, contiene 5 variables, que describen la medida de los cépalos y pétalos y la especie de una muestra de 150 flores.

Su estructura:

>str(iris)

Como se puede ver, tiene la estructura de un data.frame.

Las columnas de este data.frame se definen como

Iris$Sepal.Length, iris$Petal.Length, etc.

Podemos extraer una o más variables de un data.frame para resolver preguntas como: ¿Hay correlación entre la longitud de los cépalos y los pétalos?.

Veamos otros ejemplos

El archivo costocasa.csv:

> datos = read.csv("d:\\libro\\lengR\\costocasa.csv",head=T,sep=";")

>str(datos)

Podemos apreciar que estos datos constituyen un data.frame. Como en el caso de la última variable **Species** de iris, en este caso tenemos las variables **Region** y **MatNob** son variables categóricas o cualitativas a las que el R las considera como variable del tipo **Factor**.

Cuando veamos regresión, volveremos sobre los data.frame pues el R las emplea exhaustivamente.

Hablemos algo sobre matrices

ARREGLOS DE DOS DIMENSIONES: MATRICES

Una matriz, como el caso de vectores (que también son matrices), se puede definir de diversas maneras:

>A = matrix(1:20,5,4)

>A

También podemos decirle que forme la matriz por fila:

> A = matrix(1:20,5,4,byrow=T)

Podemos asignarle nombre a las filas y columnas:

> A = matrix(1:20,5,4,byrow=T,dimnames=list(c("Fila 1","Fila 2","Fila 3", "Fila 4","Fila 5"),c("Col 1","Col 2", "Col 3","Col 4")))

>A

Otra forma de definir una matriz

> x = c(120,122,132,145,180,200)

> y = c(8.25,10.12,7.8,12.4,18.2,18.2)

> m = matrix(x,y, 3,4)

Usando scan()

>A = matrix(scan(),3,4)

Debemos ingresar 12 elementos y luego <Intro>

Ahora definamos una matriz a partir de 4 vectores:

> c1=c(4,6,5,8)

> c2=c(5,7,3,4)

> c3=c(12,15,18,13)

> c4=c(121,432,837,376)

> B = matrix(c(c1,c2,c3,c4),4,4)

>B

La longitud de B

>length(B)

La dimensión de esta matriz

>dim(B)

[1] 4 4

Ahora definamos la matriz 3x4 de la siguiente manera:

>c=matrix(c(c(8,7,2,12),c(14,8,10,12),c(3,2,6,5)),3,4,byrow=T)

Ejemplo 7

Usemos el método matricial para estimar los parámetros de la recta de regresión lineal para los datos contenidos en el archivo ahorro.txt.

Primero leemos los datos:

```
> datos = read.table("d:\\libro\\lengr\\ahorro.txt",head=T,sep=",")
```

Separemos las variables

```
>Ahorro = datos$Ahorro
>Ingreso = datos$Ingreso
```

Dado el modelo lineal Y = a + bX + e, estamos interesados en estimar por mínimos cuadrados los coeficientes de regresión a y b tal que, si $\hat{a}$ y $\hat{b}$ son los estimadores de a y b, entonces $\hat{Y} = \hat{a} + \hat{b}X$ será la ecuación estimada.

Si beta es el vector columna $(\hat{a}, \hat{b})$, los valores de dichos estimadores lo hallaremos por el método de los mínimos cuadrados.

Dado y = a + bx, matricialmente,

$$beta = (X^t X)^{-1} X^t Y$$

Donde $Y = \begin{pmatrix} y_1 \\ y_2 \\ ... \\ y_n \end{pmatrix}$ $X = \begin{pmatrix} 1 & x_1 \\ 1 & x_2 \\ & ... \\ 1 & x_n \end{pmatrix}$ con $X^t = Xt = \begin{pmatrix} 1 & 1 & ... & 1 \\ x_1 & x_2 & ... & x_n \end{pmatrix}$

Y la matriz

invX = x^{-1} inversa de x   con $beta = \begin{pmatrix} a \\ b \end{pmatrix}$

Según esto,

Y = Ahorro,

Generemos la matriz X:

Ya tenemos el vector X1 = Ingreso. Generemos el vector de unos:

```
> unos = sample(1:1,20,rep=T)
```

Ahora la matriz X:

```
> X=matrix(c(unos,Ingreso),20,2)
```

La dimensión de X

```
>dim(X)
[1] 20  2
```

La transpuesta de X:

```
>Xt = t(X)
```

Su dimensión:

```
>dim(Xt)
[1]  2 20
```

Ahora multiplicamos Xt por X para obtener una matriz 2x2.

Esta multiplicación se realiza usando el operador matricial: %*%.

```
>XtX = Xt%*%X
```

Ahora la invertimos dejando la matriz invertida en invX:

```
>invX = solve(XtX)
>invX
        [,1]      [,2]
[1,] 3.1015891 -0.165071219
[2,] -0.1650712  0.008929285
```

Para comprobar que es la inversa, multiplicamos por XtX:

```
>invX%*%XtX
        [,1]      [,2]
[1,] 1.000000e+00 5.118128e-14
[2,] 4.145989e-16 1.000000e+00
```

Ahora, multiplicamos la matriz transpuesta de X por Y y lo dejamos en XtY:

```
>XtY = Xt%*%Y
```

Finalmente calculamos hallamos beta multiplicando invX con XtY.

```
>beta = invX%*%XtY
>beta
        [,1]
[1,] 1.44271777
[2,] 0.08469868
```

Luego la ecuación estimada:

$$Y = 1.44272 + 0.0845699X$$

Obtengamos la tabla del ANOVA cuyo formato es el siguiente:

Fuentes de variación	Suma de cuadrados	Grados de libertad	Varianza	Test F
VE (modelo)	$\sum_{i=1}^{n}(\hat{y}_i - \bar{y})^2$	k	$\hat{S}_e^2 = \frac{VE}{k}$	$\frac{\hat{S}_e^2}{\hat{S}_R^2}$
VNE (residual)	$\sum_{i=1}^{n} e_i^2$	$n - k - 1$	$\hat{S}_R^2$	
VT	$\sum_{i=1}^{n}(y_i - \bar{y})^2$	$n - 1$		

Tabla 2.1: Tabla ANOVA

Para ello debemos obtener las siguientes sumatorias:

Nro de datos (n) y nro de variables (k).

Nota:

En la tabla se está tomando como k = 1 (número de variables regresoras o independientes).

```
>n = length(Y)
>k = 2
>my = sum(Y)/n
> Yest = Y-(1.44271777+0.08469868*Ingreso)
>SCC = sum(Yest-my)**2)
>SCE = sum(Y-Yest)**2)
>SCT = SCC + SCE
>CMC = SCC/(k-1)
>CME = SCE/(n-k)
>Fc = CMC/CME
```

Con todo esto ya se puede llenar la tabla.

Contemplemos algunos gráficos en R.

<u>Histogramas:</u>

Sintaxis:

hist(x,col,labels=TRUE,xlab,ylab, main)

Usemos el data.frame cars:

```
> hist(cars$speed,col =
"red",labels=TRUE,xlab="Velocidad",ylab="Frecuencia",main="HIsograma de Velocidad")
```

Use <ctrl>+<F6> para cambiar de ventana o haga clic en la ventana deseada.

Vamos a dividir la ventana de gráficos para colocar los gráficos horizontalmente.

```
>par(mfrow=c(1,2))
> hist(cars$speed,col =
"blue",labels=TRUE,xlab="Velocidad",ylab="Frecuencia",main="HIsograma de Velocidad")
> hist(cars$dist,col =
"green",labels=TRUE,xlab="Distancia",ylab="Frecuencia",main="Histograma de distancia")
```

Ahora cambiamos la división de la ventana para que nos muestre verticalmente

```
>par(mfrow=c(2,1))
> hist(cars$speed,col =
"blue",labels=TRUE,xlab="Velocidad",ylab="Frecuencia",main="HIsograma de Velocidad")
```

> hist(cars$dist,col =

"green",labels=TRUE,xlab="Distancia",ylab="Frecuencia",main="Histograma de distancia")

<u>Gráfico de barras</u>

Sintaxis

Barplot(altura, width = 2, space = NULL, names.arg = NULL, legend.text = NULL, besides = FALSE, horiz = FALSE, col=NULL, border=pCar('fg'), main=NULL, sub=NULL, xlab=NULL, ylab=NULL, arg.legend = NULL)

Veamos uno simple en el cual definimos todo

Supongamos que se ha hecho una encuesta a 20 personas sobre el grado de instrucción que tienen los congresistas. Las respuestas deben ser: 1= Sin estudios, 2=Secundaria, 3=Universidad,4=Bachiller, 5=Licenciado,6=Postgrado.

Las respuestas las recibimos en el vector g

>g=c(3,2,3,2,5,4,2,6,3,5,3,1,6,3,4,2,4,1,3,4,3,2,3,5,3,4,6,4,3,6)

Categorizamos a estos datos por niveles mediante la función factor

>f=factor(g)

Esto lo hacemos para obtener la frecuencia de repitencias de cada valor de g, puesto que es una variable categórica.

Redefinimos los niveles por sus nombres literales

 > levels(f)=c("Sin estudios","Secundaria","Universidad","Bachiller","Licenciado","Postgrado")

Veamos cómo está la tabla

>t=table(f)

>t

Ahora pasamos a graficar

>barplo(t)

Ahora usemos la mayor parte de los argumentos:

>narg = c("SEst","Sec","Univ","Bach","Lic","PostG")

> color=c("red","orange","magenta","yellow","blue","green")

>barplot(t,names.arg = narg,main="Grafica del grado de instrucción",sub="de los

ongresistas",xlab="Instrucción",ylab="nro de congresistas",col=color)

<u>Gráfico Circular</u>

Supongamos que se ha registrado el consumo semanal de café en una empresa de 45

trabajadores. Los datos son los siguientes:

>cafe = c(54, 60, 18, 58, 80)

Etiqueta de día

>dia= c("Lun", "Mar", "Mie", "Jue", "Vie")

Tomemos el porcentaje de tazas de café por día, redondeado a 2 decimales

>pc = round(cafe/sum(cafe)*100,2)

Para usar como etiqueta estos porcentajes, definimos etiqueta, le añadimos "%", sin separación

> lab = paste(pc, "%",sep="")

Trazamos la gráfica

> pie(cafe,labels =lab)

Le añadimos colores de relleno

> pie(cafe,labels =lab, col=c("yellow", "violetred1", "orange", "green", "red"))

Le añadimos título central y un subtítulo

> pie(cafe,labels =lab, col=c("yellow", "violetred1", "orange", "green", "red"),main="Consumo diario de café",sub="Nro de tazas")

Vamos a hacer uso de paste para añadir a los días, la cantidad de café consumido

> dia=paste(dia,cafe, sep=":")

Añadimos la leyenda

> legend("topleft", c(dia), cex=0.6, bty="n", fill=c("yellow", "violetred1", "orange", "green", "red"))

<u>Diagrama de caja</u>

Sintaxis incompleta

Boxplot(datos,col=NULL,xlab=NULL,ylab=NULL,main=NULL)

Para el ejemplo usemos primero el data.frame o tabla mtcars que, como el iris y el cars, están disponibles.

Su estructura:

>str(mtcars)

Como se puede apreciar, tenemos las variables millas por galón, mpg; cilindrada, cyl; desplazamiento, disp; peso, wt; entre otras.

Vamos a trazar un diagrama de caja de mpg con un vector de colores c(3,5,1):

>boxplot(mtcars$mpg,col=c(3,5,1))

Par de gráficos un al costado del otro, en la misma ventana: Desplazamiento y peso.

> par(mfrow=c(1,2))

> boxplot(mtcars$disp,xlab="Desplazamiento",col="red")

> boxplot(mtcars$wt,xlab="Peso en libras",col="green")

Uno debajo de otro, en la misma ventana

> par(mfrow=c(2,1))

> boxplot(mtcars$mpg,xlab="Millas por galon",col="red")

> boxplot(mtcars$wt,xlab="Peso en libras",col="green")

Colores caprichosos y tres diagramas en la misma ventana

> boxplot(mtcars$mpg*10,mtcars$hp,mtcars$disp, col=heat.colors(3,alpha=.6))

A la primera se multiplicó por 10 sólo para apreciar el gráfico

Trabajemos ahora con el data.frame iris

En dos gráficos de la misma ventana, uno con bordes y otro con bordes y relleno:

>par(mfrow=c(1,2))

> boxplot(iris$Sepal.Length~iris$Specie,horizontal=TRUE,border=c(4,2,3))

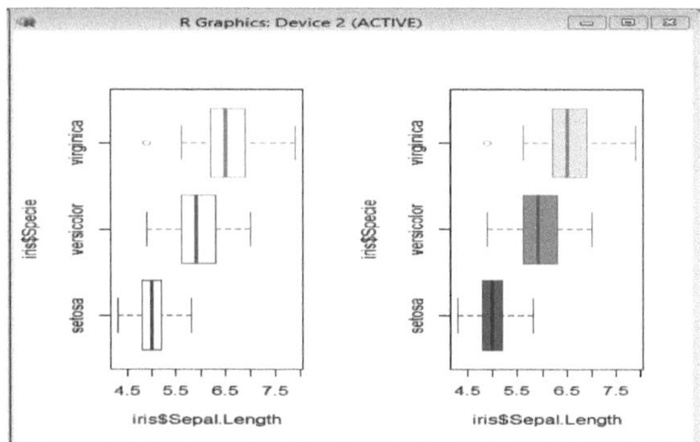

Ahora con relleno

>boxplot(iris$Sepal.Length~iris$Specie,horizontal=TRUE,border=c(4,2,3),col=c("red","green",
"yellow"))

Finalmente

USO DE PAQUETES EN REGRESIÓN

Tomemos los datos de la producción agrícola española de los años 70 – 90.

> datos = read.table("d:\\libro\\lengr\\agr.txt",head=T,sep="\t")

Tracemos gráficos de dispersión:

>pairs(datos)

Observe la siguiente imagen que corresponde a diagramas de dispersión de pares de variables. Podemos apreciar que existe relación entre estas variables. La producción agrícola aumenta, conforme aumentan las otras variables. El modelo que estudiaremos será:

ProdAgr = f(VolFir,PqAut,FinPp)

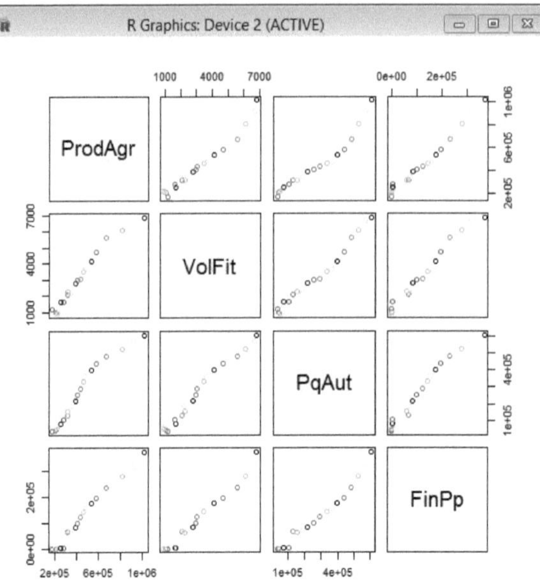

¿Cuál es la correlación entre ellas?

>cor(datos)

Confirmando lo que se ve en los diagramas, existe una alta correlación entre ellas.

La matriz de varianzas y covarianzas:

>cov(datos)

Independicemos las variables:

>attach(datos)

Ahora ya podemos manipular las 4 variables más fácilmente

>ProdAgr

Estimación de los parámetros o coeficientes de la regresión:

>modelo1 = lm(ProdAgr~VolFit+PqAut+FinPp)

Para ver los coeficientes estimados:

>modelo1

Para ver la estimación lineal en detalle:

>summary(modelo1)

Para ver la tabla del ANOVA:

>anova(modelo1)

Para correr el modelo sin el término independiente:

> modelo2 = lm(ProdAgr~VolFit+PqAut+FinPp-1)

>modelo2

Ahora veamos la estructura del modelo1

>str(modelo1)

De esta maraña de información, podemos extraer algunos

>Residuales = modelo1$residuals

> Yest = modelo1$fitted.values

> beta = modelo1$coefficients

Observando la estructura del summary(modelo1), extraemos el coeficiente de determinación que nos permite calcular el coeficiente de correlación:

>ss = summary(modelo1)

>str(ss)

>r = sqrt(ss$r.squared)

[1] 0.9937355

Ahora ploteamos el modelo1 que nos permite apreciar la gráfica de los residuales vs Yest.

>plot(modelo1)

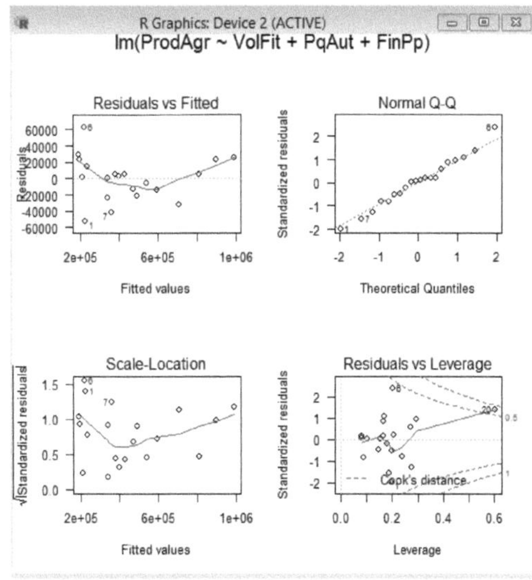

Los valores predichos:

>predict(modelo1)

Los intervalos confidenciales del 95% de cada variable:

>confint(modelo1)

Análisis de los residuos

Dividimos la pantalla de gráficos en tres columnas para tres gráficos.

> par(mfrow=c(1,3))

Histograma de los residuales

> hist(Residuales)

Diagrama de caja de los residuales

> boxplot(Residuales)

Gráfico de los cuantiles de los residuales

>qqnorm(Residuales)

Trazamos la línea de ajuste

>qqline(Residuales)

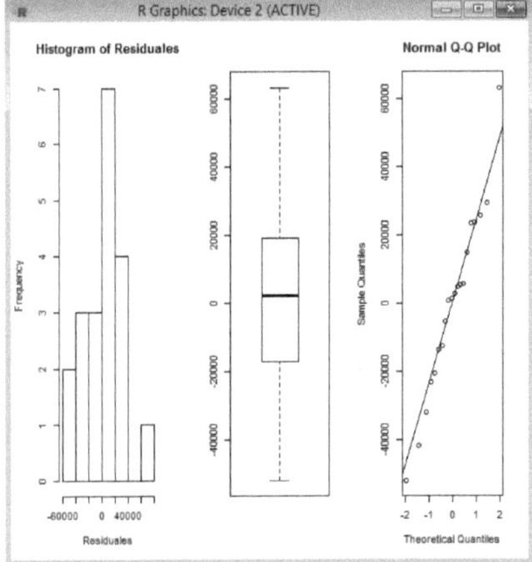

Apreciamos que los residuales siguen una distribución normal

Veamos la Homocedasticidad

Ploteamos los valores ajustados vs los valores standarizados:

>plot(fitted.values(modelo1),rstandard(modelo1), xlab="Valores ajustados", ylab="Residuos estandarizados")

Ahora una línea horizontal que muestre el ajuste

> abline(h=0)

Ahora veamos la independencia de los errores. Para ello plotearemos los residuos estandaraizados vs las variables.

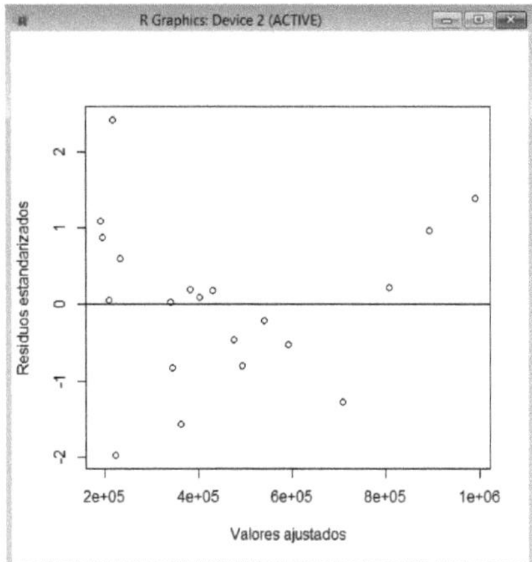

> par(mfrow = c(1,3))

> plot(VolFit,rstandard(modelo1),xlab="Vol Fitosanitarios",ylab="Residuos estandarizados")

> plot(PqAut,rstandard(modelo1),xlab="Parque automotor",ylab="Residuos estandarizados")

> plot(FinPp,rstandard(modelo1),xlab="Financ. púb/priv",ylab="Residuos estandarizados")

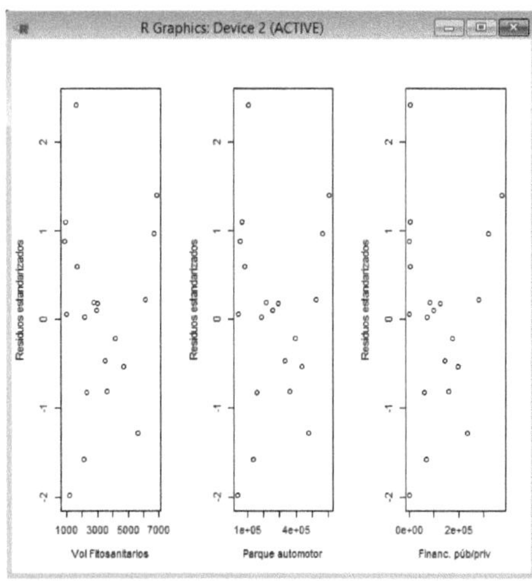

Apreciamos la independencia de las variables con los residuales estandarizados.

<u>Multicolinealidad</u>

Para analizar la multicolinealidad construyamos el modelo restringido: **modrestr1** tal que

ProdAgr = a + b(VolFit) + e

369

> modrestr1 = lm(ProdAgr~VolFit)

>modrestr1

>summary(modrestr1)

Pasamos a calcular el Factor de Inflación de la Varianza (FIV). Para ello se requiere los paquetes **fmsb** y **car**.

El fmsb lo cargamos a memoria

>library(fmsb)

El paquete debe ser instalado siguiendo: <Packages> - <Install package(s) …>. Seleccionamos **car** de la lista. Esperamos que termine de instalar toda la librería que viene en este paquete, luego del cual, usamos:

Ahora calculamos el VIF del modelo completo

> vifc = vif(lm(ProdAgr~VolFit+PqAut+FinPp))

>vifc

  VolFit   PqAut   FinPp

66.78402 48.98439 53.36810

Cargamos car:

>library(car)

>vif(modelo1)

  VolFit   PqAut   FinPp

66.78402 48.98439 53.36810

Con ambos paquetes obtenemos los mismos valores de inflación de la varianza. Por tanto, a pesar de ser un buen modelo, éste presenta multicolinealidad.

UN RECORRIDO POR TODO LO DICHO DEL LENGUAJE R

Nota:

Tenga cuidado cuando use las dobles comillas desde un editor o procesador de palabras como el Word y el lenguaje R.

Todas las órdenes que podamos ingresar en la consola del R, empiezan con ">", que es el prompt para indicarnos que está listo para ingresar órdenes.

A modo de repaso, hagamos un recorrido desde el inicio:

Creación de datos en variables

```
>n = 12
```
Se imprime o se pide el valor de n
```
>n
>m = 25
>name = "Báslavi"
>cadenaTitulo = "Esta es una cadena de locos"
>apMat = "Luján"
```

Trabajemos con la fecha de hoy
```
>fecha = date()
>diaSem = format(Sys.time(), "%a")
> mes = format(Sys.time(), "%b")
>diaMes = format(Sys.time(), "%d")
>Hora = format(Sys.time(), "%H")
> Minutos = format(Sys.time(), "%M")
> Anio = format(Sys.time(), "%Y")
```

En cuanto a vectores:
```
>a = c(12,16,8,11,15)
>c =c(4,5,4,5,4)
>d = seq(1,20,5)
>e = c(c(2:6),a,seq(10,50,8))
>f = 1:20
>length(d)
```

Si deseamos que a, c y d tengan la misma longitud, debemos añadir un elemento a d:
```
>d = c(d,21)
```
Una muestra de 60 elementos con posibilidad de repetición
```
>x=sample(11:18,24,rep=T)
```
Un vector aleatorio de 5 elementos
```
>y = sample(runif(5))
```

Operaciones vectoriales
```
>notas = a
>credito = c
```

>a+c

>a*d

>3*a-c*d

Un vector definido como arreglo:

>w = matrix(y)

Su dimensión:

>dim(w)

Su transpuesta:

>tw = t(w)

Su dimensión:

>dim(tw)

El producto de tw por w es el producto escalar

>tw%*%w

El producto de w por tw es una matriz de 5x5

>w%*tw

No necesita ser arreglo vectorial para soportar opearaciones vectoriales

>suma = notas*credito

>sum(suma)

También pudimos haber usado

>notas%*%credito

Promedio de notas

>prom = mean(notas)

Promedio ponderado:

>prPond = sum(notas*credito)

Del mismo modo:

>prPond1 = notas%*%credito

Las varianzas:

>vn = var(notas)

>vc = var(creditos)

Coeficiente de variación de las notas:

>cV = sqrt(vn)/prom

Matrices

>x =c([2,3,6,5,8,5,6,8,3,-3,0,1,-7,0,3,0,3,2,5,6)

Como x tiene 20 elmentos, definamos una matriz 4x5

>a = matrix(x,4,5)

Otra forma

>a = matrix(x,nrow=4)

>A = matrix(x,nrow = 4,byrow=F)

Otra forma:

>B = sample(runif(24))

Definamos una matriz de 6x4

>B = matrix(runif(24),nrow=6)

Otra

>C = matrix(runif(24),nrow=6)

Redondeemos a B y C con un decimal

>B = round(B,1)

>C = round(C,1)

La matriz suma, producto Bij *Cij y el producto matricial, P

>Msuma = B+C

>Mprod = B*C

La transpuesta de C

>tC = t(C)

>P = tC%*%B

La inversa de P

>iP = solve(P)

Lo verificamos:

>iP%*%P

O mejor aún, en la que debe salir 4

>sum(iP%*%P)

data.frame

Un data.frame es un objeto de tipo lista o tabla, donde se distingue las filas como si fueran registros y las columnas como si fueran los items que describen al registro

Volviendo a las notas y crédito

>notas

>credito

>curso =c("Matematica","Lenguaje","Etica","Historia","Redes")

>matri = data.frame(curso,notas,credito)

\>matri

Variables cualitativas o de agrupación

La sentencia factor nos permite crear una variable categórica o cualitativa}

Supongamos que las edades de 7 alumnos son:

\>edad = c(18,21,20,18,19,18,17)

\>sexo = c("M","M","F","M","F","F")

\>Nombre = c("Carlos","Yacole", "Fanny","Luis","Fernanda","Baslavi")

Ahora generaremos una lista, tabla o data.frame

\>reg = data.frame(Nombre,edad,sexo)

Falla por que la longitud de edad es 7 y los otros,6. Vamos a suponer que el elemento 20 no debe estar:

\>edad = edad[-3]

\>reg = data.frame(Nombre,edad,sexo)

\>reg

Edad y sexo describen a cada alumno, eso es un data.frama o tabla o base de datos

Generemos 60 notas aleatorias de 0 a 100 puntos, correspondientes a 20 alumnos

\>y = sample(runif(1:60)*100)

Tomemos su parte entera

\>no = floor(y)

Redondeadas

\>notas = round(y)

Generemos sus edades y sexo

\>sexo = sample(sexo,60,rep=T)

\>edad = sample(edad,60,rep=T)

\>df = data.frame(se,y,sx)

Vamos a construir la tabla de frecuencias. Para ello debemos cargar la librería: fdth, usando la secuencia: <Packages> - <Load packages ...>. De la lista seleccionamos: fdth y hacemos clic en <Ok>. Ahora ya podemos usar la función fdt:

\>frec = fdt(df)

\>frec

Se aprecia 7 clases o intervalos y todas las frecuencias. Personalicemos la tabla con 5 clases y le indicamos el inicio y final de la misma:

>frec = fdt(df,5,start = min(notas),end=max(notas))

>frec

Ahora obtengamos las estadísticas por variable, desde el data.frame df:

>est = summary(df)

>est

Otro ejemplo:

Trabajemos con una encuesta simulada:

Supongamos que tenemos las ventas diarias de refreigeradoras observadas durante 20 días, generada en 4 tiendas durante los 5 días de la semana. Deseamos disponer de una tabla para obtener las estadísticas.

Las ventas diarias:

>x = c(2,3,6,5,8,5,6,8,3,-3,0,1,-7,0,3,0,3,2,5,6)

Definimos una matriz que represente las 4 tiendas

>ventas = matrix(x,4,5)

Estas son las tiendas:

>tienda = c("PNorte","LPlaza","CPlaza","RPlaza")

>ventas

En esta matriz observamos que se ha ingresado datos erróneos: Segunda fila, cuarta columna, debe ser 8; tercera fila, tercera columna, debe ser 4; cuarta fila, cuarta columna, debe ser 5.

>ventas[2,4] = 8

>ventas[3,3] = 4

>ventas[4,4] = 2

>ventas[4,4] = 5

Las celdas negativas deben ser positivas

>ventas[1,4] = abs(ventas[2,4])

>ventas[2,3] = abs(ventas[2,4])

Ahora defimos el vector de los días:

>diaSem = c("Lunes","Martes","Miercoles","Jueves","Viernes")

Definimos la estructura de la matriz, insertando lista de tiendas y dias de la semana

>dimnames(ventas) = list(tienda,diaSem)

Ahora, pasamos a definir un data.frame: dVentas

 >dVentas = data.frame(ventas)

>dVentas

Veamos un poco de gráficas

De curvas:

>y = seq(-6.28,6.28,0.02)

>s = sin(y)

>c = cos(y)

Lo ploteamos

 >plot(y,s,col="blue",type = "l",lwd=3,xlab="X",ylab="f(x)",main="Gráfica de las funciones

Seno y Coseno")

Añadimos la gráfica de la función coseno

>lines(y,c,lwd=4,col="red")

Otro gráfico

>x = seq(-10,10,0.01)

>y = x**4-5*x**3-5*x**2+45*x-36

>z = x**5-4*x**3-27*x*2+108

>plot(x,y,type= "l",col="blue",lwd = 2)

>lines(x,z,lwd=2,col="red")

Veamos este otro

>x = seq(-10,10,0.01)

>s = sin(x)**2-sin(x)

>f = 3*cos(y)**3-cos(y)

>plot(x,f,col="red",type="l",lwd=2)

>lines(x,s,lwd=2,col="blue")

Lectura de un archivo de datos

Si el archivo es de tipo texto, con extensiones txt o csv, no requiere de nuevas librerías

(paquetes), pero si los datos provienen del Excel o Spss, se debe cargar a memoria (load) si

estuviera instalado, de otra manera, se debe instalar el paquete que contiene a la función y luego

cargarlo usando comandos o con el comando library(...)

Como ejemplo, vamos a ver el caso de leer un archivo proveniente del Excel. Lo usual es que no

esté en memoria o peor aún, no esté instalado.

Si estuviera instalado, debemos usar el comando:

>library(xlsx)

Si no se encuentra, debemos instalarlo primero para cargarlo después.

Para ello primero debemos cargar el paquete xlsx que permite usar la función read.xlsx(...).
Esto lo hacemos usando: <Packages> - <Load packges ...>. De la lista seleccionar xlsx y luego
<Ok>. Si no estuviera, usar <Packages> - <Install packages...>. Elegir a un proveedor
cualquiera, hacer clic en <Ok>. De la nueva lista, ubicar xlsx y clic en <Ok>. Luego de instalar,
debe <Packages> - <Load packages...> y elegir xlsx de la lista. También puede digitar:
>library(xlsx).

Como ejemplo de su uso, vamos a plotear los datos contenidos en el archivo de Excel
MedidaCorazon.xlsx.

>datos = read.xlsx("d:\\aa\\MedidaCorazon.xlsx",1)
Podemos saber la estructura del objeto datos ingresando el comando:
>str(datos)
Como se puede apreciar, datos es un data.frame que contiene un modelo con 6 variables.
Para obtener una tabla de frecuencia, carguemos el paquete fdth:
>library(fdth)
Ahora vamos a generar las tablas de frecuencia de cada variable:
>tabla = fdt(datos)
Si sólo queremos trabajar con la variable RitmoCardiac, primero la extraemos:
>r = datos$RitmoCardiac
La tabla con 5 clases o intervalos:
>tfrec =fdt(r,k = 5)
>tfrec
El histograma de frecuencia
>hist(r)
Como pueden apreciar, los límites de cada intervalo de la gráfica coincide con los de la tabla.
El histograma poco más "decorado"
> hist(r, col=c("red","blue","green","magenta","cyan"),main="Histograma del ritmo del
corazón",xlab="Ritmo cardíaco",ylab="Número de pacientes")

Aplicaciones del R en las distribuciones muestrales

Problema 1:

El diámetro medio de los limones que ingresan al Mercado Mayorista, es de 3 cm. Sin embargo, se sospecha que esta medida es superior; en cuyo caso debiera incrementarse el precio por kilo. Para tomar esta decisión, se toma una muestra de 20 limones y sus medidas se encuentran en el archivo Limones.xlsx. ¿Cuál es la probabilidad de que la media muestral sea superior a 3.2? Caso 1: Cuando la varianza poblacional es 1.20. Caso 2: Cuando no se conoce la varianza poblacional.

Solución:

Vamos a leer los datos:

Lectura del archivo, de la hoja 1:

>datos = read.xlsx("d:\\aa\\Limones.xlsx",1)

>datos

Como tiene una sola columna (variable) y ésta se llama Diametro, la vamos a pasar a la variable x usando:

>x = datos$Diametro

Bien:

Caso 1: Distribución muestral de la media con varianza conocida: Usamos Normal

Estadísticos de la muestra: Media y varianza poblacionales

>mux = 3

>vx = 1.20

>n = length(x)

Estadísticos de la muestra:

>xbarra = mean(x)

>varx = var(x)

Siendo la varianza conocida, usaremos normal: $N(0,1)$

Puesto que se sospecha que el diametro se ha incrementado, calcularemos la probabilidad de que xbarra es mayor que la mayor que la media mux.

Estandarizado:

>Zc = (3.2-mux)/sqrt(1.2/n)

>Zc

[1] 0.8164966

Debemos calcular: $P(xbarra>3.2) = P(Z>Zc) = P(Z>0.8164966) = p$

>p = 1-pnorm(Zc,0,1)

>p

[1] 0.2071081

Otra forma: Como la distribución de xbarra -->N(mux,sqrt(1.2/n)), entonces,

>p = 1-pnorm(3.2,mux,sqrt(1.2/n))

>p

0.2071081

Esto significa que sólo el 20.71% de los limones tienen un peso superior al diametro medio; en consecuencia, la sospecha es infundada, como tal, se sugiere no incrementar el precio del kilo de limón.

Caso 2: Supondremos ahora que la varianza de los diámetros de los limones no es conocida. En este caso, debemos usar la distribución t de Student con n-1 grado de libertad.

La probabilidad pedida: p = P(xbarra > 3.2) = P(t>(3.2-mux)/(desv. de xbarra))

>tc = (3.2-mux)/sqrt(varx/n)

Luego: p = P(t>tc) será

>p = 1 -pt(tc,n-1)

>p

[1] 0.2147161

Como en el caso 1, se recomienda no incrementar el precio.

Problema 2: Distribución muestral de la razón de varianzas

El promedio de colesterol de los cerdos de una granja, eran de 0.095, mientras que de la granja del competidor, era de 0.11. El responsable de la primera granja sospecha que estos niveles se han incrementado. Para comprobrobar su sospecha se toma una muestra de cada granja para comparar los niveles de colesterol. Los resultados del muestreo se encuentran en el archivo colCerdo.txt. ¿Cuál es la probabilidad de que la media muestral de la primera granja siga siendo inferior al de la segunda?

Leeremos el archivo colCerdo.txt con dos columnas de diferentes tamaño

>datos = read.table("d:\\aa\\colCerdo.txt",sep="\t",head=TRUE)

>datos

>mu1 = 0.095

>mu2 = 0.10

Se puede apreciar que las muestras son de tamaño diferente y que en la segunda debemos eliminar los casos no válidos.

Ante todo, lo convertimos en tabla o data.frame

>d = data.frame(datos)

Extraemos, la primera columna hacia x, del mismo modo, la segunda, hacia y

>x=d[1]

>y=d[2]

Veamos el contenido

>x

>y

Vamos eliminar los datos no válidos de y. Con x no hay problema, sin embargo, lo comprobaremos:

>nan = is.na(x)

>x =x[!nan]

>nan = is.na(y)

>y = y[!nan]

>length(x)

>length(y)

Definimos los tamaños

>n1 = length(x)

>n2 = length(y)

>mx1 = mean(x)

>mx2 = mean(y)

>vx1 = var(x)

>vx2 = var(y)

Siendo desconocidas las varianzas poblacionales, pero observando las muestrales, supondremos varianzas poblacionales iguales.

Luego, usaremos la distribución t de Student con (n1+n2-2) grados de libertad.

Pasamos a calcular la varianza de la diferencia de las medias muestrales (vdifxbarras)

>S2p = ((n1-1)*vx1+(n2-1)*vx2)/(n1+n2-2)

>vdifxbarras = S2p*(1/n1+1/n2)

Debemos calcular P(xbarra1<xbarra2)

Debemos estandarizar en t: P(xbarra1<xbarra2) = P(xbarra1-xbarra2>0)

>tc = (0-(mu1-mu2))/sqrt(vdifxbarras)

>glib = n1+n2-2

>p = pt(tc,glib)

>p

[1] 1

Esto quiere decir que el nivel de colesterol de los cerdos de la primera granja siguen siendo inferior a los de la segunda granja.

Problema 3

En los últimos años se está vendiendo autos coreanos, cuya aceptación en el mercado fundamentalmente se debe al alto rendimiento en kilómetros por galón de gasolina. El gerente de ventas de la marca Hyundai sostiene que los autos que ellos ofrecen no tienen competencia ya que el rendimiento promedio es de 68 km/gal. Sin embargo, los representantes de la marca Daewoo, no piensan lo mismo consideran que sus autos superan dicha cifra con creces, pues tienen un rendimiento promedio de 69 km/gal. Como la publicidad que se maneja confunde un tanto al consumidor, el instituto oficial de defensa al consumidor ha tomado una muestra de 9 autos de ambas marcas, a los cuales les ha hecho las pruebas y mediciones de rendimiento correspondientes Los resultados se encuentran en el archivo carros.txt. ¿Se puede afirmar que los representantes de Daewoo tienen razón?

Solución

Lectura de los datos:

>datos = read.table("d:\\aa\\carros.txt",sep=",",head=T)

>datos

Definimos a X e Y

>H = datos$Hyundai

>D= datos$Daewoo

>muH = 68

>muD = 69

>n1 = length(H)

>n2 = length(D)

Sea mH y mD las medias muestrales de las dos marcas. Siendo desconocidas las varianzas, supondremos (sólo para evitar la frondosa fórmula para el cálculo de los grados de libertad de t, que usaremos).

Luego, supondremos varianzas desconocidas pero iguales.

Debemos calcular: P(mD>mY)

Ya que P(mD>mY) = P(mD-mY>0) = P(t(n1+n2-2) > (0-(muD-muH))/sqrt(S2p*(1/n1+1/n2))

Estadísticos:

>mH = mean(H)

>mD = mean(D)

>vH = var(H)

>vD = var(D)

>S2p = ((n1-1)*vH+(n2-1)*vD)/(n1+n2-2)

 >desvHD = sqrt(S2p*(1/n1+1/n2))

>tc = (0-(muD-muH))/desvHD

>p = pt(tc,n1+n2-2)

>p

[1] 0.01369877

Sólo en el 1.37% de las veces la marca Daewoo tiene mejor rendimiento que los de Hyundai.

Podemos afirmar que, en general su rendimiento no es superior.

Problema 4. De la distribución muestral de proporciones

En un instituto de idiomas se están probando dos nuevos métodos de enseñanza del inglés. Con el objeto de conocer sus resultados, en el método A se involucraron a 80 alumnos; mientras que 100 en el método B. Al final del ciclo académico se obtuvo que el 70% de los alumnos del método A, fueron sobresalientes; en cambio en el método B, sólo al 60% se les pudo considerar como sobresalientes.

¿Cuál es la probabilidad de que, en una nueva muestra, menos del 65% de los alumnos del método B, sean considerados sobresalientes?

¿Qué tan probable es que, en nuevas muestras, la proporción de alumnos sobresalientes con el método B sea superior a la proporción de alumnos sobresalientes del método A?

Solución

Sean prA y prB las proporciones poblacionales de alumnos sobresalientes con los métodos A y B, respectivamente y pA, pB las proporciones muestrales.

Extraigamos los datos:

>nA = 80

>nB = 100

>pA = 0.70

>pB = 0.60

Pregunta a:

Debemos resolver: P(pA<0.65). Para ello necesitamos la distribución muestral de pA de forma que pA → N(prA, VpA)), donde VpA es la varianza de pA

> Vpa = pA*(1-pA)/nA

> p = pnorm(0.65,pA,Vpa**0.5)

[1] 0.164557

Pregunta b:

Se pide P(pB>pA) = P(pB-pA>0). La distribución muestral de esta diferencia es:

Su media:

>Pdif = pB – pA

Su varianza:

>Vdif = pA*(1-pA)/nA+pB*(1-pB)/nB

>r = sqrt(Vdif)

Luego, la probabilidad pedida es:

>p = 1-pnorm(0,Pdif,r)

> p = 1-pnorm(0,Pdif,r)

[1] 0.07916784

Problema 5

Una empresa de Marketing la semana pasada lanzó, por todos los medios de comunicación, la publicidad de un nuevo producto para el cuidado del cabello y quiere conocer si la publicidad permitió que el producto sea conocido, y sobre todo está interesada en saber si existe una diferencia marcada entre hombres y mujeres. Se tomó una muestra de 200 hombres y 200 mujeres. Los datos se encuentran en el archivo cabello.csv, ¿cuál es la probabilidad de que más hombres que mujeres prefieran el producto?

Solución

Vamos a leer los datos:

> datos = read.csv("d:\\aa\\cabello.csv",sep=",",head=T)

> H=datos$Hombres

> M=datos$Mujeres

> nH = length(H)

> nM = length(M)

> pH = sum(H)/nH

> pM = sum(M)/nM

> dif = pH-pM

> Sdif = sqrt(pH*(1-pH)/nH+pM*(1-pM)/nM)

> p = pnorm(0,dif,Sdif)

> p

[1] 0.1143573

ANEXO 3: INTRODUCCIÓN AL LENGUAJE PYTHON

Python es un lenguaje de programación interpretado. Esto significa que no requiere ser
compilado. Por esta razón es muy rápido y eficaz. Es un lenguaje multiplataforma y orientado a
objetos. Fue creado en el 2006 y en el poco tiempo que tiene posee una gran cantidad de librerías
que hacen posible una fácil y sencilla forma de codificar y leer los códigos que podemos crear,
los que constituyen los scripts.

Posee un entorno interactivo en cuya consola se puede ingresar los comandos o sentencias que
serán ejecutadas en línea. La generación de estas sentencias o comandos en un script, constituye
un archivo en batch que podrá ser ejecutado posteriormente.

Si tiene el disco que lo adquirión con el libro, ingrese a la carpeta LengPython, en donde
encontrará el archivo de instalación python-3.7.4.exe. Haga doble clic en él para ejecutarlo.
Siga las instrucciones de instalación hasta completarla.
Después de haber sido instalado, dispondrá de dos archivos ejecutables:
Python 3.7 (32-bits).exe
IDLE Python 3.7 (32 bits).exe
Si se ejecuta el primero, se dispone de una pantalla negra que se puede usar pero por lo general
se la emplea para realizar instalaciones especiales via el PIP.

Es mejor usar el segundo, pues permite abrir una ventana que es un entorno de comandos, es el Shell o consola del Python. En esta ventana se ingresan los comandos, en ella se importan las librerías y, desde ella se abren módulos o scripts y se guardan nuevos.

Si no tiene el disco, siga el siguiente procedimiento.

Instalación de Python

En Google digite: Python

En la ventana resultante como en la siguiente imagen

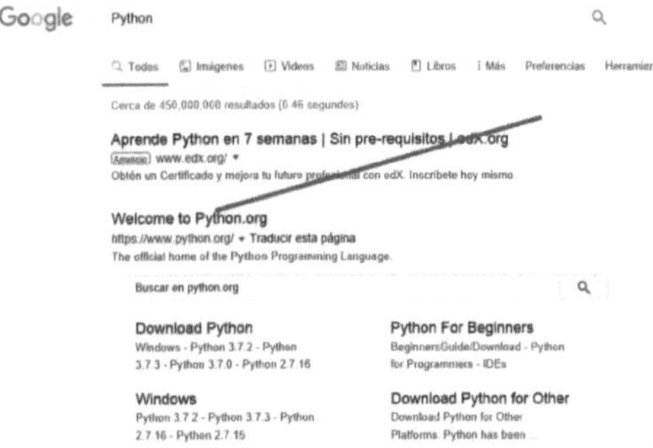

En la siguiente imagen, haga clic donde muestra la flecha.

Y luego, en la siguiente imagen, donde apunta la flecha para descargar la última versión de Python

Ubique la carpeta donde lo ha descargado y luego doble clic.

Luego de instalarlo, ubique el icono "Python 3.7.3 Shell" ejecútelo.

Esta es la ventana o consola del Python

Observe que el curos es una barra "|" delante de ">>>". Estos tres signos de mayor es el "prompt" que nos indica que el Python está disponible para recibir nuestras órdenes.

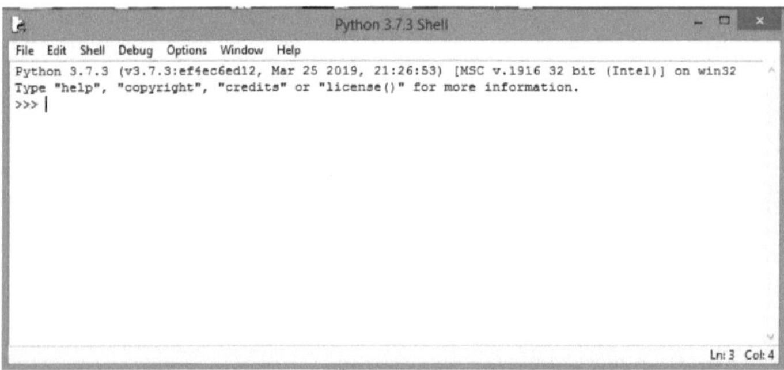

<u>Cálculos preliminares:</u>

Como en todos los lenguajes, para trabajar con datos de cualquier tipo se requiere de variables.

Estas variables son secuencia de caracteres como : x, m, a, xTot, Ice01, Total_por_Cobrar, etc.

Python como calculadora:

Asignemos 20 a la variable x. Del mimo modo, 15.2875 a la variable miO.

>>>x = 20

\>\>\>MiO = 15.2875

Para decirle que nos muestre el contenido de una variable simplemente digitamos el nombre de la variable y presionamos <Intro>.

\>\>\> x = 20

\>\>\> MiO = 15.2875

\>\>\> x

20

\>\>\> MiO

15.2875

\>\>\>

Ahora dejamos en y el producto de estas variables; en z, el cociente y en w el cuadrado de x:

\>\>\>y = x*MiO

\>\>\>z = x/MiO

\>\>\>w = x**2

También las variables pueden recibir secuencia o cadena de caracteres.

\>\>\> h = "Hola mundo !!! …"

\>\>\>s = "Cómo están?"

\>\>\>t = "Mi nombre es"

\>\>\>nombre = "Carlos Diaz"

Podemos **concatenarlos** (o sumarlos)

\>\>\>msg = h + s+t+nombre

\>\>\>msg

Hola mundo ¡!!!...Cómo están?Mi nombre esCarlos Diaz

Aunque podemos mejorar el mensaje introduciendo cadena de espacios en blanco:

\>\>\> msg = h+" "+s+". "+t+": "+nombre

\>\>\>msg

'Hola mundo !!!... Cómo están?. Mi nombre es: Carlos Diaz'

Ejemplo 1

Vamos a calcular las raíces de una ecuación cuadrática de la forma: $ax^2 + bx + c$.

Supongamos que se trata de la ecuación: $3x^2 -4x + 8 = 0$.

Según sabemos, $a = 3$, $b = -4$ y $c = 8$.

Si las raíces son r1 y r2, usando

$$r = \frac{(-b \pm \sqrt{b^2 - 4ac}}{2a}$$

tenemos:

>>>a = 3

>>>b = -3

>>>c = -18

>>>r1 = (-b+(b**2-4*a*c)**0.5)/(2*a)

>>> r2 = (-b-(b**2-4*a*c)**0.5)/(2*a)

>>>r1

>>>r2

Sería formidable si pudiéramos ingresar los valores de a, b y c y luego usar las fórmulas para al cálculo sin tener que estar digitando de nuevo. Eso lo veremos cuando veamos funciones.

Por ahora resolvamos dos problemas prioritarios:

-    ¿Cómo usar la misma fórmula para obtener las raíces de cualquier ecuación cuadrática?

-    ¿Cómo podemos imprimir los resultados en la consola?

La **Solución** al primero es el uso de la función **input(...).**

Su sintaxis es simple:

Variab = input(msg)

Variab: Es el nombre de una variable cualquiera que recibirá el dato que se ha ingresado por teclado.

msg: Es una secuencia de caracteres encerrado entre comillas y/o concatenados con variables de tipo cadena.

Ejemplo 2

>>> n = input("Ingresa un número:")

Ingresa un número:12

>>> m = input("Ingresa otro número: ")

Ingresa otro número: 20

>>>

Observen cómo pide el dato el primer input y cómo lo hace el segundo.

En el segundo, hay un espacio en blanco que permite diferenciar el msg del dato que ingresado.

Si ahora deseamos obtener la suma en c y el producto en d, tenemos:

>>>c = n+m

>>>d = n*m

En este caso se recibe en rojo:

Traceback (most recent call last):
 File "<pyshell#58>", line 1, in <module>
  d = n*m
TypeError: can't multiply sequence by non-int of type 'str'

¿Por qué suma y no multiplica?

Veamos lo que ha "sumado":

>>>c

'1220'

Los ha concatenado (los coloca el segundo al cotsado del primero). Entonces tampoco ha sumado.

La función input(…) permite ingresar todo tipo de dato (numérico o de texto) como una cadena de caracteres. Si lo que se digitó es una "cadena de caracteres numéricos", podemos convertirla en entero usando la función: **int(…)** o en real (con decimales) usando la función: **float(…)**.

De la siguiente manera:

>>>

>>> n = int(input("Ingresa un número:"))

Ingresa un número:12

>>> m = float(input("Ingresa otro número: "))

Ingresa otro número: 20

>>> c=n+m

>>> d = n*m

>>> c

32.0

>>> d

240.0

>>>

Nota:

Si deseas usar el comando digitado anteriormente, usando la tecla flecha arriba (o abajo) puedes ubicar dicha orden y presionar <Intro> para tenerlo en la línea del prompt, para después ingresarlo o corregirlo.

La **Solución** al segundo problema es el uso de la sentencia (no función) **print(...)**.

Vamos a imprimir el contenido de c y d:

>>>print(c)

>>>print(d)

O también:

>>>print(c,d)

O también:

>>>print(c, ", ", d)

O también:

>>> print(c,"\n",d)

O también:

>>>print("La suma: ",c,"\nEl producto: ",d

O también:

>>> print("La suma: ",c,"\nEl producto:",d)

Una impresión de c con formato:

>>>print("{0:4f}".format(c))

La impresión formateada de los dos valores:

>>> print("{0:4f}".format(c),"\n","{0:4f}".format(d))

Mejor aún:

>>> print("La suma: {0:10.0f}".format(c),"\n","El producto: {0:5.0f}".format(d))

La suma: 32

 El producto: 240

Finalmente esta otra:

>>> print("La suma: {0:10.0f} \n El producto: {1:5.0f}".format(c,d))

Tipos de datos en Python

En Python se definen los siguientes tipos de datos:

Vamos a asignar valores a variables y luego imprimiremos sus tipos:

>>>

>>> x = 10

>>> s = "Hola"

>>> y = 10.2322

>>> print("Tipos de datos: \nDe x: ",type(x),"\nDe s: ",type(s),"\nDe y: ",type(y))

Tipos de datos:

De x: <class 'int'>

De s: <class 'str'>

De y: <class 'float'>

>>>

Otros tipos de datos:

Tuplas:

>>>

>>> a = (120,235.8726,"Hola IlmerCondor",2019)

Su tipo:

>>>print(type(a))

<class 'tuple'>

>>> c = ('H', 'ola', 20, -13.25, [3, 6, 4, 2, 8], [6, 4, 5, 7, 2], (2, 5, 4, 6),(1,3,5,7,9))

>>> b=(2,4,7,8)

>>> c = (3,5,9,10)

>>> print("Tipo de a: ",type(a)," Tipo de c: ",type(c))

Tipo de a: <class 'tuple'> Tipo de c: <class 'tuple'>

>>>

Puesto que b y c tienen la forma de vectores, podemos sumar:

>>>b+c

(2, 4, 7, 8, 3, 5, 9, 10)

No suma sino concatena

Los subíndices empiezan en 0

>>>a[0]

120

>>>a[2]

'Hola IlmerCondor'

Vamos a corregir el contenido de este elemento:

>>> a[2] = "Ilmer Condor"

Traceback (most recent call last):

  File "<pyshell#162>", line 1, in <module>

    a[2] = "Ilmer Condor"

TypeError: 'tuple' object does not support item assignment

Las tuplas en Python son inmutables, no son vectores; aunque podemos hallar la suma de sus elementos y el número de elementos que tiene:

>>>sum(b)

>>>len(b)

Y por tanto, su promedio:

>>>media = sum(b)/len(b)

¿Qué operaciones más se pueden hacer con una tupla?

Averigüemos:

Digitamos b y "." y obtenemos la lista de FUNCIÓNes que pueden usarse con este objeto b.

```
>>> a[
2019
>>> a[        count
'Hola        index
>>>
>>> a[
Traceb
   File
     a[
TypeEr
>>> me
>>> media
5.25
>>> b.|
```

Sólo podemos contar el número de veces que se repite cierto elemento y averiguar en que posición se encuentra cierto valor.

Librerías en Python

Python tiene un soporte de una gran cantidad de librerías que enriquecen su performance y aplicabilidad. Las librerías se deben importar sea en la consola cuando se está trabajando en línea o cuando se codifica un script.

Una de las básicas que nos permite el manejo de operaciones matemáticas, estadísticas y otras, es el **numpy**.

Para aumentar en algunas operaciones en el uso de las tuplas, vamos a importar esta librería:

>>>import numpy as np

Pudimos haber digitado: **import numpy** simplemente. Y cada vez que se recurra a las FUNCIÓNes contenidas en numpy debemos usar como prefijo de la función a numpy, ejemplo: numpy.mena(). Pero si lo importamos como np, la llamada a dicha función se facilita.

Volvamos a definir dos tuplas:

>>>Precio = (12.5,120.4,1250,82.25,3.2)

>>>Cantidad = (10,25,20,100,25)

Cálculos de la media, varianza, desviación estándar y coeficiente de variación y la impresión:

>>> mediaPr = np.mean(Precio)

>>> mediaCant=np.mean(Cantidad)

>>> varPr = np.var(Precio)

>>> varCant = np.var(Cantidad)

>>> desvPr = np.std(Precio)

>>> desvCant = np.std(Cantidad)

>>> covarPr = desvPr/mediaPr

>>> covarCant = desvCant/mediaCant

>>> print("Dado los precios:",Precio,"\nY la cantidad: ",Cantidad,"\nPrecio promedio: ",mediaPr,"\nCantidad promedio: ",mediaCant,"\nVarianza de los precios: ",varPr,"\nVarianza de las cantidades: ",varCant,"\nCoef de variación de precios: ",covarPr,"\nCoef de variación de las cantidades: ",covarCant)
Dado los precios: (12.5, 120.4, 1250, 82.25, 3.2)
Y la cantidad: (10, 25, 20, 100, 25)
Precio promedio: 293.67
Cantidad promedio: 36.0
Varianza de los precios: 230543.47359999997
Varianza de las cantidades: 1054.0
Coef de variación de precios: 1.634996521290731
Coef de variación de las cantidades: 0.9018157267082181
>>>

Listas:

Son similares a las tuplas, excepto que se usan los corchetes: […].

Ejemplos:

>>>a = [2,5,5,4]

>>>b = [3,6,8,1]

El tipo de estos objetos:

>>>print(type(b))

<class 'list'>

>>> lista = [1*3,2*4+10,"Luna llena",3**3-15/5,[1,2,3,4,5]]

>>>lista

Vamos a modificar el tercer elemento de a, que ocupa la posición 2 (recuerde: los índices de posición en Python empiezan en 0):

>>>a[2] = 8

Vamos a añadir un nuevo elemento al final de la lista en a:

>>>a.append(12)

Vamos a insertar el valor 15 entre 8 y 4; es decir, en la posición 3:

>>> a.insert(3,15)

>>>a

[2, 5, 8, 15, 4, 12]

Ahora, vamos a añadir 3 elementos a b: 15.4,100,20, 150:

>>>b.append(15.4)

>>>b.append(100)

>>>b.append(20)

>>>b.append(150)

>>>b

[3, 6, 8, 1, 15.4, 100, 20,150]

El número de elementos en cada uno de ellos:

>>>len(a)

>>len(b)

b tiene un elemento más: Error. Observando los elementos de b, vemos que 100 y 150 no deben estar. Los eliminamos usando:

Eliminamos el último:

>>>b.pop()

>>>b

El penúltimo lo eliminamos usando:

>>>b.pop(-2)

>>>b

Definamos la lista:

>>>c = [6.7, 8, 0, 3, 2,5]

Ahora definimos d como:

>>>d = [a, b, c]

Esta es una lista de listas:

>>>print(type(d))

Ejemplo 3

Usemos ahora algunas listas de cadenas

>>>

>>> mes =

["Enero","Febrero","Marzo","Abril","Mayo","Junio","Julio","Agosto","Setiembre","Octubre","Noviembre","Diciembre"]

>>> sem = ["Lunes","Mares","Miercoles","Viernes","Sabado","Domingo"]

>>> sem[1] = "Martes"

>>> sem.insert(3,"Jueves")

>>> sem

['Lunes', 'Martes', 'Miercoles', 'Jueves', 'Viernes', 'Sabado', 'Domingo']

>>> diasMes = [31,28,31,30,31,30,31,31,30,31,30,31]

>>> diaSem = [1,2,3,4,5,6,7]

>>> ix = int(input("Nro de mes: "))
Nro de mes: 7
>>> print("El mes de ",mes[ix], "tiene",diasMes[ix],"días.")
El mes de Agosto tiene 31 días.
>>> print("El mes de",mes[ix],"\nTiene",diasMes[ix],"días\nY hoy día es",sem[3],"\nQue es el día",diaSem[3],"de la semana.")
El mes de Agosto
Tiene 31 días
Y hoy día es Jueves
Que es el día 4 de la semana.
>>>

Arreglos

Otro tipo de dato, de mayores aplicaciones que los anteriores, es el de arreglo. Un arreglo es una lista de elementos numéricos, dispuesto en un formato rectangular.

Para trabajar con arreglos debemos, ante todo importamos la librería numpy:

>>>import numpy as np

Un arreglo no otro que una tupla o una lista de valores numéricos que han sido convertidos en vectores o matrices usando FUNCIÓNes como en el caso de la librería del numpy.

Definamos las tuplas

>>ta = (12,18,7,14,12)

>>tc = (4,3,5,5,5)

A partir de ellos definamos los arreglos vectoriales a y c de la siguiente forma:

>>>a = np.array(ta)

>>>c = np.array(tc)

>>> print(type(a))

<class 'numpy.ndarray'>

Ahora sí, habiendo transformado a las tuplas ta y tc en arreglos vectoriales, podemos efectuar operaciones aritméticas con ellos:

El vector suma:

>>>vsuma = a+c

>>>vsuma

El producto vectorial:

>>>vpVect = a*c

>>>vpVect

El producto escalar:

>>>s = a@c

Del mismo modo, dado cuatro listas de tamaño 5:

>>>x = [12,20,35,40,20]

>>>y = [4,6,2,8,10]

>>>z = [4,-5,0,1,8]

>>>w = [1,0,-1,0,1]

también podemos definir arreglos vectoriales a partir de estas listas, con e mismo nombres:

>>> x = np.array(x)

>>> y = np.array(y)

>>> z = np.array(z)

>>> w = np.array(w)

>>>print(type(x))

<class 'numpy.ndarray'>

Podemos saber su dimensión usando la función **shape**.

>>>x.shape

(5,)

>>>(x*y).shape

(5,)

Esto indica que podemos realizar todas las operaciones vectoriales con arreglos generado a partir de listas o tuplas.

Arreglos bidimensionales

Puesto que un arreglo bidimensional puede ser visto como un arreglo de listas o tuplas por fila o por columnas, entonces, un arreglo bidimensional, es una lista de listas cuyo formato tendrá la siguiente estructura:

np.array([[…], […], […], …, […]]).

Según esto, definamos la matriz mat1 de la siguiente forma:

>>> mat = np.array([[3, 5, 7], [8, -2, 5], [2, 0, 3]])

>>> print(type(mat))

<class 'numpy.ndarray'>

>>> mat.shape

(3, 3)

```
>>>
```

Otra forma de definir una matriz:

```
>>> mat2 = np.array([
        [3,5,6],
        [2,8,4],
        [1,-2,0]
        ])
>>> print(type(mat2))
<class 'numpy.ndarray'>
>>> mat2.shape
(3, 3)
>>>
```

Las matrices:

```
>>> mat1
array([[ 3,  5,  7],
       [ 8, -2,  5],
       [ 2,  0,  3]])
>>> mat2
array([[ 3,  5,  6],
       [ 2,  8,  4],
       [ 1, -2,  0]])
>>>
```

Una tercera forma de definir una matriz:

Para ello usaremos los vectores x, y, z, w, definidos anteriormente:

```
>>> A = np.array([x,y,z,w])
>>> A
array([[12, 20, 35, 40, 20],
       [ 4,  6,  2,  8, 10],
       [ 4, -5,  0,  1,  8],
       [ 1,  0, -1,  0,  1]])
>>>
```

Su transpuesta, tA:

```
>>>tA = np.transpose(A)
```

Sus dimensiones:

```
>>>A.shape
```

(4,5)

>>>tA.shape

(5,4)

Según esto, la multiplicación de matrices se realiza usando el operador: @.

>>>prod1 = A@tA

>>>prod2 = tA@A

En el primer caso, prod1 es una matriz 4x4, mientras que prod2 es una matriz 5x5

Calculemos la inversa de estas matrices

>>> iprod1 = np.linalg.inv(prod1)

>>> iprod2 = np.linalg.inv(prod2)

Para comprobar si iprod1 es la inversa de prod1:

>>>id = prod1@iprod1

Si id es una matriz unitaria, entonces la suma de sus elementos debe ser 4:

>>>sum(sum(id))

3.999999999999911

<u>Lectura de datos desde un archivo de texto:</u>

Hasta ahora hemos leído los datos desde el teclado o hemos digitado directamente en la consola.

En un caso real, los datos por lo general están en un archivo.

Para leer los datos desde un archivo usaremos el paquete de módulos contenido en "pandas".

Este paquete presenta un gran facilidad en el caso de leer archivo de datos provenientes de un

archivo plano con extensión csv, txt o archivos del Excel de extensión xlsx.

<u>Si se trata de un archivo plano:</u>

pd.read_csv(rutaNombreDelArchivo, sep=null, names =null)

donde

rutaNombreDelArchivo: es el nombre del archivo con extensión y la ruta.

sep: argumento que indica el carácter usado como separador de los datos por línea.

Names: Es una tupla que contiene los nombres de la cabecera de las columnas.

Los caracteres que se consideran como separador, son:

"\t": tabulador

"," , ";" , " " , "/"

<u>Si se trata de un archivo del Excel:</u>

pd.read_excel(rutaNombreDelArchivo,h = null,,names=null)

h: Indica el número de hoja desde donde se leerá los datos

names: Si no tiene cabecera, names es una tupla que contiene las cabeceras de las columnas.

Si los datos no tienen cabecera, la función toma como nombre los datos de la primera fila.

Ejemplo 4

Vamos a estimar los parámetros de una ecuación de regresión lineal simple

Y = A + BX

con los datos del archivo ahorro.txt contenido en la carpeta pypage de la unidad D, representan los ingresos y ahorros de una familia (en miles de soles) recogidas en una muestra de 20 meses de observación.

Leemos el archivo usando pandas:

>>> datos = pd.read_csv("D:\\pypage\\ahorro.txt",names=("Ahorro","Ingreso"))

>>> print(type(datos))

<class 'pandas.core.frame.DataFrame'>

Siendo datos un data.frame, vamos a independizar las variables Ingreso y Ahorro.

>>>X = datos.Ingreso

>>>Y = datos.Ahorro

Obtendremos los estimadores de A y B, de dos maneras:

1. Mediante nuestros propios cálculos
2. Utilizando módulos que asisten y enriquecen a Python

<u>Mediante la primera forma:</u>

La siguiente imagen nos muestra cómo debemos calcular los dos estimadores.

$$b = \frac{n \sum X_i Y_i - \sum X_i \sum Y_i}{n \sum X_i^2 - (\sum X_i)^2}$$

$$a = \overline{Y} - b\overline{X}$$

Calculamos las cuatro sumatorias:

>>> sx = sum(X)

>>> sy = sum(Y)

>>> sxy = sum(X*Y)

>>> sx2 = sum(X*X)

>>> n = len(X)

>>> b = (n*sxy-sx*sy)/(n*sx2-sx**2)

>>> a = Y.mean()-b*X.mean()

>>> a

1.4422897732865076

>>> b

0.08849945864365727

>>>

La ecuación estimada es:

Y = 1.4422897 + 0.0884996 X

Mediante la segunda forma:

Para ello recurriremos a dos librerías que debemos importar, además de numpy y pandas:

```
>>> from scipy import stats as ss
>>> import matplotlib.pyplot as plt
```

Vamos a trazar el diagrama de dispersión:

```
>>> plt.scatter(X,Y)
<matplotlib.collections.PathCollection object at 0x0F5EA730>
>>> plt.xlabel("Ingreso")
Text(0.5, 0, 'Ingreso')
>>> plt.ylabel("Ahorro")
Text(0, 0.5, 'Ahorro')
>>> plt.suptitle("Diagrama de dispersión")
Text(0.5, 0.98, 'Diagrama de dispersión')
>>> plt.title("Ingreso vs Ahorro")
Text(0.5, 1.0, 'Ingreso vs Ahorro')
>>> plt.show()
```

La siguiente imagen es el diagrama de dispersión donde podemos apreciar que existe una relación lineal entre los ingresos y ahorros.

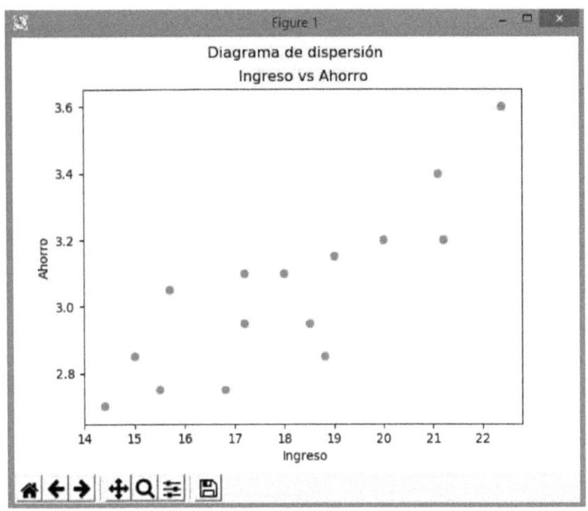

Ahora obtendremos los estimadores de los coeficientes de regresión:

Construimos el entorno del modelo:

>>>modelo = ss.stats.linregress(X,Y)

>>> modelo

LinregressResult(slope=0.08849945864365627, intercept=1.4422897732865256, rvalue=0.8476342100087884, pvalue=6.598190252315192e-05, stderr=0.015364279285753278)

>>>len(modelo)

5

Como se puede apreciar, el objeto modelo tiene 5 elementos:

El primer elemento es el coeficiente de regresión: b = 0.0884994

El segundo elemento es el intercepto: a = 1.4422898

El tercer elemento es el coeficiente de correlación: r = 0.8476342

Su raíz cuadrada será el coeficiente de determinación: $R^2 = r^2 = 0.71848373700964$

>>> r = np.sqrt(modelo[2])

El cuarto elemento es el pValue = 0. 0000659819 que permite rechazar la hipótesis de independencia de las variables.

Y el quinto elemento es el error estándar: Se = 0.015364

La ecuación estimada será:

Y = 1.44228977 + 0.0884995 X

También obtenemos un resumen estadístico relacionado con el modelo:

```
>>> ss.describe(modelo)
DescribeResult(nobs=5, minmax=(6.598190252315192e-05, 1.4422897732865256),
mean=0.47877074062544933, variance=0.41516116333017905,
skewness=0.7063783515984922, kurtosis=-1.1829160579619822)
```

Ejemplo 5

Veamos el caso de la Regresión múltiple

Lectura de datos del archivo agri.txt que se encuentra en la carpeta pypage, de la unidad D. Los datos en este archivo, no tienen cabecera, como tal, para que no se pierda la primera fila, definimos la cabecera en la sentencia de lectura:

```
>>> datos =
pd.read_csv("d:\\pypage\\agri.txt",sep="\t",names=("ProdAgr","VolFit","PqAut","FinPp"))
>>>datos
```

Lectura de datos del archivo agri.xlsx contenida en la carpeta pypage, de la unidad D

No usamos names ya que el archivo contiene cabecera.

```
>>> datos = pd.read_excel("d:\\pypage\\agri.xlsx")
>>>datos
```

El modelo, cuyos parámetros deben ser estimados es:

$$Y = \beta_0 + \beta_1 X_1 + \beta_2 X_2 + \beta_3 X_3 + e$$

La ecuación estimada será

$$Y = beta_0 + beta_1 X_1 + beta_2 X_2 + beta_3 X_3$$

Empezamos importando

```
>>>import numpy as np
>>>import pandas as pd
```

Vamos a leer los datos

```
>>> datos = pd.read_csv("d:\\pypage\\agri.txt",names=("PrAg","VFit","PqAu","FiPp"),sep="\t")
```

Maricialmente:

Dado los elementos

$$X = \begin{pmatrix} 1 & 1 & ... & 1 \\ x_{11} & x_{12} & ... & x_{1n} \\ x_{21} & x_{22} & ... & x_{2n} \\ x_{31} & x_{32} & ... & x_{3n} \end{pmatrix} \qquad y = \begin{pmatrix} y_1 \\ y_2 \\ ... \\ y_n \end{pmatrix} \qquad tX = X^T = \begin{pmatrix} 1 & x_{11} & x_{21} & x_{31} \\ 1 & x_{21} & x_{22} & x_{32} \\ & & ... & \\ 1 & x_{1n} & x_{2n} & x_{3n} \end{pmatrix}$$

$$beta = \begin{pmatrix} beta_o \\ beta_1 \\ beta_2 \\ beta_3 \end{pmatrix} \qquad invA = (A * tA)^{-1} \quad beta = invA * (A * Y)$$

Definamos las variables:

>>> Y = datos.PrAg

>>> X1 = datos.VFit

>>> X2 = datos.PqAu

>>> X3 = datos.FiPp

>>>

Generamos un arreglo de unos

>>>unos = np.ones(20)

Definimos la matriz A:

>>> A = np.array([unos,X1,X2,X3])

>>>A.shape

(4, 20)

La transpuesta de A: tA

>>>tA = np.transpose(A)

>>>tA.shape

(20, 4)

Ahora calculamos el producto tA*A y luego obtenemos su inversa:

>>>invA = np.linalg.inv(A@tA)

Ahora calculamos el vector beta:

>>>beta = invA@(tA@Y)

>>>beta

array([1.66174177e+05, 6.97966721e+01, -7.06994337e-01, 2.07734910e+00])

Luego la ecuación estimada es:

Y = 166174.177 + 69.79667X1 - 0.70699434X2 + 2.0773491X3

Ahora vamos a calcular la tabla del ANOVA

Primero calculamos los Y estimados:

>>> Yest = tA@beta

>>>n = len(X1)

>>>k = len(A)

Ahora las sumas de cuadrados: De columna: SCC; de errores: SCE; los totales: SCT

Los cuadrados medios: Columna: CMC=SCC/(k-1); Errores: S^2e = CME=SCE/(n-k)

El estadístico F: Fc = CME/CMC

>>> SCE = sum((Y-Yest)**2)

>>> SCC = sum((Yest-yProm)**2)

>>> SCT = SCC+SCE

>>> CMC = SCC/(k-1)

>>> CME = SCE/(n-k)

>>> Fc = CMC/CME

El coeficiente de determinación:

>>> R2 = 1-SCE/SCT

El coeficiente de determinación corregido:

>>>R2c = 1-CME/(SCT/(n-1))

Error típico o desviación estándar de los errores: Se

>>>Se = np.sqrt(CME)

Creación de módulos o scripts de usuario

Vamos a crear un módulo que nos permita resolver un problema de Reresión Lineal Múltiple con datos que van a ser leídos desde un archivo.

Para ello, estando en la consola del Python, use la siguiente secuencia para crear un nuevo módulo:

<File> - <New File>

Ahora guarde el script usando la secuencia: <File> - <Save As …>. Ubique la unidad y carpeta donde desee guardarlo y digite el nombre, por ejemplo: ModRegMultiple. Luego clic en <Guardar>.

Empecemos digitando las importaciones de las librerías necesarias para llevar a cabo el trabajo

Nota:

Se debe ingresar todo lo que está en rojo:

```python
import numpy as np
import pandas as pd
import statsmodels.api as sm
```

Vamos a leer el archivo: Supongamos que se trata del agr.txt, de la carpeta pypage de la unidad D; que no tiene cabecera, por tanto, lo ingresaremos y que el separador es \t.

Por simplicidad, sólo vamos a tratar este separador. Se puede modificar el módulo si los datos están separados por coma o punto y coma el separador es "," ó ";".

Toda línea que empieza con # es un comentario

Pedimos el nombre del archivo:

```python
# Ingreso del nombre del archivo
```

```python
fname = input("Ingresa el nombre del archivo con ruta\nEjemplo: D:\\pypage\\agri.txt   : ")
```

Leemos el archivo

```python
datos = pd.read_csv(fname,sep = "\t",names=("prAg","VolFit","PqAut","FinPp"))
```

Lo imprimimos para ver si lo ha leído correctamente:

```python
print(datos)
#
#Separamos las variables
Y = datos.prAg
X1 = datos.VolFit
X2 = datos.PqAut
X3 = datos.FinPp
#
# Creamos un vector de unos
unos = np.ones(20)
# Definimos la matriz A
A = np.array([unos,X1,X2,X3])
print(A.shape)
# Transponemos A
tA = A.transpose()
#
# Obtenemos el modelo
modelo = sm.OLS(Y,tA).fit()
#
# Se emite el modelo
print(modelo.summary())
#
#
# Los intervalos de confianza de los regresores
intC = modelo.conf_int(0.05)
pValueF = modelo.f_pvalue
valAjust = modelo.fittedvalues
#
# pValue de cada regresor
pValues = modelo.pvalues
#
```

Los residuales

Resid = modelo.resid

Print(Resid)

Print(pValues)

Ejecute el script usando: <Run> - <Run Module>. De ser necesario, guarde las actualizaciones haciendo clic en <Aceptar>

Gráficos

Para trazar algunos gráficos, importaremos la librería matplotlib, además del numpy.

>>>import numpy as np

>>>import matplotlib.pyplot as plt

Gráficos de línea:

>>>x = [0,30]

>>>plt.plot(x)

>>>plt.show()

Cierre la Ventana del gráfico para activar la consola

Para que las dos ventanas sean interactivas, usaremos la función:

>>>plt.ion()

>>>y = [-30,0]

>>>plt.plot(x)

>>>plt.plot(y)

Asignemos un conjunto de valores para x:

>>>x = np.arange(-6.28,6.28,0.05)

La función seno:

>>>y = np.sin(x)

Lo ploteamos:

>>>plt.plot(x,y)

>>>z = np.cos(x)

>>> plt.plot(x,z,"r")

>>> plt.xlabel("x")

>>> plt.ylabel("sin(x)")

>>> plt.suptitle("Gráfico de FUNCIÓNes")

>>> plt.title("seno(x) y coseno(x)")

Desactivamos la interactividad

>>>plt.ioff()

Gráfico de barras

Supongamos que x e y representan las ventas de las tiendas "Tda.1" y "Tda. 2" en toda la semana.

```
>>>x = [120, 260, 150, 80, 180, 260, 360]
>>>y = [300, 220, 280, 160, 200, 220, 120]
```

Definimos la posición de las barras en el eje X, que serán los días de la semana, x e y serán las alturas de las barras.

```
>>> a = ["Lun","Mar","Mie","Jue","Vie","Sab","Dom"]
```

Vamos a convertirlos en arreglos, aunque también se pueden graficar como listas.

```
>>>x = np.array(x)
>>> y = np.array(y)
```

Tracemos el gráfico de barras para x:

```
>>> plt.bar(a,x,color="r",width = 0.8,align="center")
>>>plt.show()
```

Vamos a colocar dos gráficos en la misma ventana. Primero definimos el entorno gráfico con la función **figure(...)**. Luego lo subdividimos en dos verticales.

```
>>> graf = plt.figure("Ventas")
>>> t1 = graf.add_subplot(211)
>>> t2 = graf.add_subplot(212)
>>> t1.bar(a,x,align="center",color="r")
>>> t2.bar(a,y,align="center",color="g")
>>> t1.set_xticks(a)
>>> t1.set_xticklabels(a)
>>> t1.set_yticklabels(x)
>>> t1.set_ylabel("Ventas Tienda 1")
>>> t2.set_xticks(a)
>>> t2.set_xticklabels(a)
>>> t2.set_ylabel("Ventas Tienda 2")
>>> t2.set_yticklabels(y)
```

>>> plt.show()

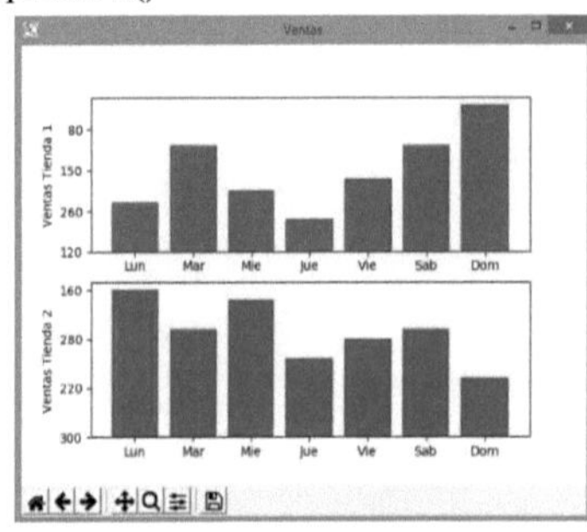 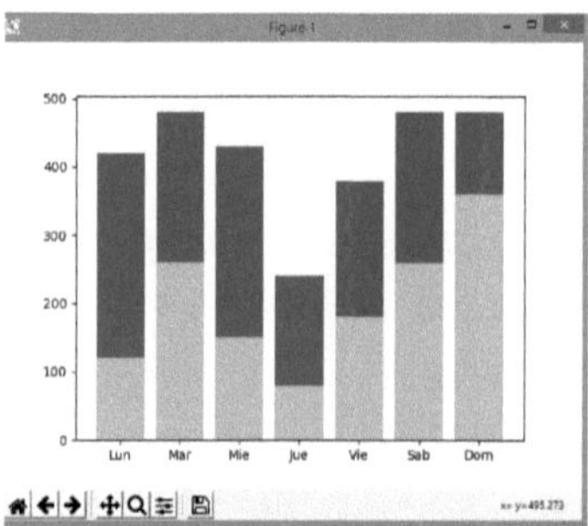

Barras apiladas

Tomando la definición de a y los arreglos x e y:

>>> plt.bar(a,x,color="#fab5d5",align="center")

>>> plt.bar(a,y,color="g",align="center",bottom=x)

>>> plt.show()

Diagramas de caja

Volvamos a leer el archivo agri.txt

>>>import pandas as pd

>>> datos = pd.read_csv("d:\\pypage\\agri.txt",names=("Pa","Vf","Pq","Fp"),sep="\t")

>>> x = datos.Pa

>>> y = datos.Vf

>>> z = datos.Pq

>>> w = datos.Fp

La gráfica:

>>>plt.boxplot([x,y,z,w],patch_artist=True,labels=["Prod.Agr","Vol.Fit.","Pq.Aut.","FinPp"],ver
t=True)

>>>plt.show()

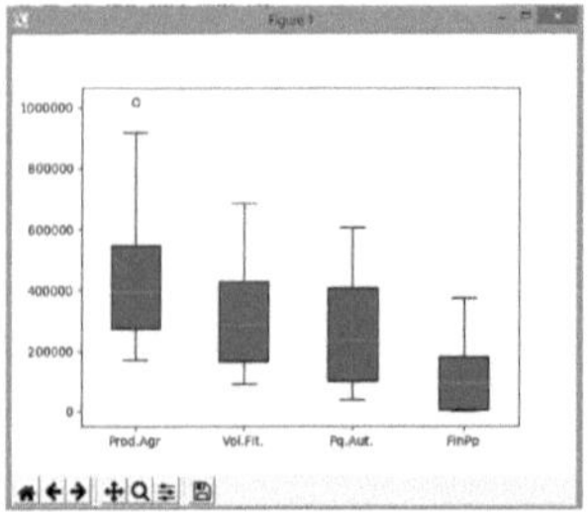

Gráfico de pie

Tomemos las ventas de la Tienda 1 definido anteriormente.

>>>x = [120, 260, 150, 80, 180, 260, 360]

>>>plt.pie(x,explode=[0,0.1,0,0,0,0,0],labels=a,colors=["r","b","g","m","c","y"])

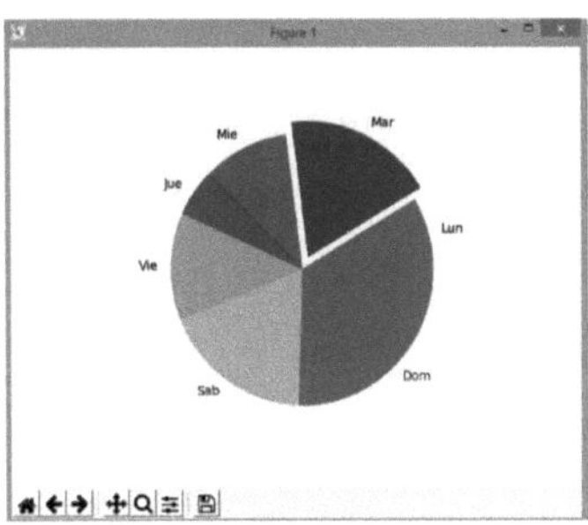

UN RECORRIDO POR TODO LO DICHO DEL LENGUAJE PYTHON

Nota:

1. Tenga cuidado cuando use las dobles comillas desde un editor o procesador de palabras como el Word y el lenguaje Python.

2. Todas las órdenes que podamos ingresar en la consola del Python, empiezan con ">", aunque el verdadero prompt del Python es ">>>". Esto indica que está listo para ingresar órdenes.

A modo de repaso, hagamos un recorrido desde el inicio:

Creación de datos en variables

>n = 12

Se imprime o se pide el valor de n

>n

>m = 25

>name = "Báslavi"

>apPat = "Cóndor"

>apMat = "Luján"

Ahora, podemos concatenar:

> Alumno = apPat+" "+apMat+", "+name

>Alumno

Dada la siguiente cadena

>diaSem = "Lunes,Martes,Miercoles,Jueves,Viernes,Sábado,Domingo"

Podemos separar los elementos y asignarlos a una lista previamente definida y vacía

>dia = []

>dia = diaSem.split(",")

>dia

¿Cómo podemos saber el tipo de un objeto? Usando type(…) como argumento de la instrucción print que nos permite imprimir en pantalla.

>print(type(dia))

Dada la siguiente cadena, donde cada mes ocupa 9 caracteres:

>mes = 'Enero   Febrero Marzo   Abril   Mayo   Junio   Julio   Agosto   SetiembreOctubre   NoviembreDiciembre'

Vamos a usar la sentencia for (…) para formar una lista de meses.

for indice in range(n):

    |→

    |→

|→

Esta declaración permite ejecutar n-1 veces todas las sentencias incluidas dentro delo bloque indentado. La variable índice recorre los valores de range(n); desde o hasta n-1. El suíndice de cualquier objeto que posee elementos, se inicia en 0.

Para nuestro caso, definimos la lista meses vacía.

>meses = []

>>> for i in range(9):

    meses.append(mes[9*i:9*(i+1)].rstrip())

En cada iteración se extrae 9 caracteres sucesivos de mes y se añade como un elemento a la lista meses.

>meses

Si quisiéramos imprimirlos:

> for month in meses:

        print("Mes: ",month)

Otra forma:
> for i in range(9):
        print("Mes ",i,": ",meses[i])

Trabajemos ahora con la función date(), fecha de hoy. Para ello debemos importar la librería llamada time.
>import time
>f = time.time()
>print(f)
1565993904.9119287
La fecha y hora están empaquetados, generando este número.
Para obtener los elementos de fecha y hora debemos convertirla a modo ascii:
> fecha = time.asctime(time.localtime(time.time()))
Ahora, Podemos imprimirla
>print(fecha)
Que es una cadena separada por un espacio en blanco, lo cual nos permitirá separarlos.
Definimos una lista vacía
>hoy = []
Separamos las cadenas que están separadas por espacio en blanco
>hoy = fecha.split(" ")
Ahora pasamos a su impresión
> print("Dia sem: ",hoy[0],"\nMes: ",hoy[1],"\nDia mes: ",hoy[2],"\nHora: ",hoy[3],"\nAño: ",hoy[4])
Veamos el calendario. Ante todo importamos
>import calendar
>print(calendar.calendar(2019,w=2,l=1,c=6,m=3)

En cuanto a vectores:
En Python se tiene de tres estructuras de objetos que se parecen: Tuplas, Listas, Arreglos
Para trabajar adecuadamente con arreglos y listas, importemos la librería numpy
>import numpy as np
Definamos los siguientes objetos:
>a = (3,6,8,1)

>b = [3,6,8,1]

>c= np.array([3,6,8,2])

Ahora veamos su tipo

>print(type(a))

>print(type(b))

>print(type(c))

Como se puede ver, a es una tupla se define con paréntesis; b es una lista y se usa con corchetes y c es un arreglo, que se usa con corchetes.

Para realizar operaciones vectoriales, estas estructuras deben ser redefinidas como arreglo. Esto lo hacemos usando numpy:

>a = np.array(a)

>b = np.array(b)

Ahora las operaciones:

>vs =a+b

> vc = a+b-2*c

>vp = a*b

El producto escalar

> vk = a@b

La transpuesta de a

>ta = np.transpose(a)

>notas = [12,16,8,11,15]

>notas = np.array(notas)

>creditos =(4,5,4,5,4)

>creditos = np.array(creditos)

El promedio ponderado:

>prP = sum(notas*creditos)/sum(creditos)

>prP

Operaciones vectoriales

Un vector definido como arreglo de 12 elementos

>w = np.arange(12)

> t = range(5,25,3)

>t

Para disponer de sus elementos podemos hacer:

>t = list(t)

>t

\>len(t)

\>len(credito)

Si quisiéramos realizar operaciones con t y crédito, t tiene dos elementos demás. Vamos a eliminar los dos últimos.

\>t.pop()

\>t.pop()

\>t

Vamos a añadir 5 al final de t:

\>t.append(5)

\>t

Vamos a eliminar el elemento 17:

\>t.pop(4)

\>t

Matrices

Definamos una tupla

\>x =(2,3,6,5,8,5,6,8,3,-3,0,1,-7,0,3,0,3,2,5,6)

Como x tiene 20 elementos, definamos una matriz 4x5. Primero lo convertimos en array:

\>x = np.array(x)

Ahora lo redefinimos como arreglo de dos dimensiones

\>A = x.reshape(4,5)

\>A

Definamos otra lista para luego generar la matriz B.

\> s = [4,8,2,5,7,1,2,5,7,3,5,6,7,3,8,4,5,2,7,9]

\>s = np.array(s)

\> B = s.reshape(4,5)

\>B

Como tienen la misma dimensión podemos hallar su suma, la matriz producto y una operación algebraica

\>C = A+B

\>P = A*B

\> OpAlg = 5*A-4*B-A*B

La matriz transpuesta de B:

\>tB = np.transpose(B)

\>tB

\> MatP = A@tB

> MatP.shape

Obtengamos su inversa:

> iMatP = np.linalg.inv(MatP)

>iMatP

Para comprobar

> iMatP@MatP

Vamos a redondearla para apreciar la matriz identidad

>np.round(iMatP@MatP)

DataFrame en Python

Un DataFrame es un objeto de tipo lista o tabla, donde se distingue las filas como si fueran registros y las columnas como si fueran los items que describen al registro.

En Python disponemos de la librería pandas (entre otros) para manejar DataFrame, el cual se debe cargar antes.

>import pandas as pd

Volviendo a las notas y crédito

>notas

>créditos

Definamos los cursos de cada nota

>curso =["Matematica","Lenguaje","Etica","Historia","Redes"]

Construimos la estructura del DataFrame. Esta estructura no es otra que la de un diccionario.

> d = {"Notas":pd.Series(notas,index=curso),"Creditos":pd.Series(creditos,index=curso)}

>matric =pd.DataFrame(d)

>matric

Para terminar este ejemplo, vamos a aprovechar la estructura para plotear un gráfico de barras usando matplotlib con pandas, aunque no sea adecuada la interpretación.

> matric.plot(kind="bar",stacked=True,title="Gráfico de notas y créditos",color=["red","blue"])

>plt.show()

Que las barras estén una al costado de otra.

> matric.plot(kind="bar",stacked=False,title="Gráfico de notas y créditos",color=["red","blue"])

>plt.show()

Otro ejemplo de DataFrame

Supongamos que las edades de 7 alumnos son:

>edad = (18,21,20,18,19,18,17)

>sexo = ("M","M","F","M","F","F","M")

>Nombre = ("Carlos","Yacole", "Fanny","Luis","Fernanda","Baslavi","Elizabeth")

Ahora generaremos una lista, tabla o DataFrame

>reg = {"Edad": pd.Series(edad,index=Nombre),"Sexo":pd.Series(sexo,index=Nombre)}

Veamos un poco de gráficas

De curvas:

Definimos los datos, una serie de 200 elementos de -3.14161 hasta 3.1416

>x = linspace(-pi,pi,200)

Ahora las funciones

>y = sin(x)

>z = cos(x)

Las ploteamos, tomando en cuenta sus leyendas-

>plot(y,"b",label="Seno")

>legend()

>plot(z,"m",label="Coseno")

>legend()

Lo mostramos

>show()

Ahora

>plot(y,z)

>show()

Otras funciones

> x = linspace(-10,10,600)

> c = 3*cos(x)**3-cos(x)

> y = sin(x)**2-sin(x)**3

> plot(x,c,"r")

> plot(x,y,"b")

> show()

Gráfico de Pie

>ventas = [120,450,300,500,200, 300,600]

>dias = ("Lunes","Martes","Miercoles","Jueves","Viernes","Sabado","Domingo")

>pie(ventas,labels=dias,shadow=True,explode=(0,0,0,0,1,0,0))

>show()

Aplicaciones estadísticas con Python usando las librerías: numpy, pandas y scipy.stats

Primero importemos estas librerías

>import numpy as np

>import pandas as pd

>from scipy import stats as st

Con el propósito de obtener los estadísticos descriptivos, vamos a leer un archivo de texto que

contiene 2 variables: ahorro.txt

> datos = pd.read_csv("d:\\aa\\ahorro.txt",names=["Ahorro","Ingreso"])

Extraemos las columnas hacia variables x e y:

>Ingreso = datos.Ingreso

>Ahorro = datos.Ahorro

Ahorro e Ingreso medio: ma y mi

>ma = Ahorro.mean()

>mi = Ingreso.mean()

Varinzas: vm, vi

>va =Ahorro.var()

>vi = Ingreso.var()

Las desviaciones estándares: dsa, dsi

>dsa = Ahorro.std()

>dsi = Ingreso.std()

Las medianas: mdna, mdni

>mdna = Ahorro.median()

>mdni = Ingreso.median()

Percentiles

>Q1 = np.percentile(Ahorro,25)

>QtoSup = np.percentile(Ahorro,80)

¿Qué ocurre si nuestro deseo es obtener la tabla de frecuencia de una serie de datos?

Hay muchas librerías que le dan soporte a Python. En todas las que he revisado, no he

encontrado aquella función que me permita generar dicha tabla. Y no he buscado más puesto que

puedo proceder a programarlo. En efecto, esto es lo que vamos a hacer.

Con la intención de que este segmento sea copiado a un módulo para grabarlo como script, mis

breves comentarios los insertaré como comentario y evitaré el prompt:

#Importando

import numpy as np

import pandas as pd

```python
# Leemos los datos desde un archivo de Excel
datos = pd.read_excel("d:\\aa\\pctMorosidad2018.xlsx")
x = datos.PrcMorosidad
n = len(x)
# Definimos como vectores a todos los elementos de la tabla
Li=[]
Ls=[]
Ptm=[]
f=[]
F=[]
h=[]
H=[]
k = 5
# Iniciamos la primera clase con el límite inferior igual al min(x), lo hacemos con append
Li.append(min(x))
Ls.append(Li[0]+c)
# Presione <Intro> en cada línea para que se indente automáticamente, sirve para el bucle
for i in range(k):
    s=0
    for j in range(n):
        if x[j] >= Li[i] and x[j] <= Ls[i]:
            s= s+1
    f.append(s)

#La siguiente instrucción al append, se inicia desde el extremo izquierdo, indica fin de for
# Ahora vamos a calcular el punto medio, Ptm
for i in range(k):
    r = (Li[i]+Ls[i])/2
    Ptm.append(r)
 #
# Las otras frecuencias
F.append(f[0])
h.append(f[0]/n)
H.append(h[0])
for i in range(1,k):
```

```python
        F.append(F[i-1]+f[i])
        h.append(f[i]/n)
        H.append(H[i-1]+h[i])

# Vamos a reducir decimales, si hubiera
h = np.round(h,2
H = np.round(H,2)
# Ahora los vamos a imprimir
print("\n\n    Li   Ls   PtoM   f     F     h     H\n")
for i in range(k):
        print("  {0:6.2f} {1:6.2f} {2:6.2f} {3:6.2f} {4:6.2f} {5:6.2f}
{6:6.2f}".format(Li[i],Ls[i],Ptm[i],f[i],F[i],h[i],F[i]))
```

Pasamos a trabajar con las dos variables

El coeficiente de variación: cva, cvi

>cva = dsa/ma

>cvi = dsi/mi

Trabajando con dos variables

La matriz de varianzas y covarianzas

>covar = np.cov(Ahorro,Ingreso)

El coeficiente de correlación

> np.corrcoef(Ahorro,Ingreso)

Aplicaciones del R en las distribuciones muestrales

Problema 1:

El diámetro medio de los limones que ingresan al Mercado Mayorista, es de 3 cm. Sin embargo, se sospecha que esta medida es superior; en cuyo caso debiera incrementarse el precio por kilo. Para tomar esta decisión, se toma una muestra de 20 limones y sus medidas se encuentran en el archivo Limones.xlsx. ¿Cuál es la probabilidad de que la media muestral sea superior a 3.2? Caso 1: Cuando la varianza poblacional es 1.20.

Caso 2: Cuando no se conoce la varianza poblacional.

Solución:

Vamos a leer los datos:

>datos = pd.read_excel("d:\\aa\\Limones.xlsx")

>datos

Sólo para que no se nos pase: Lo convertimos a data.frame para estadísticos.

>df =pd.DataFrame(datos)

Ahora le pedimos un resumen:

>df.describe()

Aquí tenemos la media muestral y la deviación estándar muestral

Continuemos como si no hubiéramos usado DataFrame.

Como tiene una sola columna (variable) y ésta se llama Diametro, la vamos a pasar a la variable x usando:

>x = datos.Diametro

Bien:

Caso 1: Distribución muestral de la media con varianza conocida: Usamos Normal

Estadísticos de la muestra: Media y varianza poblacional.

>mux = 3

>vx = 1.20

>n = lenx)

Estadísticos de la muestra:

>xbarra = np.mean(x)

>varx = np.var(x)

Siendo la varianza conocida, usaremos normal: $N(0,1)$

Puesto que se sospecha que el diámetro se ha incrementado, calcularemos la probabilidad de que xbarra es mayor que la mayor que la media mux.

Estandarizado:

>Zc = (3.2-mux)/np.sqrt(1.2/n)

>Zc

[1] 0.8164966

Debemos calcular: $P(xbarra>3.2) = P(Z>Zc) = P(Z>0.8164966) = p$

> p = 1-st.norm.cdf(Zc,0,1)

>p

[1] 0.2071081

Otra forma: Como la distribución de xbarra -->N(mux,sqrt(1.2/n)), entonces,

> p = 1-norm.cdf(3.2,mux,np.sqrt(1.2/n))

>p

0.2071081

Esto significa que sólo el 20.71% de los limones tienen un peso superior al diametro medio; en consecuencia, la sospecha es infundada, como tal, se sugiere no incrementar el precio del kilo de limón.

Caso 2: Supondremos ahora que la varianza de los diámetros de los limones no es conocida. En este caso, debemos usar la distribución t de Student con n-1 grado de libertad. La probabilidad pedida: p = P(xbarra > 3.2) = P(t>(3.2-mux)/(desv. de xbarra))

>tc = (3.2-mux)/np.sqrt(varx/n)

Luego: p = P(t>tc) será

> p =1-st.t.cdf(tc,n-1)

>p

0.7911266991232944

Como en el caso 1, se recomienda no incrementar el precio.

Problema 2: Distribución muestral de la razón de varianzas

El promedio de colesterol de los cerdos de una granja, eran de 0.095, mientras que, de la granja del competidor, era de 0.11. El responsable de la primera granja sospecha que estos niveles se han incrementado. Para comprobar su sospecha se toma una muestra de cada granja para comparar los niveles de colesterol. Los resultados del muestreo se encuentran en el archivo colCerdo.txt. ¿Cuál es la probabilidad de que la media muestral de la primera granja siga siendo inferior al de la segunda?

Leeremos el archivo colCerdo.txt con dos columnas de diferentes tamaños

> datos = pd.read_csv("d:\\aa\\colCerdo.txt",sep="\t")

>datos

>mu1 = 0.095

>mu2 = 0.10

Se puede apreciar que las muestras son de tamaño diferente y que en la segunda debemos eliminar los casos no válidos.

Ante todo, lo convertimos en tabla o data.frame

>d = data.frame(datos)

Extraemos, la primera columna hacia x, del mismo modo, la segunda, hacia y

>x=datos.Prod1

> y=datos.Prod2

Veamos el contenido

>x

>y

Vamos eliminar los datos no válidos de y. Con x no hay problema, sin embargo, lo comprobaremos:

>nan = is.na(x)

>x =x[!nan]

> nan = pd.notnull(y)

> y = y[nan]

>len(x)

>len(y)

Definamos los tamaños

>n1 = len(x)

>n2 = len(y)

>mx1 = np.mean(x)

>mx2 = np.mean(y)

>vx1 = np.var(x)

>vx2 = np.var(y)

Siendo desconocidas las varianzas poblacionales, pero observando las muestrales, supondremos varianzas poblacionales iguales.

Luego, usaremos la distribución t de Student con (n1+n2-2) grados de libertad.

Pasamos a calcular la varianza de la diferencia de las medias muestrales (vdifxbarras)

>S2p = ((n1-1)*vx1+(n2-1)*vx2)/(n1+n2-2)

>vdifxbarras = S2p*(1/n1+1/n2)

Debemos calcular P(xbarra1<xbarra2)

Debemos estandarizar en t: P(xbarra1<xbarra2) = P(xbarra1-xbarra2>0)

>tc = (0-(mu1-mu2))/np.sqrt(vdifxbarras)

>glib = n1+n2-2

>p = pt(tc,glib)

>p

[1] 1

Esto quiere decir que el nivel de colesterol de los cerdos de la primera granja, siguen siendo inferior a los de la segunda granja.

Problema 3

En los últimos años se está vendiendo autos coreanos, cuya aceptación en el mercado fundamentalmente se debe al alto rendimiento en kilómetros por galón de gasolina. El gerente de ventas de la marca Hyundai sostiene que los autos que ellos ofrecen no tienen competencia ya que el rendimiento promedio es de 68 km/gal. Sin embargo, los representantes de la marca Daewoo, no piensan lo mismo consideran que sus autos superan dicha cifra con creces, pues tienen un rendimiento promedio de 69 km/gal. Como la publicidad que se maneja confunde un tanto al consumidor, el instituto oficial de defensa al consumidor ha tomado una muestra de 9 autos de ambas marcas, a los cuales les ha hecho las pruebas y mediciones de rendimiento correspondientes Los resultados se encuentran en el archivo carros.txt. ¿Se puede afirmar que los representantes de Daewoo tienen razón?

Solución

Lectura de los datos:

> datos = pd.read_csv("d:\\aa\\carros.txt",sep=",")

>datos

Definimos a X e Y

>H = datos.Hyundai

>D= datos.Daewoo

>muH = 68

>muD = 69

>n1 = length(H)

>n2 = length(D)

Sea mH y mD las medias muestrales de las dos marcas. Siendo desconocidas las varianzas, supondremos (sólo para evitar la frondosa fórmula para el cálculo de los grados de libertad de t, que usaremos).

Luego, supondremos varianzas desconocidas pero iguales.

Debemos calcular: P(mD>mY)

Ya que P(mD>mY) = P(mD-mY>0) = P(t(n1+n2-2) > (0-(muD-muH))/np.sqrt(S2p*(1/n1+1/n2))

Estadísticos:

```
>mH = np.mean(H)
>mD = np.mean(D)
>vH = np.var(H)
>vD = np.var(D)
>S2p = ((n1-1)*vH+(n2-1)*vD)/(n1+n2-2)
 >desvHD = np.sqrt(S2p*(1/n1+1/n2))
>tc = (0-(muD-muH))/desvHD
>p = pt(tc,n1+n2-2)
>p
4.66018461424448e-10
```

La marca Daewoo no tiene mejor rendimiento que los de Hyundai.

Problema 4. De la distribución muestral de proporciones

En un instituto de idiomas se están probando dos nuevos métodos de enseñanza del inglés. Con el objeto de conocer sus resultados, en el método A se involucraron a 80 alumnos; mientras que 100 en el método B. Al final del ciclo académico se obtuvo que el 70% de los alumnos del método A, fueron sobresalientes; en cambio en el método B, sólo al 60% se les pudo considerar como sobresalientes.

c. ¿Cuál es la probabilidad de que, en una nueva muestra, menos del 65% de los alumnos del método B, sean considerados sobresalientes?

d. ¿Qué tan probable es que, en nuevas muestras, la proporción de alumnos sobresalientes con el método B sea superior a la proporción de alumnos sobresalientes del método A?

Solución

Sean prA y prB las proporciones poblacionales de alumnos sobresalientes con los métodos A y B, respectivamente y pA, pB las proporciones muestrales.

Extraigamos los datos:

```
>nA = 80
>nB = 100
>pA = 0.70
>pB = 0.60
```

Pregunta a:

Debemos resolver: $P(pA<0.65)$. Para ello necesitamos la distribución muestral de pA de forma que pA $\rightarrow$ N(prA, VpA)), donde VpA es la varianza de pA

> Vpa = pA*(1-pA)/nA

> p = pnorm(0.65,pA,Vpa**0.5)

0.16455699298930437

Pregunta b:

Se pide P(pB>pA) = P(pB-pA>0). La distribución muestral de esta diferencia es:

Su media:

>Pdif = pB – pA

Su varianza:

>Vdif = pA*(1-pA)/nA+pB*(1-pB)/nB

>r = np.sqrt(Vdif)

Luego, la probabilidad pedida es:

>p = 1-pnorm(0,Pdif,r)

>p

0.07916783876068934

Problema 5

Una empresa de Marketing la semana pasada lanzó, por todos los medios de comunicación, la publicidad de un nuevo producto para el cuidado del cabello y quiere conocer si la publicidad permitió que el producto sea conocido, y sobre todo está interesada en saber si existe una diferencia marcada entre hombres y mujeres. Se tomó una muestra de 200 hombres y 200 mujeres. Los datos se encuentran en el archivo cabello.csv, ¿cuál es la probabilidad de que más hombres que mujeres prefieran el producto?

Solución

Vamos a leer los datos:

> datos = read.csv("d:\\aa\\cabello.csv",sep=",",head=T)

> H=datos.Hombres

> M=datos.Mujeres

> nH = len(H)

> nM = len(M)

> pH = sum(H)/nH

> pM = sum(M)/nM

> dif = pH-pM

> Sdif = np.sqrt(pH*(1-pH)/nH+pM*(1-pM)/nM)

> p = pnorm(0,dif,Sdif)

> p

0.11435725551406334

MÓDULO QUE CALCULA TODOS LOS ESTADÍSTICOS DE LA ESTADÍSTICA DESCRIPTIVA Y DISTRIBUCIONES DE PROBABILIDAD DISCRETAS Y CONTINUAS

El siguiente módulo presenta el enunciado de un problema de muestreo y lo resuelve utilizando todas las herramientas conempladas en el desarrollo de la Estadística Descriptiva, incluyendo los gráficos y el cálculo de probabilidades en las distribuciones de probabilidad discretas y continuas.

```python
#
import numpy as np
import pandas as pd
import matplotlib.pyplot as plt

#
print("ENUNCIADO DEL PROBLEMA\n")
print("Una empresa desea evaluar la rapidez en el pago de las facturas de los clientes de dos tiendas de la ciudad, correspondiente a tres tipos de productos de sala: Sofá Mariah de de tres cuerpos, Combo panel de TV 50 pulgadas, Reproductores de música.")
print("\nSe desea realizar un análisis estadístico completo usando las herramientas de la Estadística Descriptiva.")
print("\n")

#Sofá Mariah/Combo panel/Reproductor de música
```

```python
datos = pd.read_csv("d:/PyPage/aplicEstad01.csv")


print("Nombre del archivo que contiene los datos: aplicEstad01.csv\n\nNombre de la tabla o
base de datos que lo contendrá: datos\n\nSu estructura: \n",datos.head())


print("\nNúmero de facturas en la muestra: ",len(datos))
print("\n'datos' es una tabla de "+str(datos.shape[0])+" filas y "+str(datos.shape[1])+" columnas")
print("\nNombre de las columnas o campos en la base de datos: \n",datos.columns)


print("\nNúmero de datos por columna: \n",datos.count())


print("\nLa tabla o base de datos: \n")
print(datos)


print("\nListado de todos los datos:\n")
for i in range(len(datos)):
    print(datos.Factura[i]+" , "+datos.Cliente[i]+" , "+datos.Producto[i]+" , "+datos.Tienda[i]+
        " , "+str(datos.Inicial[i])+" , "+str(datos.Saldo[i])+" , "+str(datos.TiempoReq[i]))


print("\nLista de clientes que pagarán sus factturas antes d los 30 días\n")
j = 0
for i in range(1,len(datos)):
    if(datos.TiempoReq[i]<=30):
        print(datos.Cliente[i]+" , "+str(datos.Saldo[i])+" , "+str(datos.TiempoReq[i]))
        j+=1


print("\nSe espera que "+str(j)+" clientes paguen antes de los 30 días.\n")
j = 0
print("\nLista de clientes con saldo superior a mil soles:\n")
for i in range(1,len(datos)):
    if(datos.Saldo[i]>1000):
        print(datos.Cliente[i]+" , "+str(datos.Saldo[i])+" , "+str(datos.TiempoReq[i]))
```

```python
        j+=1

print("\nHay "+str(j)+" clientes con saldo por pagar superiores a mil soles.\n")

print("\n\nClientes cuyo pago inicial fue mayor a 450 soles:\n")
for i in range(1,len(datos)):
    if (datos.Inicial[i] > 450):
        print(datos.Cliente[i]+" , "+ str(datos.Inicial[i]))


print("\nNúmero de facturas por tienda:\n")
print("Tienda MOL: "+str(np.count_nonzero(datos.Tienda=="MOL")))
print("Tienda MOL: "+str(np.count_nonzero(datos.Tienda=="TEC")))


print("Estamos avanzando...")

#Estadísticas por producto
np1 = datos.Producto[0]
np2 = datos.Producto[1]
np3 = datos.Producto[3]

x=[]
y=[]
z=[]
ix = []
iy = []
iz = []

for i in range(0,130):
    if(datos.Producto[i]==np1):
        x.append(datos.Saldo[i])
    if(datos.Producto[i]==np2):
        y.append(datos.Saldo[i])
    if(datos.Producto[i]==np3):
```

```python
    z.append(datos.Saldo[i])

for i in range(0,130):
    if(datos.Producto[i]==np1):
        ix.append(datos.Inicial[i])
    if(datos.Producto[i]==np2):
        iy.append(datos.Inicial[i])
    if(datos.Producto[i]==np3):
        iz.append(datos.Inicial[i])


plt.plot(x)
plt.plot(y)
plt.plot(z)
plt.title("GRÁFICO DE SALDO")
plt.legend([np1,np2,np3])   # , loc = "lower right"
plt.xlabel("Nro. factura")
plt.ylabel("Saldo")
plt.show()

#Hitograma del saldo por producto
plt.hist(x)
plt.hist(y)
plt.hist(z)
plt.show()

print("\nLos histogramas tienen una pésima presentación porque los saldos difieren en valor
entre los tipos de productos")
print("\nVamos a definir aleatoriamente una lista del taamaño de x (sofá)")

print("\n\nNro. de datos en x: "+str(len(x)))
ndatx = len(x)

x1 = []
x1 = np.random.randint(620,900,ndatx)
```

```python
plt.hist(x,histtype="step")
plt.hist(x1, histtype="step")
plt.show()


g = [x,x1]
fig,ax = plt.subplots()
ax.hist(g,histtype="barstacked")
plt.show()


#Gráfico de pie
#Generalos una lista del número de facturas por tipo de p´roducto
colores = ["#EE6055","#AAF683","#FFD97D","#FF9B85"]
grpie = [np.count_nonzero(datos.Producto=="Sofá
Mariah"),np.count_nonzero(datos.Producto=="Reproductor de
música"),np.count_nonzero(datos.Producto=="Combo Panel TV")]
plt.pie(grpie,labels=[np1,np2,np3],autopct="%0.1f %%",colors=colores)
plt.axis("equal")
plt.show()


#Gráfico de cajas (BoxPlot)
print("\nGráfico de cajas o boxplot")
plt.boxplot(x,vert=False)
plt.boxplot(iz,vert=False)
plt.show()


print("\n\nMONTO TOTAL:")
print("\nDe todas las facturas\n")
TInicial = sum(datos.Inicial)
TSaldo = sum(datos.Saldo)
print("\nInicial: "+str(TInicial)+"   Saldo:"+str(TSaldo))


print("\nMonto total del Inicial/Saldo por producto:\n")
mInicial = datos.groupby(["Producto"])[["Inicial"]].sum()
mSaldo = datos.groupby(["Producto"])[["Saldo"]].sum()
```

```python
print(mInicial,"\n\n\n",mSaldo)

print("\n\nMonto total del Inicial en forma descendente\n")
oInicial = datos.groupby(["Producto"])[["Inicial"]].sum().sort_values("Inicial",ascending=False)
print(oInicial)

tInicial = datos.Inicial
tSaldo = datos.Saldo

#Tabla de frecuencias
print("\n\nTABLA DE FRECUENCIAS PARA EL MONTO INICIAL")

imin = tInicial.min()
imax = tInicial.max()
k = 5
amp = (imax-imin)/k
inicialOrd = tInicial.sort_values()
iLinf = []
iLsup = []
iLinf.append(imin)
for i in range(1,k):
    iLsup.append(iLinf[i-1]+amp)
    iLinf.append(iLsup[i-1])
iLsup.append(iLinf[k-1]+amp)
print(" Lim Inf  Lim Sup.  Pto.Medio  frec.abs.  fr.ab.Ac.  frec.rel.  fr.relAc.")

#for i in range(0,k):
#    print(str(iLinf[i])+"\t"+str(iLsup[i]))

cf = 0
ifabs = []
cf = 1
for i in range(0,k):
    for j in range(0,130):
        if((inicialOrd[j] > iLinf[i]) &(inicialOrd[j] <= iLsup[i])):
```

```python
        cf=cf+1
    ifabs.append(cf)
    cf = 0


ptoX = []
for i in range(0,k):
    ptoX.append((iLinf[i]+iLsup[i])/2)


ifAc = []
ifRel = []
ifrAc = []
nfac = len(inicialOrd)
ifAc.append(ifabs[0])
ifRel.append(ifabs[0]/nfac)
ifrAc.append(ifRel[0])
for i in range(1,k):
    buff = ifabs[i]+ifAc[i-1]
    ifAc.append(buff)
    ifRel.append(ifabs[i]/nfac)
    buff = ifRel[i]+ ifrAc[i-1]
    ifrAc.append(buff)


for i in range(0,k):
    print("{:8.2f}  {:8.2f}  {:8.2f}  {:8.0f}  {:8.0f}  {:8.2f}
{:8.2f}".format(iLinf[i],iLsup[i],ptoX[i],ifabs[i],ifAc[i],ifRel[i],ifrAc[i]))


#Tabla de frecuencia para Saldos
print("\n\nTABLA DE FRECUENCIAS PARA EL SALDO")

imin = tSaldo.min()
imax = tSaldo.max()
```

```python
k = 5
amp = (imax-imin)/k
saldoOrd = tSaldo.sort_values()
sLinf = []
sLsup = []
sLinf.append(imin)
for i in range(1,k):
   sLsup.append(sLinf[i-1]+amp)
   sLinf.append(sLsup[i-1])
sLsup.append(sLinf[k-1]+amp)
print(" Lim Inf  Lim Sup.  Pto.Medio  frec.abs.  fr.ab.Ac.  frec.rel.  fr.relAc.")

cf = 0
sfabs = []
cf = 1
for i in range(0,k):
   for j in range(0,130):
      if((saldoOrd[j] > sLinf[i]) &(saldoOrd[j] <= sLsup[i])):
         cf=cf+1
   sfabs.append(cf)
   cf = 0

ptoX = []
for i in range(0,k):
   ptoX.append((sLinf[i]+sLsup[i])/2)


sfAc = []
sfRel = []
sfrAc = []
nfac = len(saldoOrd)
sfAc.append(sfabs[0])
sfRel.append(sfabs[0]/nfac)
sfrAc.append(sfRel[0])
for i in range(1,k):
```

```python
    buff = sfabs[i]+sfAc[i-1]
    sfAc.append(buff)
    sfRel.append(sfabs[i]/nfac)
    buff = sfRel[i]+ sfrAc[i-1]
    sfrAc.append(buff)


for i in range(0,k):
    print("{:8.2f} {:8.2f} {:8.2f} {:8.0f} {:8.0f} {:8.2f}
{:8.2f}".format(sLinf[i],sLsup[i],ptoX[i],sfabs[i],sfAc[i],sfRel[i],sfrAc[i]))


print("\n\nMEDIDAS DE TENDENCIA CENTRAL\n")
from scipy import stats
mediaI = tInicial.mean()


mediaS = tSaldo.mean()


medianaI = tInicial.median()
medianaS = tSaldo.median()
print("\nRespecto al Inicial\n")
print("Promedio {:.2f} Mediana {:.2f}".format(mediaI,medianaI))
print("\nRespecto al Saldo\n")
print("Promedio {:.2f} Mediana {:.2f}".format(mediaS,medianaS))


mediaSp = datos.groupby(["Producto"])[["Saldo"]].mean()


mediaIp = datos.groupby(["Producto"])[["Inicial"]].mean()


medianaIp = datos.groupby(["Producto"])[["Inicial"]].median()
medianaSp = datos.groupby(["Producto"])[["Saldo"]].median()
modaI = stats.mode(tInicial)
modaS = stats.mode(tSaldo)
print("\n\nMEDIDAS POR TIPO DE PRODUCTO")
print("\nInicial")
```

```python
print("=========-\n")
print("Promedio")
print("----------")
print(mediaIp)
print("\nMediana")
print("----------")
print(medianaIp)
#print("Varianza\n")
#print("--------\n")
#print(varIp)


print("\n\nModa en el monto Inicial:  "+str(modaI))
print("Moda en el monto del Saldo:  "+str(modaI))



print("\nSALDO")
print("=======\n")
print("Promedio")
print("----------")
print(mediaSp)
print("\nMediana")
print("----------")
print(medianaSp)

#CUANTILES
print("CUANTILES:")
print("Percentil 10: {:.2f}".format(np.quantile(saldoOrd,0.10)))
print("Primer Cuartil: {:.2f}".format(np.quantile(saldoOrd,0.25)))
print("Tercer Cuartil: {:.2f}".format(np.quantile(saldoOrd,0.75)))
print("Quinto superior: {:.2f}".format(np.quantile(saldoOrd,0.80)))
print("Percentil 90: {:.2f}".format(np.quantile(saldoOrd,0.90)))


#Medidas de dispersión
print("\n\nMEDIDAS DE DISPERSIÓN\n")
```

```python
mediaInicial = datos.Inicial.mean()
desvm = sum(abs(datos.Inicial-mediaInicial))/datos.Inicial.count()
print("Desviación media {:8.2f}".format(desvm))

print("\nGráfico de las diferencias entre el valor y su promedio")
ax = datos.Inicial.plot(style="o")
ax.figure.set_size_inches(14,6)
ax.hlines(y = mediaInicial,xmin=0,xmax=datos.Inicial.shape[0]-1,colors="red")
for i in range(0,len(datos.Inicial)-1):
                ax.vlines(x=i,ymin=mediaInicial,ymax=datos.Inicial[i],linestyles="dashed")


plt.show()


varI = tInicial.var()
varS = tSaldo.var()
desvI = tInicial.std()
desvS = tSaldo.std()
varIp = datos.groupby(["Producto"])[["Inicial"]].var()
varSp = datos.groupby(["Producto"])[["Saldo"]].var()


desvIp = datos.groupby(["Producto"])[["Inicial"]].std()
desvSp = datos.groupby(["Producto"])[["Saldo"]].std()
print("\n\nVarianza del monto del inicial: {:.4f}".format(varI))
print("Varianza del monto del saldo: {:.4f}".format(varS))
print("Desviaciòn standar del monto del inicial: {:.4f}".format(desvI))
print("Desviaciòn standard del monto del inicial: {:.4f}".format(desvS))
print("\nVarianza del inicial por producto:")
print(varIp)
print("\nVarianza del saldo por producto: ")
print(varSp)

print("\nDesviaciòn standar del inicial por producto:")
```

```python
print(desvIp)
print("\nDesviaciòn standard del saldo por producto: ")
print(desvSp)


print("\n\nPromedio de Inicial, Saldo y TiempoReq por Tienda\n")
print(datos.groupby("Tienda")[["Inicial","Saldo","TiempoReq"]].mean())


print("\n\nMEDIDAS DE ASIMETRÍA Y CURTOSIS\n")
print("\nCoeficiente de asimetria de Pearson para Inicial")
asPearson = 3*(mediaI-medianaI)/desvI
print(asPearson)
print("\nCoeficiente de asimetria de Pearson para Saldo")
asPearson = 3*(mediaS-medianaS)/desvS
print(asPearson)
print("Si es negativa los datos son asimétricos negativos, sesgados a la izquierda\nSi es positivo,
presentan sesgo a la derecha\nSI es cero, los datos son simétricos")
print("\n\nUsando la función skew() de Pandas:")
print("Primero extraemos las columnas numéricas usando DataFrame")
xdat = pd.DataFrame(datos,columns=["Inicial","Saldo","TiempoReq"])
print(xdat)
print("Ahora calculamos la asimetría de las tres variables")
cAs = xdat.skew()
print(cAs)
print("\n\nCalculamos la curtosis o grado de apuntamiento de los datos")
curt = xdat.kurt()
print("Si es <3, los datos tienen un grado de platicurtico, se >3, es leptocúrtico,\nSi es = 0, los
datos presentan un grado de apuntamiento leptocurtico")
print(curt)
```


SEGUNDO EJEMPLO


```python
print("SEGUNDO EJEMPLO USUANDO EXCLUSIVAMENTE\nLOS RECURSOS
DISPONIBLES EN LAS LIBRERÍAS")
```

```python
import numpy as np
import pandas as pd

print("Generamos una muestra aleatoria de 40 ingresos \nentre 900 y 1320 soles distribuidos en
un arreglo\n de 5 filas por 8 columnas.")
muestra = np.random.randint(900,1320,(5,8))
print("Usaremos 5 intervalos de clase: k = 5")
k = 5
print("Si usamos la regla de Sturges: k = 1+3.322*log10(n) = 6")
print("Calcularemos la amplitud de los intervalos de clase")
min = muestra.min()
max = muestra.max()
amp = np.round((max-min)/k,decimals=2)
print("Definiremos la cabecera de las columnas de la tabla")
tablaf = pd.DataFrame(columns=["LimInf","LimSup","FrAbs","FrAc","FrRel","FrRelAc"])
print("Cálculo de los límites de los intervalos de clase:")
lim = np.arange(min,max+amp,amp)
linf = lim[:k]
lsup = lim[1:k+1]
tablaf["LimInf"] = linf
tablaf["LimSup"] = lsup
print(tablaf)

print("Calculamos la frecuencia absoluta fi")
tablaf["FrAbs"] = np.array([np.sum((muestra>=linf[n]) & (muestra<=lsup[n])) for n in
range(linf.size)])
print(tablaf)

print("Ahora Fi")
tablaf["FrAc"] = np.array([np.sum(tablaf["FrAbs"].iloc[:n].values) for n in range(1,k+1)])
print("La añadimos las útlimas dos columnas")
tablaf["FrRel"] = tablaf["FrAbs"]/muestra.size
tablaf["FrRelAc"] = tablaf["FrAc"]/muestra.size
print(tablaf)
```

```python
#Histograma usando la distribución binomial
print("\n\nHISTOGRAMA DE UNA VARIABLE BINOMIAL")
import numpy as np
from numpy.random import binomial
from scipy.stats import binom
from math import factorial
import matplotlib.pyplot as plt

print("\n\nHistograma de la distr binomial teórica y simulada.")

def plot_hist(num):
    values = [0,1,2,3]
    arr = []
    for i in range(num):
        arr.append(binomial(3,0.5))
    distrS = np.unique(arr,return_counts=True)[1]/len(arr)
    distrT = [binom(3,0.5).pmf(k) for k in values]
    plt.bar(values,distrT,label='teoria',color='red')
    plt.bar(values,distrS,label='simulacion',alpha=0.5,color='blue')
    plt.title("simulacion con "+ str(num) + " ensayos")
    plt.show()

plot_hist(20)
plot_hist(10)
plot_hist(150)


print("\n\nVALIDANDO A LA LEY DE GRANDES NÚMEROS\n")
print("La mejor forma de demostrarlo es con el lanzamiento de una moneda\ny observar el
número de éxitos(sala cara) que se obtenga.")
print("Veremos que, a mayor número de lanzamientos(tamaño de muestra),\nel número de éxitos
y fracasos tiende a su regularidad,\nlo que nos permite afirmar también. que la probabilidad de
éxitos es 1/2.")
```

```python
exitos = []
for i in range(1,1000):
  i = np.random.choice([0,1],i, p=[1/2, 1/2])
  ncaras = i.mean()
  exitos.append(ncaras)


print("\nDefiniremos un DataFrame para construir el gráfico.")
dFrame = pd.DataFrame({"Lanzamientos": exitos})
dFrame.plot(title="Ley de Grandes Números",color = "r",figsize = (8,6))
plt.axhline(1/2)
plt.xlabel("Número de lanzamientos")
plt.ylabel("Número de éxitos")
plt.show()


print("\n\nVALIDANDO AL TEOREMA DEL LÍMITE CENTRAL\n")
print("\nLo haremos simulando cuatro distribuciones de probabilidad teóricas:")
print("Distribución binomial, cuya lista será muestraB")
print("Distribución de Poisson, cuya lista será muestraP")
print("Distribución Geométrica, cuya lista será muestraG")
print("Distribución Exponencial, cuya lista será muestraE")
muestraB = []
muestraP = []
muestraG = []
muestraE = []
mu = 0.9
xlambda = 1.0
size = 1000
for i in range(1,10001):
    muestra = np.random.binomial(1,mu,size=size)
    muestraB.append(muestra.mean())
    muestra = np.random.exponential(scale=2.0,size=size)
```

```python
    muestraE.append(muestra.mean())
    muestra = np.random.geometric(p=0.5,size=size)
    muestraG.append(muestra.mean())
    muestra = np.random.poisson(lam = xlambda,size=size)
    muestraP.append(muestra.mean())


dFrame = pd.DataFrame({"Binomial" : muestraB,"Poisson" : muestraP,"Geomètrica" :
muestraG,"Exponencial" : muestraE})
fig, axes = plt.subplots(nrows=2,ncols=2,figsize=(10,10))


dFrame.Binomial.hist(ax=axes[0,0],color = "r", alpha=0.9,bins=1000)
dFrame.Poisson.hist(ax=axes[0,1],bins=1000)
dFrame.Geomètrica.hist(ax=axes[1,0],bins=1000)
dFrame.Exponencial.hist(ax = axes[1,1],bins=1000)


axes[0,0].set_title("DISTRIBUCIÓN BINOMIAL")
axes[0,1].set_title("DISTRIBUCIÓN POISSON")
axes[1,0].set_title("DISTRIBUCIÓN GEOMÉTRICA")
axes[1,1].set_title("DISTRIBUCIÓN EXPONENCIAL")


plt.show()


#Analisis estadístico
print("\n\nANÁLISIS ESTADÍSTICO CON EL COMPORTAMIENTO DE LAS
ERUPCIONES\nDE UN GEISER EN EL PARQUE YELLOWSTONE")
print("Los datos están contenidos en el archivo: erupciones.csv\n")
erupciones = pd.read_csv("d:/pypage/erupciones.csv")
print(erupciones.head())
print("\nVeamos el histograma de frecuencias")
erupciones["Duracion"].hist(bins=8,color="r")
plt.xlabel("Duración en minutos")
plt.ylabel("Frecuencia")
plt.show()
```

```python
print("\n\nAhora veamos la tabla de frecuencia absoluta")
k = 5
xmin = erupciones.Espera.min()
xmax = erupciones.Espera.max()
amp = (xmax-xmin)/k
rango = np.arange(xmin,xmax+amp,amp)

frec = pd.cut(erupciones["Espera"],rango)
tablaF = pd.value_counts(frec)
print(tablaF)
```

TERCER EJEMPLO

DISTRIBUCIONESDE PROBABILIDAD MEDIANTE EL USO DE UN MENÚ

```python
import numpy as np
import scipy.stats as st
import matplotlib.pyplot as plt


global N, m, n, p, q, xlambda


def mostrar_menu(opciones):
    print("Seleccione una opcion:")
    for clave in sorted(opciones):
        print(f' {clave}) {opciones[clave][0]}')


def leer_opcion(opciones):
    while (a := input("Opcion: ")) not in opciones:
        print("Opción incorrecta, vuelve a intentarlo...")
    return a
```

```python
def ejecutar_opcion(opcion, opciones):
    opciones[opcion][1]()


def generar_menu(opciones,opcion_salida):
    opcion = None
    while opcion != opcion_salida:
        mostrar_menu(opciones)
        opcion = leer_opcion(opciones)
        ejecutar_opcion(opcion, opciones)
        print()


def menuMain():
    global N, m, n, p, q, xlambda
    opciones = {
        "1": ("Distribución de Bernoulli",accBer),
        "2": ("Distribución Binomial",accBin),
        "3": ("Distribución Geométrica",accGeo),
        "4": ("Distribución Hipergemoétrica",accHip),
        "5": ("Distribución de Poisson",accPoi),
        "9": ("Distribuciòn Uniforme",accUnif),
        "7": ("Distribuciòn Exponencial",accExpo),
        "8": ("Distribuciòn Normal",accNormal),
        "6": ("Salir",salir)
    }
    generar_menu(opciones,"6")
```

```python
def accBer():
  opc = 1
  p = float(input("p = "))
  print("Probabilidad de éxito: "+str(p))
  print("Probabilidad de fracaso: "+str(1-p))
  pve = p
  pvar = p*(1-p)
  print("Valor esperado: "+str(pve))
  print("Varianza: "+str(pvar))


def accBin():
  opc = 2
  n = int(input("n = "))
  p = float(input("Probabilidad de éxito = "))
  opProb = int(input("1. P(X<X0)\n2. P(X<=Xo)\n3. P(X=Xo)\n4. P(X>Xo)\n5. P(X>=Xo)\n6.
E[X]\n7. V[X]\n8. Grafica\nSeleccione la opción deseada: "))
  pve = n*p
  pvar = n*p*(1-p)
  match opProb:
    case 1:
      Xo = float(input("Ingrese el valor de Xo: "))
      print("P(X<"+str(Xo)+") = "+str(st.binom.cdf(Xo-1,n,p)))
    case 2:
      Xo = float(input("Ingrese el valor de Xo: "))
      print("P(X<="+str(Xo)+") = "+str(st.binom.cdf(Xo,n,p)))
    case 3:
      Xo = float(input("Ingrese el valor de Xo: "))
      print("P(X="+str(Xo)+") = "+str(st.binom.pmf(Xo,n,p)))
    case 4:
      Xo = float(input("Ingrese el valor de Xo: "))
      print("P(X>"+str(Xo)+") = "+str(1-st.binom.cdf(Xo,n,p)))
    case 5:
      Xo = float(input("Ingrese el valor de Xo: "))
```

```python
    print("P(X>="+str(Xo)+") = "+str(1-st.binom.cdf(Xo-1,n,p)))
  case 6: print("E[X] = "+str(pve))
  case 7: print("V[X] = "+str(pvar))
  case 8:
    G = st.binom(20,0.4)
    y = np.arange(10)
    plt.plot(y,G.pmf(y),"bo")
    plt.vlines(y,0,G.pmf(y),"r")
    plt.show()


def accGeo():
  opc = 3
  p = float(input("Probabilidad de éxito: "))
  opProb = int(input("1. P(X<X0)\n2. P(X<=Xo)\n3. P(X=Xo)\n4. P(X>Xo)\n5. P(X>=Xo)\n6.
E[X]\n7. V[X]\n8. Grafica\nSeleccione la opción deseada: "))
  pve = 1/p
  pvar = (1-p)/(p*p)
  match opProb:
    case 1:
      Xo = int(input("Número de repeticiones hasta que ocurra éxito(Xo): "))
      print("P(X<"+str(Xo)+") = "+str(st.geom.cdf(Xo-1,p)))
    case 2:
      Xo = int(input("Número de repeticiones hasta que ocurra éxito(Xo): "))
      print("P(X<="+str(Xo)+") = "+str(st.geom.cdf(Xo,p)))
    case 3:
      Xo = int(input("Número de repeticiones hasta que ocurra éxito(Xo): "))
      print("P(X="+str(Xo)+") = "+str(st.geom.pmf(Xo,p)))
    case 4:
      Xo = int(input("Número de repeticiones hasta que ocurra éxito(Xo): "))
      print("P(X>"+str(Xo)+") = "+str(1-st.geom.cdf(Xo,p)))
    case 5:
      Xo = int(input("Número de repeticiones hasta que ocurra éxito(Xo): "))
```

```python
    print("P(X>="+str(Xo)+") = "+str(1-st.geom.cdf(Xo-1,p)))
  case 6: print("E[X] = "+str(pve))
  case 7: print("V[X] = "+str(pvar))
  case 8:
    G = st.geom(20,0.4)
    y = np.arange(10)
    plt.plot(y,G.pmf(y),"bo")
    plt.vlines(y,0,G.pmf(y),"r")
    plt.show()


def accHip():
  opc = 4
  N = int(input("Tamaño de poblaciòn (N) = "))
  m = int(input("Nro de elementos que poseen el atributo (m) = "))
  n = int(input("Tamaño de la muestra (n) = "))
  opProb = int(input("1. P(X<X0)\n2. P(X<=Xo)\n3. P(X=Xo)\n4. P(X>Xo)\n5. P(X>=Xo)\n6. E[X]\n7. V[X]\n8. Grafica\nSeleccione la opción deseada: "))
  pve = n*m/N
  pvar = n*m/N*(1-m/N)*((N-n)/(N-1))
  match opProb:
    case 1:
      Xo = int(input("Ingrese el valor de Xo: "))
      print("P(X<"+str(Xo)+") = "+str(st.hypergeom.cdf(Xo-1,N,m,n)))
    case 2:
      Xo = int(input("Ingrese el valor de Xo: "))
      print("P(X<="+str(Xo)+") = "+str(st.hypergeom.cdf(Xo,N,m,n)))
    case 3:
      Xo = int(input("Ingrese el valor de Xo: "))
      print("P(X="+str(Xo)+") = "+str(st.hypergeom.pmf(Xo,N,m,n)))
    case 4:
      Xo = int(input("Ingrese el valor de Xo: "))
      print("P(X>"+str(Xo)+") = "+str(1-st.hypergeom.cdf(Xo,N,m,n)))
```

```python
case 5:
    Xo = int(input("Ingrese el valor de Xo: "))
    print("P(X>="+str(Xo)+") = "+str(1-st.hypergeom.cdf(Xo-1,N,m,n)))
case 6: print("E[X] = "+str(pve))
case 7: print("V[X] = "+str(pvar))
case 8:
    G = st.hypergeom(N,n,m)
    y = np.arange(10)
    plt.plot(y,G.pmf(y),"bo")
    plt.vlines(y,0,G.pmf(y),"r")
    plt.show()


def accPoi():
    opc = 5
    xlambda = float(input("Ingrese el valor del parámetro λ = "))
    opProb = int(input("1. P(X<X0)\n2. P(X<=Xo)\n3. P(X=Xo)\n4. P(X>Xo)\n5. P(X>=Xo)\n6.
E[X]\n7. V[X]\n8. Grafica\nSeleccione la opción deseada: "))
    pve = xlambda
    pvar = xlambda
    match opProb:
        case 1:
            Xo = int(input("Ingrese el valor de Xo: "))
            print("P(X<"+str(Xo)+") = "+str(st.poisson.cdf(Xo-1,xlambda)))
        case 2:
            Xo = int(input("Ingrese el valor de Xo: "))
            print("P(X<="+str(Xo)+") = "+str(st.poisson.cdf(Xo,xlambda)))
        case 3:
            Xo = int(input("Ingrese el valor de Xo: "))
            print("P(X="+str(Xo)+") = "+str(st.poisson.pmf(Xo,xlambda)))
        case 4:
            Xo = int(input("Ingrese el valor de Xo: "))
            print("P(X>"+str(Xo)+") = "+str(1-st.poisson.cdf(Xo,xlambda)))
```

```python
case 5:
    Xo = int(input("Ingrese el valor de Xo: "))
    print("P(X>="+str(Xo)+") = "+str(1-st.poisson.cdf(Xo-1,xlambda)))
case 6: print("E[X] = "+str(pve))
case 7: print("V[X] = "+str(pvar))
case 8:
    G = st.poisson(xlambda)
    y = np.arange(10)
    plt.plot(y,G.pmf(y),"bo")
    plt.vlines(y,0,G.pmf(y),"r")
    plt.show()


def accUnif():
    opc = 6
    a = float(input("Ingrese el valor del paràmetro a = "))
    b = float(input("Ingrese el valor del paràmetro b = "))
    opProb = int(input("1. P(X<X0)\n2. P(X<=Xo)\n3. P(Xo<=X<=Yo)\n4. P(X>Xo)\n5.
P(X>=Xo)\n6. E[X]\n7. V[X]\nSeleccione la opción deseada: "))
    pve = (a+b)/2
    pvar = (b-a)**2/12
    match opProb:
        case 1:
            Xo = int(input("Ingrese el valor de Xo: "))
            print("P(X<"+str(Xo)+") = "+str((Xo-1-a)/(b-a)))
        case 2:
            Xo = int(input("Ingrese el valor de Xo: "))
            print("P(X<="+str(Xo)+") = "+str((Xo-a)/(b-a)))
        case 3:
            Xo = int(input("Ingrese el valor de Xo: "))
            Yo = int(input("Ingrese el valor de Yo: "))
            print("P("+str(Xo)+" <= X <= "+str(Yo)+") = "+str((Yo-Xo)/(b-a)))
```

```python
    case 4:
      Xo = int(input("Ingrese el valor de Xo: "))
      print("P(X>="+str(Xo)+") = "+str((b-Xo+1)/(b-a)))
    case 5:
      Xo = int(input("Ingrese el valor de Xo: "))
      print("P(X>="+str(Xo)+") = "+str((b-Xo+1)/(b-a)))
    case 6: print("E[X] = "+str(pve))
    case 7: print("V[X] = "+str(pvar))


def accExpo():
  opc = 7
  beta = float(input("Ingrese el valor del parámetro ß = "))
  opProb = int(input("1. P(X<X0)\n2. P(X<=Xo)\n3. P(Xo<=X<=Yo)\n4. P(X>Xo)\n5.
P(X>=Xo)\n6. E[X]\n7. V[X]\n8. Grafica\nSeleccione la opción deseada: "))
  pve = beta
  pvar = beta**2
  match opProb:
    case 1:
      Xo = float(input("Ingrese el valor de Xo: "))
      print("P(X<"+str(Xo)+") = "+str(st.expon.cdf(Xo,beta)))
    case 2:
      Xo = float(input("Ingrese el valor de Xo: "))
      print("P(X<="+str(Xo)+") = "+str(st.expon.cdf(Xo,beta)))
    case 3:
      Xo = float(input("Ingrese el valor de Xo: "))
      Yo = float(input("Ingrese el valor de Yo: "))
      print("P("+str(Xo)+" <= X <= "+str(Yo)+") = "+str(st.expon.cdf(Yo,beta)-
st.expon.cdf(Xo,beta)))
    case 4:
      Xo = float(input("Ingrese el valor de Xo: "))
      print("P(X>"+str(Xo)+") = "+str(1-st.expon.cdf(Xo,beta)))
    case 5:
      Xo = float(input("Ingrese el valor de Xo: "))
```

```python
    print("P(X>="+str(Xo)+") = "+str(1-st.expon.cdf(Xo,beta)))
  case 6: print("E[X] = "+str(pve))
  case 7: print("V[X] = "+str(pvar))
  case 8:
    G = st.expon(beta)
    y = np.arange(10)
    plt.plot(y,G.pdf(y),"bo")
    plt.vlines(y,0,G.pdf(y),"r")
    plt.show()


def accNormal():
  opc = 8
  mu = float(input("Ingrese el valor del parámetro μ = "))
  sigma = float(input("Ingrese el valor del parámetro σ = "))
  opProb = int(input("1. P(X<X0)\n2. P(X<=Xo)\n3. P(Xo<=X<=Yo)\n4. P(X>Xo)\n5.
P(X>=Xo)\n6. E[X]\n7. V[X]\n8. Grafica\nSeleccione la opción deseada: "))
  pve = mu
  pvar = sigma**2
  match opProb:
    case 1:
      Xo = float(input("Ingrese el valor de Xo: "))
      print("P(X<"+str(Xo)+") = "+str(st.norm.cdf(Xo,mu,sigma)))
    case 2:
      Xo = float(input("Ingrese el valor de Xo: "))
      print("P(X<="+str(Xo)+") = "+str(st.norm.cdf(Xo,mu,sigma)))
    case 3:
      Xo = float(input("Ingrese el valor de Xo: "))
      Yo = float(input("Ingrese el valor de Yo: "))
```

```python
            print("P("+str(Xo)+" <= X <= "+str(Yo)+") = "+str(st.norm.cdf(Yo,mu,sigma)-
st.norm.cdf(Xo,mu,sigma)))
        case 4:
            Xo = float(input("Ingrese el valor de Xo: "))
            print("P(X>"+str(Xo)+") = "+str(1-st.norm.cdf(Xo,mu,sigma)))
        case 5:
            Xo = float(input("Ingrese el valor de Xo: "))
            print("P(X>="+str(Xo)+") = "+str(1-st.norm.cdf(Xo,mu,sigma)))
        case 6: print("E[X] = "+str(pve))
        case 7: print("V[X] = "+str(pvar))
        case 8:
            y = np.arange(-4,4,0.02)
            z = st.norm.pdf(y)
            plt.plot(y,z)
            plt.show()


def salir():
    opc = 9
    print("Saliendo...")




#Iniciar el menú principal

if __name__ == "__main__":
    menuMain()
```

```python
"""

#Abrir datos contenidos en hojas de Excel
# Instalar excelpy
# pip install excelpy

import pandas as pd
import openpyxl


Evolucion = pd.read_excel("d:/pypage/Cambiosd.xlsx",sheet_name="Evolucion")
Compras = pd.read_excel("d:/pypage/Cambiosd.xlsx",sheet_name="Compra")
Ventas = pd.read_excel("d:/pypage/Cambiosd.xlsx",sheet_name="Venta")


# Usando el archivo de cambio de Sol a Dólares: Cambiosd.xlsx
#pip install openpyxl
import openpyxl


# De la Hoja Evolucion
evolucion = pd.read_excel("d:/pypage/Cambiosd.xlsx",sheet_name="Evolucion")


#De la hoja Compra
compra = pd.read_excel("d:/pypage/Cambiosd.xlsx",sheet_name="Compra")
#De la hoja Venta
venta = pd.read_excel("d:/pypage/Cambiosd.xlsx",sheet_name="Venta")


#Grafico de linea
import numpy as np
import matplotlib.pyplot as plt


#Por facilidad definimos otras variables
x = compra.OnLine
y = compra.AppBancos
```

z = compra.Fintech

plt.plot(x)
plt.plot(y)
plt.plot(z)

plt.legend(["OnLine","Bancos","Fintech"])
plt.xlabel("Años")
plt.ylabel("Nro pers.")
plt.show()

" " "

ANEXO 4: INTRODUCCIÓN AL SOFTWARE GRETL

INSTALACIÓN DEL GRETL

Si tiene el disco que lo adquirión con el libro, ingrese a la carpeta AppGretl, en donde encontrará el archivo de instalación Gretl-2019c.exe. Haga doble clic en él para ejecutarlo.

Siga las instrucciones de instalación hasta completarla.

Después de haber sido instalado, dispondrá de un icono en el escritorio, donde puede hacer doble clic para cargarlo a memoria.

Si no tiene el disco, siga el siguiente procedimiento.

En Google, digite: gretl

En la ventana que se emita, seleccione como se indica en la siguiente imagen

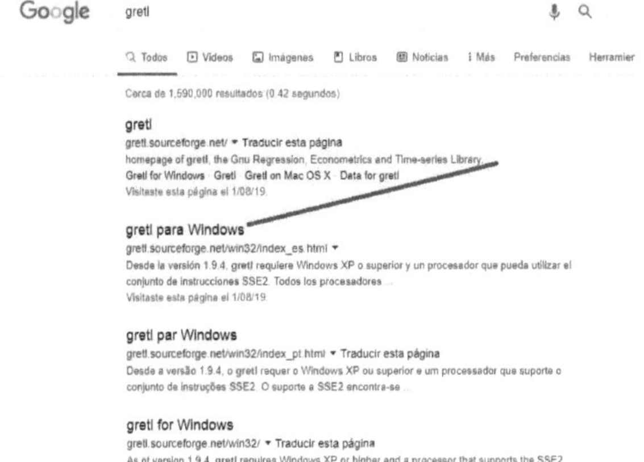

Con esto, logrará ingresar a otra ventana que se muestra en la siguiente imagen

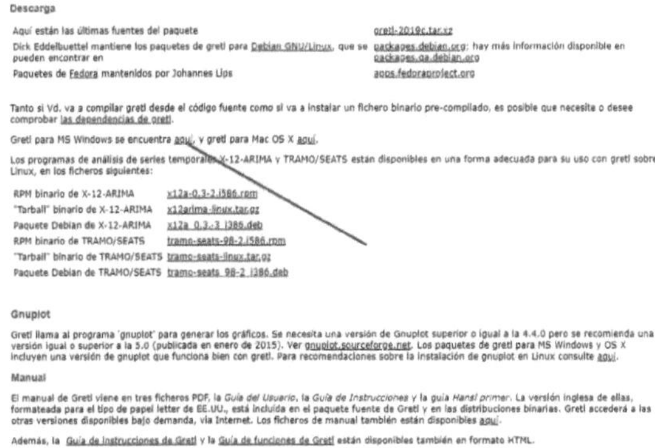

Claro que si tiene un equipo de 64 bits deberá elegir el correspondiente.

Ahora la siguiente ventana es la que se muestra en esta imagen

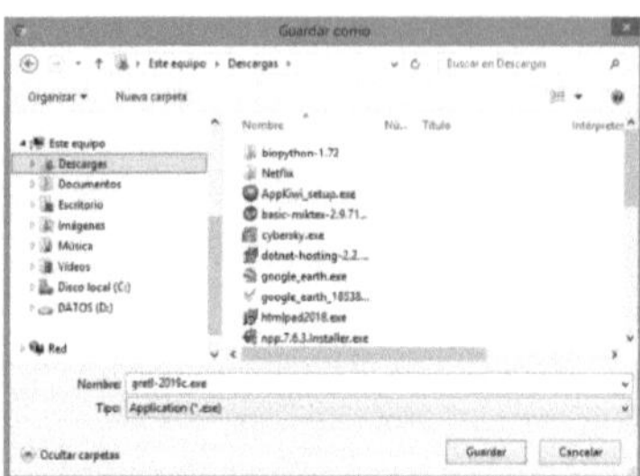

Indique la unidad y carpeta donde desea la decarga.

Al completar la descarga, ubique el archivo que ha descargado y con doble clic en él, inicie la instalación. Siga los pasos de la misma.

Cuando termine la instalación, en el escritorio tendrá el icono del Gretl que, haciendo doble clic, podrá cargarlo a memoria.

La siguiente imagen nos muestra la ventana de trabajo del Gretl

Vamos a dar un paseo introductorio por este programa.

Gretl es un software muy versátil y de fácil acceso y uso para resolver muchos problemas estadísticos. Resuelve también problemas del Análisis Multivariado como el de Análisis de Componentes principales, parte del Análisis Factorial y el manejo de la distancia de Mahalanobis del problema del Análisis de Conglomerados.

Por el comando <Tools>: Podemos obtener soluciones a

- Probabilidades de la distribuciones t, Chi Cuadrado, F, Binomial y Poisson
- La obtención del pValue de las distribuciones anteriores
- Prueba de hipótesis para las seis distribuciones muestrales
- Pruebas no paramétricas

Por el comando <View> podemos obtener **Solución** a

- Múltiples tipos de gráfico
- Resumen estadístico
- Matriz de correlación
- Tabulación cruzada
- Componentes principales
- Distancia de Mahalanobis

Por el comando <Model> podemos resolver problemas de regresión y series de tiempo.

Ejemplo

Vamos a ingresar datos dos variables

<File> - <New data set>. Indicar el número de observaciones que tendrá(n) la(s) variable(s) a definir. Seleccionamos <Cross-sectional>. En la siguiente ventana seleccionamos <Iniciar ingreso de datos>. Luego debemos ingresar el nombre de la primera variable: Ingreso. Añadir

nueva variable haciendo clic en "+". Nombre de la nueva variable: Ahorro. Ahora ingresamos los datos.

Hacemos clic en el <Check> para ingresar los datos al panel de Gretl.
Ahora podemos obtener cualquier estadístico de una manera muy sencilla.

Cómo cargar una hoja de datos del Calc del OpenOffice:
<File> - <Open data> - <User file>
En la parte inferior seleccionamos Open Document file (*.ods). Seleccionamos el archivo y hacemos clic en <Open>
Si tuviera varias hojas, se debe seleccionar la hoja así como la fila y columna de inicio de los datos. Cuando pase por la seleccionar de Cross-sectional, Time series y Panel, debemos elegir la primera. Luego clic en <Forward>.

ANEXO 5: INTRODUCCIÓN AL SOFTWARE OCTAVE

INSTALACIÓN DEL OCTAVE

Si tiene el disco que lo adquirió con el libro, ingrese a la carpeta Octave, en donde encontrará el archivo de instalación octave-1.5.0-w32-installer.exe.

Haga doble clic en él para ejecutarlo.

Siga las instrucciones de instalación hasta completarla.

Después de haber sido instalado, dispondrá de un icono en el escritorio, donde puede hacer doble clic para cargarlo a memoria.

Como en el caso del R, en este caso se tendrá en el escritorio dos iconos:

- GNU Octave(GLI)
- GNU Octave(GUI)

El primero se abre en una ventana negra típico del CMD de Windows, donde se ingresarán ciertos comandos para propósitos de instalaciones de librería adicional

El segundo, es el que abre una ventana de trabajo como el R.

Si Ud. conoce MatLab, le parecerá estar en su entorno pues el Octave es un subproducto de dicho sofware.

Si no tiene el disco, siga el siguiente procedimiento.

El software que vamos a descargar es el de 32 bits; si Ud desea, puede seleccionar el de 64 bits.

En Google digite Octave 32 bits. Luego de ello obtendrá la siguiente lista de direcciones:

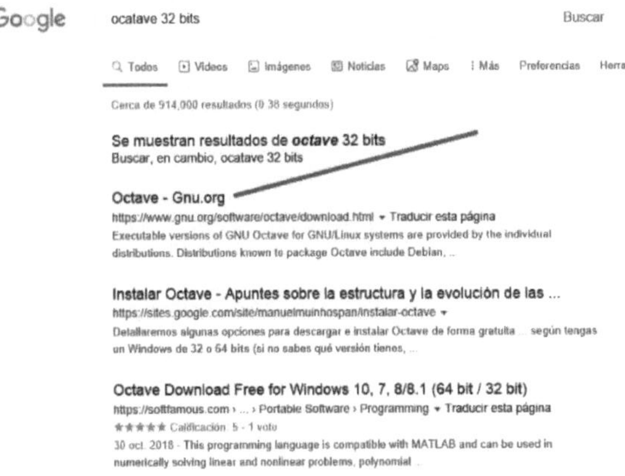

Luego de esto pasará a la siguiente pantalla

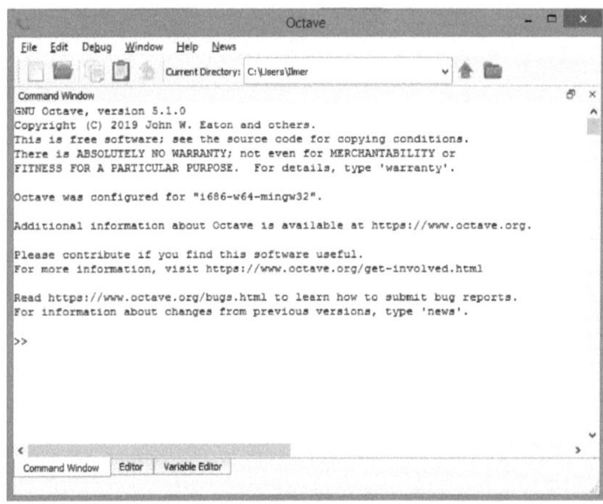

Dependiendo de su sistema seleccione el de 32 o 64 bits para proceder a la decarga.

Luego de haber descargado, ubique el archivo y haga doble clic para iniciar la instalación. Siga los pasos del asistente de instalación.

Al terminar la instalación del programa, disponemos de un icono del mismo (GNU Octave (GUI)) en el escritorio haciendo clic doble en el mismo ejecutamos el programa.

La ventana principal de trabajo es similar al lenguaje R y al Matlib. Todo el ingreso de órdenes se realiza en el panel principal o consola del programa.

Intente cerrar las ventanas de la izquierda de forma que tenga el espacio suficiente para el manejo del panel de trabajo, como se muestra en la imagen anterior.

Empecemos:

Como en el lenguaje R, la línea de ingreso de comandos se muestra mediante el prompt dado por ">>"; esto indicará que el Octave está listo para recibir nuestras órdenes

>>a = 12

>>b = 8

>> c = b*b – 3*a**3 – b/a

c = -5120.7

Definimos dos variables con 20 elementos:

>>r = 1:20

>>s = 21:40

r y s se comportan como vectores pues podemos realizar operaciones con ellos

>>r+s

La multiplicación vectorial se realiza con el operador ".*"

>>prod = r.*s

Que es el producto r(i)*s(i)

Podemos obtener la transpuesta de r

>> tr = r'

Como r es un vector fila y su transpuesta, vector columna, el producto "*" nos genera un escalar.

>>r*tr

Pero el producto tr*r debe generar una matriz de 20*20

Vamos a evitar el usar el prompt

Un vector puede definirse también usando:

x = [12,16,5,-4]

O de esta forma

y = [2 6 8 1]

Definamos una matriz:

A = [2 5 8 ; 5 0 2]

Dado dos vectores de la misma longitud, podemos definir una matriz con ellos

A = [x; y]

Dado dos matrices, vamos a realizar algunas operaciones con ellas

Sea

A = [3,5,8,1; -4,9,2,5; 3 8 2 0]

B = [1 1 2 5;3 6 8 0; -2 -5 6 3]

Los elementos se manejan con subíndices encerrados entre paréntesis y los subíndices empiezan en 1,diferente al lenguaje R.

Cambiemos por -5 el valor de B(3,3)

B(3,3) = -5

Transpuesta de A

tA = A'

Multiplicamos B con tA, para obtener una matriz 3x3

Prod = B*tA

Ahora calcularemos la inversa de Prod

invP = inv(Prod)

Para verificar, multiplicamos

invP*Prod

Ejemplo

Vamos a leer el archivo **ahorro.txt** de la carpeta pypage en la unidad D usando **load**.

datos = load("d:\\pypage\\ahorro.txt")

Otro archivo que usa el separador "\t"

econ = load(datos = load("d:\\pypage\\agri.txt")

Vamos a extraer las variables de datos hacia dos vectores

Y = datos(:,1)

X = datos(:,2)

Sin duda los ahorros dependen de los ingresos; en tal sentido, vamos a estimar los parámetros de la línea de regresión Y = a + bX.

Para ello encontraremos las sumas que nos permitan calcular b y a:

sx = sum(X)

sy = sum(Y)

sxy = sum(X.*Y)

sx2 = sum(X.*X)

n = length(Y)

b = (n*sxy-sx*sy)/(n*sx2-sx*sx)

a = sy/n-b*sx/n

ANEXO 6: INTRODUCCIÓN AL SOFTWARE PSPP

INSTALACIÓN DEL PSPP

Si tiene el disco que lo adquirión con el libro, ingrese a la carpeta LengR en donde encontrará el archivo de instalación pspp-20181109-daily-32bits-setup.exe. Haga doble clic en él para ejecutarlo.

Siga las instrucciones de instalación hasta completarla.

Después de haber sido instalado, dispondrá de un icono en el escritorio, donde puede hacer doble clic para cargarlo a memoria.

Si no tiene el disco, siga el siguiente procedimiento.

Digite PSPP en Google para obtener la lista que se muestra en la siguiente imagen

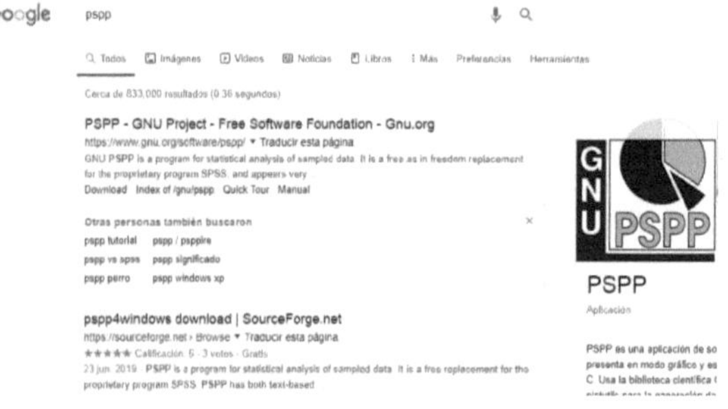

Haciendo clic en la primera, debe pasar a la siguiente pantalla

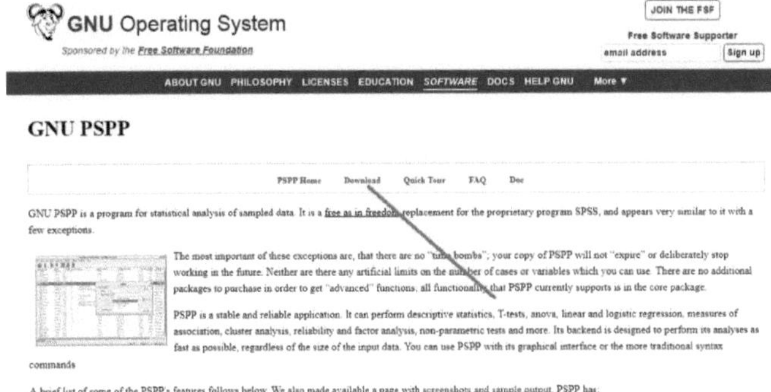

Haga clic en Download, como se muestra en la imagen y luego obendrá la siguiente

Haga clic como se indica en la imagen para pasar a la siguiente

📁 2019-06-22-ForTestingOnly	2019-06-23	16
📁 2019-05-25-ForTestingOnly	2019-06-22-ForTestingOnly 5-25	0
📁 BuildEnvironment	2019-05-25	0
📁 2019-05-11-ForTestingOnly	2019-05-12	0
📁 2019-04-12-ForTestingOnly	2019-04-12	0
📁 2019-02-27-ForTestingOnly	2019-02-27	0
📁 2019-01-03-ForTestingOnly	2019-01-03	0
📁 2018-11-09	2018-11-09	2.033
📁 2017-09-09	2017-09-09	28

Eligiendo la adecuada como se ve en la imagen, pasaremos a esta otra, donde elegirá el adecuado según si sistema

Seleccione la unidad y carpeta donde debe bajar el programa.

Después de haber terminado la descarga, ubique el archivo y haciendo doble clic sobre él, inicie la instalación.

Con ello obtendrá un icono en el escritorio donde al hacer doble clic, cargaremos el programa a memoria para después usarlo.

Este software es un subproducto libre del SPSS que tiene licencia comercial.

Si Ud. conoce el SPSS, estará en un entorno conocido y más ágil que el SPSS mismo.

ANEXO 7. DISTRIBUCIONES DE PROBABILIDAD CON:

A. Usando eñ Lenguaje R

Distribución Binomial:

x = 0:n

p: Probabilidad de éxito

n: Número de ensayos, tamaño de muestra

Función de probabilidad: p(x) = dbinom(x,n,p)

Distribución acumulada: P(X <= xo) = F(xo) = pbinom(xo,n,p)

Inversa de la distribución: xo = qbinom(q,n,p)   q:probabilidad para xo

Distribución Hypergeométrica:

N: Tamaño de la población (lote)

m: Número de elementos de interés en la población

N-m: Elementos que no son de interés

n: Tamaño de la muestra

x = 0:n

Función de probabilidad; px = dhyper(x,m,N-m,n)

Distribución acumulada: Fx = phyper(x0,m,N-m,n)

Inversa: xo = qhyper(q,m,N-m,n)   q: probabilidad para xo

Distribución Geométrica

x = 1:10

p: Probabilidad de éxito

k: k-ésimo ensayo para la primera ocurrencia

Función de probabilidad: px = dgeom(x,p)

Distribución acumulada: Fx = pgeom(k,p)

Inversa: k = qgeom(q, p)

Distribución de Poisson:

x = 0:n

lambda: Parámetro de la distribución

mu = lambda

Función de probabilidad: px = dpois(x, lambda)

Distribución acumulada: Fx = ppois(k, lambda)

Inversa: k = qpois(q, p)

Distribución Uniforme:

a < x < b

Función de probabilidad: px = dunif(x, a, b)

Distribución acumulada: Fx = punif(k, a, b)

Inversa: k = qunif(q, a, b)

Distribución Exponencial:

alfa: Parámetro de la distribución:

mu = 1/alfa

x=seq(0.1,5,0.02)   Genera valores de x>0, de 0.1 hasta 5

Función de probabilidad: px = dexp(x, alfa)

Distribución acumulada: Fx = pexp(k, alfa)

Inversa: xo = qexp(q, mu)

Distribución Normal

x=seq(-4,4,0.01)

mu = 0

dsv = 1

Función de densidad:

px = dnorm(x,mu, dsv)

Función de distribución acumulada: $P(X <=xo) = F(xo) = pnorm(xo,mu,dsv)$

Fx = pnorm(xo,mu,dsv)

Valor de xo:

x0 = qnorm(q,mu,dsv)

Distribución Chi Cuadrado:

glib: Grados de libertad

Función de densidad: dchisq(x,glib)

Función de distribución acumulada: pchisq(x0,glib)

Inversa: qchisq(q,glib)

Distribución t de Student

glib: Grados de libertad

Función de densidad: dt(x,glib)

Función de distribución acumulada: pt(x0,glib)

Inversa: qt(q,glib)

Distribución F de Fisher

glnum, glden: Número de grados de libertad del numerador y denominador

Función de densidad: px = df(x,glnum, glden)

Distribución acumulada: Fx = P(X<=xo) = pf(xo,glnum,glden)

Inversa: xo = qf(q,glnum, glden)

B. Usando Python

Se debe importar las librerías numpy y scipy.stats

import numpy as np

import scipy.stats as st

Distribución Binomial:

n: Tamaño de muestra o número de ensayos

p: Probabilidad de éxito

x = np.arange(0,n+1)

Función de probabilidad: px = st.binom.pmf(x,n,p)

Distribución acumulada: Fx = P(X <= xo) = st.binom.cdf(xo, n, p)

Inversa: xo = st.binom.ppf(q,n,p)

Distribución Hypergeométrica:

x = np.arange(0,n+1)

N: Tamaño poblacional

n: Tamaño de muestra

m: Número de éxitos en N

Función de probabilidad: px = st.hypergeom.pmf(x,N,n,m)

Distribución acumulada: Fx = P(X<=xo) = st.hypergeom.cdf(x,N,n,m)

Inversa: xo = st.hypergeom.ppf(q,N,n,m)

Distribución geométrica:

p: Probabilidad de éxito

Función de probabilidad: px = st.geom.pmf(x,p)

Distribución acumulada: Fx = P(X<=xo) = st.geom.cdf(xo,p)

Inversa: xo = st.geom.ppf(q, p)

Distribución de Poisson:
mu: Media
lam: Parámetro de la distribución
Función de probabilidad: px = st.poisson.pmf(x,lam)
Distribución acumulada: Fx = P(X<=xo) = st.poisson.cdf(xo,lam)
Inversa: xo = st.poisson.ppf(q, lam)

Distribución Exponencial:
alfa: Parámetro de la distribución
Función de probabilidad: px = st.expon.pdf(x, alfa)
Distribución acumulada: Fx = P(X<=xo) = st.expon.cdf(xo,alfa)
Inversa: xo = st..ppf(q, alfa)
Distribución Normal:
mu: media
zigma = desviación estándar
Función de probabilidad: px = st.norm.pdf(x, mu, zigma)
Distribución acumulada: Fx = P(X<=xo) = st.norm.cdf(xo,mu, zigma)
Inversa: xo = st.norm.ppf(q, mu, zigma)

Distribución Chi Cuadrado:
glib: Grados de libertad
Función de densidad: st.chi2.pdf(x, glib)
Función de distribución acumulada: st.chi2.cdf(x0, glib)
Inversa: st.chi2(q, glib)

Distribución t de Student
glib: Grados de libertad
Función de densidad: st.t.pdf(x,glib)
Función de distribución acumulada: st.t.cdf(x0,glib)
Inversa: st.t.ppf(q,glib)

Distribución F de Fisher
glnum, glden: Número de grados de libertad del numerador y denominador

Función de densidad: px = st.f.pdf(x,glnum, glden)

Distribución acumulada: Fx = P(X<=xo) = st.f.cdf(xo,glnum,glden)

Inversa: xo = st.f.ppf(q,glnum, glden)

C. Usando OpenOffice: Calc

Distribución Binomial:

Ingresar valores de x en una columna: De 0 a n

p: Probabilidad de éxito

n: Número de ensayos, tamaño de muestra

Función de probabilidad: En la siguiente columna, para cada valor de x:

 = distr.binom(x;n;p;0);

Distribución acumulada: P(X <= xo) = F(xo)

= distr.binom(xo;n;p;1);

Inversa de la distribución:

xo = binom.crit(n;p;q);   q:probabilidad para xo

Distribución Hypergeométrica:

N: Tamaño de la población (lote)

m: Número de elementos de interés en la población

N-m: Elementos que no son de interés

n: Tamaño de la muestra

Ingresar valores de x: De 0 a n, tamaño de muestra

Función de probabilidad; px = Distr.hipergeom(x; n; mexitos;N);

Distribución de Poisson:

x = 0:n

lambda: Parámetro de la distribución

mu = lambda

Función de probabilidad: px = poisson(x; lambda;0)

Distribución acumulada: Fx = poisson(k, lambda;1)

Distribución Uniforme:

a < x < b

Función de probabilidad: px = dunif(x, a, b)

Distribución acumulada: Fx = punif(k, a, b)

Inversa: k = qunif(q, a, b)

Distribución Exponencial:
alfa: Parámetro de la distribución:
mu = 1/alfa
x=seq(0.1,5,0.02)   Genera valores de x>0, de 0.1 hasta 5
Función de probabilidad: px = dexp(x, alfa)
Distribución acumulada: Fx = pexp(k, alfa)
Inversa: xo = qexp(q, mu)

Distribución Normal
x=seq(-4,4,0.01)
mu = 0
dsv = 1
Función de densidad:
px = dnorm(x,mu, dsv)
Función de distribución acumulada: P(X <=xo) = F(xo) = pnorm(xo,mu,dsv)
Fx = pnorm(xo,mu,dsv)
Valor de xo:
x0 = qnorm(q,mu,dsv)

Distribución Chi Cuadrado:
glib: Número de grados de libertad.
Distribución acumulada: Fx = P(X<=xo) = 1-distr.chi(xo,glib)

Distribución t de Student:
modo: Si es 1, una cola. Si es 2, doble cola.
Distribución acumulada: Fx = P(X<=xo) = 1-distr.t(xo;glib;modo)
Inversa: xo = distr.t.inv(q; glib)

Distribución F de Fisher:
glnum, glden: Grados de libertad del numerador y denominador
Distribución acumulada: P(X<=xo) = 1-distr.f(xo;glnum;glden)
Inversa: xo = distr.f.inv(1-q; glnum; glden)

D. Usando Octave

Para disponer de las funciones de probabilidad (densidad) y acumulada, se debe descargar, instalar y luego cargar el paquete io primero y statistics después.

Procedimiento:

Estando en la consola del Octave, use la secuencia:

<Help> - <Octave pacakges>

Esto nos lleva a la página oficial de Octave: https://octave.sourceforge.io/

En el primer recuadro de <Installation>, hacemos clic en <pkg List>.

De la lista, ubique a io, descárguelo y desempaquetamos lo descargado. En la consola de Octave, digitamos:

pkg install io

Esto lo repite con statistics que se encuentra en la misma ventana de io.

Ahora, cada nueva sesión de Octave, cuando se le requiera, debemos cargar (load) a memoria el paquete:

pkg load statistics

Distribución Binomial:

x = [0, 1, …, n],

n: nro de ensayos,

p: probabilidad de éxito.

Función de probabilidad: p(x) = binopdf(x,n,p);

Distribución acumulada: P(X <= xo) = F(xo) = binocdf(xo,n,p);

Inversa: xo+1 = binoinv(q,n,p);   q:probabilidad para xo.

Distribución Hypergeométrica:

N: Tamaño de la población (lote)

m: Número de elementos de interés en la problación

N-m: Elementos que no son de interés

n: Tamaño de la muestra

x = [0, 1, 2, 3, 4, 5]

Función de probabilidad; px = hygepdf(x,N,m,n);

Distribución acumulada: Fx = hygecdf(x0,N,m,n)

Inversa: x0 = hygeinv(q,N,m,n)

Distribución Geométrica:

x = [1, 2, ...]

p: Probabilidad de éxito

k: k-ésimo ensayo para la primera ocurrencia

Función de probabilidad: px = geopdf(x, p)

Distribución acumulada: Fx = geocdf(k, p)

Inversa: k = geoinv(q, p)

Distribución de Poisson:

x = [0, 1, 2, 3, ...]

lambda: Parámetro de la distribución

mu = lambda

Función de probabilidad: px = poisspdf(x, lambda)

Distribución acumulada: Fx = poisscdf(k, lambda)

Inversa: k = poissinv(q, lambda)

Distribución Uniforme:

a < x < b

Función de probabilidad: px = unifpdf(x, a, b)

Distribución acumulada: Fx = unifcdf(k, a, b)

Inversa: k = unifinv(q, a, b)

Distribución Exponencial:

alfa: Parámetro de la distribución:

mu = 1/alfa

x = 0.1:0.02:5   Genera valores de x>0

Función de probabilidad: px = exppdf(x, mu)

Distribución acumulada: Fx = expcdf(k, mu)

Inversa: xo = expinv(q, mu)

Distribución Normal

x=-4:0.01:4

mu: Media

dsv = Desviación estándar

Función de densidad:

px = normpdf(x,mu,dsv)

Función de distribución acumulada: Fx = P(X<=xo) = F(xo) = normcdf(xo,mu,dsv)

Fx = normcdf(xo,mu,dsv)

Inversa:

x0 = norminv(q,mu,dsv)

Distribución Chi Cuadrado:

gl: Número de grados de libertad

x = 0.1:0.1:20

Función de densidad: px = chi2pdf(x,gl)

Función de distribución acumulada: Fx = P(X<=xo) = chi2cdf(xo,gl)

Inversa: xo = chi2inv(q,gl)

Distribución t de Student:

gl: Número de grados de libertad

x=-20:0.1:20

Función de densidad: px = tpdf(x,gl)

Función de distribución acumulada: Fx = P(X<=xo) = tcdf(xo,gl)

Inversa: xo = tinv(q, gl)

Distribución F de Fisher:

glnum, glden: Número de grado de libertad del numerador y denominador

x=-0.1:0.1:15

Función de densidad: px = fpdf(x, glnum, glden)

Función de distribución acumulada: Fx = P(X<=xo) = fcdf(xo, glnum, glden)

Inversa: xo = finv(q, glnum, glden)

E. USANDO GRETL

Desarrollaremos un modelo econométrico y presentaremos las bondades de Pretl dejando la interpretación a todos aquellos que desean analizar los resultados del modelo.

Problema:

Dada las series: Deuda internacional (dInt), reservas internacionales (rInt) y el índice bursátil (iBolsa), se desea estimar un modelo lineal y analizar el efecto de las reservas internacionales y el comportamiento de la bolsa, en la deuda internacional.

Los datos se encuentran en el archivo Deuda.txt.

Solución

Cargamos a memoria; es decir, ejecutamos el programa Gretl.

Usando <File> - <Open data> - <User file>. Ubicar la unidad y carpeta donde se encuentra el archivo Deuda.txt. En el mensaje que se emita, hacer clic en <Yes>. Luego elegir <Cross-sectional> - <Forward> como estructura del data set ya que no tiene la estructura de serie de tiempo. Al final, hacer clic en <Apply> y <Close>.

En la ventana debe listarse las tres variables.

Para disponer de los estadísticos de la muestra, use: <View> - <Summary statistics>

Como todas las variables están a la derecha, haga clic en <Ok>; luego elija <Show full statistics>

Se puede apreciar que la variable de mayor asimetría es iBolsa (skewness)

Use <View>-<Multiple graphs> - <X-Y scatters> para apreciar el diagrama d dispersión de la variable deuda con las otras dos.

También podemos obtener el diagrama de dispersión de las variables independientes usando: <View> . <Graph specified vars> - <X-Y scatter> Ubique rInt como variable en el eje Y; del mismo modo, haga que iBolsa se ubique en el eje X. -<Ok>

En la gráfica que se muestra, podemos apreciar la ecuación estimada y que, por cada unidad de variación de las reservas internacionales, la deuda se incrementa en 0.387 veces.

En la parte inferior de esta ventana, hay un menú que es muestra con tres rayas. Haga clic allí y luego clic en <OLS estimates> para obtener los coeficientes estimados y la tabla del Anova. En ella se puede apreciar, que el 72.24% de la variabilidad de las reservas internacionales, afectan el índice de la bolsa.

Ahora usemos la matriz de correlación de las tres variables:

Podemos apreciar que hay mayor correlación entre las variables deuda y reserva internacionales.

Por el comando <Variables>, podemos obtener el diagrama de caja y realizar la prueba de normalidad de cada variable.

Podemos obtener el modelo de estimación por el método de los mínimos cuadrados ordinarios, usando el comando <Model>. En este caso, el 93.19% de la variabilidad de la deuda, se encuentra explicada por el modelo.

USANDO LA APLICACIÓN PSPP

El archivo Agri.sav, ubicado en la carpeta Estadística, contiene los datos de la producción agrícola española entre los años 1960 – 1980, extraído de un antiguo libro de Econometría ya desaparecido.

Ejecute el PsPP.

Para abrir el archivo use la secuencia:<File>-<Open>. Ubique la unidad, carpeta y archivo, como se muestra en la siguiente imagen.

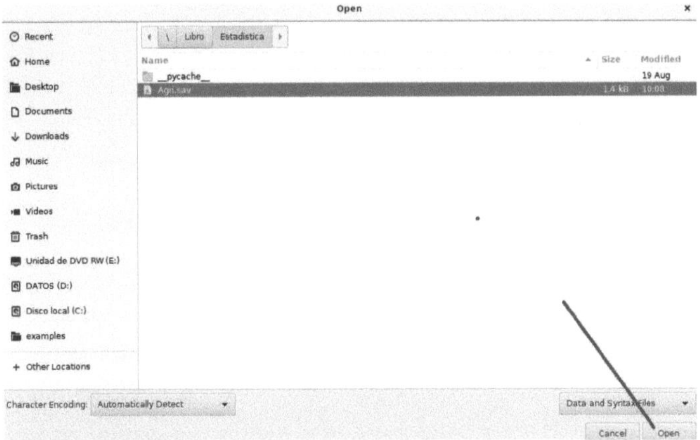

A continuación tendrá la siguiente ventana mostrando la segunda hoja llamada Variable View.

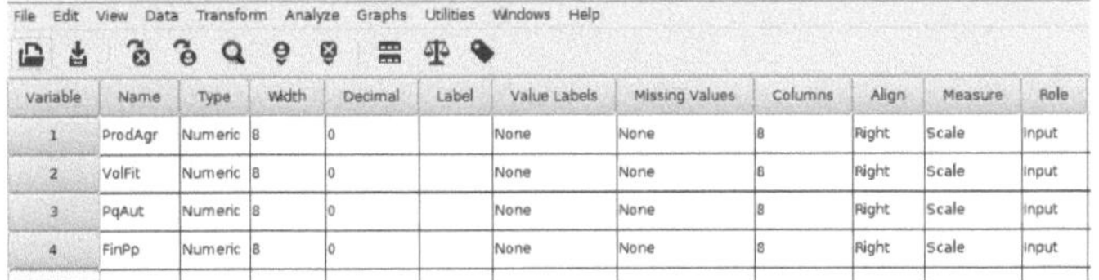

Como puede apreciar, en esta hoja se muestra la lista de las variables definida en cada fila: su nombre: de preferencia sin espacio en blanco; su tipo: Numérico, Cadena, otros; su amplitud: Número de dígitos; número de decimales que tenga; etiquieta (value labels), donde se codifican las variables cualitativas o categóricas.

Si los datos los vamos a ingresar desde el teclado, será necesario definir primero las variables, su tipo y su amplitud. Luego del cual debemos ingresar los datos.

En la primera hoja, llamada Data View (haciendo clic en el nombre de la hoja, pasamos de una a otra), se encuentran los datos que se han cargado o en donde se debe ingresar. Cada variable en una columna.

Case	ProdAgr	VolFit	PqAut	FinPp
1	172900	1179	38079	1636
2	211710	1018	44511	2142
3	220160	909	52756	2135
4	222370	930	64143	3507
5	249610	1668	80191	4214
6	281670	1647	105390	5640
7	319760	2096	133490	69048
8	320110	2264	157980	62964
9	341030	2170	185180	73876
10	386330	2769	218230	84599
11	403540	2976	254800	99652
12	433630	3029	292210	124050

Usando el comando <File>, se puede abrir nueva venta de datos, abrir, guardar o importar datos.

El comando <Data> le permite ordenar los casos, transponer variables, etc., como se muestra en la siguiente imagen.

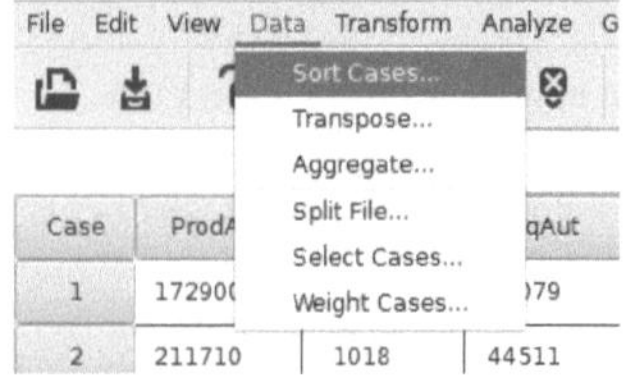

El comando <Transform> le permite realizar cálculos con las variables existentes para crear otras.

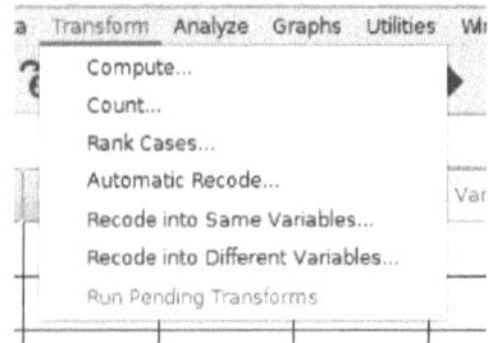

Igualmente, podemos seleccionar rangos de casos si las variables fueran muy grandes; del mismo modo, se pueden recodificar las variables o crear otras por recodificación.

El comando de mayor utilidad o de mayor uso en el PsPP es <Analyze>.

Como se puede apreciar en la siguiente imagen.

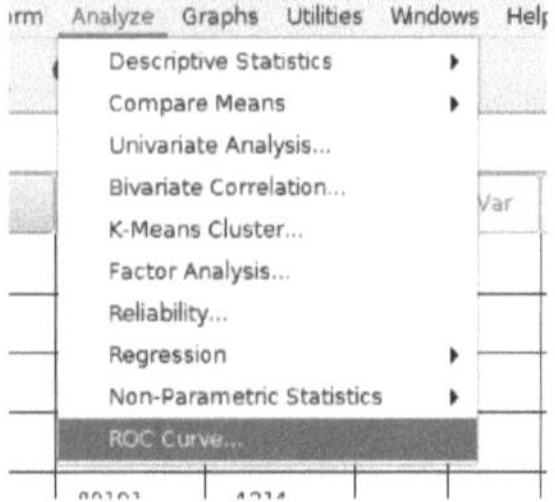

Las siguientes imágenes muestran las diferentes opciones que tenemos por cada una de los elementos de esta lista:

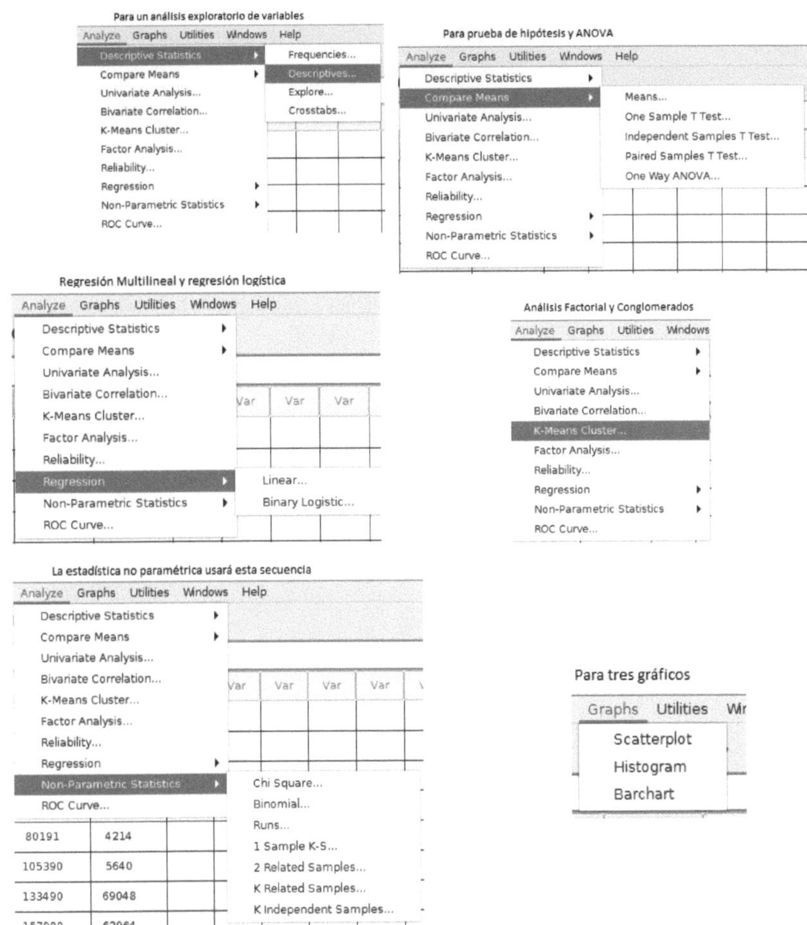

Vamos a estimar el modelo de regresión lineal múltiple para los datos que hemos cargado: Usando la secuencia:

<Analyze> - <Regression> - <Lineal>, llegamos a esta ventana de diálogo:

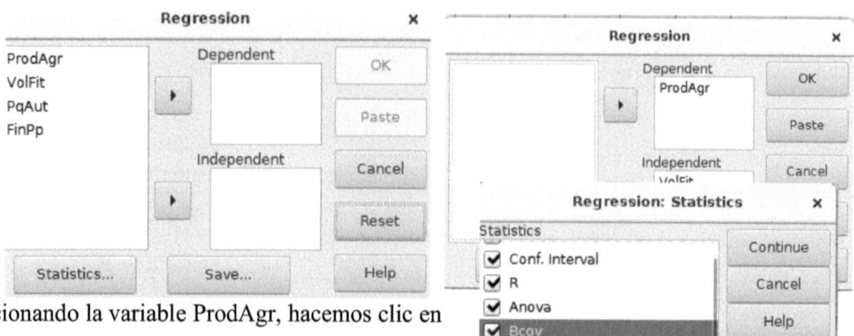

Seleccionando la variable ProdAgr, hacemos clic en la primera flecha. Luego seleccionamos las otras tres variables para pasarlos a la parte inferior, como se muestra en la ventana de la derecha.

Haciendo clic en <Statistics>, pasamos a la siguiente ventana, donde activamos todos los botones

Luego de hacer clic en <Continue> y en <Ok>, obtenemos una nueva ventana de resultados (Output), que es la que mostramos.

Tests of Between-Subjects Effects

Source	Type III Sum of Squares	df	Mean Square	F	Sig.
Corrected Model	1104561742600.00	19	58134828557.89	.00	NaN
Intercept	4079754450000.00	1	4079754450000.00	.00	NaN
VolFit	1104561742600.00	19	58134828557.89	.00	NaN
Error	.00	0	+Infinity		
Total	5184316192600.00	20			
Corrected Total	1104561742600.00	19			

REGRESSION

```
REGRESSION
    /VARIABLES= VolFit PqAut FinPp
    /DEPENDENT= ProdAgr
    /METHOD=ENTER
    /STATISTICS=COEFF CI R ANOVA BCOV.
```

Model Summary (ProdAgr)

R	R Square	Adjusted R Square	Std. Error of the Estimate
.99	.99	.99	29363.70

ANOVA (ProdAgr)

	Sum of Squares	df	Mean Square	F	Sig.
Regression	1090766110738.56	3	363588703579.52	421.69	.000
Residual	13795631861.44	16	862226991.34		
Total	1104561742600.00	19			

Coefficients (ProdAgr)

	Unstandardized Coefficients		Standardized Coefficients			95% Confidence Interval for B	
	B	Std. Error	Beta	t	Sig.	Lower Bound	Upper Bound
(Constant)	166174.18	29684.20	.00	5.60	.000	103246.48	229101.88
VolFit	69.80	28.60	.56	2.44	.027	9.16	130.43
PqAut	-.71	.25	-.55	-2.81	.013	-1.24	-.17
FinPp	2.08	.43	.98	4.80	.000	1.16	2.99

Coefficient Correlations (ProdAgr)

Model			VolFit	PqAut	FinPp
	Covariances	PqAut	818.16	-3.91	
		FinPp	-3.91	.06	

ANEXO 8. FORMULARIO PARA DISTRIBUCIÓN MUESTRAL

istribución Muestral de la Media	$\overline{X} \rightarrow N\left(\mu, \dfrac{\sigma^2}{n}\right)$

	$t = \dfrac{\overline{X} - \mu}{S/\sqrt{n}} \rightarrow t_{(n-1)}$
Distribución Muestral de la Proporción	$p \rightarrow N\left(\pi, \dfrac{\pi(1-\pi)}{n} \right)$
Distribución Muestral de la Varianza	$\dfrac{(n-1)S^2}{\sigma^2} \rightarrow \chi^2_{(n-1)}$
Distribución Muestral de la Diferencia de Proporciones	$(p_1 - p_2) \rightarrow N\left(\pi_1 - \pi_2, \dfrac{\pi_1(1-\pi_1)}{n_1} + \dfrac{\pi_2(1-\pi_2)}{n_2} \right)$
Distribución Muestral de la Razón de Varianzas	$F = \dfrac{S_1^2/\sigma_1^2}{S_2^2/\sigma_2^2} = \dfrac{\sigma_2^2}{\sigma_1^2} \dfrac{S_1^2}{S_2^2} \rightarrow F_{(n_1-1,\, n_2-1)}$
Distribución Muestral de la Diferencia de Medias de Muestras Independientes $S_p^2 = \dfrac{(n_1-1)S_1^2 + (n_2-1)S_2^2}{n_1+n_2-2}$ $G \cong \dfrac{\left[\dfrac{S_1^2}{n_1} + \dfrac{S_2^2}{n_2} \right]^2}{\dfrac{\left(\dfrac{S_1^2}{n_1}\right)^2}{n_1+1} + \dfrac{\left(\dfrac{S_2^2}{n_2}\right)^2}{n_2+1}} - 2$	$(\overline{X}_1 - \overline{X}_2) \rightarrow N\left(\mu_1 - \mu_2, \dfrac{\sigma_1^2}{n_1} + \dfrac{\sigma_2^2}{n_2} \right)$ $t = \dfrac{(\overline{X}_1 - \overline{X}_2) - (\mu_1 - \mu_2)}{\sqrt{S_p^2\left(\dfrac{1}{n_1} + \dfrac{1}{n_2}\right)}} \rightarrow t_{(n_1+n_2-2)}$ $t = \dfrac{(\overline{X}_1 - \overline{X}_2) - (\mu_1 - \mu_2)}{\sqrt{\dfrac{S_1^2}{n_1} + \dfrac{S_2^2}{n_2}}} \rightarrow t_{(G)}$

FORMULARIO PARA ESTIMACIÓN DE PARÁMETROS

DETALLE	LIMITES DE LOS INTERVALOS DE CONFIANZA
Media de la Población	$$\bar{x} \pm z_{(1-\alpha/2)}\ \frac{\sigma}{\sqrt{n}}$$ $$\bar{x} \pm t_{(n-1;1-\alpha/2)}\ \frac{s}{\sqrt{n}}$$
Tamaño de Muestra para Estimar la Media de la Población	$$n = \frac{z_{1-\alpha/2}^2\ \sigma^2}{E^2}$$
Proporción de la Población	$$p \pm z_{(1-\alpha/2)}\ \sqrt{\frac{p\ (1-p)}{n}}$$
Tamaño de Muestra para Estimar la Proporción de la Población	$$n = \frac{z_{(1-\alpha/2)}^2\ p\ (1-p)}{E^2}$$
Varianza de la Población	$$\left\{ \frac{(n-1)\ s^2}{\chi_{(n-1;1-\alpha/2)}^2} \ ;\ \frac{(n-1)\ s^2}{\chi_{(n-1;\alpha/2)}^2} \right\}$$
Diferencia de Proporciones de Poblaciones Independientes	$$\left(p_1 - p_2 \right) \pm z_{(1-\alpha/2)}\ \sqrt{\frac{p_1\ (1-p_1)}{n_1} + \frac{p_2\ (1-p_2)}{n_2}}$$
Razón de Varianzas de Poblaciones Independientes	$$\left\{ F_{(n_2-1,\ n_1-1\ ;\ \alpha/2)}\ \frac{s_1^2}{s_2^2}\ ;\ F_{(n_2-1,\ n_1-1\ ;\ 1-\alpha/2)}\ \frac{s_1^2}{s_2^2} \right\}$$
Diferencia de Medias de Poblaciones Independientes	$$\left(\bar{x}_1 - \bar{x}_2 \right) \pm z_{(1-\alpha/2)}\ \sqrt{\frac{\sigma_1^2}{n_1} + \frac{\sigma_2^2}{n_2}}$$ $$\left(\bar{x}_1 - \bar{x}_2 \right) \pm t_{(n_1+n_2-2;1-\alpha/2)}\ \sqrt{s_p^2\left(\frac{1}{n_1} + \frac{1}{n_2}\right)}$$ $$s_p^2 = \frac{(n_1-1)\ s_1^2 + (n_2-1)\ s_2^2}{n_1+n_2-2}$$ $$\left(\bar{x}_1 - \bar{x}_2 \right) \pm t_{(G;1-\alpha/2)}\ \sqrt{\frac{s_1^2}{n_1} + \frac{s_2^2}{n_2}}$$

ANEXO 9. SOLUCIÓN DE ALGUNOS PROBLEMAS PROPUESTOS

CAPÍTULO IV

P05. Si es razonable. La probabilidad correspondiente es 0.3106

P06. 30

P07. 560560

P08. Sí

P09. 12^5

P10. 64

P11. 1660

P12. 3320

P13. 50

P14. 50 ; 600

P15 40320

CAPÍTULO V

P01. a) 75%   b) 18%

P03. a) Sí ya que $P(A_1 \cap A_2) = 0$ b) 0.8; 0.3   c) 0.11   d) 8/11; 3/11

P04. a) 0.1; 0.2; 0.9   b) 0.39

P05. a) 0.575   b) 0.75   c) 15/23

P07. 6/31

P08. a) 0.3205   b) 0.586

P10. a) 0.61   b) Los de 65 a más   c) 0.26

P11. a) 0.50   b) 0.16

P12. a) 0.54   b) 0.34

P13. a) 24/105; 7/45;   17/60

P14. a) 0.6   b) 0.4   c) 1/3

P15. a) 0.25   b) Sí   c) No

P16. 0.17533

P17. 0.1536

P18. $10p^*(1 - p^*)^9$

P22. 0.51724

P24. a) 0.0034   b) 0.4412

P25. $\dfrac{1}{m}(\dfrac{1}{m-1}) + \dfrac{m-1}{m}\dfrac{1}{m}$

P26. $(1-\dfrac{1}{365})^n + \dfrac{n}{365}$

P27. Use el siguiente diagrama

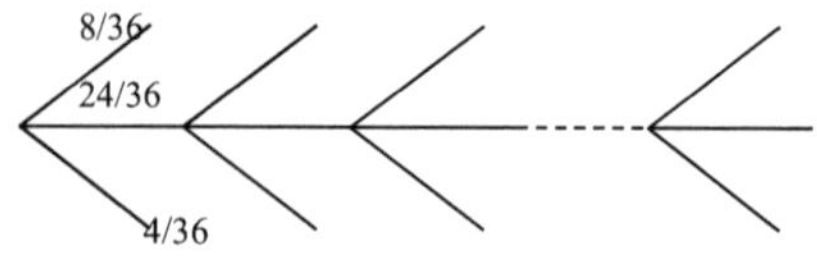

P29. 0.4412

P30. 0.375   0.18182

P31. a) 0.25; 0.4; 0.1

P32. a) 0.9%   b) 0.6%

P33. a) 0.2   b) 0.35

CAPÍTULO VI

P04. Las probabilidades para 0, 1, 2, 3, 4 son 0.7187, 0.2555, 0.0249, 0.0007, 0

P05. 1

P06. a) $f(x) = -(x+1)\left(\dfrac{1}{2}\right)^x Log(0.5)$ b) 0.4981

P08. 0.27

P09. $F(x) = 1 - e^{-\frac{x^2}{2t^2}}$

CAPÍTULO VIII

P01.   a) Los valores de Y son: 0, 20, 80. Las probabilidades asociadas son 0.6; 03. y 0.1

b) Media de Y es 14 y su varianza es 564

P02.   a)

$$g(y) = \frac{1}{72}(y-10) \qquad 10 \le y \le 22$$

b) 18

P03.   a) 0.2212

b) 111.52

P04.   a) Los valores de Y son: -2000, 0, 2000, 4000 y sus probabilidades son

0.1; 0.4; 0.3 y 0.2

b) La media y varianza de X son: 11.5 y 0.65. La media y varianza de Y son: 1200 y

3360000

P05. 10.238

CAPÍTULO IX

P01. a) 0.75 b) 0.25 c) 1

P03. a) 110 b) ¼

P04. a) 0.8 b) 3.4 c) 13/16

P05. Aproximadamente 15 semanas

P06. $\dfrac{1}{3}(2C_3 - 3C_1 + C_2)$

P07. 7/20

P08. 2/3, 1/3

P09. a) 0.9 b) 0.1

P10. a) 0.4 b) 0.6

P11. $1 - e^{-3}$

P12. a) 0.60839 b) 0.34559

P13. Proceso B

P14. a) $e^{-\frac{5}{4}}$ b) Aproximadamente 12

P15. Establecer nuevo plan de trabajo

P16. 0.84648

P17. a) 0.69545 b) 0.0111

P18. a) 0.9599 b) 0.0401 c) 0.1841

P19. 13.6125

P20. 8, 2

P21. Es imposible

P22. Aproximadamente 363

P23. 0.28972

P24. 15605.49

P25. 0.0265

P26. 444

P27. 0.1188

P28. $\mu = 9.8$, $\sigma = 2.96$

P29. $G = \begin{cases} 100 - 60 & x < 24 \\ 180 - 3x & 4 < x < 6 \\ 100 & x > 6 \end{cases}$

P30. a) 0.84134 b) 0.103 c) 0.66578 d) 0.1446

CAPÍTULO XI

P01.   a) $E[Z] = a + (b+c)/2$ $V[Z] = (2a^2 + b^2 + c^2 - 2ab - 2ab)/12$

       b) $E[XY] = (a + b)(a + c)/4$

P02.   La función de distribución es la siguiente

	0	1	2	3
0	1/8	0	0	1/8
1	0	2/8	2/8	0
2	0	1/8	1/8	0

P03.   Sí son independientes. $g(x) = 2x$ $h(y) = 2y$

P03.   Sí son independientes. $g(x) = 2x, \quad 0 \le x \le 1, \quad h(y) = 2y, \ y \le 1$

P04. $F(x,y) = \dfrac{3}{5}x^2 y + \dfrac{2}{5}xy^3 \quad 0 \le x \le 1, \quad 0 \le y \le 1$

a) $g(x) = \dfrac{6}{5}x + \dfrac{2}{5}$ $h(y) = \dfrac{3}{5} + \dfrac{6}{5}y^2$

b) $g(x/y) = \dfrac{2x + 2y^2}{1 + 2y^2}$ $h(y/x) = \dfrac{3x + 3y^2}{3x + 1}$

c) $E[X] = 0.6; \ E[Y] = 0.6; \ E[X/Y=1] = 5/9;$ $E[Y/X=1] = 9/16$

P06. $g(x) = 7.5x^2(1-x^2)$ $E[X] = 5/8$

P07.   a) $g(x) = 6(2x^2+x)/7$ b) 0.5825 c) $15/56$

P10. a) 11   b) 47

CAPÍTULO XI

P03.   Su distribución es: 30 y 81. $P(Y<40) = 0.8667$

P04.   0.057

P05.   0.4013

P06.   0.119

P07.   0.192

P08.   0.0786

P10.   a) 82240,   6400   b) 0.6368

P12.   0.0152

P13.   47.63%

P14.   a) 0.1056   b) 0.8621

P18.   0.4238 423.8

P19.   0.678,   57600

P20.   a) 96, 10   c) 4360,450

CAPÍTULO XII

P01.   a) No   b) 0.9836   c) 0.0028

P02.   0.0475

P03.   No cambia

P04.   0.9876

P06.   0.305

P07.   a) 0.0228   b) 0.0918   c) 0.9082

P08.   a) 0.0228   b) 0.1587

P09. $L = 407$

P10.   a) 0.6892   b) 0.2881

P11.   0

P12.   a) 0.0336   b) 0.9182   c) 0.0062

P16.   0.0834

P17.   0.1640

P18.   0.03515

P19.   3375

P20.   a) No. Es muy pequeño y no afecta a la varianza

        c) Usando el FCC: 0.05601

    Sin usar el FCC: 0.05656

ANEXO 10:

BIBLIOGRAFÍA DE FUNDAMENTOS DE ESTADÍSTICA Y PROBABILIDADES CON APLICACIONES EN R, PYTHON Y OTROS SOFTWARES GNU/GPL

Adkins, Lee C., (2018), *Using GRETL for Principles of Economics*, 5th Edition, Version 1.0, www.learneconometrics.com/gretl.html

Arellano, Manuel (2004), *Panel Data Econometrics*. Advanced Texts in Econometrics, Oxford University Press.

Cottrell, Allin and Riccardo "Jack" Lucchetti (2019), *GNU Regression, Econometrics and time-series Library*, Gretl User's Guide, July 2017.

Cormen, Thomas H., Charles E. Leisserson, Ronald L. Rivest, and Clifford Stein (2009), Introduction to Algorithms, 3rd Edition, MIT Press.

Crawley, Michael J. (2013), *The R book*, John Wiley and Sons Ltd.

Crawley, Michael J. (2005), *Statistics. An introduction using R*, John Wiley and Sons Ltd.

Dempster, A.P., Nan Laird, and D.B. Rubin (1977), *Maximum likelihood from incomplete data via the EM algorithm*, Journal of the Royal Statistical Society, Series B, 39 (1), pp. 1 – 38.

Devore, Jay L. (2012), *Probabilidad y estadística para ingeniería y ciencias*, octava edición, Thomson Ltd.

Eppen, G.D., F.J. Gould, C.P. Schmidt, Jeffrey H. Moore, and Larry R. Weatherford (2000), *Investigación de Operaciones en la Ciencia Administrativa*, quinta edición, Pearson, Prentice Hill, México.

Fischer, Hans (2011), *A History of the Central Limit Theorem. From Classical to Modern Probability Theory*, Sources and Studies in the History of Mathematics and Physical Sciences, Springer.

Galton, Francis (1886), *Regression towards mediocrity in hereditary stature*, Journal of Antropological Institute of Great Britain and Ireland, 15 (pp. 246 – 263).

Greene, William H., (2017), Econometric Analysis (8th Edition), Pearson

Gujarati, Damodar N. and Dawn C. Porter (2010), *Econometría*, 5ta Edición, McGraw-Hill / Interamericana Editores S.A., México.

Hansen, Bruce E. (2017), *Econometrics*, Department of Economics, University of Wisconsin, Madison

Laird, Nan (2006), Applied Longitudinal Analysis, SCASA´s 2006 Workshop in Applied Statistics.

Maddison, Angus (2009), *Statistics on World Population, GDP, and Per Capita GDP, 1 – 2008 AD*, University of Groningen.

Mandelbrot, Benoit y R.L. Hudson (2006), *Fractales y finanzas. Una aproximación matemática a los mercados: arriesgar, perder y ganar*, Tusquets Editores S.A.

Martínez Carrión, José Miguel (2012), *La evolución de la estatura humana como indicador de los cambios ambientales: El patrón histórico español*, Nimbus No. 29 – 30, pp. 359 – 371.

Martínez Carrión, José Miguel (2009), *La Historia Antropométrica y la historiografía iberoamericana*, Historia Agraria, 47, Abril, pp. 11 – 18.

Mas, Jean-Francois (2013), *Análisis Espacial con R: Usa R como un sistema de información geográfica*, European Scientific Institute, Republic of Macedonia.

Mills, Richard L. (1977), *Statistics for Applied Economics and Business*, Mc Graw-Hill.

Milton, J. Susan (2007), *Estadística para Biología y Ciencias de la Salud*, 3era Edición, Mac Graw Hill.

Myers, Raymond H., Sharon L. Myers, y Ronald E. Walpole (2000), *Probabilidad y Estadística para Ingenieros*, sexta edición (español), Pearson.

Real Academia Española (2018), *Diccionario de la RAE y de la Asociación de Academias de la Lengua Española*, Edición del Tricentenario, actualización 2018, Madrid.

Myrson, Roger B. (1999), *Nash Equilibrium and the History of Economic Theory*, Journal of Economic Literature, Volume XXXVII, September, pp. 1067 – 1082

Rohatgi, Vijay K. and A. K. Md. Ehsanes Saleh (2015), *An Introduction to Probability and Statistics*, 3rd. Edition, John Wiley and Sons Ltd.

Roth, Alvin E. (2018), *Marketplaces, Markets, and Market Design*, American Economic Review, 108 (7), pp. 1609 – 1658.

Roth, Alvin E. (2011), *¿Qué hemos aprendido del diseño de mercados?*, El Trimestre Económico, vol. LXXVIII (2), No. 310, abril – junio, pp. 259 – 34.

Sandy, Robert (1989), *Statistics for Business and Economics*, Mc Graw-Hill.

Santillana (2018), *Diccionario de la Lengua Española*.

Schindler, Pamela (2018), *Business Research Methods*, 13th . Edition, Mc Graw-Hill.

Steland, Ansgar (2012), *Financial Statistics and Mathematical Finance. Methods, Models, and Applications*, John Wiley and Sons Ltd.

Sydsaeter, Kunt, Arne Strom, and Peter Breck (2010), *Economists´ Mathematical Manual*, 4th Edition, Sringer, New York

Vinod, Hrishikesh D., (2011), *Hands-om Intermediate Econometrics using R. Templates for Extending Dozens off Practical Examples*, World Scientific, New Jersey and London.

Wooldridge, Jeffrey M. (2012), *Introductory Econometrics. A Modern Approach*, 5th Edition, South-Western, CENGAGE Learning.

Wooldridge, Jeffrey M. (2010), Econometric Analysis of Cross Section and Panel Data, MIT Press.

Principales revistas científicas de Estadística y Probabilidades
Revistas de acceso libre, generalmente gratuito (Open Access Journals)
Bayesian Analysis (https://bayesian.org/resources/bayesian-analysis/)
Brazilian Journal of Probability and Statistics (https://www.imstat.org/journals-and-publications/brazilian-journal-of-probability-and-statistics/)
Chilean Journal of Statistics (http://chjs.soche.cl/)
Journal of Official Statistics (https://content.sciendo.com/view/journals/jos/jos-overview.xml)

Journal of Machine Learning Research (http://www.jmlr.org/)

Journal of Modern Applied Statistical Methods (http://tbf.coe.wayne.edu:16080/jmasm)

Journal of Statistical Software (https://www.jstatsoft.org/index)

Journal of Statistics Education (http://jse.amstat.org/)

REVSTAT, Portugal (https://www.ine.pt/revstat/inicio.html)

SORT, Cataluña, España (http://www.idescat.cat/sort/)

Statistics Surveys (https://www.imstat.org/ss)

Survey Methodology (https://www150.statcan.gc.ca/bsolc/english/bsolc?catno=12-001-XIE)

The R Journal (https://journal.r-project.org/)

I want morebooks!

Buy your books fast and straightforward online - at one of world's fastest growing online book stores! Environmentally sound due to Print-on-Demand technologies.

Buy your books online at
www.morebooks.shop

¡Compre sus libros rápido y directo en internet, en una de las librerías en línea con mayor crecimiento en el mundo! Producción que protege el medio ambiente a través de las tecnologías de impresión bajo demanda.

Compre sus libros online en
www.morebooks.shop

info@omniscriptum.com
www.omniscriptum.com

Printed by Books on Demand GmbH, Norderstedt / Germany